ATZ/MTZ-Fachbuch

Die komplexe Technik heutiger Kraftfahrzeuge und Motoren macht einen immer größer werdenden Fundus an Informationen notwendig, um die Funktion und die Arbeitsweise von Komponenten oder Systemen zu verstehen. Den raschen und sicheren Zugriff auf diese Informationen bietet die regelmäßig aktualisierte Reihe ATZ/MTZ-Fachbuch, welche die zum Verständnis erforderlichen Grundlagen, Daten und Erklärungen anschaulich, systematisch und anwendungsorientiert zusammenstellt.
Die Reihe wendet sich an Fahrzeug- und Motoreningenieure sowie Studierende, die Nachschlagebedarf haben und im Zusammenhang Fragestellungen ihres Arbeitsfeldes verstehen müssen und an Professoren und Dozenten an Universitäten und Hochschulen mit Schwerpunkt Kraftfahrzeug- und Motorentechnik. Sie liefert gleichzeitig das theoretische Rüstzeug für das Verständnis wie auch die Anwendungen, wie sie für Gutachter, Forscher und Entwicklungsingenieure in der Automobil- und Zulieferindustrie sowie bei Dienstleistern benötigt werden.

Dirk Adamski

Simulation in der Fahrwerktechnik

Einführung in die Erstellung von Komponenten- und Gesamtfahrzeugmodellen

Springer Vieweg

Dirk Adamski
Department Fahrzeugtechnik und Flugzeugbau
HAW Hamburg
Hamburg, Deutschland

ISBN 978-3-658-06535-5 ISBN 978-3-658-06536-2 (eBook)
DOI 10.1007/978-3-658-06536-2

Die Deutsche Nationalbibliothek verzeichnet diese Publikation in der Deutschen Nationalbibliografie; detaillierte bibliografische Daten sind im Internet über http://dnb.d-nb.de abrufbar.

Springer Vieweg

Gedruckt auf säurefreiem und chlorfrei gebleichtem Papier.

Springer Vieweg ist eine Marke von Springer DE. Springer DE ist Teil der Fachverlagsgruppe Springer Science+Business Media
www.springer-vieweg.de

Vorwort

Die in diesem Buch beschriebene Methode der Mehrkörpersysteme (MKS) ist ein Standard für die Fahrdynamik- und Fahrkomfortsimulation von Fahrwerken und Gesamtfahrzeugen. Hier steht allerdings nicht die Methode selbst, sondern deren Anwendung im Vordergrund. Vor allem die Umsetzung von Fragestellungen, die einer Berechnungsingenieurin oder einem Berechnungsingenieur in den genannten Disziplinen tagtäglich umgeben, soll hier besprochen werden. Dies bedeutet, dass die für das Verständnis der Methode notwendigen Formeln und Herleitungen hier in der Regel nicht zu finden sind. Dafür findet man allerdings viele praktische Beispiele und selbstverständlich die hierfür gebrauchten Gleichungen. Natürlich passt der Beruf von Berechnungsingenieuren und die Angst vor Differenzialgleichungen nicht zusammen. Aber ich gehe davon aus, dass es vielen reicht, dass die Formalismen der MKS-Methode in Simulationsprogrammen bereits verarbeitet wurden und sie sich den *wesentlichen* Dingen des Alltaggeschäfts widmen wollen. Der Arbeitsauftrag heißt in der Regel eher, eine Abstimmungsvariante zu berechnen oder das Modell eines aktiven Systems zu entwickeln, als ein neues Simulationswerkzeug zu programmieren. Trotzdem geht es hier mehr um die Beschreibung der Modelle von Fahrwerkkomponenten, als um die Bedienung eines kommerziellen Simulationswerkzeuges.

Dieses Buch richtet sich vor allem an die Entwickler von Pkw-Fahrwerken, nichtsdestotrotz kann aber der überwiegende Teil auch für die Entwicklung von Nutzfahrzeugfahrwerken verwendet werden. Die beschriebenen Modelle sind in der Regel allgemein genug gehalten, dass sie insbesondere über ihre Parametrierung auch für größere und schwerere Fahrzeuge geeignet sind – die Physik ist dieselbe. Allerdings ist immer zu bedenken, ob der hier verwendete Ansatz der Mehrkörpersysteme mit ideal starren Bauteilen auch für diese Fragestellungen eingesetzt werden kann. Mindestens eine Hybridsimulation mit FE-Anteilen sollte angestrebt werden. Bei den Zweirädern ist der Aufbau des Fahrwerks aufgrund der Fahrzeugestruktur bei einigen Teilen anders, bei anderen wieder gleich – so ergibt sich auch hier eine gewisse Schnittmenge.

Auf die grundlegenden Funktionen der einzelnen Fahrwerkbauteile gehe ich nicht oder nur rudimentär ein. Ich gehe davon aus, dass jeder der sich an das Thema Simulation im Fahrwerk heranwagt, diese Grundlagen verstanden hat und die passende Standardliteratur kennt.

Die Zielgruppe dieses Buches sind in erster Linie Ingenieurinnen und Ingenieure. Aber ich bitte Sie, diesen Begriff etwas weiter zu fassen, als nur die Absolventinnen und Absolventen eines ingenieurwissenschaftlichen Studiums damit zu sehen.[1] Mir ist durchaus bewusst, dass viele Mathematiker und Physiker in diesem Bereich arbeiten. Aber nach meiner Auffassung arbeiten sie dann als Ingenieure, unabhängig von ihrem akademischen Abschluss.

---

[1] Um der Lesbarkeit willen und nicht aus mangelnder Wertschätzung, werde ich im Weiteren nur noch einen Genus für die in diesem Buch angesprochen Berechnerinnen und Berechner verwenden. Ich hoffe die zahlenmäßig noch immer viel zu wenigen Ingenieurinnen mögen sich trotzdem ausreichend angesprochen fühlen.

Ich scheue mich nicht, an einigen Punkten an der Oberfläche zu bleiben und mehr die operativen und weniger die theoretischen Inhalte zu vermitteln. Es gibt glücklicherweise Regalmeter an theoretischer Literatur – zumindest für den ersten Teil dieses Buches. Mein Ehrgeiz war es nicht, dort noch ein paar Zentimeter hinzuzufügen. Jedem, dem die Ausführungen nach dem ersten Lesen nicht reichen, da er tiefer in das Gebiet eindringen will, soll oder muss, dem sei dies nur als Anregung für weitere Studien empfohlen. Diejenigen, die hilflos vor den Regalmetern stehen, denen sollen erste Schritte den Weg auf mehr weisen.

Als Professor kann ich nicht anders, als Sie immer wieder an die Grundlagenfächer zu erinnern, die Sie in Ihrem Studium durchlaufen haben, und von dem das ein oder andere in Vergessenheit geraten sein mag. Wir werden es an der ein oder anderen Stelle benötigen.

Das Thema der Simulation begleitet mich seit meinem eigenen Studium. Schon als Studentische Hilfskraft am Fachgebiet Mechatronik der damaligen Gerhard-Mercator-Universität Duisburg setzte ich das dort entwickelte Fahrdynamiksimulationspaket *FASIM_C++* ein [AdSH97], über dessen Weiterentwicklung zu einer integrierten Simulationsumgebung ich später promovierte [Adam01]. Dort habe ich vor allem die softwaretechnische Seite der Simulation kennengelernt. In den ersten Jahren meiner beruflichen Tätigkeit bei der Daimler AG wurde die Entwicklung des elektrohydraulischen Bremssystems SBC durch Hardware-in-the-Loop-Simulationen flankiert. Während meiner Zeit als Berechnungsingenieur im selben Hause habe ich große, komplexe Gesamtfahrzeugmodelle für die Fahrkomfortsimulation mithilfe einer kommerziellen Simulationsumgebung entwickelt und verwendet. Die Phase der Einführung der sogenannten Digitalen Prototypen, die heute Standard in der Automobilentwicklung sind, habe ich an mehreren Projekten erlebt [AdJD07]. Heute als Professor für *Versuch und Simulation in der Fahrwerktechnik* an der Hochschule für Angewandte Wissenschaften Hamburg lehre ich dort diese Thematik.

Hamburg, im August 2014 Dirk Adamski

Schreiben ist leicht. Man muss nur die falschen Wörter weglassen.

Mark Twain

Inhaltsverzeichnis

Teil I – Einführung in die Simulationstechnik

Das Thema *Simulation in der Fahrwerktechnik* direkt mit den Modellen von Bauteilen und Komponenten zu beginnen, wird viele Einsteiger in das Thema überfordern. Aus diesem Grund ist dieser erste Teil dem Hauptthema vorangestellt, um die wichtigsten Fragestellungen für die Modellierung und die Simulation von Fahrwerken, beginnend bei den Grundlagen, zu erklären. Auch wenn Ingenieure sich gerne direkt in das Problem stürzen, ist häufig ein Schritt zurück, um das Ganze zu betrachten, hilfreich. Vor allem, wenn nicht nur einmalig simuliert werden soll, sondern die Methode regelmäßig und auch produktiv eingesetzt werden soll.[2] Im Weiteren wird mit dem Begriff der Simulation immer die rechnerische Simulation gemeint, das heißt, dass mithilfe der Computertechnik und geeigneter Modellansätze Berechnungen durchgeführt werden.

[2] Ich werde an einigen Stellen vom *produktiven Einsatz* der Simulation sprechen. Hiermit ist gemeint, dass die Simulation regelmäßig und mit Auswirkungen auf das Produkt eingesetzt wird, das heißt, sie ist im Entwicklungsprozess integriert. In den anderen Fällen wird sie eher sporadisch und primär zum Erkenntnisgewinn eingesetzt.

1 Simulationsmethoden

Reality is neither in the world nor in our models, but in the process of working back and forth between world and model. *E.A. Singer in [Shan75]*

1.1 Was ist Simulation?

Beginnen wir zunächst mit der umgangssprachlichen Variante der Simulation. *Der simuliert nur* oder *Simulant* ist landläufig die Bezeichnung für eine vorgetäuschte Krankheit, die *spontan* auftritt, wenn es zum Beispiel darum geht, eine bevorstehende Prüfung zu *vermeiden*. Dies trifft die eigentliche Bedeutung des ursprünglich lateinischen Wortes schon ziemlich gut (*simulare*: vortäuschen, nachbilden), auch der Brockhaus beginnt in seiner Beschreibung mit: „Das bewusste Vortäuschen von Zuständen, z. B. die bewusste (meist zweckgerichtete) Vortäuschung von Krankheiten." [Broc14].

In diesem Buch wollen wir aber eher dem Begriff des Nachbildens als dem des Vortäuschens folgen. Im Brockhaus heißt es weiter: „Die modellhafte Darstellung oder Nachbildung bestimmter Aspekte eines vorhandenen oder zu entwickelnden kybernetischen Systems oder Prozesses".

Mit dem Begriff des Systems werden wir uns im anschließenden Kapitel 2 ausführlicher auseinandersetzen. Dieser Begriff wird häufig in den unterschiedlichsten Kontexten verwendet, sodass eine Eingrenzung auf die technische Welt notwendig ist – auch, wenn die Systemtechnik universell ist und sie sich nicht auf die Technik beschränkt. Um die Modellierung von Systemen kümmern wir uns dann im Kapitel 3.

1.2 Betrachtungsweisen

Um ein reales System als Modell in der Simulation abzubilden, gibt es unterschiedliche Herangehensweisen. Keine dieser Methoden ist die einzig wahre und alles beantwortende. Es sind die unterschiedlichen Fragestellungen, welche die Methoden begründen und zum Teil auch in ihren Möglichkeiten begrenzen.

Der Blick auf die Modellwelt erfolgt in diesem Buch stark aus der Brille der Technischen Mechanik. In erster Linie stehen also das Bewegungsverhalten (Kinematik) und die wirkenden und entstehenden Kräfte und Momente (Kinetik) im Vordergrund. In dieser Welt unterscheidet man Systeme unter anderem danach, ob die Systemparameter verteilt (Kontinuum) oder konzentriert (Starrkörper) sind. Im ersten Fall muss man das Systemverhalten durch Partielle Differenzialgleichungen beschreiben, da es vom Ort und der Zeit abhängt. Im zweiten Fall durch Gewöhnliche Differenzialgleichungen, da nur eine Zeitabhängigkeit gegeben ist.[3]

[3] In diesem Zusammenhang findet man häufig die englischen Abkürzungen PDE (*Partial Differential Equation*) oder ODE (*Ordinary Differential Equation*)

Den meisten von uns ist vor allem der Ansatz der konzentrierten Parameter bekannt, da im Rahmen der Grundlagenvorlesungen der Technischen Mechanik vorwiegend dieser besprochen wird. Unter der Annahme einer homogenen, isotropen Masseverteilung konzentriert man diese Masse in einem einzigen Punkt – dem Schwerpunkt. Den Ansatz, Kräfte im Schwerpunkt eines Körpers angreifen zu lassen, kennen die Studierenden der Ingenieurwissenschaften seit ihrem ersten Semester. Auch alle anderen Kräfte greifen nach dieser Vorstellung an diskreten Punkten an. Strecken- und Flächenlasten werden dementsprechend in eine Ersatzkraft umgerechnet.

Die im Umfeld der Fahrwerkentwicklung typischerweise eingesetzten Ansätze und Werkzeuge werden im Nachfolgenden kurz vorgestellt. Wer Näheres über diese Methoden kennenlernen will, der sei auf die angegebene mannigfaltige Fachliteratur verwiesen. An dieser Stelle soll es bei einem Überblick bleiben. Im Anschluss werde ich mich dann im Wesentlichen auf die Methode der Mehrkörpersysteme beschränken.

1.2.1 Finite Elemente Methode (FEM)

Bei der Methode der Finiten Elemente[4] werden Körper oder Flächen in eine große, aber endliche (finite) Zahl von geometrisch einfachen Teilkörpern oder Teilflächen, den Elementen, zerlegt. Sie werden dann an diskreten Punkten, den sogenannten Knoten, miteinander verbunden. Aufgrund ihrer Einfachheit (Tetraeder, Dreiecke, etc.) lassen sich die Elemente schnell berechnen.[5] Ihre Geometrie ist bekannt und ihr Verformungsverhalten lässt sich als Materialgesetz hinterlegen, sodass Verzerrungen und Spannungen berechnet werden können. Da die lokalen Verformungen oft kleiner Ordnung sind, lassen sich die Zusammenhänge gut linearisieren. Es gibt aber auch Anwendungsfälle, bei denen eine Linearisierung nicht mehr möglich ist und dementsprechend nichtlineare Ansätze verwendet werden müssen (Crashberechnung). Für beide Klassen von Anwendungen gibt es entsprechende Solver.

Die Methode wird seit den 1940er Jahren ständig weiterentwickelt, sodass man von zunächst einfachen Balken- und Fachwerkstrukturen zu den heutigen sehr großen Gesamtfahrzeugmodellen die Komplexität immens gesteigert hat [Klei12].

Ein großer Vorteil dieser Methode ist, dass häufig direkt auf die Konstruktionsdaten aus dem CAD zurückgegriffen werden kann und so eine geschlossene Prozesskette darstellbar ist. Eine manuelle Transformation der Daten ist in der Regel nicht notwendig, da die FE-Programme vielfach über entsprechende Schnittstellen zu den CAD-Programmen verfügen und auch die Materialwerte und Gewichtsdaten übernehmen können. Die Art und der Grad der Vernetzung sind dann allerdings nach wie vor stark von der Erfahrung des Umsetzenden und der Fragestellung abhängig.

Hauptanwendungen dieser Methode in der Fahrwerkentwicklung sind die Bereiche der Betriebsfestigkeit, des Crashs, der Schwingungsanalyse, der Akustik und der elastokinemati-

[4] Hier ist auch die Abkürzung FEA für den englischen Begriff der *Finite Element Analysis* zu finden.

[5] Mit der Zeit sind natürlich auch deutlich komplexere Elemente entwickelt worden, doch ändert dies nichts an der Grundidee der Finiten Elemente.

schen Auslegung. Eine Erweiterung stellt die Strömungssimulation (*Computational Fluid Dynamics*, CFD) dar, die zum Beispiel für die Umströmung der Bremse genutzt wird, um deren ausreichende Kühlung nachweisen zu können.

Die im Bereich der NVH-Analysen (*Noise Vibration Harshness*) verwendeten Modelle werden im Frequenzbereich eingesetzt und können bis in die Akustik hinein verwendet werden. Im Bereich der Betriebsfestigkeit werden Spannungsanalysen vorgenommen, mit deren Hilfe kritische Bauteile oder Bauteilstellen ermittelt werden sollen, an denen unter Umständen Schäden auftreten können. Immer mehr wird in diesem Fall für die Lasteinleitung neben der Verwendung von Messdaten realer Fahrzeuge oder Komponenten auch auf die MKS-Simulation von Fahrzeugen auf digitalisierten Strecken [Adam07] oder die Berechnung mit Prüfstandsmodellen zurückgegriffen [Neuw04]. Im Sinne des Leichtbaus werden die Analysen auch genutzt, um spannungsoptimiert zu konstruieren, das heißt, nur dort Material einzusetzen, wo es auch benötigt wird.

Die Gesamtfahrzeugmodelle, wie sie zum Beispiel für NVH-, Crash- oder auch Betriebsfestigkeitsberechnungen benötigt werden, sind in den letzten Jahren immer feiner vernetzt worden, sodass sie bereits mehrere Millionen Freiheitsgrade enthalten. Dieser Trend scheint unaufhaltsam und nur durch die jeweilige Rechnerleistung begrenzt zu sein. Aufgrund dieser Modellgrößen ist man von einer Echtzeitfähigkeit weit entfernt. Auch stark vereinfachte Modelle sind in der Regel nicht für Echtzeitanwendungen geeignet.[6] Welche Rolle diese Gesamtfahrzeugmodelle im Kontext der Fahrwerksimulation spielen, wird in Kapitel 15 ausführlicher behandelt.

1.2.2 Mehrkörpersysteme (MKS)

Mit der Methode der Mehrkörpersysteme[7] werden allgemein Mechanismen als Verbindungen von ideal starren Körpern, deren Masseneigenschaften im Schwerpunkt konzentriert sind, die keine eigene Ausdehnung haben und ideale Gelenke besitzen, gesehen.[8] Darüber hinaus können masselose Kraftelemente, wie Federn oder Dämpfer, und Zwangsbedingungen (*Constraints*) zwischen den Körpern wirken. Die Anzahl der Freiheitsgrade ist um Größenordnungen geringer, als bei den FEM-Ansätzen. Sie reichen von einstelligen Werten bei Einfachmodellen bis zu wenigen hundert Freiheitsgraden von sehr komplexen Gesamtfahrzeugmodellen. Damit sind ganz andere Rechenzeiten möglich als bei den FE-Rechnungen, sodass abhängig von der Modellkomplexität bei einigen Modellen die Echtzeitfähigkeit garantiert werden kann. Darüber hinaus können große, nichtlineare Bewegungen abgebildet werden, wie sie zum Beispiel beim Ein- und Ausfedern des Rades entstehen (siehe auch Abschnitt 2.1.5). Die Berechnungen erfolgen in der Regel im Zeitbereich. Die grundlegende Idee der Mehrkörper-

---

[6] Wer mit dem Begriff der *Echtzeit* noch nichts anfangen kann, dem kann spätestens in Kapitel 17 geholfen werden.

[7] Häufig ist auch die Abkürzung MBS für den englischen Begriff *Multi Body Systems* bzw. MBD für *Multi Body Dynamics* zu finden.

[8] Zum Beispiel in [BrPf92] oder [ScWa99] werden elastische Mehrkörpersysteme im Sinne der Höheren Technischen Mechanik besprochen, bei denen neben den sechs Starrkörperfreiheitsgraden noch die zusätzlichen elastischen Verformungsmöglichkeiten betrachtet werden. Im Weiteren gehe ich aber überwiegend von starren Körpern aus.

systeme ist für die meisten Ingenieure sofort einsichtig, da sie dem entspricht, was sie in ihren Grundlagenvorlesungen der Statik und Dynamik im Rahmen der Technischen Mechanik in den ersten Semestern ihres Studiums gehört haben.

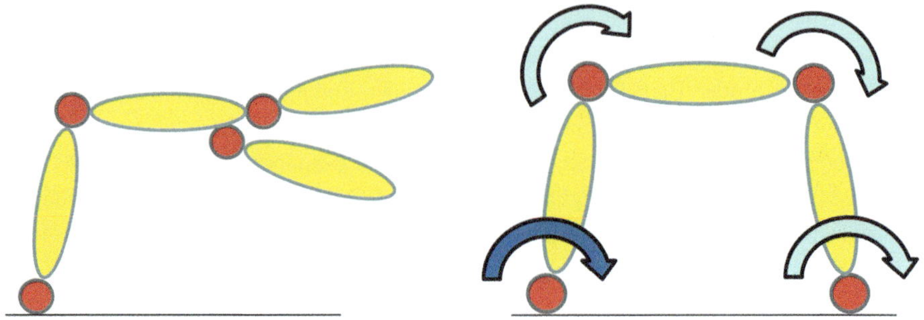

Bild 1.1 Topologie eines Mehrkörpersystems (links offen, rechts geschlossen)

Die Topologie des Mehrkörpersystems hat einen großen Einfluss auf die Rechenzeit. Man unterscheidet zwischen einer offenen (Baumstruktur) und einer geschlossenen (kinematische Schleife) Topologie (Bild 1.1). Für die Baumstruktur gilt, dass die Anzahl der Gelenke n_G der Anzahl der Körper n_K und der Anzahl der Freiheitsgrade f entspricht.

$$f = n_K = n_G \tag{1.1}$$

Für die kinematische Schleife gilt jedoch, dass die Anzahl der Gelenke der Anzahl der Körper plus der Anzahl der Schleifen n_L entspricht.

$$n_G = n_K + n_L \tag{1.2}$$

Die abgebildete Schleife (ebenes Gelenkviereck) besitzt nur einen Freiheitsgrad. Alle anderen Gelenkwinkel stellen sich zwangsläufig ein. Im Fahrwerk sind beide Topologien anzutreffen, wenn die Kinematik der Radaufhängung und der Lenkung detailliert modelliert wird. Wann dies notwendig ist, wird Gegenstand in Kapitel 8 sein.

Komplexe kinematische Schleifen, wie sie in vielen Radaufhängungskonzepten vorkommen, sind in der Regel nicht mehr geschlossen lösbar. Die Lösung ist häufig nur iterativ zu finden. Hier liegt das Rechenzeitproblem. Bei geschlossen lösbaren Systemen ist die Anzahl der zu berechnenden Gleichungen a priori bekannt. Muss die Lösung iterativ herbeigeführt werden, ist die Anzahl der Funktionsauswertungen je nach Situation verschieden. Die Art und Weise wie die Lösung herbeigeführt wird, ist in den am Markt befindlichen Simulationsprogrammen unterschiedlich und damit auch der jeweilige Rechenzeitbedarf. Die Echtzeitbedingung ist für derartige Modelle häufig per Definition nicht erreichbar.

Bei den Simulationswerkzeugen für Mehrkörpersysteme ist zunächst zu unterscheiden, ob es sich um eine Multi Purpose- oder eine Special Purpose-Anwendung handelt. Die erste Gruppe ist nicht speziell für die Fahrzeugentwicklung zugeschnitten, sondern für alle Mechanismen geeignet, die sich durch diese Methode beschreiben lassen (Roboter, Maschinen, etc.). Aufgrund der Mächtigkeit dieser Werkzeuge sollte der Einarbeitungsaufwand nicht unterschätzt werden. Dafür ist man später sehr flexibel, was die Umsetzung eigener Ideen und Konzepte angeht.

Im Vergleich dazu ist die Gruppe der Special Purpose-Anwendungen auf die Belange der Fahrzeugentwicklung fokussiert und bietet Modellkataloge und Auswertemethoden aus diesem Bereich an. Manche der allgemeinen Programme lassen sich über spezielle Bibliotheken auf die fahrzeugindustriespezifischen Anwendungen anpassen. Die drei wesentlichen Multi Purpose-Werkzeuge, die in der Fahrzeugindustrie im internationalen Einsatz sind, verfügen alle über derartige Erweiterungen.

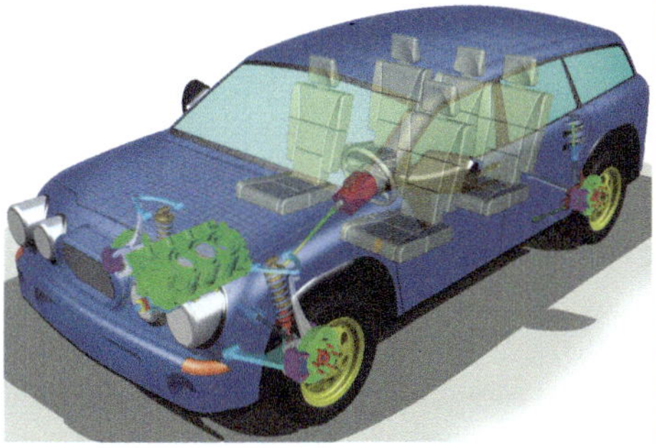

[Bildquelle MSC Software]

Bild 1.2 ADAMS/CAR

[Bildquelle Siemens PLM Software}

Bild 1.3 VEHICLE MOTION

Das Programm ADAMS (*Automatic Dynamic Analysis of Mechanical Systems)* der amerikanischen Firma MSC Software wird durch das Paket ADAMS/CAR ergänzt (Bild 1.2). Die Firma Siemens PLM Software bietet die Simulationsumgebung VIRTUAL.LAB an, deren Zusatzpaket VEHICLE MOTION (Bild 1.3) die üblichen fahrzeugtechnischen Auswertungen und Bibliotheken enthält. Älteren Berechnern ist vielleicht noch das Vorgängerprogramm DADS dieses Anbieters bekannt.

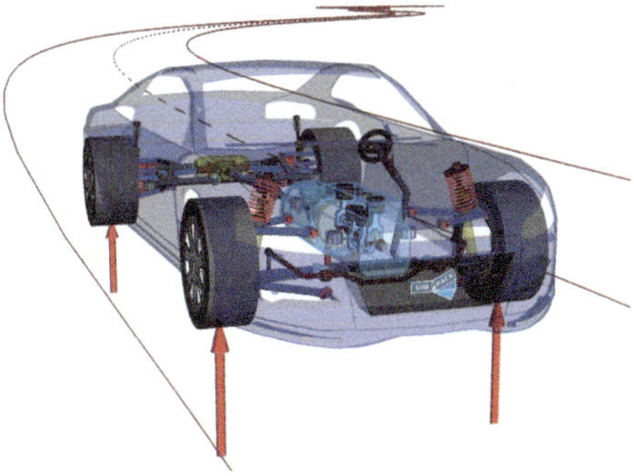

[Bildquelle Simpack AG]

Bild 1.4 SIMPACK AUTOMOTIVE+

Die deutsche Firma Simpack AG hat das gleichnamige Programm SIMPACK im Angebot, das durch die Bibliothek SIMPACK AUTOMOTIVE+ vervollständigt wird (Bild 1.4).

Beispiele für kommerzielle Special Purpose-Werkzeuge sind CARMAKER der Firma IPG Automotive (Bild 1.5) oder DYNA4 der Firma Tesis Dynaware (Bild 1.6). Sie können für die Fahrdynamiksimulation eingesetzt werden und sind echtzeitfähig. Anwendungsseitig stehen hier der Antriebsstrang und das Fahrwerk im Vordergrund, aber es gibt auch Erweiterungsmodule, um zum Beispiel Verkehrssimulationen für Fahrerassistenzsysteme durchzuführen.

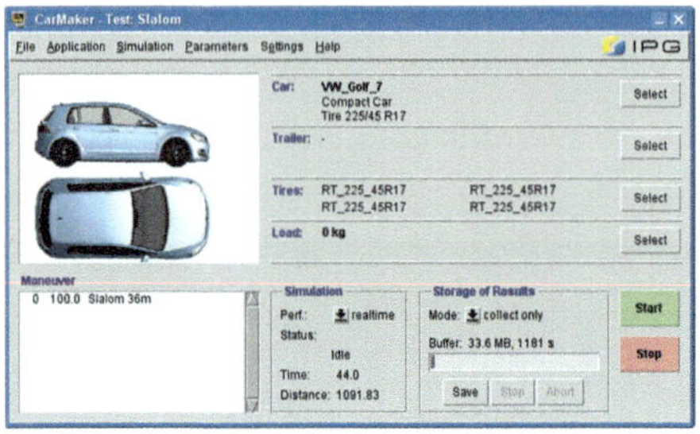

[Bildquelle IPG Automotive]

Bild 1.5 CARMAKER

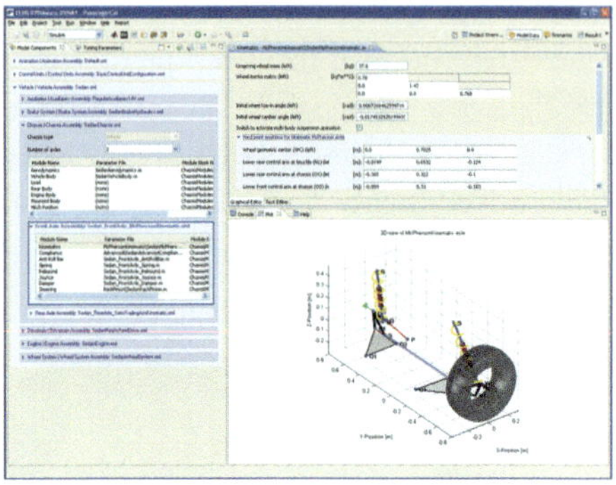

[Bildquelle Tests Dynaware]

Bild 1.6 DYNA4

Die besprochenen Simulationsumgebungen entlasten den Anwender von der Notwendigkeit, die zugrunde liegenden Formalismen zur Lösung der Bewegungsgleichungen zu kennen oder nachvollziehen zu müssen. Auf diese Weise vergrößert sich die Zahl der potenziellen Nutzer drastisch. Nichtsdestotrotz ist ihre Zahl gegenüber der deutlich älteren Methode der Finiten Elemente um ein Vielfaches geringer. Versuche die Simulationsumgebungen mit gängigen CAD-Systemen zu koppeln, versprechen ein Anwachsen der Anwenderzahl. So kann jeder Konstrukteur auch Berechnungen durchführen, die über die bisherigen Möglichkeiten der CAD-Systeme hinausgehen. Man sollte allerdings nicht das notwendige Know-how unterschätzen, das für komplexe Berechnungen erforderlich ist. Und erst recht nicht das, welches für die Interpretation der Ergebnisse notwendig ist.

Die wenigen Lehrstühle der Universitäten, die sich mit der Weiterentwicklung der Methode beschäftigen, verfügen häufig über sehr effiziente Simulationswerkzeuge, deren großflächige kommerzielle Anwendung durch eine geringe Benutzerfreundlichkeit und eingeschränkte Supportmöglichkeit in der Regel nicht gegeben ist. Die vorhandenen Ressourcen werden verständlicherweise zumeist in die Entwicklung der Algorithmen gesteckt.

Weiterführende Erläuterungen zu diesem Thema können allgemein zu Mehrkörpersystemen zum Beispiel in [AnZa98] und [Woer11] oder spezifischer zur Anwendung im Fahrzeugbereich in [PoSc93], [RiSc10] oder [ScHB10] gefunden werden.

1.2.3 Blockschaltbildorientierte Methoden

Die Klasse der blockschaltorientierten Methoden ist vor allem aus systemtechnischen Betrachtungsweisen entstanden, wie sie in der Regelungstechnik üblich sind. Grundlage ist ein Signalflussplan, der Übertragungsblöcke unterschiedlichster Funktion miteinander verbinden kann.

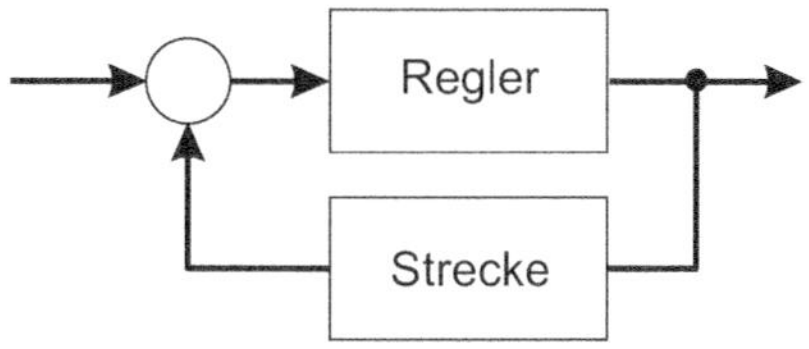

Bild 1.7 Einfacher Regelkreis

In diesem Umfeld sind die Entwickler deshalb gewohnt, blockschaltbildorientiert zu denken und dementsprechend auch zu modellieren. Häufig sind umfassende Analysen nur mit linearen Modellen möglich, die als Strecke in einen Regler eingebunden werden (Bild 1.7). Diese Strecken können mit MKS-Programmen modelliert werden. Zum Teil können nichtlineare Modelle für einen Arbeitspunkt linearisiert werden. In [KoLu94] sind Modellierungstechniken für lineare Modelle beschrieben.

Hier ist sicherlich das weitverbreiteste Programm MATLAB/SIMULINK der Firma The Mathworks. Mit diesem Programmpaket lassen sich Regler der unterschiedlichsten Komplexität erstellen. Für die kommerziellen MKS-Programme existieren in der Regel Schnittstellen, um Reglermodelle aus MATLAB/SIMULINK oder anderen vergleichbaren Simulationsumgebungen einbinden zu können. Dabei gibt es verschiedene Möglichkeiten, wie dies umgesetzt werden kann.

Das Reglermodell kann als C-Code exportiert werden und über eine geeignete Programmierschnittstelle mit dem MKS-Programm verbunden werden. Manche MKS-Programme verfügen über die Möglichkeit, das Modell als Quellcode zu exportieren und diesen dann in die Reglerumgebung einzubinden. Eine weitere Möglichkeit besteht in der Cosimulation[9], bei der entweder das MKS-Programm oder die Reglerumgebung der Master ist, das heißt, die Steuerung der Numerik und des Programmablaufs übernimmt.

Weitere kommerzielle Programmpakete sind zum Beispiel MATRIXX der Firma National Instruments oder ASCET der Firma ETAS. Im Umfeld der Open Source Community sind die Programme GNU OCTAVE oder SCICOS zu nennen, die jeweils Teilgebiete der kommerziellen Werkzeuge abdecken können.

Spezialanwendungen im Umfeld der Hydrauliksimulation sind DSHPLUS der Firma Fluidon oder AMESIM der Firma Siemens PLM Software. Es steht jeweils ein großer Katalog von Hydraulikbauteilen zur Verfügung, um ein möglichst realistisches Modell erstellen zu können. Die Anbindung an ein MKS-Programm kann häufig ebenfalls über die in diesem Abschnitt beschriebenen Methoden erfolgen.

Die angesprochenen Programmpakete sind natürlich nur eine Auswahl. Gerade auf dem Markt der Spezialanwendungen gibt es eine große Anzahl von Werkzeugen, die sich zum Teil mit ganz speziellen Fragestellungen auseinandersetzen.

[9] Das Thema Cosimulation wird in den Abschnitten 5.3 und 17.1 ausführlicher behandelt.

2 Systemtechnik

Mache die Dinge so einfach wie möglich - aber nicht einfacher.

Albert Einstein

Die Systemtechnik ist ein eigenes Wissenschaftsgebiet mit einer Großzahl von Veröffentlichungen der verschiedensten Fachrichtungen. Im Studium eines Ingenieurs trifft man häufig im Fach Regelungstechnik auf einige der nachfolgenden Begriffe. Ich versuche sie in Hinblick auf unser Hauptthema einzuführen und anschauliche Beispiele zu finden, wie sie im Fahrwerk anzuwenden sind. Als Minimalsystem zieht sich die einfache lineare Feder durch dieses Kapitel, die jedem Ingenieur spätesten seit dem ersten Semester aus der Technischen Mechanik vertraut sein dürfte.

2.1 Systembegriff

Da der Begriff des Systems im alltäglichen Sprachgebrauch häufig verwendet wird, bedarf es einer genaueren Betrachtung, um ihn im Weiteren als technischen Begriff verwenden zu können. Umgangssprachlich wird ein System oft mit politischen Gesellschaftformen, aber auch mit Gegenständen gleichgesetzt, die sich durch ihre äußere Hülle von ihrer Umgebung abgrenzen. Doch Systeme in unserem Sinne sind abstrakterer Natur, denn die realen Gegenstände enthalten eine immense Zahl von Eigenschaften, die nicht alle zur gleichen Zeit Gegenstand der Betrachtung sein können und müssen. Ein System, wie es nun im Folgenden definiert wird, ist eine abstrahierte Untermenge des Ganzen. Diese Untermenge zu finden, ist eine wesentliche Aufgabe der Systemtechnik und der in Kapitel 3 behandelten Modellbildung. Der Begriff des Systems stammt ursprünglich aus der Nachrichtentechnik, wo versucht wurde, es vom speziellen Inhalt einer Nachricht herauszulösen und dies mathematisch zu formulieren.

Der Verein Deutscher Ingenieure (VDI) beschreibt in [VDI3633] den Begriff der Simulation wie folgt:

> *Verfahren zur Nachbildung eines Systems mit seinen dynamischen Prozessen in einem experimentierbaren Modell, um zu Erkenntnissen zu gelangen, die auf die Wirklichkeit übertragbar sind.*

Diese Definition zeigt die zentrale Rolle, die das System im Rahmen der Simulationstechnik spielt. Das System stellt eine abgeschlossene Einheit dar, die aus einem oder mehreren strukturell verbundenen Elementen besteht. Der Zustand des Systems kann von anderen Systemen (oder sich selbst) abhängen und kann weitere Systeme beeinflussen (oder sich selbst). Um zu klären, was innerhalb und was außerhalb des Systems ist, muss eine Grenze – die Systemgrenze – gezogen werden, die im nächsten Abschnitt behandelt wird.

Generalisierend macht sich die Systemtechnik zunutze, dass auch physikalisch völlig unterschiedliche Systeme den gleichen Gesetzmäßigkeiten folgen und aus den gleichen Arten von Systemelementen bestehen können. Dies führt zu der Möglichkeit, Gemeinsamkeiten dieser

Systeme zu systematisieren und mit äquivalenten mathematischen Beziehungen zu beschreiben. Ziel ist es also, möglichst allgemeine Beziehungen zu formulieren, die das Systemverhalten als Funktion seiner Komponenten und deren strukturellen Verknüpfungen wiedergeben [Boss89]. Das bedeutet nicht, dass diese Systeme hinsichtlich ihrer Elemente oder ihrer Struktur gleich sind. Aber es bedeutet, dass trotz der jedem System eigenen Struktur und der ihm zugehörigen Elemente, der gleiche mathematische Formalismus ablaufen kann.

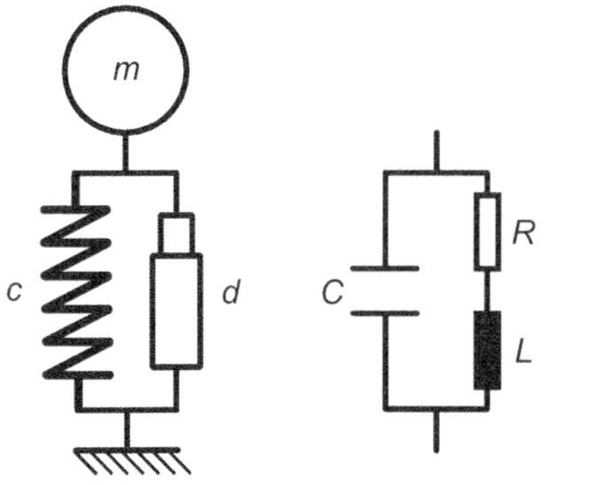

Bild 2.1 Mechanischer Einmassenschwinger (links) und elektrischer Schwingkreis (rechts)

Vielleicht ist dem ein oder anderen die Analogie zwischen dem Einmassenschwinger aus der Technischen Mechanik mit den Eigenschaften der Masse m, der Federsteifigkeit c und der Dämpferkonstante d und dem Schwingkreis der Elektrotechnik mit den Eigenschaften des OHMschen Widerstands R, der Induktivität L und der Kapazität C schon einmal im Studium begegnet (Bild 2.1).

Beide Systeme lassen sich, so unterschiedlich sie sind, mit den gleichen Systemgleichungen beschreiben. Die Differenzialgleichungen zweiter Ordnung, die das Systemverhalten eines freien Schwingers beschreiben, sind vom Grundsatz her identisch.

Einmassenschwinger: $$f(x) = m\ddot{x} + d\dot{x} + cx \tag{2.1}$$

Schwingkreis: $$f(i) = LC\frac{d^2 i}{dt^2} + RC\frac{di}{dt} + i \tag{2.2}$$

2.1.1 Systemgrenze

Eine Systemdefinition ist der Versuch, einen realen Sachverhalt zu beschreiben. Dabei spielt immer die Fragestellung, mit der das System untersucht werden soll, eine maßgebliche Rolle. Aspekte, die nicht mit dieser Fragestellung zusammenhängen, werden dabei weggelassen. Soll zum Beispiel das Fahrverhalten eines Fahrzeuges beschrieben werden, so spielt die Eigenschaft der Wagenfarbe in diesem Zusammenhang keine Rolle. Sie kann bei der Formulierung des Systems weggelassen werden. Andere Eigenschaften können durchaus einen Einfluss auf die Fragestellung haben, aber ihre Auswirkung ist als sehr gering zu erachten. So werden auch diese Eigenschaften bei der Systembeschreibung vernachlässigt, um die Komplexität und den Umfang der Beschreibung zu reduzieren. Ob eine Sonnenblende ausgeklappt ist oder nicht, wird, obwohl sich der Schwerpunkt des Fahrzeuges verschieben wird, keine nachweisbare Auswirkung auf das Fahrverhalten haben. Ob ein Retractable Hardtop eines

Roadsters geöffnet ist oder nicht, kann dann bezüglich des Fahrzeugschwerpunktes unter Umständen nicht mehr vernachlässigt werden.

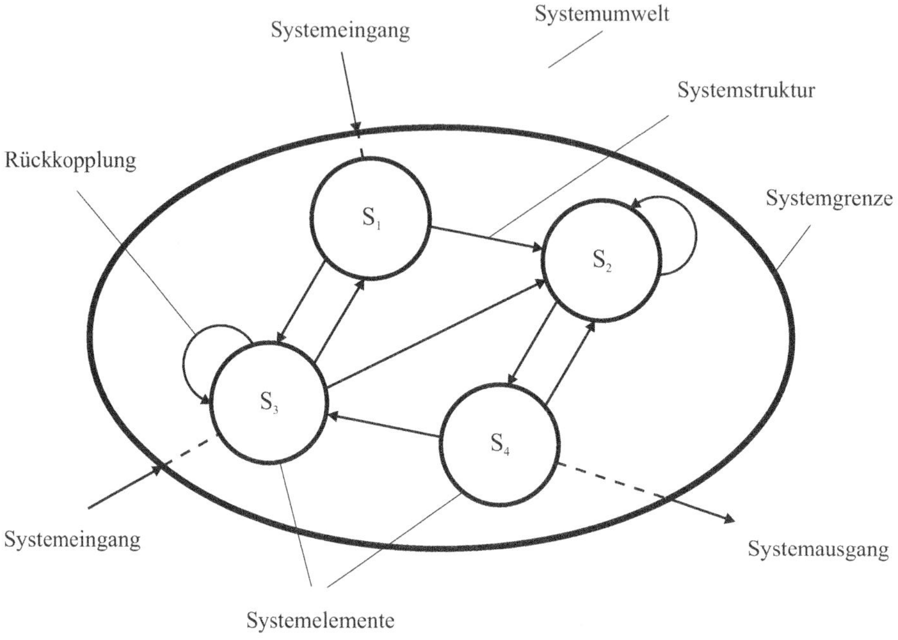

Bild 2.2 Systemstruktur

Dieser Vorgang wird auch als *Separation* bezeichnet [Schw90]. Der Abgrenzungsprozess ist wesentlich, denn ein System bestimmt sich vor allem daraus, was es enthält und was es nicht enthält, also was sich außerhalb der Systemgrenze befindet [Cell91]. Außerhalb der Systemgrenze befindet sich die Systemumwelt, die jedoch auch begrenzt werden muss, da nur der für die jeweilige Fragestellung relevante Teil der Umwelt betrachtet werden kann [Ropo75]. Innerhalb der Systemgrenze findet eine starke Interaktion der inneren Elemente statt. Mit der Außenwelt interagieren diese Elemente nur sehr schwach, nichtsdestotrotz können über die Systemgrenze Informationen, Energie oder auch Stoffe in das System hineingelangen und es auch wieder verlassen (Bild 2.2). Umweltfaktoren, die nicht unmittelbar von den Elementen des Systems beeinflussbar sind, werden als externe Systemgrößen betrachtet [Boss89].

Nehmen wir zum Beispiel die Radbremse als System, so wird die Wärme, die bei der Umwandlung der Bewegungsenergie entsteht, an die Umgebung abgegeben und ist damit kein Bestandteil des Systems mehr. Soll die Standfestigkeit der Bremse untersucht werden, so muss eine Energiebilanz erstellt werden. Verlässt weniger Wärme das System, als erzeugt wird, so heizt sich die Bremse auf.

Soll ein gesamtes Fahrzeug als System beschrieben werden, so muss die Grenze zur Umwelt festgelegt werden. Während der Reifen noch dazu gehören wird, ist die Straße bereits außerhalb des Systems. Während die Karosserieform mit ihrer Aerodynamik zum System gehört, wird die Luft mit ihrer Geschwindigkeit und Richtung außerhalb der Grenze liegen. Der Vorteil in dieser Grenzziehung liegt darin, dass dasselbe System *Fahrzeug* mit verschiedenen Straßen- oder Seitenwindanregungen verwendet werden kann. In vielen Simulationsumgebungen wird dies dadurch berücksichtigt, dass sich die Straßeninformationen ($z(x, y)$, $\mu(x, y)$) und der Wind (Geschwindigkeit, Richtung) unabhängig vom Fahrzeugmodell angeben lassen. Manchmal aber auch nicht, denn wenn die Straßeninformation integraler Bestandteil des Reifenmodells ist, kann dies unter Umständen zu einem erhöhten Aufwand führen. Dieser Problematik nähern wir uns im Abschnitt 12.5.

Neben der Grenzdefinition, was ist Innen und was ist Außen, muss auch die Kommunikation zwischen dem Inneren und dem Äußeren beschrieben werden. Es müssen Schnittstellen definiert werden, deren Zahl aber so gering wie möglich sein sollte. Auch hier muss eine Auswahl getroffen werden, welche Schnittstellen für die jeweilige Fragestellung zwingend notwendig und welche unnötig sind und welche vernachlässigt werden können. Über diese Schnittstellen kommunizieren die verschiedenen Systeme miteinander.

2.1.2 Kausalität

Die Anzahl der beschriebenen Schnittstellen wird immer kleiner gleich der realen Schnittstellen sein. Man muss darauf achten, dass auch nach einer Reduktion alle Schnittstellen noch *kausal* zusammenhängen. Kausalität bedeutet, dass der Zusammenhang zwischen Ursache und Wirkung nicht außer Kraft gesetzt wird.[10] Die Natur sorgt von alleine für diese Forderung, wenn man sie allerdings mit eigenen Worten und Algorithmen beschreiben soll, kann dies schon einmal durcheinander gehen. Hier ist vor allem der zeitliche Aspekt zu sehen. Ein Ereignis U (Ursache) kann unter bestimmten Bedingungen ein Ereignis W (Wirkung) hervorrufen. Dies bedeutet, dass die Ursache U immer der Wirkung W zeitlich vorausgehen muss. W kann niemals eintreten, wenn nicht vorher U eingetreten ist. Eine einfache Möglichkeit dies zu veranschaulichen, ist eine einfache Rechenaufgabe, die in zwei Teilschritten beschrieben wird (Bild 2.3).

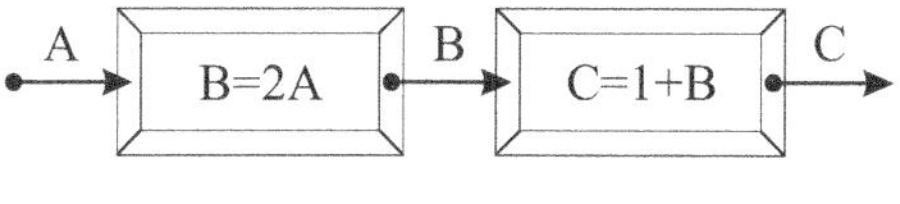

Bild 2.3 Kausalität einer Rechenaufgabe

Zunächst muss A vorliegen, daraus errechnet sich das Ergebnis B und dies wird in einem weiteren Schritt zur Berechnung von C benötigt. Eine Berechnung von C ohne das B vorliegt, wird also nicht zum richtigen Ergebnis führen. Dieser Zusammenhang ist zwingend. Aber es erschließt sich sicherlich nicht jedem sofort, warum diese Reihenfolge nicht immer *von selbst* eingehalten werden sollte.

Diejenigen Leser, die mithilfe einer höheren Programmiersprache in der Lage sind, das System mit einem eigenen Programm oder Programmteil zu erstellen, kennen die sogenannte If-Abfrage. Mit ihrer Hilfe kann man eine WENN-DANN-Beziehung erstellen. WENN eine be-

[10] Wie der Volksmund sagt: Erst kommt die Faust, dann kommt der Schmerz.

stimmte Situation vorliegt (z. B. $A > 0$), DANN führe die folgende Anweisung aus ($B = 2\ A$). Die Profis wissen natürlich, dass das obige Beispiel unvollständig ist. Aber genau hier liegt ein möglicher Fehler, der zur Verletzung der Kausalität beitragen kann. Die vollständige Beziehung heißt WENN-DANN-ANSONSTEN. Für unser Beispiel könnte dies bedeuten: WENN $A > 0$ DANN $B = 2\ A$ ANSONSTEN $B = 0$. Der erste Ansatz enthält nur für den Fall, dass $A > 0$ ist, eine Anweisung. Wäre $A \leq 0$ würde die Berechnung von B nicht erfolgen. B wäre entweder nicht definiert[11] oder es wäre aus dem letzten Berechnungsschritt vielleicht noch ein alter Wert für B erhalten, der anstelle des richtigen Wertes verwendet würde. Die Rechnung läuft weiter und man stellt dies unter Umständen gar nicht fest. Gegebenenfalls könnte das Argument auftauchen, dass in diesem speziellen Fall A physikalisch gar nicht kleiner oder gleich Null sein kann, weil es zum Beispiel um eine Masse geht. Das mag richtig sein, aber durch einen Fehler im vorherigen Programmablauf könnte ja trotzdem eine negative Masse entstanden sein oder der spätere Benutzer hat vielleicht fehlerhafte Angaben für die vom Programm genutzten Parameter gemacht. Hier gilt der Ansatz:

Wenn etwas falsch gemacht werden kann, wird es falsch gemacht!

Diejenigen Leser ohne eigene Programmierkenntnisse müssen darauf vertrauen, dass die beauftragten Profis diesen Ansatz beherzigen und mögliche Fehler abfragen.

Eine weitere Möglichkeit die Kausalität zu verletzen, besteht darin, den ursprünglich seriellen Ablauf der Aufgabe zu parallelisieren. Aus Gründen der Rechenzeitersparnis und der Verfügbarkeit entsprechender Hardware werden komplexe Rechnungen aufgeteilt und gleichzeitig auf verschiedenen Prozessoren gerechnet und hinterher wieder zusammengefügt. Dies ist natürlich nicht für jeden Typ von Aufgabe möglich, aber einige drängen sich dafür geradezu auf. In diesen Fällen muss man streng darauf achten, ob es Abhängigkeiten zwischen den parallelisierten Teilprogrammen gibt, die zu einer Verletzung der Kausalität führen könnten.

2.1.3 Übertragungsverhalten

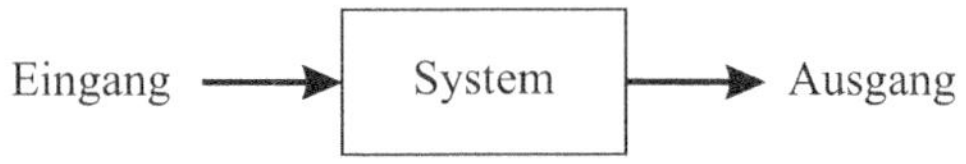

Bild 2.4 Allgemeiner Systembegriff

Die Systemtechnik entstand, wie beschrieben, ursprünglich aus einer Fragestellung der Elektrotechnik, speziell der Nachrichtentechnik, bei der Effekte bei der Übermittlung von Nachrichten durch die Variation von Strom und Spannung über elektrische Übertragungseinrichtungen untersucht wurden. In der klassischen Systemtechnik wurde der Zusammenhang zwischen den Eingangsgrößen und den Ausgangsgrößen eines linearen, zeitinvarianten Systems im Frequenzbereich gesucht. Hieraus entstand der Begriff der Übertragungsfunktion, der frühzeitig auch in der Regelungstechnik Einsatz fand. Im Vordergrund steht nach wie vor die Reaktion eines gegebenen Systems auf Einflüsse von außen. Diese äußeren Einflüsse werden als Eingangsgrößen bezeichnet. Die Systemantwort auf die Einwir-

[11] Was abhängig von der Programmiersprache zu einem Programmabbruch führen kann und somit keine *falschen* Ergebnisse liefern würde oder im ungünstigeren Fall zu einem beliebigen Ergebnis.

kung der Eingangsgröße (Ursache) wird naheliegenderweise Ausgangsgröße (Wirkung) genannt. Die Systemtechnik versucht die Verbindung der Ausgangsgröße und der Eingangsgröße eines dynamischen Systems, so allgemein wie möglich zu formulieren (Bild 2.4).

Als konkretes Beispiel kann man sich eine lineare Stahlfeder vorstellen (Bild 2.5). Sie hat das einfache Kraftgesetz $F = c \cdot ds$, wenn F die Kraft, c die Steifigkeit und ds die Auslenkung ist. Das System Feder hat also ein Übertragungsverhalten, das sich durch ihre Steifigkeit darstellen lässt. Besteht die Eingangsinformation aus dem Weg der Auslenkung, so wandelt sie ihn in eine Kraft um, die wir dann als Ausgangsgröße betrachten.

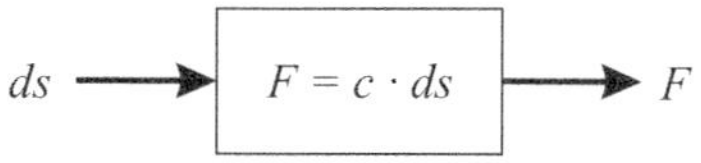

Bild 2.5 Feder als System mit der Auslenkung als Eingang

Selbst für dieses simple Beispiel sind ein paar Vereinbarungen zu treffen, damit es funktioniert. Wenn wir die reale Feder betrachten, so können wir eine Auslenkung aufbringen und werden eine Kraft messen, genauso gut können wir aber auch eine Kraft einprägen und werden dann eine Auslenkung der Feder messen. Das in Bild 2.5 dargestellte Übertragungsverhalten kann nur den ersten Fall darstellen. Für den zweiten brauchen wir ein *neues* System oder eine neue Modellierung (Bild 2.6).

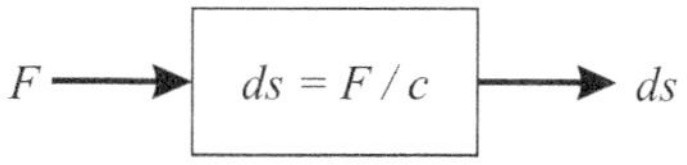

Bild 2.6 Feder als System mit der Kraft als Eingang

Ansonsten werden wir nicht das gewünschte Ergebnis erhalten. Während also die reale Feder all ihre Eigenschaften zur gleichen Zeit besitzt, beschränkt man sich bei der Darstellung als ein System mit einem Übertragungsverhalten auf die für die jeweilige Fragestellung interessanten Eigenschaften. Natürlich ist es softwaretechnisch realisierbar, dass das System den Typ der Eingangsinformation erkennt und dann die richtige Form des Kraftgesetzes anwendet. Das ändert aber nichts Grundlegendes daran, dass man die Vereinbarung treffen muss, was bei der jeweiligen Eingangsinformation passieren muss.

2.1.4 Wertebereich

Eine weitere Vereinbarung betrifft den Wertebereich der Eingangs- und der Ausgangsinformation. Sofort einsehbar ist die Frage der Einheiten. Ist die Steifigkeit c unserer Feder in N/m angegeben, so muss die Auslenkung auch in Metern angegeben werden. Wird sie fälschlicherweise in Millimetern eingegeben, so erhält man um den Faktor Tausend zu große Kräfte. Zum Wertebereich gehört auch das Vorzeichen. Sind Auslenkungen kleiner Null erlaubt? In der Mechanik wird allgemein vereinbart, dass negative Wege aus der ungestreckten Länge zu negativen Kräften (Druckkräften) führen und positive Wege zu positiven Kräften (Zugkräften). Aber was ist, wenn die Eingangsinformation eine Zeit oder Masse ist? Ein mathematisch formuliertes Übertragungsverhalten liefert immer ein Ergebnis, ob dies dann noch dem realen System entspricht, muss mit in die Überlegung einfließen, wie man das System darstellt.

Bleiben wir zunächst bei unserer Feder. Das bisher verwendete Kraftgesetz gilt nur in einem bestimmten Wertebereich. Drückt man die Feder zu stark zusammen, kann sie auf Block gehen, das heißt, die einzelnen Windungen legen sich aneinander an. Zieht man sie zu stark auseinander wird der elastische Bereich verlassen und es kommt zu plastischen Verformungen. Beide Fälle bildet das einfache Kraftgesetz nicht ab. Als Konsequenz muss man entweder den Wertebereich begrenzen oder das Kraftgesetz entsprechend erweitern, ansonsten erhält man ein falsches Systemverhalten. Das Kraftgesetz liefert auch für Federlängen, die geringer als die Blocklänge sind noch Kräfte nach dem linearen Verhalten. Was ein lineares und was ein nichtlineares Verhalten ist, klären wir im nächsten Abschnitt.

2.1.5 Lineare und Nichtlineare Systeme

Systeme werden als linear bezeichnet, wenn ihre Systemgleichung $y(t) = g(u(t))$ für beliebige $u(t)$ und für alle t die folgenden Eigenschaften hat:

Homogenitätsprinzip: $$g(c \cdot u(t)) = c \cdot g(u(t)) \tag{2.3}$$

Superpositionsprinzip: $$g(u_1(t) + u_2(t)) = g(u_1(t)) + g(u_2(t)) \tag{2.4}$$

Ist mindestens eines dieser beider Prinzipe verletzt, handelt es sich um ein nichtlineares System.

Das Homogenitätsprinzip bedeutet, dass sich bei einer Verdoppelung der Eingangsgröße $u(t)$ eine Verdoppelung der Ausgangsgröße $g(u(t))$ ergeben muss. Wenn wir wieder die Feder aus dem letzten Abschnitt betrachten, so gilt dies für das formulierte Kraftgesetz. Der Arbeitsbereich der Feder, dort wo sie sich ausschließlich elastisch verformt, ist also linear. Sobald die Windungen auf Block gehen oder die Streckgrenze überschritten wird, gilt dieser Zusammenhang nicht mehr und das Verhalten wird nichtlinear. An diesen Stellen erfolgt der Übergang zu einem anderen Kraftgesetz.

Das Superpositionsprinzip sagt aus, dass die Wirkung (Ausgangsgröße) einer zusammengesetzten Eingangsgröße $u_1(t) + u_2(t)$ dieselbe sein muss, wie die Summe der Ausgangsgrößen für die einzelnen Eingangsgrößen. Dieses Prinzip ermöglicht es erst, größere Systeme durch die Kombination von Teilsystemen darzustellen. In Abschnitt 3.9 wird dieses Prinzip für den Begriff der Modularisierung verwendet.

Bereits relativ früh wird man als Ingenieur mit der Linearisierung vertraut gemacht. In der Regel sind die Trigonometrischen Funktionen *schuld*. Spätestens im ersten Semester der Mechanik hört man, dass für kleine Winkel um einen Arbeitspunkt folgender Zusammenhang gilt:[12]

$$\sin \alpha \approx \alpha \tag{2.5}$$

$$\cos \alpha \approx 1 \tag{2.6}$$

[12] Natürlich gilt dies nur für Winkel in Radiant, aber diese Erklärung ist trivial und scheidet daher aus.

Eine Frage wird fast nie beantwortet: Was sind kleine Winkel und ab wann darf man nicht mehr linearisieren? Wenn man sich den Verlauf der beiden Funktionen von 0 bis $\pi / 2$ ansieht, so erkennt man gerade beim Cosinus eine stark ansteigende Abweichung (Bild 2.7).

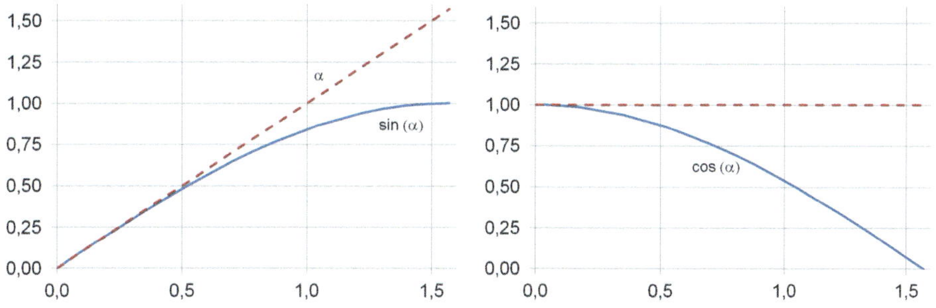

Bild 2.7 Linearisierter und tatsächlicher Verlauf der trigonometrischen Funktionen

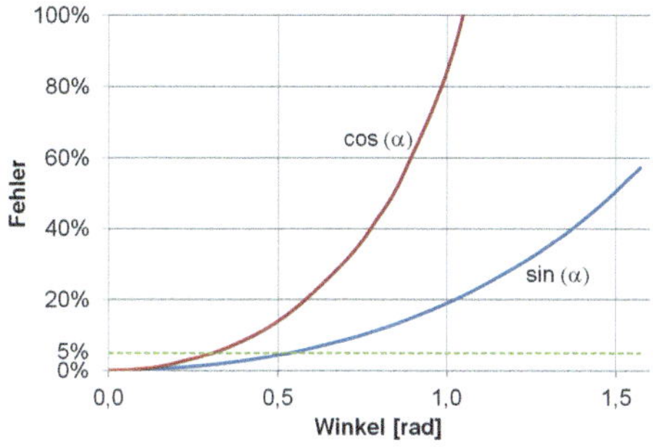

Bild 2.8 Relativer Fehler der Linearisierung

Es gibt natürlich keine allgemeingültige Antwort bis zu welchem Bereich man linearisieren darf – der akzeptierte Fehler hängt wie üblich von der Fragestellung ab. Aber leider ignorieren wir Ingenieure häufig solche mathematischen Zusammenhänge und nicht selten werden linearisierte Modelle weit jenseits ihres Gültigkeitsgebietes verwendet.[13] Würde man einen Fehler von 5% akzeptieren, so ließe sich der Sinus bis 0,54 (31°) und der Cosinus bis ungefähr 0,31 (18°) verwenden. Da zumeist beide Funktionen gleichzeitig verwendet werden, läge die Grenze für die Nutzung des linearisierten Modells also bei knapp 0,31 (18°) (Bild 2.8).

Kann das System konstruktionsbedingt keine größeren Winkel erreichen, ist man auf der sicheren Seite. Das Problem der Linearisierung liegt nicht in der Beantwortung der Frage, was kleine Winkel sind, sondern in der potenziellen Nutzung der Linearisierung für beliebige Winkel. Hat man sein System erst einmal linear beschrieben, wird man es für die verschiedensten Anwendungen einsetzen wollen. Dabei verliert man oft den Grundgedanken aus den Augen, da dies ja nur für die direkte Umgebung des Arbeitspunktes gilt, um den man linearisiert hat. Insbesondere dann, wenn das Modell von Dritten verwendet wird, die unter Umständen von dieser Einschränkung nichts wissen.

Die Linearisierung macht Sinn, um Formelzusammenhänge stark zu vereinfachen. Allerdings ist dies mit dem Stand der heutigen Rechnertechnik nicht immer erforderlich. Den eigenen Mathematikkenntnissen kann ein Fachmann oder ein geeignetes computeralgebraisches Pro-

[13] Alle Mathematiker und Physiker, die so etwas nie tun würden, mögen sich jetzt bestätigt fühlen.

gramm häufig auf die Sprünge helfen. Ist diese Hürde einmal erfolgreich genommen, lassen sich die nichtlinearen Modellansätze auch für *große* Winkel verwenden.

2.2 Systemverhalten

2.2.1 Systeme mit und ohne Gedächtnis

Beim Zeitverhalten eines Systems ist es wichtig, zu unterscheiden, ob das System ein *Gedächtnis* hat oder nicht. Technischer ausgedrückt, ob es einen Speicher besitzt oder eine direkte Kopplung des Ausgangssignals an das Eingangssignal. Spielt die Zeit für das Antwortsignal keine Rolle, das heißt, bei gleichem Eingangssignal wird, egal zu welchem Zeitpunkt es anliegt und abhängig vom Vorgeschehen, immer wieder dasselbe Ausgangssignal produziert, so spricht man von einem statischen System. Unser Beispiel aus dem letzten Abschnitt, die Stahlfeder, ist so ein statisches System. Das formulierte Kraftgesetz hat nur die eine Eingangsgröße der Auslenkung und besitzt keinen inneren Speicher, der vorherige Auslenkungen berücksichtigen könnte.

Dynamische Systeme reagieren abhängig von der Vorgeschichte der Eingangssignale unterschiedlich, da sie sich ihre Historie *merken*. Auf diese Weise ist ein Zeitverhalten implementiert, das dem momentanen Systemzustand entspricht. Nehmen wir als Beispiel das Modell eines Schwingungsdämpfers. Die Dämpfung entsteht dadurch, dass die Bewegungsenergie in Wärme umgewandelt wird. Da es sich primär um viskose Dämpfung handelt, ist sie hauptsächlich geschwindigkeitsproportional. Die einfachste Betrachtung ist ein statisches System mit einem Kraftgesetz $F = d(v) \cdot v$. Die Voraussetzung für diese Modellierung ist, dass die entstehende Wärme vollständig innerhalb jedes Bewegungszyklus abgebaut wird und somit die Viskosität des im Dämpfer befindlichen Öls konstant bleibt. Wird der Dämpfer nicht ausreichend gekühlt, führt dies zu einer Erwärmung des Öls und somit zu einem Absinken der Viskosität. Ein Dämpfer mit zu Beginn der Betrachtung kaltem Öl liefert also andere Ergebnisse als ein Dämpfer mit erwärmtem Öl zu einem späteren Zeitpunkt. Das System muss also bei dieser Betrachtung eine Energiebilanz enthalten, ob die Wärme an die Umgebung abgegeben werden kann oder ob sie zur Erwärmung des Öls beiträgt. Mindestens das Ergebnis dieser Bilanzierung muss gespeichert werden und ihr Einfluss auf die Viskosität implementiert werden, dann haben wir ein dynamisches System modelliert.

Reale Systeme sind letztlich immer dynamisch, da sie über ein hinreichend großes Beobachtungsintervall stets einer Änderung unterliegen (z. B. Alterungsprozesse). Nichtsdestotrotz kann oft für kürzere Beobachtungsintervalle ein statisches Verhalten des Systems angenommen werden, wenn diese Änderungen vernachlässigt werden können, das heißt, wenn sie keinen direkten Einfluss auf das interessierende Systemverhalten haben.

2.2.2 Änderungsverhalten

Für die Ein- und Ausgangssignale des Systems muss man unterscheiden, ob sie sich über der Zeit kontinuierlich (analog) oder nur zu diskreten Zeitpunkten (digital) ändern. Der Unterschied ist elementar. Bei zeitkontinuierlichen Systemen wissen wir zu jedem beliebigen Zeitpunkt wie das Systemverhalten ist und für jeden weiteren Zeitpunkt mit beliebiger zeitlicher Entfernung ebenso. Anders verhält es sich mit zeitdiskreten Signalen. Sie ändern sich nur zu bestimmten Zeitpunkten und zwischen zwei benachbarten Zeitpunkten wissen wir nicht, welche Änderung das Signal erfährt. Bleibt es bis zum nächsten Zeitpunkt konstant und springt dann auf den neuen Wert oder ändert der Wert sich kontinuierlich? Je größer der Abstand zwischen zwei Zeitpunkten ist, desto größer ist die Unsicherheit über das Systemverhalten zwischen diesen Punkten.

Beschreiben wir das Systemverhalten zum Beispiel mit gewöhnlichen Differenzialgleichungen, so gehen wir von einem stetigen Verlauf des zugehörigen Signals aus.[14] Messen wir das Systemverhalten mit einem digitalen Messinstrument, so erhalten wir nur im Zeitraster der Abtastrate Informationen über den Systemzustand. Das heißt, ein ursprünglich zeitkontinuierliches System wird aufgrund des Messverfahrens zu einem zeitdiskreten System. Betrachten wir ein schwingungsfähiges System, so ist das Verhältnis der Schwingungsdauer zur Abtastrate dafür entscheidend, was wir vom Systemverhalten mitbekommen. In der Verarbeitung digitaler Signale werden hierfür die Begriffe Abtasttheorem und Alias-Effekt verwendet, letzterer wird in Bild 2.9 deutlich. Wird das System zu langsam abgetastet, wird ein Schwingungsverhalten *gemessen*, dass in keiner Weise dem realen Verhalten entspricht. Die Abtastrate muss also ein Vielfaches der Eigenfrequenz betragen, damit der wahre Verlauf des Signals deutlich wird.

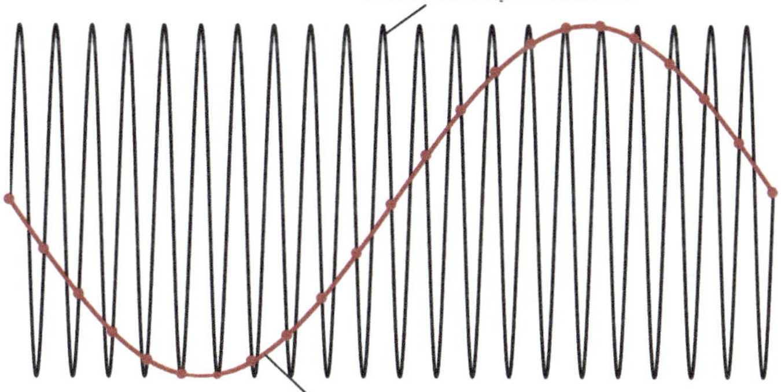

Bild 2.9 Abtastung eines analogen Signals mit zu niedriger Abtastrate

Simulieren wir das Systemverhalten, verwenden wir dafür in der Regel numerische Näherungsverfahren, wie sie in Kapitel 4 beschrieben werden. Hier führt anstatt der Abtastrate des Messverfahrens die Schrittweite des Integrationsverfahrens zur Diskretisierung des Zeitverhaltens unseres Systems. Auch hier gilt, dass die Schrittweite deutlich kleiner sein muss, als das Zeitverhalten, das wir beobachten wollen.

[14] Wir bleiben hier im Rahmen der Technischen Mechanik und blicken nicht auf die Quantenmechanik, bei der sich letztlich doch alles diskret ändert.

Aber nicht nur das Zeitverhalten wird diskret dargestellt. Auch die Amplitude des Signals wird aufgrund einer endlichen Darstellungsgenauigkeit diskretisiert. Dafür muss zunächst der zu betrachtende Zahlenraum bekannt sein, dann wird er in n gleiche Teile unterteilt, wenn n die zu erzielende Genauigkeit ist. Nehmen wir als Beispiel ein Beschleunigungssignal, dessen Wertebereich wir mit ± 5 g (± 5 · 9,81 m/s² = ± 49,033 m/s²) einschätzen. Als Darstellungsgenauigkeit nehmen wir 8 Bit an, womit wir $2^8 = 256$ verschiedene Werte darstellen können. Teilen wir die Bandbreite des Signals von 10 g durch 256 erhalten wir eine Auflösung von 0,383 m/s². Wir können also nur ganzzahlige Vielfache dieses Wertes auswerten. Sind wir an kleineren Werten interessiert, so müssen wir den Wertebereich einschränken oder die Darstellungsgenauigkeit erhöhen. Ein Messwert, der als Zahl 17 ausgewertet würde, stellt dann den Wert -49,033 m/s² + 17 · 0,383 m/s² = -42,521 m/s² dar. Wie Werte kleiner -5 g oder größer +5 g dargestellt werden, muss definiert werden.[15]

Da die Simulationen von Systemen auf digitalen Rechnern stattfinden (auch wenn tatsächlich alles analog begann), werden also auch alle berechneten Signale wertdiskret dargestellt. Bei unserer heutigen Rechnertechnik ist eine Darstellungsgenauigkeit von 64 oder gar 128 Bit kein wirkliches Problem mehr. Spätestens, wenn man sich mit der Einbindung von realen digitalen Regelsystemen beschäftigt, wird man sich auch mit geringeren Genauigkeiten beschäftigen müssen. Das bedeutet, dass die berechneten Signale sowohl zeit- wie auch wertdiskret sind, was in Bild 2.10 verdeutlicht wird.

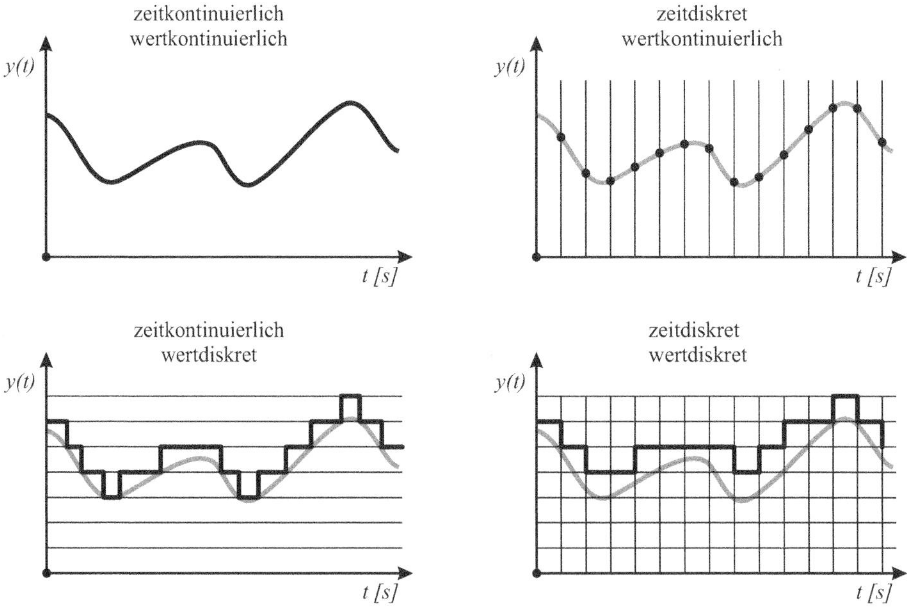

Bild 2.10 Zeit- und Wertdiskretisierung eines Signals

[15] Man kann zum Beispiel einen Fehler generieren (*Overflow/Underflow*) oder den maximal bzw. minimal darstellbaren Wert fortschreiben.

2.3 Fragestellungen aus der gegebenen Systemstruktur

Abhängig von den gegebenen Systembestandteilen Eingangssignal, Übertragungsverhalten und Ausgangssignal ergeben sich unterschiedliche Fragestellungen, die nachfolgend beschrieben werden. In diesem Buch beschäftige ich mich fast ausschließlich mit der Analyse der Fahrwerkkomponenten – nichtsdestotrotz stelle ich Ihnen die beiden anderen Vorgehensweisen kurz vor.

2.3.1 Systemanalyse

Der häufigste Fall für eine Simulation ist die sogenannte Analyse. Wir kennen das Systemverhalten, da wir das Übertragungsverhalten selbst formuliert haben oder wissen wie es formuliert wurde. Wir wissen also, wie das Kraftgesetz unserer Feder aussieht. Dann kennen wir die Eingangssignale, die unser System erfahren wird. Im Falle der Feder könnten das verschiedene Weganregungen sein. Gesucht werden die Ausgangssignale, welche die Feder produziert, wenn sie mit den Anregungen beaufschlagt wird. Im Falle der Feder (Bild 2.11) kann man sich die Rechnung fast sparen, aber es ist hoffentlich einsichtig, dass bei komplexeren Systemen die Antwort nicht immer auf der Hand liegt.

Wir erwarten bei dieser Konstellation eine eindeutige, reproduzierbare Antwort. Wir kennen das System vollständig[16], sonst hätten wir es nicht beschreiben können und haben damit ein sogenanntes White-Box-System.

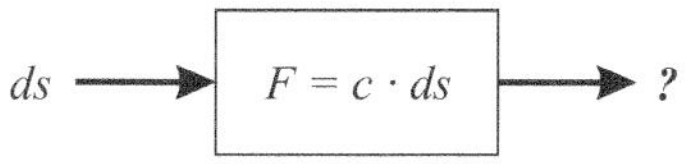

Bild 2.11 Analyse der Feder

2.3.2 Systemidentifikation

Im Gegensatz zum vorherigen Fall kennen wir unser System nicht oder nicht vollständig – wir haben ein sogenanntes Black-Box-System. Wir haben zum Beispiel ein System eines Mitbewerbers auf dem Tisch liegen und wollen im Sinne eines Benchmarkings wissen, wie es funktioniert. Oder wir haben schlichtweg keine Ahnung (bzw. nicht die richtige mathematische Beschreibungsform), wie wir das Verhalten beschreiben sollen. Wir werden versuchen, das Systemverhalten zu identifizieren. Dafür testen wir das Verhalten des Systems auf verschiedene Eingangssignale, indem wir die zugehörigen Ausgangssignale messen. Mithilfe der Verfahren der Systemidentifikation versuchen wir, ein Ersatzsystem zu formulieren, welches dasselbe Verhalten zeigt. Wir suchen also das sogenannte Übertragungsverhalten.

Mit etwas Erfahrung und den richtigen Methoden werden wir hoffentlich ein passendes Ersatzsystem finden. Dieses System ist aber direkt abhängig von den Eingangssignalen, die wir zur Identifikation verwendet haben. Nutzen wir das ermittelte Übertragungsverhalten später für andere Signalarten oder Wertebereiche kann die Gültigkeit des Ersatzsystems unter Umständen schnell verlassen werden.

[16] Im Sinne der für diese Fragestellung notwendigen Vollständigkeit.

Das Ersatzsystem ist nicht eindeutig, das heißt, es ist *nur* eine mögliche Lösung. Es kann auch beliebig viele andere Lösungen geben, die für die gewählten Eingangssignale zu denselben Ausgangssignalen kommen. Physikalische Parameter des realen Systems lassen sich nur dann abschätzen, wenn die Grundidee des Ersatzsystems diese auch berücksichtigt hat.

Bild 2.12 Identifikation der Feder

Würden wir unsere Feder identifizieren, so wären wir schnell fertig (Bild 2.12). Ein paar Auslenkungen der Feder führen uns zu einer Geraden und die Parameter der Geradengleichungen lassen sich bekanntlich mit zwei Punkten finden. Versuchen wir das doch einmal mit einem ABS-Regler…

2.3.3 Systemsteuerung

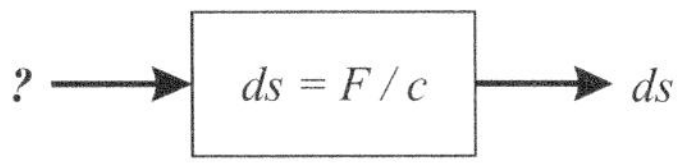

Bild 2.13 Steuerung der Feder

Im letzten Fall, den die Kombinatorik bei drei Elementen bereithält, kennen wir das Systemverhalten (White-Box) und das gewünschte Ausgangssignal. Wir suchen also das passende Eingangssignal. Je nach System gibt es genau eine oder auch mehrere Lösungen für das gesuchte Problem. Es geht also um die richtige Ansteuerung unseres Systems, unter der Voraussetzung, dass dieses auch mit dem System erreichbar ist. Im Fall der Feder ist die Frage, welche Kraft benötigen wir, um die gewünschte Auslenkung zu erhalten (Bild 2.13).

Soll eine bestimmte potenzielle Energie in der Feder gespeichert werden, so gilt

$$E_P = \frac{1}{2}\, c\, ds^2 \tag{2.7}$$

womit zwei mögliche Lösungen existieren, da die Feder die Energie sowohl als Druckkraft, wie auch als Zugkraft speichern kann.

3 Modellbildung

Es zeichnet einen gebildeten Geist aus, sich mit jenem Grad an Genauigkeit zufrieden zugeben, den die Natur der Dinge zulässt, und nicht dort Exaktheit zu suchen, wo nur Annäherung möglich ist. *Aristoteles, Nikomachische Ethik*

3.1 Am Anfang steht das Problem

Die Modellbildung ist sicherlich die aufwendigste und wichtigste Aufgabe, wenn es um die Simulation von technischen Systemen im Allgemeinen und Fahrzeugen im Besonderen geht. Alle Fehler, die in dieser Phase gemacht werden, ziehen sich durch alle nachfolgenden Schritte und verursachen so einen erheblichen Aufwand und somit entsprechende Kosten. Aus diesem Grund sollte man sich für die Modellbildung genügend Zeit nehmen und sorgfältig vorgehen. Sogenannte Quick-and-dirty-Lösungen führen zwar oft zu schnellen Ergebnissen, deren Qualität ist aber häufig nicht ausreichend, um daraus Entscheidungen für das Produkt zu treffen.[17]

Da die Modellbildung sehr stark von der Aufgaben- und der Fragestellung und dem zu modellierenden realen System abhängt, gibt es für diesen wichtigen Schritt wenige formalisierte Vorgehensweisen. Welches das passende physikalische oder mathematische Ersatzmodell für die Kombination aus Fragestellung und System ist, kann nicht immer eindeutig beantwortet werden. Sicherlich spielt auch der technische Hintergrund des Modellierers eine Rolle. Wer zum Beispiel viel mit blockschaltbildorientierten Werkzeugen arbeitet, wird auch für Fahrwerkfragestellungen zunächst zu diesem Mittel greifen. Wer eher der Gedankenwelt der Technischen Mechanik folgt, für den wird eher die Methode der Mehrkörpersysteme oder der Finiten Elemente Methode die erste Wahl sein (siehe Abschnitt 1.2).

Ein Kriterium für die Wahl der Modellierungsmethode ist natürlich das System selbst. Sollen vor allem das Bewegungsverhalten und die auftretenden Kräfte und Momente im Fahrwerk erfasst werden, so bietet sich sicherlich die Methode der Mehrkörpersysteme an. Sind primär die Bauteilspannungen oder das akustische Übertragungsverhalten interessant, so wird eher die Methode der Finiten Elemente verwendet werden. Soll das Übertragungsverhalten zum Beispiel für eine aktive Fahrwerkregelung untersucht werden, so kann hier die zuvor erwähnte blockschaltorientierte Vorgehensweise genutzt werden. Abhängig, ob die Hydraulik, die Elektrik oder die Regelung im Vordergrund steht, kann ein entsprechendes Werkzeug eingesetzt werden.

Zusammenfassend lässt sich aber sagen, dass das Modell die wesentlichen interessierenden Systemeigenschaften darstellen und eine Aussage über das Systemverhalten ermöglichen muss, sodass die jeweilige Fragestellung bearbeitet werden kann. Auch hier ist in [VDI3633] eine passende Definition für den Begriff des Modells zu finden:

---

[17] Im ungünstigsten Fall kann man die Qualität der Ergebnisse noch nicht einmal abschätzen.

Vereinfachte Nachbildung eines geplanten oder existierenden Systems mit seinen Prozessen in einem anderen begrifflichen oder gegenständlichen System. Es unterscheidet sich hinsichtlich der untersuchungsrelevanten Eigenschaften nur innerhalb eines vom Untersuchungsziel abhängigen Toleranzrahmens vom Vorbild.

In [Ammo97] wird das Modell sehr passend als kondensiertes Wissen bezeichnet, das als Reduktion der Wirklichkeit zu verstehen ist. Wobei Reduzieren hier eher im Sinne des Kochens gemeint ist, das heißt, man trennt sich vom Unnützen. Dementsprechend verhält es sich mit der Beschreibung der wesentlichen Eigenschaften im Sinne der VDI-Vorschrift im Rahmen eines definierten Untersuchungszieles. Der Toleranzrahmen beschreibt die für die Beantwortung der Frage notwendige Genauigkeit der Aussage.

Die VDI-Vorschrift macht noch eine weitere Unterscheidung. Existiert das zu modellierende System bereits oder ist es noch ein Konzept? Die sich daraus ergebenden Ableitungen für die Modellierung sind sehr unterschiedlich. Existiert das reale System bereits, so liegt der Sinn der Modellierung in der Regel darin, ein bisher nicht verstandenes Systemverhalten zu erfassen oder eine Optimierung von Systemparametern zu erzielen. Dabei muss das reale System mit seinen individuellen relevanten Eigenschaften abgebildet werden. Es reicht häufig nicht, Nominalwerte des Sollsystems zu verwenden. Stattdessen müssen, wo notwendig, gemessene Istwerte in die Modellierung einfließen. Zumindest solange man die Toleranzen dieser Werte für die Qualität der Berechnungsergebnisse für wesentlich hält.

Soll ein zukünftiges System modelliert werden, so sind zum Zeitpunkt der Modellierung in der Regel nur wenige Systemparameter festgelegt und spiegeln eher Sollwerte wider. Dementsprechend grob darf auch die Modellierung erfolgen. Wenn die verwendeten Parameter mit großer Unsicherheit belastet sind, so macht es keinen Sinn, ein detailliertes Modell hoher Güte erstellen zu wollen. Die Antworten, die man aus den Berechnungen erwarten darf, sind eher Hinweise auf eine Richtung und geben ein qualitatives Verhalten wieder. Ein quantitativ richtiges Verhalten ist in den wenigsten Fällen zu erwarten – dies bleibt späteren Modellen mit Parametern höheren Vertrauensgrades vorbehalten.[18]

Wesentlich ist jedoch die Kenntnis des zu modellierenden Systems. Was sind die wichtigen Eigenschaften, wie hängen sie von internen und externen Subsystemen ab? Welche Informationen werden aus dem System heraus und welche hinein transportiert? Welche Ursache-Wirkungsbeziehungen lassen sich aufstellen? Wenn diese Kenntnisse fehlen, kann kein geeignetes Modell erstellt oder später validiert werden.

---

[18] Mit dem Begriff *Vertrauensgrad* verbinde ich, dass man das Modell oder die zugrunde liegende Modellierungstechnik schön häufiger eingesetzt und im Nachhinein mit dem realen System verglichen hat. Man kann also einschätzen, welche Aussagen man sich mit diesem Modell zutrauen kann und welche nicht. Hierbei spielt die in Abschnitt 3.8 beschriebene Validierung eine wesentliche Rolle.

3.2 Der Unterschied zwischen fehlerbehaftet und falsch

Ein wesentlicher und hier nicht haarspalterisch gemeinter Unterschied besteht zwischen fehlerbehafteten und falschen Modellen oder Ergebnissen. Immer wenn man ein reales oder zukünftiges System durch ein Modell abbilden will, vernachlässigt man Eigenschaften, die man für die Fragestellung für unwesentlich hält. Es gibt also Abweichungen zwischen dem System und dem Modell. Der Vergleich einer Luxuslimousine für einen satten sechsstelligen Euro-Betrag mit einem Zweimassenschwinger wirkt wenig statthaft, kann aber für einige Fragestellungen zur Grundabstimmung von Federn und Dämpfern völlig ausreichend sein.[19] Man macht also beim Wechsel von der Physik des realen Systems in seine mathematische Beschreibung einen Modellierungsfehler. Die Gefahr, dass relevante Effekte unberücksichtigt bleiben oder als unwichtig erachtete Variablen vernachlässigt werden, kann immer Ursache für eine Abweichung zwischen dem Modell und der Realität sein [KrNe98]. Darüber hinaus werden wir in Kapitel 4 sehen, dass die Gleichungen, die uns die Mathematik liefert, nicht immer exakt gelöst werden können. Wir müssen sie numerisch annähern. Auch diese Näherungsverfahren haben ihnen eigene Fehler, die wir in einen relativen und einen globalen Fehler unterteilen werden. Zusätzlich sind wir auf einem digitalen Rechner unterwegs, der eine endliche Darstellungsgenauigkeit von Zahlen hat, also kommt noch der sogenannte Rundungsfehler dazu. Das erstellte Modell benötigt Parameter, die unter Umständen nur geschätzt sind und so weitere Abweichungen vom Verhalten des realen Systems liefern. Einige Fehler, die man machen kann, wenn man berechnete Ergebnisse mit Messungen vergleicht, sind im Abschnitt 3.8 aufgeführt und schlussendlich kann man noch das Ergebnis ungenau interpretieren. Man sieht, eine Vielzahl von Möglichkeiten, Fehler zu machen. Aber all dies fassen wir unter dem Begriff *fehlerbehaftet* zusammen.

Unter falschen Modellen sollte man eher die Modelle einordnen, die tatsächlich unzureichende oder falsch formulierte Systembeschreibungen enthalten. Will man das Vertikalfederungsverhalten des Fahrzeuges mit einem Einspurmodell oder die Querdynamik mit einem Einmassenschwinger berechnen, so handelt es sich jeweils um die falsche Modellklasse für die geplanten Untersuchungen. Hat man sich zum Beispiel bei der Umrechnung einer Federkennlinie vom tatsächlichen kinematischen Angriffspunkt auf die Radmitte verrechnet, zum Beispiel weil man vergessen hat, dass die Federübersetzung quadratisch und nicht linear in die Rechnung eingeht, so hat man einen Fehler gemacht, der dann tatsächlich zu falschen Ergebnissen führt, da die Feder höchstwahrscheinlich zu weich ist.[20] Es soll sogar Simulationsprogramme geben, die noch Fehler in der Software enthalten. Man sollte dies zwar nicht immer sofort annehmen, wenn ein Ergebnis nicht wie erwartet herauskommt, aber im Hinterkopf darf man es durchaus behalten.

Es ist im Rahmen von Simulationen überhaupt nicht problematisch mit fehlerbehafteten Modellen zu arbeiten – es ist sogar nahezu unmöglich, mit fehlerfreien Modellen zu arbeiten. Dieser Umstand muss einem nur jederzeit bewusst sein, das heißt, die begrenzte Aussagefä-

---

[19] Keine Angst, die Feinabstimmung wird mit dem realen Fahrzeug vorgenommen, das aber vielleicht schon zu Beginn eine, mit einem deutlich komplexeren Modell verbesserte Abstimmungsvariante enthielt.

[20] Wer nicht weiß, wo hier der Fehler liegt, sollte Abschnitt 9.4 lesen – alle Anderen dürfen natürlich auch.

higkeit der Modellierung der zugrunde liegenden Fragestellungen und Systembeschreibungen muss bekannt sein und berücksichtigt werden. Aussagen jenseits dieser Grenze sind von starkem Optimismus geprägt[21] und sind eher Weissagerei als objektiv begründet. Ein gutes Beispiel sind linearisierte Modelle, die aufgrund ihrer Linearisierung um einen Arbeitspunkt eben auch nur in der unmittelbaren Umgebung dieses Arbeitspunktes gelten. Erweitert man den Aussagebereich weit über den Arbeitspunkt hinaus, so können extreme Fehlurteile die Folge sein. Solange das Modell extreme Ergebnisse zeigt, die jedem zeigen, dass hier etwas falsch gelaufen sein muss, ist nur überschaubare Verlustleistung produziert worden. Sind die Ergebnisse aber als *richtig* interpretierbar – und man kann fast alles erklären – so können auch finanziell größere Schäden hervorgerufen werden. Mindestens ist aber – und in diesem Fall zu Recht – der Ruf beziehungsweise die Glaubwürdigkeit der Berechner stark geschmälert worden.

3.3 Methoden zur Modellbildung

3.3.1 Induktion

Die Methode der Induktion ist auch unter dem Begriff der Top-down-Methode bekannt. Man geht vom Abstrakten zum Konkreten. Dabei wird Schritt für Schritt eine Verfeinerung durchgeführt, ohne dass sich allerdings das äußere Erscheinungsbild des Gesamtsystems verändern darf (Bild 3.1). Bei dieser Vorgehensweise kann erst mit der konkreten Modellierung begonnen werden, wenn das System vollständig beschrieben und verstanden wurde.

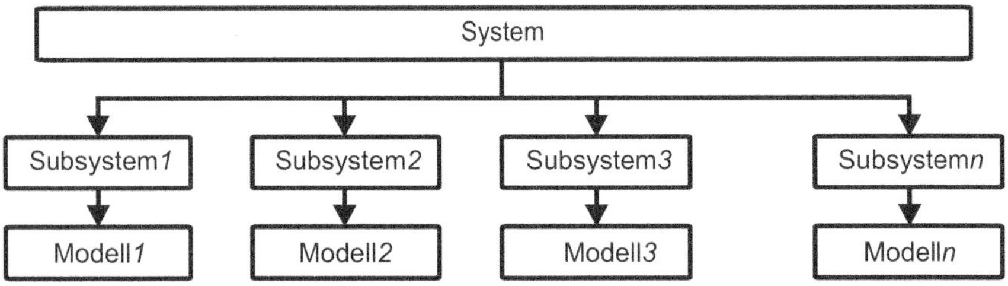

Bild 3.1 Methode der Induktion

In unserer Fragestellung wäre das Gesamtsystem zum Beispiel ein Fahrwerkmodell für die Fahrdynamiksimulation. Im nächsten Schritt wird dies in seine Komponenten zerlegt (Reifen, Radführung, Feder, Dämpfer, Lenkung, etc.). In der nächsten Detaillierungsstufe wird das Teilsystem Reifen in die Untersysteme Reifenaufstandsfläche, Kraftübertragung oder Masseeigenschaften gegliedert, die dann wiederum die Berechnungen dieser Teilfragen mit dem Fokus der Fahrdynamiksimulation beinhalten können. Man bekommt ein hierarchisch sehr stark strukturiertes Gesamtmodell für die zugrunde liegende Fragestellung. Diese Vorge-

[21] Simulanten sind von Natur aus Optimisten. Würden sie sonst versuchen, die Welt mit Rechenmodellen zu erklären?

hensweise liegt sehr nahe und ist vom Grundsatz her in den meisten Programmiersprachen umgesetzt. Hier wird häufig ein Gesamtprogramm durch Subroutinen mit entsprechenden Unteraufrufen gebildet, wobei die Subroutinen die Teilprobleme behandeln sollen.

3.3.2 Deduktion

Die Methode der Deduktion, dementsprechend auch als Bottom-up-Methode bekannt, geht umgekehrt vor. Es werden zunächst unspezifische Basiskomponenten erzeugt, die auch unter allgemeinen Anfangsbedingungen gelten. Diese ergeben zusammen eine Art Baukasten, mit dessen Hilfe ein Gesamtsystem zusammengesteckt werden kann (Bild 3.2). Man zäumt das Pferd sozusagen von hinten auf. Der Vorteil liegt darin, dass man konkrete Modellierungsideen von Teilproblemen direkt angehen und die Energie des kreativen Augenblicks nutzen kann. Der Nachteil der Methode liegt darin, dass man konkrete Modellierungsideen von Teilproblemen direkt angehen kann. Die Energie des kreativen Augenblicks lässt einen manchmal mit Volldampf in die falsche Richtung starten. Ohne den Gesamtüberblick zu haben, wird es schwierig eine möglichst allgemeingültige Form zu finden. Eine Abkehr vom eingeschlagenen Weg fällt vielen Menschen erfahrungsgemäß schwer.

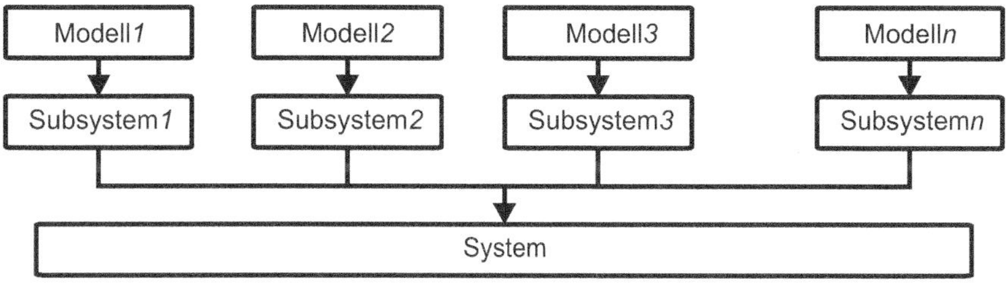

Bild 3.2 Methode der Deduktion

Für unser Fahrwerkbeispiel bedeutet dies, dass ein Katalog von Komponentenmodellen existiert. Es gibt zum Beispiel mehrere Radaufhängungsmodelle, die dann durch spezifische Parameter für die jeweilige Fragestellung genutzt werden können. Es werden also eher grundlegende Prinzipien verwendet, welche die allgemeine Art der modellbeschreibenden Gleichungssysteme vorgeben. Für jedes andere Fahrwerkbestandteil gilt dies entsprechend.

3.3.3 Methode der Wahl

Die Methode der Wahl gibt es natürlich nicht. Es hängt wie so oft vom Gesamtkontext und der persönlichen Erfahrung ab, wie man vorgehen wird. Mit der Zeit wird es aber sicherlich eine Mischung aus beiden Methoden sein. Man erstellt sich eine Grundstruktur mit der Induktion und wird dann deduktiv Teilmodell für Teilmodell so aufbereiten, dass sie nicht nur für spezielle, sondern für möglichst allgemeine Fragestellung genutzt werden können.

Wenn man das Modell einer Doppelquerlenkerachse erstellt, so ist das allgemeine Übertragungsverhalten durch die Kinematik zweier Dreieckslenker und der Spurstange vorgegeben.

Durch eine fahrzeugspezifische Parametrierung der Kinematikpunkte, der Lenkerlängen und Lenkermassen, sowie der Lagersteifigkeiten wird das allgemeine Modell zu einem konkreten, fahrzeugbezogenen Modell.

3.4 Modellklassen

3.4.1 Physikalische Modelle

Es sind zwei Hauptklassen von Modellen zu unterscheiden. Zum einen werden physikalische Modelle verwendet, die eine Beschreibung des Systemverhaltens über Ersatzmodelle enthalten. Diese Beschreibungen sind in der Regel Idealisierungen der physikalischen Gesetze. So kann zum Beispiel das Verhalten einer Aufbaufeder, wie bereits eingeführt, durch den einfachen Zusammenhang $F = c \cdot ds$ beschrieben werden. Es besteht ein funktionaler Zusammenhang zwischen den Systemparametern, hier der Steifigkeit c, und dem Systemverhalten. Die Systemparameter müssen durch Messungen eines realen Systems (bzw. entsprechender Abschätzung, wenn das System noch nicht existiert) ermittelt werden. Mit dieser Klasse von Fahrzeugmodellen werden wir uns im Weiteren überwiegend beschäftigen.

3.4.2 Verhaltensmodelle

Zum anderen können empirische Modelle oder Verhaltensmodelle verwendet werden. In [Ise192] werden sie experimentelle Modelle genannt. Sie bilden nicht die physikalischen Bestandteile des Systems ab, sondern ihr Verhalten. Es gibt also keinen funktionalen Zusammenhang zwischen dem Systemparameter und dem Systemverhalten. Um bei dem einfachen System der Feder zu bleiben, so liegt zum Beispiel ein Bauteil vor, dessen Parameter nicht bekannt sind (Black Box). Dieses Bauteil wurde aber vermessen und es liegen die Eingangs- und Ausgangssignale vor, sodass mit Mitteln der Identifikation auf das Systemverhalten zurückgeschlossen werden kann. Bei der Feder wird dies zu der vorherigen Kennlinie führen, mit der ein lineares Ersatzmodell parametriert wird, aber das experimentelle Modell hat keinen Parameter Steifigkeit.

Bei komplexeren Bauteilen wird dieser Prozess entsprechend aufwendiger. Das Ersatzmodell muss dann so parametriert werden, dass es das Übertragungsverhalten des realen Systems widerspiegelt. Es muss also bei der Beaufschlagung mit den Eingangssignalen aus der Messung, die gleichen Ausgangssignale liefern. Wobei *gleich* ein sehr dehnbarer Begriff ist. Belassen wir es zunächst dabei, dass die Übereinstimmung zwischen den Ausgangssignalen des realen und des modellierten Systems für die geforderte Aussagegüte der Aufgabenstellung ausreichend sein muss. Im Gegensatz zu den physikalischen Modellen, die aufgrund der verwendeten Gesetzmäßigkeiten auch zukünftige Systeme betreffen können, muss bei experimentellen Modellen das Vorbild vorhanden sein. Es müssen Messungen vorgenommen werden können, damit das Ein/Ausgangsverhalten approximiert werden kann.

Diese Modellklasse kann zum Einsatz kommen, wenn die physikalischen Parameter gar keine Rolle spielen. Man möchte gar nicht wissen, wie die tatsächliche Bauteilsteifigkeit der Feder ist, man benötigt nur das Verhalten der Fehler um einen Arbeitspunkt. Dann kann es unter

Umständen deutlich schneller gelingen, dieses äußere Verhalten des Systems durch Messungen zu ergründen, als die einzelnen Bestandteile, also das innere Verhalten, zu analysieren. Ein weiterer Einsatzfall kann sein, das Bauteil oder das Fahrzeug eines Mitbewerbers abbilden zu wollen. In der Regel kennt man hier das innere Verhalten nicht und muss sich mit der Identifikation desselben begnügen. In [Ise192] und [Ise292] werden verschiedene Vorgehensweisen beschrieben, die abhängig von der vorliegenden Art des Systems Anwendung finden können. Von dort stammt auch die in Tabelle 3.1 dargestellte Gegenüberstellung der beiden Modellklassen.

Tabelle 3.1 Auswahl von Eigenschaften physikalischer Modelle und von Verhaltensmodellen

Physikalische Modelle	**Verhaltensmodelle**
Die Modellstruktur folgt aus Naturgesetzen.	Die Modellstruktur muss angenommen werden.
Die Beschreibung des Verhaltens von inneren Zustandsgrößen und des Ein/Ausgangsverhaltens.	Es wird nur das Ein/Ausgangsverhalten identifiziert.
Die Modellparameter werden als Funktion von Systemgrößen angegeben.	Die Modellparameter sind reine Zahlenwerte, die i. A. keinen Zusammenhang mit den physikalischen Systemgrößen erkennen lassen.
Das Modell gilt für eine ganze Klasse eines Prozesstyps und für verschiedene Betriebszustände. Viele Prozessgrößen sind aber oft nur ungenau bekannt.	Das Modell gilt nur für den untersuchten Prozess für einen bestimmten Betriebszustand. Dafür kann es dieses Verhalten relativ genau beschreiben.
Das Modell kann auch für ein nicht existierendes System gebildet werden.	Das Modell kann nur für ein existierendes System identifiziert werden.
Die wesentlichen internen Vorgänge des Systems müssen bekannt und mathematisch beschreibbar sein.	Innere Vorgänge des Systems müssen nicht bekannt sein.
	Da Identifikationsmethoden unabhängig vom einzelnen System sind, kann ein einmal aufgestelltes Identifikations-Softwareprogramm für viele verschiedene Systeme verwendet werden.
Meist großer Zeitaufwand erforderlich.	Meist relativ kleiner Zeitaufwand erforderlich.

Beide Modellansätze können natürlich auch gemischt in einem komplexen Fahrwerkmodell verwendet werden. Komponenten, deren Verhalten gut physikalisch darstellbar ist und für die entsprechende Messungen der Systemparameter vorliegen, werden neben Komponenten eingesetzt, die als Verhaltensmodelle modelliert sind und deren Ersatzsystemparameter mithilfe der Identifikation gefunden wurden. In [HaHo03] wird diese Vorgehensweise ausführlich beschrieben.

3.5 Problemanalyse

Zu Beginn der Modellbildung muss die Problemanalyse stehen. Wichtig ist, dass sowohl das zu betrachtende System, wie auch die Fragestellung, die hinter der Betrachtung steht, analysiert werden müssen.

3.5.1 Analyse der Fragestellung

Zunächst muss zweifelsfrei geklärt werden, welche Fragestellung überhaupt bearbeitet werden soll und in welcher Qualität und Art die Antwort erwartet wird. Wie genau muss die Antwort sein? Geht es um einen Richtungsentscheid oder um eine konkrete Bauteilauslegung?[22] Dieser Punkt wird häufig zu kurz abgehandelt, weil ja alle Beteiligten genau wissen, um was es geht. An dieser Stelle sei auf die einschlägige Literatur zum Thema *Grundlagen der Kommunikation* verwiesen. Hier kommt es häufig zu Missverständnissen, die sich erst viel später offenbaren, wenn zum Beispiel bei der Ergebnispräsentation nicht die gewünschte Antwort gebracht werden kann.[23]

3.5.2 Analyse des Systems

Nachdem die Fragestellung geklärt ist, muss das System selbst behandelt werden. Wie viel weiß man über das existierende oder geplante System beziehungsweise sein Verhalten? Welche Systemeigenschaften sind für die Beantwortung der Fragestellung relevant? Kann man mindestens einen Testfall generieren, bei dem man mit bekannten Eingangsdaten eine erwartete Systemantwort bekommen kann? Dies dient zur Überprüfung, ob das später erstellte Modell auch tatsächlich das gewünschte System abbildet. Existiert das System schon, können an dieser Stelle zum Beispiel Messungen definiert werden, mit denen das Modell später verglichen werden kann.

Die Antworten auf diese Fragen stellen die Grundlage für den späteren Modellentwurf dar. Alles was in dieser Phase vergessen oder unzureichend beantwortet wurde, fehlt im Modell oder wird nicht adäquat abgebildet.

---

[22] Damit kein Missverständnis aufkommt: Beides sind wichtige Entscheidungen und hinter dem Richtungsentscheid steckt häufig ein sehr viel größeres finanzielles Risiko. Allerdings wird er in der Regel sehr früh getroffen, wenn noch relativ wenige Daten für das Zielfahrzeug oder die Zielkomponente bekannt sind. Dementsprechend muss allen Beteiligten klar sein, dass die Aussagen der Simulationsergebnisse nur qualitativ sind.

[23] Womit nicht der Inhalt der Antwort, sondern die Art und Weise der Untersuchung gemeint ist.

3.6 Modellentwurf

3.6.1 Simulationsmethode

Nachdem in der vorhergehenden Phase geklärt wurde, *was* modelliert werden soll, steht jetzt die Frage im Raum, *wie* das System modelliert werden soll. Das *Wie* beinhaltet die Frage nach der Methode. Sollen Spannungen in einzelnen Bauteilen untersucht werden, wird man zur Methode der Finiten Elemente greifen. Steht eher das nichtlineare Bewegungsverhalten im Vordergrund, so wird man die Methode der Mehrkörpersysteme verwenden.

Der Fokus dieses Buches liegt auf Letzterer, das heißt, das Systemverhalten im Zeitbereich ist von Interesse. In der Technischen Mechanik lernt man, dass das Zeitverhalten durch Bewegungsgleichungen abgebildet wird, die in der Regel aus Differenzialgleichungen bestehen. Darüber hinaus gibt es noch kinematische oder physikalische Bindungsgleichungen. Alles zusammen ergibt ein größeres Gleichungssystem, das in der Regel nicht mehr von Hand berechnet werden kann. Vor allem, da es in den meisten Fällen nicht mehr analytisch lösbar sein wird und man deshalb die Hilfe numerischer Näherungsverfahren brauchen wird. Für die Lösung dieses Gleichungssystems wurden in der Vergangenheit eine Vielzahl von Verfahren geschaffen, die in unterschiedlicher Form in den verfügbaren Simulationsumgebungen enthalten sind.[24] Eine gute Vertiefung dieser Problematik für den Interessierten gibt zum Beispiel [Woer11].

Wurde bereits eine kommerzielle Simulationsumgebung angeschafft, so stellt sich die Frage nach der Art und Weise der Gleichungslösung nicht mehr. Sondern eher in welcher Tiefe man das System abbilden will und welche Daten man zur Parametrierung zur Verfügung hat. Für den Fall, dass noch eine Simulationsumgebung benötigt wird, sei auf die Ausführungen in Abschnitt 5.1 verwiesen.

3.6.2 Umsetzung der Problemanalyse

Im vorherigen Schritt wurde das System mit Blick auf die Fragestellung analysiert und Systemgrenzen und Systemeigenschaften, die wesentlich für die Beantwortung der Fragestellung sind, herausgearbeitet. Nun muss dies umgesetzt werden. Die maßgeblichen Eigenschaften müssen durch geeignete Modellierungsansätze dargestellt werden. Aus den Vereinfachungen ergeben sich Grenzen, in denen das Modell eingesetzt werden darf. Diese Grenzen und die notwendigen Einsatzbedingungen sollten beschrieben werden, damit jeder der das Modell verwenden will, weiß was mit ihm möglich ist und was nicht.[25] In diesem Schritt wird es zum ersten Mal konkret. Nach den zuvor nur theoretischen Vorüberlegungen muss nun ein Modell erzeugt werden. Der Erfolg dieses Schritts hängt maßgeblich von der Erfahrung, der Fachkenntnis, dem Systemverständnis und dem Abstraktionsvermögen des Modellierers ab. Er limitiert die Modellgüte. Aber Erfahrung kann nur erworben werden, wenn man etwas macht

[24] Die Lösung des Gleichungssystems (Solver, Abschnitt 5.2.2) ist nicht mit der Numerischen Integration (Integrationsverfahren) aus Kapitel 4 zu verwechseln.

[25] Hiermit ist zum Beispiel der Einsatz von linearisierten Modellen gemeint, wie er in Abschnitt 2.1.5 beschrieben wurde.

und man muss akzeptieren, dass bei den ersten Schritten in diesem Umfeld nicht zwingend immer das Optimum herauskommt. Um aber die Erfahrungen verwerten zu können, ist die Gesamtkette bis der in Abschnitt 3.8 beschriebenen Validierung durchzuhalten. Nur so kann man zu Modellverbesserungen und zu Verbesserungen beim Modellierer kommen.

3.7 Verifikation

Bei der Verifikation geht es zunächst darum, zu klären, ob das Modell formal korrekt ist. Dies beginnt mit der Frage, ob es überhaupt mit der Fragestellung oder Spezifikation übereinstimmt. Wurde also das *richtige* Modell verwendet? Darüber hinaus muss noch beachten werden, dass keine Vorzeichen- oder Einheitenfehler enthalten sind und alle notwendigen Komponenten berücksichtigt wurden.

Soll zum Beispiel ein vermessener Dämpfer simuliert werden, so ist zu prüfen, dass die zu diesem Dämpfer gehörende Kennlinie verwendet wird und die im realen Bauteil eventuell vorhandene Ein- und/oder Ausfederbremse mitmodelliert wurde. Auch wenn sich diese Dinge trivial anhören, so sind genau diese *Kleinigkeiten* für eine Vielzahl von falschen Berechnungen verantwortlich.

Um ein Modell wirklich verifizieren zu können, sollte es Standards bei der Benennung und Ablage von Daten oder von Parametern geben. Sodass es sofort augenfällig wird, wenn ein falscher Datensatz verwendet wird. Das die Parameter vom Modell getrennt werden, ist eine Vorgehensweise aus der Programmiertechnik, die in Abschnitt 3.9.2 noch einmal thematisiert werden wird.

Ein sehr hilfreicher Standard, der leider nicht von allen Simulationsumgebungen angeboten wird, ist die Verwendung von Einheiten, auf die später in Kapitel 7 noch näher eingegangen wird.

3.8 Validierung

Die am Ende der Modellbildung stehende Validierung des Modells stellt den gezielten Vergleich zwischen den Berechnungsergebnissen und Messungen des realen Systems dar. Nur ein erfolgreicher Vergleich kann im Nachhinein die Gültigkeit des Modells für die Fragestellung klären. Daraus erwächst ein Modellierungsgrundsatz, der stets für den produktiven Einsatz der Simulation beachtet werden sollte.

Jedes (!) Modell muss validiert werden – Modelle, die nicht überprüft werden können, brauchen nicht erstellt zu werden.

3.8.1 Prinzipielle Vorgehensweise

Nehmen wir an, die Aufgabestellung würde lauten, ein Gesamtfahrzeugmodell eines vorhandenen Fahrzeuges zu erstellen, um damit Fahrdynamiksimulationen durchführen zu können. Das Modell soll verschiedene Komponentenmodelle enthalten, die zum Beispiel die Lenkung, die Bremsanlage, den Antriebsstrang, die Reifen und den Fahrer abbilden. Stolz endlich das Fahrzeugmodell fertiggestellt zu haben, vergleicht man die Ergebnisse der Gesamtfahrzeugsimulation mit den Messergebnissen des realen Vorbilds.

Die Kombinatorik lässt nun zwei Fälle zu:

1. Die Rechenergebnisse passen zur Messung.
2. Die Rechenergebnisse passen nicht zur Messung.

Der zweite Fall ist klar – irgendwas stimmt am Modell nicht. Und der erste Fall – die Übereinstimmung? Nun auch hier haben wir wieder zwei Möglichkeiten.

1. Das Modell ist wirklich perfekt und kann den gewünschten Lastfall sehr gut wiedergeben. Gewonnen!
2. Das Modell ist fehlerhaft und unglücklicherweise überlagern sich die Fehler derart, dass scheinbar das Wunschergebnis erzielt wird. Verloren!

Auf was will ich hinaus? Mit der Gesamtfahrzeugsimulation zu starten, ohne sich der Qualität der Komponentenmodelle sicher zu sein, ist ein Glücksspiel und nicht ratsam. Abweichungen zwischen den Berechnungen und den Messungen können in den wenigsten Fällen direkt einem der Komponentenmodelle zugeordnet werden. Stimmen beispielsweise Beschleunigungsamplituden im Zeitbereich überein, kann es trotzdem zu Unterschieden im Frequenzbereich kommen. Dauert das zu untersuchende Manöver länger, wirkt gerade bei einzelnen Abweichungen, die zum Beispiel aufgrund einer Schwellenüberfahrt sichtbar werden könnten, ein mittelnder Effekt, wenn über den gesamten Zeitraum integrierende Größen betrachtet werden.

Man sollte bereits bei der Überlegung, welche Komponentenmodelle (und in welcher Tiefe) man anfertigt vor Augen haben, welche Testszenarien für die Modelle sinnvoll sind. Wie kann man die Funktion des Komponentenmodells in dem für die geplanten Lastfälle relevanten Bereich überprüfen? Kann man Messungen von Prüfstandsversuchen nutzen? Für die im zweiten Teil dieses Buches beschriebenen Komponentenmodelle bietet es sich an, die Messungen der Bauteile in der Simulation nachzubilden. Wird ein Fahrwerklager zum Beispiel statisch und dynamisch vermessen, so sollte möglichst die Messprozedur nachgebildet werden. Auf diese Weise kann überprüft werden, ob sich das Modell auf die gleiche Weise verhält wie das reale Bauteil, beziehungsweise an welchen Stellen das Modell an seine Grenzen stößt. Als Vorgriff auf Abschnitt 8.3 sei erwähnt, dass einfache Elastomerlagermodelle zum Beispiel die statischen Messungen sehr gut wiedergeben können, bei den dynamischen Messungen aber oft an der Frequenz- und Amplitudenabhängigkeit des Elastomers scheitern. Wobei dies nicht bedeutet, dass man solche Modelle nicht einsetzen sollte, sondern, dass man sich darüber im Klaren sein muss und die Relevanz dieser Effekte für die jeweilige Fragestellung beziehungsweise den jeweiligen Lastfall klären muss.

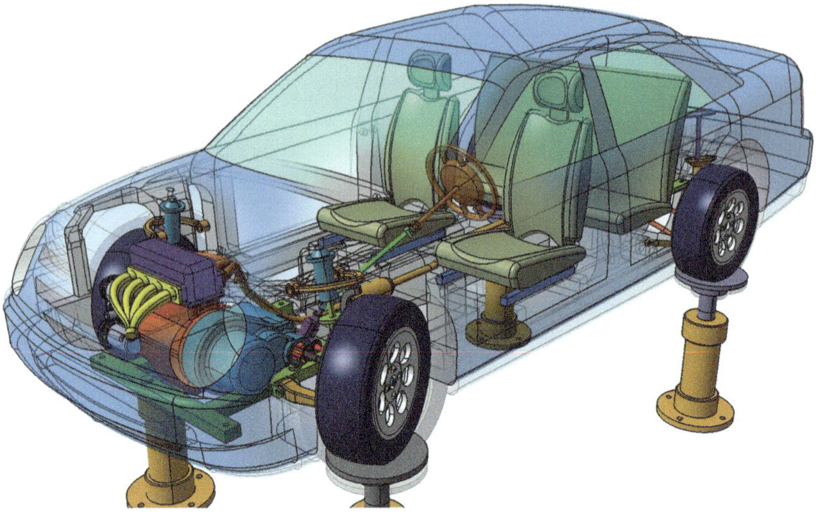

[Bildquelle MSC Software]

Bild 3.3 Modell einer Vierstempelanlage (Hydropulser)

Liegen Messungen von Komponenten- oder Gesamtfahrzeugprüfständen vor, so kann auch das die Grundlage einer Validierung sein. Abhängig von der Komplexität des Prüfstandes beziehungsweise der Messvorschrift, kann es notwendig sein, den Prüfstand, zumindest in Teilen ebenfalls als Modell nachzubilden. Auch dieses Prüfstandsmodell muss natürlich validiert werden, aber wenn dort immer wieder Messungen gemacht werden, kann sich der Aufwand schnell lohnen. Bei Gesamtfahrzeugprüfständen (Bild 3.3) gilt im Rahmen der Validierung das zuvor Gesagte: Erst wenn man sich der Einzelmodelle sicher ist, sollte man sich an das Gesamtfahrzeug heranwagen.

An dieser Stelle muss noch hinzugefügt werden, dass die erneute Einspielung des Test- oder Messsignals, das zur Modellierung verwendet wurde, keine Validierung darstellt. Dieses Ergebnis wurde ja bereits zur Modellierung genutzt und steckt implizit im Modell. Nur ein neues Signal kann zur Validierung benutzt werden.

3.8.2 Vergleich von Messung und Simulation

Die erste Wahl für eine Validierung sollte immer ein Vergleich der berechneten Ergebnisse mit gemessenen Größen am realen Bauteil sein. Klassischerweise steht das reale Bauteil zur Zeit der Modellierung noch nicht zur Verfügung, sodass man zunächst eine Prognose für das Bauteil- oder Fahrzeugverhalten wagt. Sobald das reale Verhalten gemessen werden kann, müssen die berechneten mit den gemessenen Größen verglichen werden. Nur auf diese Weise kann man etwas über die Qualität seines Modells und der zugrunde liegenden Modellierungstechnik erfahren. Im Vorfeld kann man das grundsätzliche Verhalten natürlich auch an Vorgängerbauteilen überprüfen, wobei man dann den Unterschied zwischen dem Vorgänger und dem aktuellen Bauteil kennen muss, um eventuelle Abweichungen zuordnen zu können.

Gehen wir zunächst einmal davon aus, dass Messungen des modellierten Bauteiles vorliegen. Häufig bekommt man als Berechner Messungen von Bauteilen oder Fahrzeugmessungen ohne genau zu wissen, wie diese entstanden sind. Ob ein Nullabgleich der Sensoren stattgefunden hat, ob die Messungen nachbearbeitet wurden (gefiltert, skaliert, kinematisch umgerechnet, etc.), welche Randbedingungen geherrscht haben und wo zum Beispiel Sensoren angebracht waren. Dies macht den Vergleich schwierig und bringt einige systematische Fehler in die Validierung hinein.

Als erstes Beispiel sollen Beschleunigungssignale des Rades in z-Richtung dienen, die während einer Schlechtwegüberfahrt gemessen wurden. Die Aussage *Radbeschleunigungen* kann bedeuten, dass tatsächlich am Rad gemessen wurde, was aufgrund der Rotation eher unwahrscheinlich ist. Es kann auch am Radträger gemessen worden sein. Die Position des realen Sensors richtet sich danach, wo Platz ist ihn anzubringen. Dies kann abhängig vom Achskonzept an den unterschiedlichsten Stellen sein. Ist auf dem Radträger kein Platz, wird auch schon einmal auf einen Lenker ausgewichen. Das alles kann bedeuten, es wurde eine Radbeschleunigung aufgenommen. Der erste Fehler, den man als Berechner machen kann, ist die Bezeichnung zu wörtlich zu nehmen und die Beschleunigung im Radmittelpunkt zu verwenden. Im Modell liegt dieser Ort in der Regel als Koordinatensystem vor und man kann die Beschleunigungen an diesem Punkt auswerten. Auch wenn dieser Punkt natürlich auch im realen Rad existiert, so kann dort nicht gemessen werden.

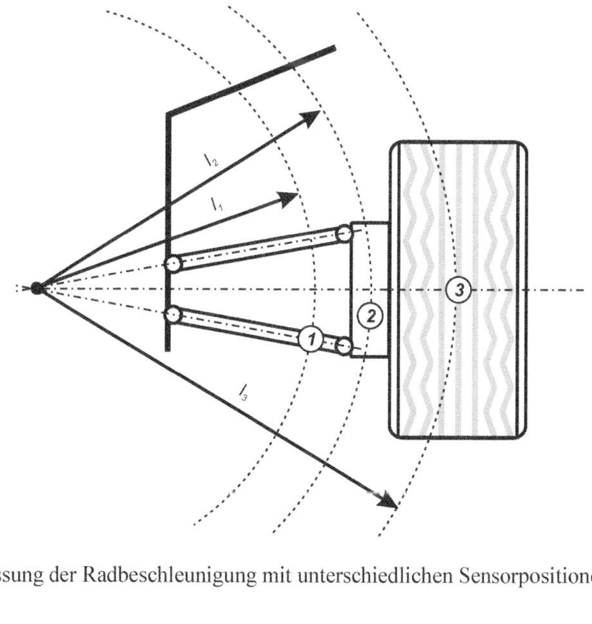

Bild 3.4 Messung der Radbeschleunigung mit unterschiedlichen Sensorpositionen

Es lohnt sich, nein es ist zwingend, sich zusammen mit den Kollegen der Messtechnik am Fahrzeug davon ein Bild zu machen, wie die Sensorik angebracht wird. Danach sollte entschieden werden, wie das Signal am Modell ausgewertet wird. Wer noch nicht verstanden hat, warum es nicht egal ist, wo man das Signal aufnimmt, dem sei seine Dynamik-Vorlesung der Technischen Mechanik in Erinnerung gerufen. Rotatorische Beschleunigungen werden mit einem Hebel multipliziert zu translatorischen Beschleunigungen. Wenn man sich die Radaufhängung im einfachsten Fall als Pendel vorstellt, lässt sich ein Beschleunigungssignal mit den unterschiedlichen Hebellängen der diskutierten Sensorpositionen skalieren. So würde, wie in Bild 3.4 ersichtlich wird, dieselbe Beschleunigung $\ddot{\varphi}(t)$, abhängig von der Lage des Sensors, zu drei unterschiedlichen translatorischen Beschleunigungssignalen führen.

(1) am Lenker $$a_1(t) = \ddot{\varphi}(t) \cdot l_1 \quad (3.1)$$

(2) am Radträger $$a_2(t) = \ddot{\varphi}(t) \cdot l_2 \quad (3.2)$$

(3) im Radmittelpunkt $$a_3(t) = \ddot{\varphi}(t) \cdot l_3 \quad (3.3)$$

In diesem einfachen Beispiel wird das Signal mit der Hebellänge zwischen Momentanpol und Sensorposition skaliert. Am realen Fahrzeug oder auch am Modell ist die Momentanpollage in der Regel nicht einfach zu ermitteln, sodass der Skalierungsfaktor nicht unmittelbar zur Verfügung steht. In unserem Beispiel bewegen sich alle Punkte der Radaufhängung relativ zum Momentanpol auf einer Kreisbahn. Das bedeutet, der Sensor wird aus seiner ursprünglichen vertikalen Lage ausgelenkt und misst nicht mehr ausschließlich die z-Komponente der Beschleunigung. Wird im Modell an derselben Position ein Koordinatensystem ausgewertet, das mitgeschwenkt wird, so ergibt sich derselbe *Fehler* und das Signal bleibt vergleichbar. Manche Simulationsumgebungen bieten einen Typ von Koordinatensystemen an, dessen Ausrichtung immer kollinear zum Inertialsystem bleibt. Wertet man ein solches System aus, wird es nicht mitgedreht und es entsteht eine Abweichung zum gemessenen Signal.

Ein zweites Beispiel soll die Sensibilität des Mess- und des Berechnungssignals auf Bauteil- und Montagetoleranzen zeigen. Nimmt man die Spurkurve einer Achse auf[26], so ist ihr Verlauf direkt von der Lage der Anbindungspunkte der Spurstange abhängig. Schon Abweichungen von der Sollposition im Rahmen der üblichen Toleranzen, lassen sich in der Messung nachweisen. Dabei gilt wieder: Die Messung ist toleranzbehaftet, die Berechnung in der Regel nicht. Ist eine solche signifikante Abhängigkeit bekannt, so kann es helfen, wenn man die Ableitung dieser Kurve um die jeweilige Nulllage vergleicht. Bei Ableitungen werden konstante Offsets eliminiert und die Änderung bewertet. Sind nun Messung und Rechnung gleich, weist dieses Verfahren auf eine Abweichung im Rahmen der Toleranz hin. Sind sie es nicht, so stecken noch weitere Unterschiede zur realen Achse im Modell.

Eine beliebte Formulierung beim Vergleich zweier Signale (z. B. einem gemessenen und einem berechneten) ist, dass sie um *Strichstärke* identisch sind. Mit anderen Worten, sie liegen aufeinander. Das Ziel jeder Simulation die Realität abzubilden, ist also erreicht. Ein Trugschluss in mehrerer Hinsicht. Zum einen ist die Forderung, dass Messung und Rechnung zum identischen Ergebnis führen müssen, fatal. Sie ignoriert, dass auch die Messung nur eine von vielen möglichen Abbildungen der Realität darstellt. Die Wiederholgenauigkeit von Messungen hängt stark von der gegebenen Randbedingungen ab. Lassen diese sich immer wieder exakt reproduzieren, werden die Messergebnisse sehr ähnlich sein – aber wohl kaum identisch. Je schwieriger die Randbedingungen zu erfassen und zu wiederholen sind, desto größer

[26] Hiermit ist der Verlauf des Spurwinkels beim Ein- und Ausfedern des Rades (Raderhebungskurve) gemeint.

wird die Streuung der Messergebnisse. Misst man mehrfach, so wird man eine Kurvenschar von Ergebnissen bekommen und der Anspruch an die Simulationsergebnisse kann nur sein, dass sie innerhalb dieser Kurvenschar liegen und qualitativ denselben Verlauf besitzen.

Zum gleichen Effekt führen Bauteiltoleranzen, die ebenfalls zu Streuungen führen. In der Simulation wird in der Regel ein Nominalbauteil berechnet. Toleranzen oder Änderungen gegenüber den Nominalwerten aufgrund von Verschleiß oder Überbeanspruchung werden häufig nicht berücksichtigt. Hier sollte, wenn der Aufwand vertretbar ist, zumindest eine Betrachtung des besten und des schlechtesten Bauteils im Sinne der oberen und unteren Toleranzgrenzen erfolgen. So kann man das Band abschätzen, in dem die zu erwartenden Ergebnisse liegen müssen. Einflüsse aus der Alterung oder der Temperatur können auf ähnliche Weise untersucht werden. Stellt sich heraus, dass die Einflüsse auf das Endergebnis vernachlässigbar sind – umso besser. Falls nicht, weiß man, welche Szenarien man zukünftig untersuchen sollte.

Als Empfehlung kann hier nur ausgesprochen werden, sich eng mit den messenden Kollegen abzustimmen. Wie wird gemessen, wo sind die Sensoren, wie werden die Rohdaten aufbereitet und wie wird ausgewertet? Aus den resultierenden Antworten muss letztlich eine Abbildung des Messprozesses in der Simulation erfolgen, sodass die dort produzierten Ergebnisse denselben Prozess durchlaufen.

Um es zusammenzufassen: Bei der Validierung wird ein solitäres Fahrzeug mit Bauteil- und Montagetoleranzen, mit in der Regel unbekannten äußeren Störeinflüssen und einer fehlerbehafteten Messung, mit einem fehlerbehafteten nominellen Fahrzeugmodell und einem (diskretisierungs-) fehlerbehafteten Berechnungsergebnis verglichen.[27] Das sollte dem Berechner genügend Rückhalt geben, die These auszuhalten, dass nur Messungen das wahre Verhalten zeigen können.

3.8.3 Vergleich von Simulation und Simulation

Stehen keine Messungen eines realen Bauteils zur Verfügung, so kann man das Verhalten des Modells auch an Literaturwerten plausibilisieren. Von einer Validierung kann man im eigentlichen Sinne dann nicht mehr sprechen. Eine häufig anzutreffende Strategie ist es, das neue Modell an älteren vielleicht komplexeren, hoffentlich validierten Modellen zu messen. Für diese Vorgehensweise ist es aber zwingend notwendig, dass eine ausreichende Erfahrung mit den Referenzmodellen und ein starkes Vertrauen in die Ergebnisqualität für die betrachteten Lastfälle vorliegen. Ansonsten beweist man nur, dass das neue Modell den Fehler des Referenzmodells abbilden kann.

3.8.4 Validierung mit Gesamtfahrzeugmessungen

Will man das Gesamtfahrzeugverhalten simulieren, so muss letztlich das Gesamtfahrzeugmodell validiert werden. Das kann aber nur der letzte Schritt nach einer Reihe von Komponentenvalidierungen sein, wie bereits in Abschnitt 3.8.1 ausgeführt. Bei Unterschieden zwischen

[27] Der Unterschied zwischen fehlerbehaftet und falsch wurde bereits in Abschnitt 3.2 erläutert.

der Messung und der Rechnung ist eine Zuordnung dieser Abweichungen auf ein konkretes Bauteil in der Regel nicht möglich und gegebenenfalls kompensieren sich im konkreten Manöver sogar zwei Modellfehler. Im realen Gesamtfahrzeug ist die Anzahl der Bauteil- und Montagetoleranzen so groß, dass es alleine aus diesem Grund schon hinreichend viele Abweichungen von Nominalmodell geben kann. Wenn es sich bei dem Fahrzeug nicht um einen Serienstand, sondern um ein Entwicklungsfahrzeug handelt, so müssen alle für den Lastfall relevanten Komponenten des Fahrzeuges vermessen worden sein. Ansonsten ist der Aufwand einer Validierung nicht zu rechtfertigen. Abweichungen zwischen den Messungen und den Berechnungen können dann nicht nur auf Unzulänglichkeiten im Modell, sondern auf die mangelnde Kenntnis des verwendeten Fahrzeuges deuten.

Die Gesamtfahrzeugvalidierung ist also so etwas wie die Königsdisziplin der Validierung und man benötigt erst einige Erfahrung, um sie erfolgreich durchführen zu können.

3.9 Einfache oder mehrfache Verwendung

3.9.1 Modularisiert oder monolithisch?

Wenn man zum ersten Mal vor der Aufgabe steht, etwas simulieren zu müssen, wird man sich ein Modell des zu untersuchenden Systems machen. Die Betonung liegt hier auf dem Wort *ein*. Man beginnt in der Regel mit einem sogenannten monolithischen Modell, das heißt, alle notwendigen Systemeigenschaften sind in einem einzigen Modell zusammengefasst. Diese Herangehensweise liegt nahe, da man in diesem Moment nur das aktuelle Problem vor Augen hat. Vergleicht man die Modellierung mit der Programmierung in einer höheren Programmiersprache, so entstünde entsprechend ein einziges Programm. Wenn man sich tatsächlich nur ein einziges Mal mit dieser Fragestellung beschäftigen muss und auch keine ähnliche auf einen zukommen wird, dann ist gegen diese Art der Modellierung nichts zu sagen. Doch das wird in den wenigsten Fällen zutreffen. Man wird sich häufiger mit der Fragestellung auseinandersetzen müssen und immer wieder Varianten berechnen wollen. Aus diesem Grund macht es Sinn, sich frühzeitig mit der Modularisierung seines Modells zu beschäftigen. Unter einem Modul ist eine für sich stehende, abgetrennte Einheit zu verstehen, welche über Schnittstellen mit anderen Modulen zu einem Gesamtmodell zusammengesetzt werden kann. Also eine Art Baukasten. Das passende Stichwort heißt Wiederverwendung oder Reuse[28]. Das Modell einer Zahnstangenlenkung kann so für mehrere Fahrzeugmodelle verwendet werden, ohne dass es jedes Mal kopiert oder neugeschrieben werden muss. Das Modell des Volkswagen Golf VII gibt es abhängig von der Motorisierung mit einer Verbundlenkerachse oder einer Mehrlenkerachse als Hinterachskonzept. Gut, wenn man die Hinterachse als Gesamtes im Fahrzeugmodell austauschen kann. Doch diese Art der Modellierung erfordert einen relativ großen Initialaufwand, der meistens gescheut wird und so entstehen zu Beginn häufig riesige, mit der Zeit nicht mehr wartbare Modelle.

[28] Hier ist das englische Wort, nicht das Werkzeug des Fischers, gemeint.

Was ist zu Beginn der Modularisierung zu leisten? Zunächst muss man sich im Klaren sein, welche Art der Modularisierung das verwendete Simulationswerkzeug unterstützt. Hier ist vor allem auch die Frage gemeint, wie viele Substrukturebenen unterstützt werden und wie sie verbunden werden können. Wenn man als Hauptebene oder Wurzel des Modells das Gesamtfahrzeug oder den Aufbau sieht, so könnte die nächste Ebene oder der nächste Ast die Vorderachse sein. Ist es nun möglich an das Modul Vorderachse noch das Modul Rad anzuhängen oder erlaubt die Simulationsumgebung nur eine Ebene, die immer am Hauptmodul hängen muss? Dann müsste das Rad im Achsmodul integriert werden. Das ist eine ungünstige Lösung, da unabhängig von der Achse unterschiedliche Räder aufgezogen werden können, deren Felgen verschiedene Massen und Massenträgheitsmomente haben. Dasselbe gilt für die Bremsanlage, die in der Regel mit der Motorisierung wächst.

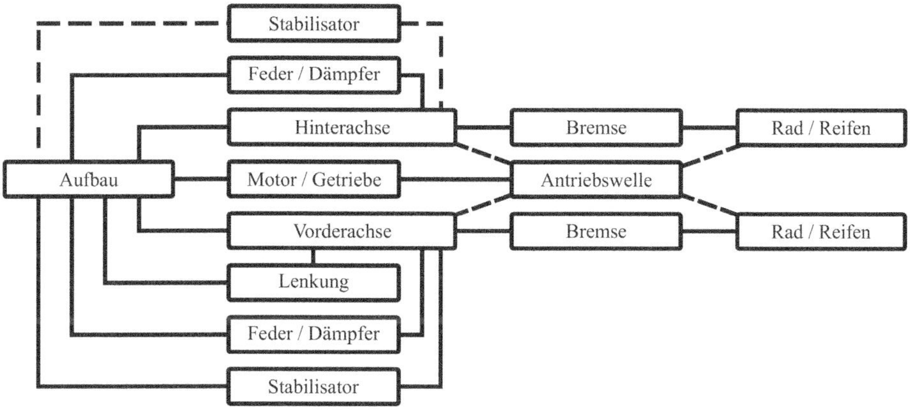

Bild 3.5 Modularisierung des Fahrwerks

Die in Bild 3.5 dargestellte Struktur kann natürlich nur exemplarisch sein, da sie stark von der grundlegenden Fahrzeugestruktur abhängt. Die gestrichelten Linien stellen optionale Verbindungen dar, um zum Beispiel front-, heck- und allradgetriebene Fahrzeuge abbilden zu können oder Fahrzeuge, die an der Hinterachse keinen Stabilisator besitzen.

Die gezeigte Struktur ist noch sehr abstrakt. Es wird nur der Begriff *Vorderachse* verwendet. Um welche Kinematik es sich dabei handelt, spielt zunächst keine Rolle. Die Verbindungslinien stellen die Schnittstellen zwischen den Modulen dar und beinhalten mehr Aufwand, als man zunächst vermuten würde. Was gehört in ein Modul und was nicht? Soll das Kopflager (Top Mount) zum Feder-Dämpfer-Modul gehören oder in das Aufbau-Modul, das auch die Karosserie enthält? Eine Hilfe für die Entscheidung kann immer sein, sich zu überlegen, von wem die erforderlichen Daten für die Parametrierung kommen und ob es Zwangsverknüpfungen gibt. Das Kopflager wird sich an der Feder-Dämpfer-Auslegung orientieren und weniger an der Karosserieform, sodass hier die Entscheidung relativ einfach ausfallen wird. Natürlich könnte das Kopflager auch ein eigenes Modul sein. Jedes reale Bauteil könnte durch ein eigenes Modul repräsentiert werden. Ob dies der Übersicht dient und noch sinnvoll verwaltet werden kann, muss kritisch hinterfragt werden. Allerdings ist es gerade für Neulinge oft schwierig, sich einen Überblick zu verschaffen, in welchem Modul, welche Bauteileigenschaften versteckt sind.

Wenn die Entscheidung getroffen wurde, welche Eigenschaften im Modul enthalten sein sollen, müssen die Schnittstellen zu den benachbarten Modulen festgelegt werden. Man kann sich hier an den realen Verbindungen oder den Kraftpfaden zwischen den Bauteilen orientieren. Für die Verbindung zwischen dem Modul *Vorderachse* und dem Modul *Aufbau* müssen zum Beispiel alle Verbindungspunkte der Karosserie und der Lenker oder der Karosserie und des Hilfsrahmens beschrieben werden. Dabei ist aber zu beachten, dass das abstrakte Modul *Vorderachse* mehrere Kinematiken repräsentieren muss. Eine Doppelquerlenkerachse hat pro Radaufhängung vier Gelenk- oder Lagerpositionen, eine McPherson-Achse nur drei.[29] Hier ist es dann notwendig, die Koppelung zwischen den Modulen mit den Möglichkeiten der Simulationsumgebung in Einklang zu bringen. Muss eine Obermenge definiert werden und die nicht benötigten Koppelpunkte werden deaktiviert oder muss pro Kinematik ein vollständiger Satz an Koppelpunkten existieren und diese gesamten Sätze werden aktiviert oder deaktiviert? Wie man dies konkret umsetzt, hängt von den Möglichkeiten der Simulationsumgebung ab. Ob dort zum Beispiel eine Makrosprache zur Verfügung steht, um eine derartige Umschaltung anzustoßen.

3.9.2 Trennung von Daten und Modell

Einer der grundlegenden Paradigmen der objektorientierten Programmierung ist die Trennung von den Parametern und den Modellbeschreibungen (Quelltext). Diesen Ansatz sollte man auch zwingend für die Modellierung von Fahrwerkkomponenten berücksichtigen. Ausnahmen können höchstens sehr kleine nicht skalierbare Modelle sein, bei denen sich der damit verbundene Aufwand nicht lohnt und die einen mehr *einmaligen* Charakter haben. Sobald an modulare Strukturen gedacht wird, ist dieser Ansatz zwingend, da ansonsten eine Wiederverwendung eines Moduls nicht effizient möglich ist.

Dies bedeutet, dass keine konkreten Werte in das Modell direkt eingetragen werden dürfen, sondern dass Parameter (Variablen) verwendet werden müssen. Diese Parameter werden dann mit einer separaten Parameterliste, in der Regel in Form einer eigenen Datei, in das Modell geladen. Mithilfe dieser Methode kann aus einem abstrakten Mechanismus (z. B. der Radaufhängungskinematik einer Trapezlenkerachse) ein konkretes Bauteil geschaffen werden. Zwei Entwicklungsstände können sehr schnell, nur durch Austausch des Datensatzes vor der jeweiligen Berechnung verglichen werden. Für die Benennung der Parameter sollten klare Regeln entworfen werden, wie sie in Abschnitt 6.1.2 besprochen werden.

[29] Unter der Annahme, dass die Spurstange mit der Lenkung verbunden ist.

4 Numerik – das Problem mit dem Anfang

Die Natur ist in der Sprache der Mathematik geschrieben.

Galileo Galilei

4.1 Wer ist EULER?

Was zwischen dem Start der Simulation und dem Speichern der Ergebnisse passiert, ist für viele ein Buch mit sieben Siegeln. Die meisten Berechnungsprogramme bieten dem Nutzer die Möglichkeit, völlig ohne die Kenntnis der Numerik vielfältige Berechnungsergebnisse zu erzeugen.

Es gibt zwar in der Regel die Option das Integrationsverfahren und mit ihm diverse Parameter zur Berechnung auszuwählen. Doch wie soll man etwas auswählen, was man nicht versteht? Gängige Strategien zur Auswahl des Integrationsverfahrens sind:

- Einfach die Standardeinstellungen zu verwenden. *Die werden sich schon etwas dabei gedacht haben.*
- Solange zu probieren, bis eine Einstellung gefunden wurde, bei der die Ergebnisse möglichst schnell vorliegen. *Zeit ist Geld.*
- Solange zu probieren, bis eine Einstellung gefunden wurde, bei der möglichst wenig Berechnungsabbrüche vorkommen. *Fehlerloses Rechnen!*
- Oder eine Kombination von Allem. *Kopf oder Zahl?*

Man mag sich mit dem Modell so viel Mühe geben, wie man will. Ohne sich zumindest oberflächlich mit der zugrunde liegenden Numerik auseinanderzusetzen, wird man auf die Dauer in den seltensten Fällen zum Erfolg kommen.

In den nächsten Abschnitten wird der Versuch unternommen, diese oberflächliche Auseinandersetzung aus der Sicht eines Ingenieurs mit dem Thema Numerik zu unterstützen.

Die Frage, wer EULER ist, wird dann auch geklärt. Wer tiefer in dieses Thema einsteigen möchte oder muss, dem seien zum Beispiel [MuWe12] oder [StWP12] empfohlen.

4.2 Anfangswertprobleme oder Numerische Integration von Differenzialgleichungen

4.2.1 Das Anfangswertproblem

In der Dynamikvorlesung der Technischen Mechanik wurde man mit Bewegungsgleichungen konfrontiert, die durch Differenzialgleichungen zweiter Ordnung gebildet wurden. Nehmen wir als Beispiel einen konstant beschleunigten Massepunkt mit konstanter Masse[30], der nach dem zweiten NEWTONschen Gesetz folgende Kraft produziert

$$F = m \cdot \ddot{x} \tag{4.1}$$

Stellen wir die Gleichung nach der Beschleunigung um und nennen die rechte Seite zur Vereinfachung a_0, so erhalten wir

$$\ddot{x} = \frac{F}{m} = a_0 \tag{4.2}$$

In der Vorlesung hieß es jetzt immer „durch zweifache Integration erhalten wir x". Also machen wir es genauso.

$$\dot{x}(t) = a_0 \cdot t + C_1 = v(t) \tag{4.3}$$

$$x(t) = v(t) \cdot t + C_2 = \frac{1}{2} a_0 \cdot t^2 + C_1 \cdot t + C_2 \tag{4.4}$$

Aufgrund der unbestimmten Integration sind nun die beiden bisher unbekannten Integrationskonstanten C_1 und C_2 in der Gleichung (4.4) enthalten. Jetzt kommen wir zu dem Stichwort *Anfangswertproblem*. Wir können diese beiden Konstanten nur mit Leben füllen, wenn wir die Anfangssituation unseres Massepunktes kennen. Als Anfang bezeichnen wir den Zeitpunkt $t = 0$, zu dem wir mit unserer Betrachtung beginnen. Alles was vor diesem Zeitpunkt liegt, interessiert uns nicht oder ist implizit in der Anfangsposition $x(t = 0) = x_0$ und der Anfangsgeschwindigkeit $v(t = 0) = v_0$ enthalten. Bekanntermaßen kommt man mit der Gleichung (4.3) zum Zeitpunkt $t = 0$ zu $C_1 = v_0$ und mit der Gleichung (4.4) zum selben Zeitpunkt zu $C_2 = x_0$. In die beiden Gleichungen eingesetzt, führt das zu

$$\dot{x}(t) = a_0 \cdot t + v_0 = v(t) \tag{4.5}$$

$$x(t) = v(t) \cdot t + x_0 = \frac{1}{2} a_0 \cdot t^2 + v_0 \cdot t + x_0 \tag{4.6}$$

Jetzt wissen wir, warum es Anfangswertproblem heißt. Wir brauchen also immer den Zustand zum Start, damit wir alles Weitere berechnen können. Aber was ist so kompliziert an der Integration?

4.2.2 Numerische Integration

Das Zeitverhalten technischer Systeme wird häufig durch Differenzialgleichungen beschrieben. Diese sind im allgemeinen Fall aber elementar nicht lösbar oder die Lösung der Gleichungen ist zwar möglich, aber sehr aufwendig. Aus diesem Grund wird die punktweise Berechnung der Lösung durch Näherungsverfahren angewendet. Diese Lösungsverfahren werden im Weiteren Integrationsverfahren genannt.

---

[30] Wer noch einmal wissen will, was passiert, wenn Beschleunigung und Masse nicht konstant sind, sollte wieder einmal in seine Vorlesungsunterlagen der Dynamik sehen. Ansonsten seien auch [DaDa13], [Hib312] oder [Mayr12] empfohlen.

Was das bedeutet? Das Beispiel aus dem letzten Abschnitt kann man im Kopf integrieren und in den Vorlesungen hat man für die nichtkonstanten Beschleunigungen in der Regel Funktionen bekommen, die man mit einfachen Mitteln zu ihren Stammfunktionen führen konnte. Die Bewegungsgleichungen von Mechanismen wie Fahrwerken werden jedoch schnell komplex und nicht mehr analytisch lösbar. Aus diesem Grund benötigt man Näherungsverfahren, die den Verlauf der exakten Funktion abschätzen.

In der Schul- oder Hochschulmathematik ist jedem mindestens die TAYLOR-Reihe begegnet, mit der man andere Funktionen, um einen Arbeitspunkt herum, annähern kann und die man dann bei ausreichender Genauigkeit abbricht. Sie wird uns in diesem Kapitel noch über den Weg laufen. Mit den nun folgenden Integrationsverfahren sollen nicht nur Position und Geschwindigkeit aus der Beschleunigung ermittelt werden, sondern auch die zeitliche Weiterentwicklung der Beschleunigung (und damit der Position und der Geschwindigkeit).

4.3 Numerische Integration von Differenzialgleichungen erster Ordnung

Für die Integration von Differenzialgleichungen kann man auf eine große Anzahl von bewährten Algorithmen zurückgreifen, die je nach Problemstellung mehr oder weniger geeignet sind. Die zum Einsatz kommenden Verfahren unterscheiden sich unter anderem durch den Informationsbedarf (Ein- oder Mehrschrittverfahren), die Stabilität (explizite und implizite Verfahren), die Eignung für spezielle Systeme (steife Systeme) und einiges mehr. Die bewährtesten Verfahren sind in der Regel in mathematischen Bibliotheken in den Programmiersprachen Fortran oder C implementiert oder werden direkt von den Simulationsprogrammen angeboten. Da es nicht das eine, für alle Anwendungen geeignete Verfahren gibt, werden im Abschnitt 4.4 ein paar wesentliche Verfahren vorgestellt, damit man einen Eindruck bekommen kann, welche fundamentalen Unterschiede bei den Verfahren existieren.

4.3.1 Ein einfaches Beispiel

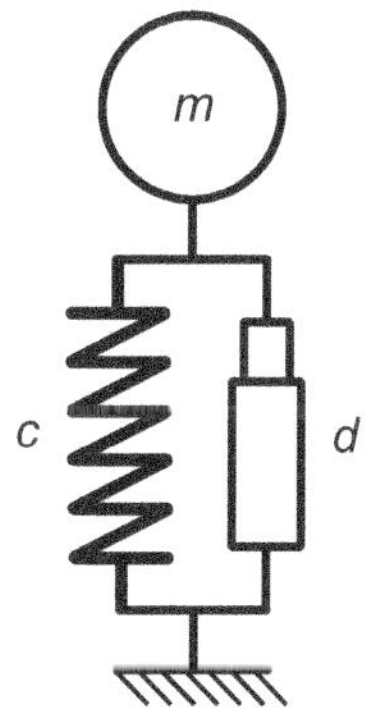

Bild 4.1 Einmassenschwinger

Um die Verfahren erst einmal grundlegend zu verstehen, nutzen wir ein einfaches und geläufiges Modell – den gedämpften Einmassenschwinger (Bild 4.1). Sein Verhalten ist bekannt, seine Parameter und sein Bewegungsgleichung sind überschaubar.

Die Bewegungsgleichung wird für ein System ohne äußere Anregung durch die folgende Differenzialgleichung zweiter Ordnung beschrieben

$$m\ddot{x} + d\dot{x} + cx = 0 \tag{4.7}$$

Da viele der verwendungfindenden Verfahren nur mit Differenzialgleichungen erster Ordnung umgehen können, muss diese Gleichung noch in zwei Differenzialgleichungen erster Ordnung mit der Substitution

$$\begin{aligned} x_1 &= x \\ x_2 &= \dot{x} \end{aligned} \tag{4.8}$$

überführt werden. Daraus folgt

$$\begin{aligned} \dot{x}_1 &= x_2 \\ \dot{x}_2 &= -\frac{d}{m}x_2 - \frac{c}{m}x_1 \end{aligned} \tag{4.9}$$

Die Zustandsgröße x_1 entspricht somit der Verschiebung und x_2 der Geschwindigkeit der Masse. Die Anfangsbedingung kann zum Beispiel lauten:

$$\vec{x} = \begin{pmatrix} x_1 \\ x_2 \end{pmatrix} = \begin{pmatrix} 0 \\ 0 \end{pmatrix} \tag{4.10}$$

Die Masse liegt zu Beginn unbewegt ($v_0 = 0$) in ihrer Ausgangslage der Auslenkung ($x_0 = 0$). Um nun das zeitliche Verhalten des Systems zu beschreiben, verwenden wir ein numerisches Integrationsverfahren.

4.3.2 Streckenzugverfahren nach EULER

Vorweg: Dieses Verfahren ist ein explizites Einschrittverfahren.[31] Was dies genau bedeutet, wird später noch erläutert. Die Aufgabe ist nun, das Systemverhalten im Zeitintervall $t_a \leq x \leq t_b$ zu beschreiben. Dabei wird das Zeitintervall im einfachsten Fall in n gleichlange Schritte der Länge

$$h = \frac{t_b - t_a}{n} \tag{4.11}$$

unterteilt. Die Länge h ist die sogenannte Schrittweite des Verfahrens. Diese Länge muss angemessen zum Zeitverhalten des zu betrachtenden Systems gewählt werden. Dies erfolgt analog zu der in Abschnitt 2.2.2 erwähnten Abtastfrequenz. Da wir es mit schwingenden Systemen zu tun haben, sollte die Abtastfrequenz ein Vielfaches der Eigenfrequenz des betrachteten Systems sein. Hätte der Einmassenschwinger eine Eigenfrequenz von 1 Hz, das heißt, ein Schwingspiel dauert genau eine Sekunde, so würde eine Schrittweite von 0,1 s die Schwingung zehnmal abtasten. Was das für die Rechenzeit bedeutet, werden wir nachfolgend noch sehen.

Im letzten Abschnitt wurde der Begriff des Anfangswertes besprochen, das heißt, im Fall unserer Bewegungsgleichung liegt für den Anfangszeitpunkt t_0 die Position $x_0 = x(t_0)$ und die Geschwindigkeit $v_0 = v(t_0, x_0)$ vor. Die Geschwindigkeit ist bekanntlich die erste Ableitung der Position und beschreibt somit die Steigung an der gegebenen Anfangsposition (Bild 4.2).

---

[31] Und man findet es in der Literatur auch unter seinem vollständigen Namen: Verfahren nach EULER-CAUCHY. Da aber bei den meisten Simulationsprogrammen nur der schweizer Mathematiker EULER erwähnt wird, werde ich mich auf ihn beschränken.

Im Weiteren müssen wir zwischen dem wahren Funktionswert $x(t_i)$ und dem Näherungswert x_i unterscheiden. Würden wir den Verlauf der Funktion kennen, so wäre $x(t_i)$ für den Zeitpunkt t_i das exakte Ergebnis. Da wir ihn nicht kennen, sonst müssten wir ihn nicht annähern, schätzen wir ihn mit x_i ab.

Ausgehend von dem gegebenen Anfangspunkt $P(t_0, x_0)$, der auf der exakten Lösungskurve $x = x(t)$ liegt, wird der weitere Verlauf der Funktion mithilfe der Kurventangente angenähert.

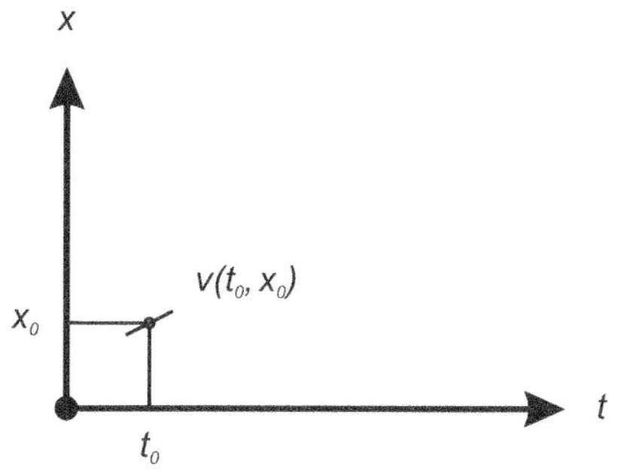

Bild 4.2 Anfangswerte der Funktion

Die Rechenvorschrift nach EULER lautet in diesem Fall

$$x_{i+1} = x_i + h \cdot v(t_i, x_i), \tag{4.12}$$

Woher kommt diese Vorschrift? Sie ist nichts anderes als eine TAYLOR-Reihe (Gleichung (4.13)), bei der bereits nach dem linearen Glied abgebrochen wurde.

$$f(x) = \sum_{n=0}^{\infty} \frac{f^{(n)}(x_0)}{n!}(x - x_0)^n \tag{4.13}$$

Um den nächsten Wert auszurechnen, benötigen wir den nächsten Auswertezeitpunkt. Da wir in diesem Beispiel nach Gleichung (4.11) mit konstanter Schrittweite arbeiten, ergibt sich der nächste Zeitschritt durch

$$t_{i+1} = t_i + h \tag{4.14}$$

Nun wenden wir die Gleichung (4.12) zum Zeitpunkt t_1 auf unser Problem an (Bild 4.3) und berechnen uns den Näherungswert x_1.

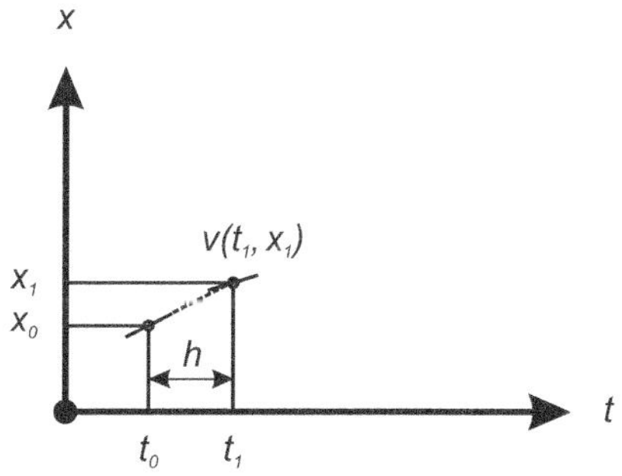

Bild 4.3 Weiterentwicklung der Funktion

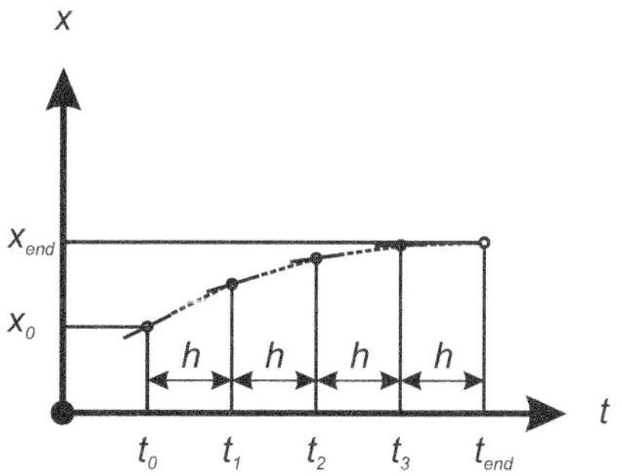

Bild 4.4 Endwert der Funktion

Auch an dieser Stelle kennen wir wieder die Steigung, da wir die Funktion an dieser Stelle auswerten können. Sie liefert uns die erste Ableitung und damit die Steigung.

Das Verfahren zur Gleichungslösung, dass in jedem Simulationsprogramm anders aussehen kann, stellt die Bewegungsgleichungen in der Form von Gleichung (4.9) um, sodass die Ableitungen zur Integration zur Verfügung stehen.

Diese Vorgehensweise wiederholen wir solange, bis wir den Endzeitpunkt der Betrachtung erreicht haben (Bild 4.4).

Das beschriebene Integrationsverfahren erlaubt uns also einen Blick in die Zukunft. Auf diese Weise können wir abschätzen, wie sich das System im Verlauf der Zeit näherungsweise verhalten wird.

4.3.3 Fehlerarten

4.3.3.1 Lokaler Fehler

Da es sich um eine Näherungsrechnung handelt, werden Fehler gemacht. Man unterscheidet zwischen dem lokalen und dem globalen Fehler. Der lokale Fehler e_i, den wir zum Zeitpunkt t_i machen, ist wie folgt definiert

$$e_i = x(t_i) - x_i \tag{4.15}$$

Er ist die Differenz zwischen dem wahren Funktionswert und dem Näherungswert zum jeweiligen Zeitpunkt. Es ist der Fehler des Verfahrens, der, wenn man davon ausgeht, dass der letzte Wert exakt war, durch die Näherung entsteht.

4.3.3.2 Globaler Fehler

Werden mehrere fehlerbehaftete Rechnungen hintereinander durchgeführt, wird über den Gesamtzeitraum ein globaler Fehler erzeugt, wie in Bild 4.5 für den Zeitpunkt t_{end} dargestellt. Denn jeder berechnetete Wert setzt bereits auf einem fehlerbehafteten Wert auf. Der Fehler pflanzt sich fort. Letztendlich interessiert der globale Fehler, denn er zeigt die gesamte Abweichung zwischen dem berechneten und dem erwarteten Wert.

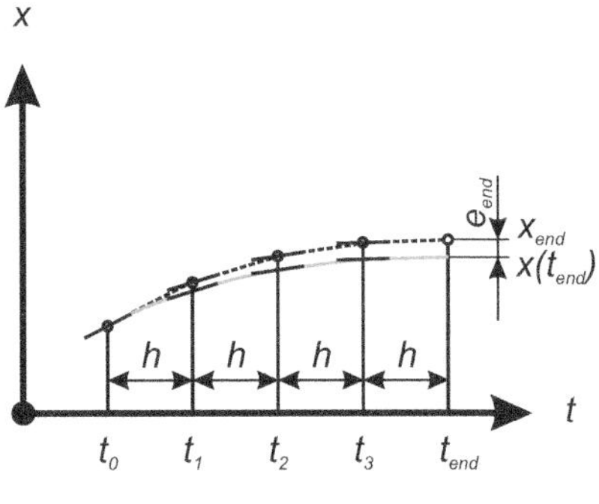

Bild 4.5 Globaler Fehler

Doch wie soll man den Fehler ausrechnen, wenn man den exakten Wert der Funktion nicht kennt? Man kann zumindest über einen TAYLOR-Reihenansatz die Ordnung des Fehlers bestimmen.[32] Danach sind Aussagen wie „der lokale Fehler e_i geht mit h^2 gegen Null, wenn h gegen Null geht" möglich.

Man findet in der Literatur häufig die Schreibweise mit dem LANDAUschen Symbol O in der Form $e_i = O(h^2)$. Dies bedeutet, dass durch eine Halbierung der Schrittweite der lokale Fehler

[32] Ich verzichte an dieser Stelle auf die Herleitung. Die Numerikbücher sind voll davon, aber man sollte zumindest verstehen, was es bedeutet, wenn ein Fehlerwachstum mit $O(h^2)$ beschrieben wird.

auf ein Viertel reduziert wird. Jetzt wird man natürlich die Schrittweite so klein wie möglich machen wollen, um den Fehler zu minimieren. Was in diesem Fall *möglich* heißt, werden wir noch diskutieren.

4.3.3.3 Rundungsfehler

In Abschnitt 2.2.2 wurde schon über die Diskretisierung der Zahlenwerte gesprochen und dass die Darstellungsgenauigkeit in einem digitalen Rechner begrenzt ist. Die konkrete Bedeutung dieses Umstandes für die numerische Integration ist, dass bei besonders kleinen Zahlen die Ungenauigkeit aufgrund der Rundungen steigt. Da dann mit gerundeten Zahlen weitergerechnet wird, pflanzt sich auch dieser Fehler fort. Die minimale Schrittweite wird also durch die Darstellungsgenauigkeit der sogenannten Gleitkommazahlen im verwendeten Rechner begrenzt und wie wir nachfolgend sehen werden, durch die Geduld des Berechners.

4.3.3.4 Gesamtfehler

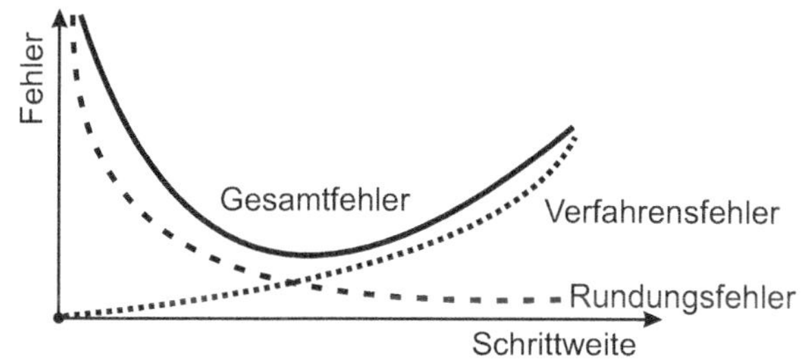

Bild 4.6 Gesamtfehler aus dem globalen Fehler und dem Rundungsfehler

Man muss für die Wahl der richtigen Schrittweite also, wie Bild 4.6 zeigt, einen Kompromiss aus dem Rundungsfehler und dem Verfahrensfehler (globaler Fehler) suchen. Ein weiterer nicht unwesentlicher Punkt ist die Rechenzeit. Wenn wir bei dem bisherigen Integrationsverfahren bleiben, so müssen wir für jeden Rechenschritt einmal die Bewegungsgleichungen auswerten. Soll die Simulationszeit 10 Sekunden betragen, so müssen wir bei einer Schrittweite von einer Millisekunde die Bewegungsgleichungen 10 000 mal auswerten. Reduzieren wir die Schrittweite auf 0,1 Millisekunde, so müssen wir die Bewegungsgleichungen 100 000 mal auswerten und so fort. Die Rechenzeit wird in diesem Beispiel mit $h = 0,1\ ms$ also zehnmal länger sein, als zu Beginn mit $h = 1\ ms$. Die in Abschnitt 4.4 vorgestellten Integrationsverfahren werten die Bewegungsgleichungen pro Rechenschritt zum Teil mehrfach aus, sodass der Aufwand entsprechend stärker ansteigt. Allerdings sind diese Verfahren in der Regel mit einer Schrittweiten- und/oder Ordnungssteuerung ausgestattet, sodass sich letztlich doch eine Rechenzeitvorteil ergeben kann.

Wenn man mit einer neuen Modellklasse, einem neuen Integrationsverfahren oder mit neuen Lastfällen arbeitet, sollte man zu Beginn dieselbe Rechnung mit verschiedenen Fehlergrenzen durchführen. Das Ziel ist, dass die Lösung, sprich das Ergebnis der Rechnung, konvergiert, das heißt, einem festen Wert zustrebt (Näheres im nächsten Abschnitt). Im Fall der Berechnungen sollten sich die Ergebnisse bei genauer werdenden Fehlerschranken ab einer gewissen Genauigkeit nicht mehr verändern. Eine Verfeinerung bringt also keine Ergebnisverbesserung mehr – nur noch ein Ansteigen der Rechenzeit. Auf diese Weise kann man herausfinden, welche Einstellungen für die jeweilige Kombination aus Modell, Integrationsverfahren und Lastfall ausreichend genau sind.

Verfügt das Modell über Unstetigkeiten (z. B. durch Knicke in Kennlinien) oder im Lastfall werden stoßartig Kräfte eingeleitet (z. B. bei Einzelhindernisüberfahrten), kann dies zu erhöhten Anforderungen an die Genauigkeit des Rechenverfahrens führen.

4.3.4 Konvergenz und Stabilität

Zunächst ist zu klären, was die Begriffe der Konvergenz und der Stabilität in der Numerik zu bedeuten haben. Im Umfeld der Berechner hat sich umgangssprachlich eingebürgert von *läuft stabil* zu reden, wenn die Berechnung ohne Abbruch durchläuft.[33] Um es wie ein Mathematiker zu sagen: „Das ist notwendig, aber nicht hinreichend.“

4.3.4.1 Konvergenz

Die Konvergenz ist das Hoffnungsprinzip des Berechners. Ein numerisch approximiertes System konvergiert, wenn es bei kleiner werdender Schrittweite gegen die exakte Lösung strebt. Im Grenzfall, wenn die Schrittweite gegen Null geht, bildet die Approximation also das exakte Systemverhalten ab. Da die verwendeten Schrittweiten zwar klein, aber durchaus von Null verschieden sind, wird der exakte Wert also nicht erreicht. Es bleibt ein Restfehler. Im Berechneralltag bedeutet also die Aussage, dass das System konvergiert, dass es innerhalb einer vorgegebenen Fehlerschranke bleibt. Die gefürchtetste Fehlermeldung des Integrationsverfahrens ist also, dass keine Lösung gefunden werden konnte und die Berechnung abgebrochen werden musste. Fazit: Diese Kombination aus Systemverhalten und Integrationsverfahren konvergiert nicht.

Beim Auftreten dieser Meldung gibt es, abhängig von der Erfahrung und dem Zeitdruck des Berechners, verschiedene Reaktionen. Beliebt ist das unreflektierte Durchprobieren aller angebotenen Integrationsverfahren, bis die Fehlermeldung verschwindet. Explizite Verfahren ohne Schrittweiten- oder Ordnungssteuerung melden keine Konvergenzprobleme, da ihnen das Vergleichsmaß fehlt. Dafür kann man dann gegebenenfalls nach der *fehlerfreien* Rechnung in der Animation des Systems oder in den Zeitschrieben ein unerwartetes Systemverhalten betrachten.

Eine weitere Möglichkeit ist das Herabsetzen von Fehlerschranken. Man nimmt es nicht mehr so genau und gibt so dem Integrationsverfahren mehr Spielraum. Die Fragen, die sich daraus ergeben, sind:

1. Warum war der Wert vorher kleiner?
2. War er überhaupt notwendigerweise so klein?

Wenn nicht, hat man vorher viel Zeit für eine vermeintliche Genauigkeit investiert. Falls doch, warum sollte dann jetzt ein ungenaueres Verhalten akzeptiert werden?

[33] In diesem Zusammenhang wird auch gerne von *fehlerfrei* gesprochen, was sich aber nur auf das Ausbleiben von Fehlermeldungen des Simulationsprogramms bezieht und nichts mit dem in Abschnitt 3.2 diskutierten *fehlerbehaftet* zu tun hat.

Letztlich kommt man nicht darum herum, sein System etwas genauer zu betrachten und die Ursachen für das mangelnde Konvergieren zu finden. Ein Ergebnis kann natürlich sein, dass das gewählte Integrationsverfahren tatsächlich nicht zu dieser Klasse von Systemen oder Lastfällen passt. Oder man findet eine falsche oder unzureichende Modellierung und muss hier nachbessern.

4.3.4.2 Stabilitätsbegriff

In der Numerik und in der Systemtechnik gilt ein System als stabil, wenn alle Einflüsse von Störungen und Fehlern mit der Zeit abklingen. Das Systemverhalten nähert sich, wenn nicht neue Störungen hinzukommen, asymptotisch einem stationären Zustand an. Im Fall der hier behandelten Integrationsverfahren bedeutet dies, dass der Fehler einen konstanten Wert annimmt. Bei instabilen Systemen würde der Fehler mit der Zeit ansteigen. Pendelt der Fehler um einen konstanten Wert (Dauerschwingung), so spricht man von Grenzstabilität.

Da wir es mit Modellen realer Systeme zu tun haben, die wir numerisch betrachten müssen, gilt die Aussage, dass ein System nicht alleine aufgrund seiner Modelldefinition als stabil oder instabil zu bezeichnen ist. Vielmehr kann ein physikalisch stabiles System durch ungeeignete numerische Behandlung instabil und ein physikalisch instabiles System stabil scheinen. Dieser Effekt wurde in [RiSc10] als sogenannte numerische Dämpfung wie nachfolgend beschrieben.

4.3.4.3 Wie stabile Systeme instabil werden

Aus der Dynamik ist der ungedämpfte Einmassenschwinger bekannt, dessen Bewegungsgleichung ohne äußere Erregung lautet

$$m\,\ddot{x}(t) + c\,x(t) = 0 \tag{4.16}$$

In der Schwingungslehre wird diese Gleichung zur Ermittlung der Eigenfrequenz ω_0 wie folgt umgeformt

$$\ddot{x}(t) + \frac{c}{m}\,x(t) = \ddot{x}(t) + \omega_0^2\,x(t) = 0 \tag{4.17}$$

So folgt für die Beschleunigung und für die Steifigkeit

$$\ddot{x}(t) = \;-\omega_0^2\,x(t) \tag{4.18}$$

$$c = m\,\omega_0^2 \tag{4.19}$$

Für den ungedämpften Einmassenschwinger gilt, unter der Annahme, dass es sich hier um ein konservatives System handelt, dass die Summe aus potenzieller und kinetischer Energie immer konstant ist. Die Feder dient als Energiespeicher, der dissipierende Dämpfer fehlt. So lautet der Arbeitssatz in seiner zweiten Form[34]

$$E = \frac{1}{2}m\,\dot{x}^2 + \frac{1}{2}c\,x^2 = \frac{1}{2}m\,(\dot{x}^2 + \,\omega_0^2\,x^2) = const \tag{4.20}$$

---

[34] Auch als Energieerhaltungssatz bekannt.

Betrachten wir das zeitliche Verhalten mithilfe des zuvor beschriebenen expliziten EULER-Verfahrens, so ergibt sich für die Bewegungsgrößen mithilfe der Gleichung (4.18)

$$x(t+h) = x(t) + h \cdot \dot{x}(t) \tag{4.21}$$

$$\dot{x}(t+h) = \dot{x}(t) - h \cdot \omega_0^2\, x(t) \tag{4.22}$$

Setzen wir das wiederum in Gleichung (4.20) ein, so erhalten wir

$$\begin{aligned} E(t+h) &= \frac{1}{2} m \left[\left(\dot{x}(t) - h \cdot \omega_0^2\, x(t) \right)^2 + \omega_0^2 \left(x(t) + h \cdot \dot{x}(t) \right)^2 \right] \\ &= \frac{1}{2} m \left[\dot{x}^2(t) - 2\, \dot{x}(t)\, h\, \omega_0^2\, x(t) + h^2\, \omega_0^4\, x^2(t) \right. \\ &\qquad \left. + \ \omega_0^2 \left(x^2(t) + 2\, x(t) h\, \dot{x}(t) + h^2\, \dot{x}^2(t) \right) \right] \\ &= \frac{1}{2} m \left[(1 + h^2 \omega_0^2)\, \dot{x}^2(t) + (1 + h^2 \omega_0^2)\, \omega_0^2 x^2(t) \right] \\ &= (1 + h^2 \omega_0^2) \frac{1}{2} m \left(\dot{x}^2(t) + \omega_0^2 x^2(t) \right) \\ &= (1 + h^2 \omega_0^2)\, E(t) \end{aligned} \tag{4.23}$$

Die letzte Zeile ist als ein Widerspruch zum Energieerhaltungssatz zu verstehen, nachdem die Energie zu allen Zeitpunkten konstant sein muss. Hier wächst sie an. Dies wird zu einem Aufschwingen des Systems führen, obwohl von außen keine weitere Energie hinzugefügt wird. Es wird instabil – durch rein *numerische Energie*.

4.3.4.4 Wie instabile Systeme stabil werden

Für denselben Einmassenschwinger, wie im vorherigen Abschnitt wird nun das implizite EULER-Verfahren angewendet, das in Abschnitt 4.4.2 näher beschrieben wird.

Für die Grundgleichungen (4.21) und (4.22) bedeutet dies

$$x(t+h) = x(t) + h \cdot \dot{x}(t+h) \tag{4.24}$$

$$\dot{x}(t+h) = \dot{x}(t) - h \cdot \omega_0^2\, x(t+h) \tag{4.25}$$

Daraus ergibt sich nach derselben Vorgehensweise wie im letzten Abschnitt ohne Nachweis für den Arbeitssatz die Form

$$E(t+h) = \frac{1}{1 + h^2 \omega_0^2} E(t) \tag{4.26}$$

Das ist wiederum ein Verstoß gegen die Energieerhaltung, denn die Energie nimmt mit jedem Rechenschritt ab. Dieses Verhalten entspricht einem gedämpften System und ist stabil. Da aber physikalisch gar kein Dämpfer vorhanden ist, handelt es sich in diesem Fall um *numerische Dämpfung*. In [RiSc10] wird dieser Fall als günstiger eingestuft, da es in der Realität der Technischen Mechanik keine ungedämpften Systeme gibt. Auf diese Weise würden nicht modellierte Dämpfungseffekte wie zum Beispiel vernachlässigte Reibung oder Luftwiderstände mitberücksichtigt. Ich kann dieser Auffassung insoweit folgen, wie der Benutzer darum weiß.

Es gibt natürlich auch Integrationsverfahren, die dem Energieerhaltungssatz für unser Beispiel genügen würden. An dieser Stelle soll aber der Hinweis, dass es diesen Effekt gibt und er beachtet werden sollte, reichen. Wir wollen die Oberfläche der Numerik ja nicht verlassen.

Man muss also sowohl die Stabilität des zu simulierenden Systems, wie auch die Stabilität des verwendeten numerischen Verfahrens im Auge behalten.

4.4 Integrationsverfahren

Ohne Anspruch auf Vollständigkeit werden nachfolgend ein paar der wichtigsten und bekanntesten Integrationsverfahren vorgestellt. Auf diese Weise soll ein Grundverständnis für die Verfahren, die im Hintergrund der Berechnung ablaufen, vermittelt werden.

4.4.1 Verfahrensübersicht

4.4.1.1 Einschritt- und Mehrschrittverfahren

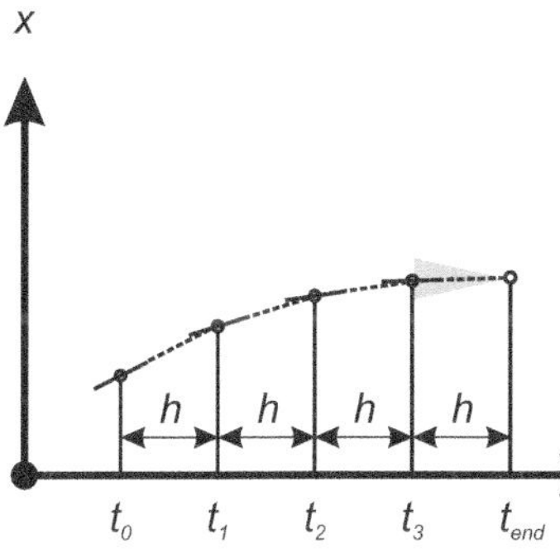

Bild 4.7 Einschrittverfahren

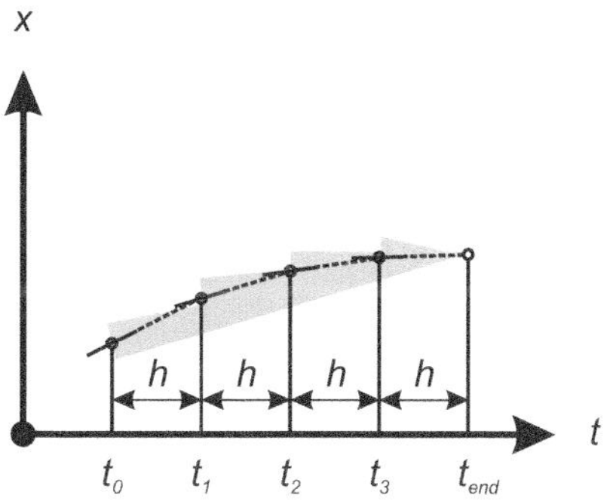

Bild 4.8 Mehrschrittverfahren

Einschrittverfahren verwenden für die Berechnung des nächsten Zeitschrittes ausschließlich den aktuellen Zeitpunkt. Das Vorwissen über die bereits berechneten Werte wird nicht genutzt (Bild 4.7).

Das bereits vorgestellte EULER-Verfahren (Abschnitt 4.3.2) und das später beschriebene RUNGE-KUTTA-Verfahren (Abschnitt 4.4.3) sind Einschrittverfahren, wobei bei Letzterem für die Berechnung mehrere Auswertungen der Bewegungsgleichungen notwendig sind. Trotzdem spricht man von einem Einschrittverfahren.

Die Mehrschrittverfahren verfügen über ein Gedächtnis, das heißt, sie merken sich vorhergehende Schritte und verwenden sie zur Berechnung des neuen Schrittes (Bild 4.8).

Auf diese Weise können durch die Verwendung von geeigneten Polynomansätzen Auswertungen der Bewegungsgleichungen gespart werden. Diese erfordern sehr viel Rechenzeit, sodass die Mehrschrittverfahren in der Regel einen Geschwindigkeitsvorteil besitzen.

Die in den beiden Abschnitten 4.4.4 und 4.4.5 vorgestellten ADAMS- und BDF-Verfahren sind Mehrschrittverfahren. Sie nutzen die Kenntnis des bisherigen Funktionsverlaufs und verwenden sie für die Vorhersage des weiteren Verlaufs. Für die ersten zu berechnenden Zeitpunkte liegen noch nicht genügend viele Vergangenheitswerte vor, sodass einige Verfahren mit Einschrittverfahren starten, bis die notwendige Anzahl von Stützstellen erreicht ist. Die Komplexität des Verfahrens steigt dann sukzessiv an.

4.4.1.2 Explizite und implizite Verfahren

Eine weitere Unterscheidung der Verfahren besteht darin, ob es den zu berechnenden Wert bereits mitbenutzt oder nur Werte aus der Vergangenheit verwendet. Dies ist unabhängig davon, ob es sich um ein Einschritt- oder Mehrschrittverfahren handelt.

Das bisher behandelte EULER-Verfahren muss mit dem Zusatz *explizit* versehen werden, da es nur auf den bereits bekannten Zustand aufsetzt.[35] Für die Berechnung des Näherungswertes werden nur Werte herangezogen, die zeitlich vor dem zu ermittelnden Näherungswert liegen. Die Anzahl der benötigten Rechenschritte für die Berechnung des Näherungswertes ist a priori bekannt und somit auch der Rechenzeitbedarf.

Daraus lässt sich schließen, dass die impliziten Verfahren, für die Berechnung der Näherungswerte auch den Näherungswert selbst heranziehen. Da der Wert natürlich noch nicht zur Verfügung steht, muss ein iteratives Korrekturverfahren helfen, wie es im folgenden Abschnitt beschrieben wird. Dadurch sind allerdings die benötigten Rechenschritte abhängig von Fehlerschranken und dem momentanen Systemverhalten. Die aufzubringende Rechenzeit eines Rechenschrittes kann also variieren. Dies ist nicht für jede Anwendung möglich, denn bei Hardware-in-the-Loop-Simulationen muss stets die Echtzeitbedingung eingehalten werden (siehe Abschnitt 17.1).

4.4.2 Implizites EULER-Verfahren

Das implizite EULER-Verfahren besteht aus zwei Schritten, denn hier kommt die sogenannte Prädiktor-Korrektor-Technik zum Einsatz. Zunächst wird als Prädiktorschritt ein expliziter EULER-Schritt ausgeführt (siehe Gleichung (4.12)).

$$x_{i+1}^P = x_i + h \cdot v(t_i, x_i) \tag{4.27}$$

Nun haben wir, wie in Bild 4.9 zu sehen, einen vorläufigen Näherungswert. An dieser Stelle können wir nun die Bewegungsgleichungen auswerten und erhalten die Steigung in diesem Punkt, die wir in Gleichung (4.28) verwenden können.

Als Nächstes wird an dieser neu berechneten Stelle der Korrektorschritt durchgeführt (Bild 4.10).

$$x_{i+1}^K = x_i + h \cdot v(t_{i+1}, x_{i+1}^P) \tag{4.28}$$

[35] Manchen mag auch der Begriff *EULER vorwärts* geläufig sein. Dementsprechend ist das in Abschnitt 4.4.2 besprochene implizite Verfahren als *EULER rückwärts* bekannt.

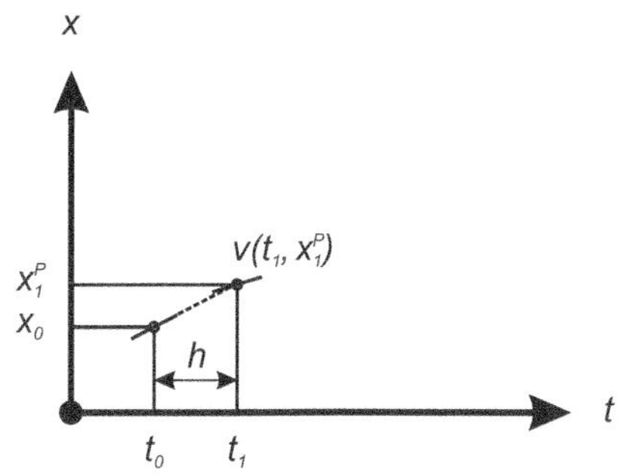

Bild 4.9 Prädiktorschritt

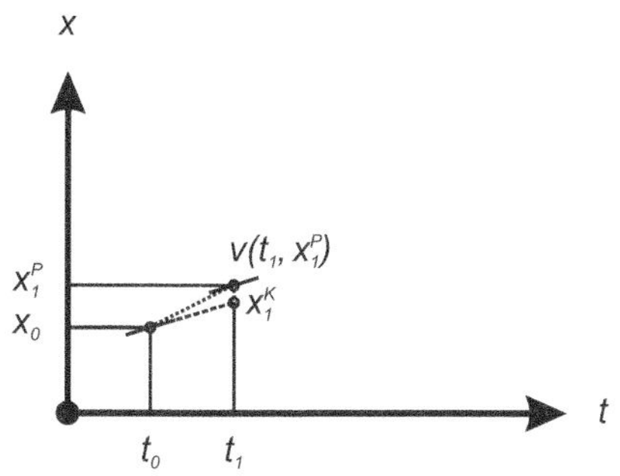

Bild 4.10 Korrektorschritt

Letztlich wird also die Steigung des geschätzten Punktes genommen, um diese dann am Startpunkt anzulegen. Änderungen der Steigung werden also schon frühzeitig berücksichtigt. Allerdings müssen die Bewegungsgleichungen in diesem Beispiel zweimal, statt einmal wie beim expliziten Verfahren aufgerufen werden.

Eine Variante ist das Verfahren von HEUN, bei dem die Winkelhalbierende der beiden Steigungen verwendet wird. Der errechnete Wert liegt dann zwischen dem des expliziten und impliziten EULER-Verfahrens.

Höhere Verfahren verwenden Fehler- oder Konvergenzabschätzungen und wiederholen die beiden Schritte mit unterschiedlichen Schrittweiten bis die vorgegebenen Fehlergrenzen unterschritten oder die maximale Anzahl von Iterationsschritten überschritten ist. Letzteres führt dann zum Abbruch der Rechnung, da keine Lösung gefunden wurde.

Ich rufe noch einmal in Erinnerung, dass v hier die Ableitung von x ist, die durch den Funktionsaufruf der Bewegungsgleichungen berechnet wird.

In der Literatur über numerische Verfahren wird das EULER-Verfahren oft als zu ungenau und deshalb als unzureichend für den praktischen Einsatz beschrieben. Die Praxis zeigt etwas anderes. Aufgrund der Schnelligkeit und Unkompliziertheit des Verfahrens wird es vor allem für Hardware-in-the-Loop- und Fahrdynamiksimulationen gerne eingesetzt. Gerade der unerfahrene Anwender freut sich, dass er nur einen Parameter, die Schrittweite[36], angeben muss. Für die Betrachtung des linearen Teils der Fahrdynamik erscheint mir dieses Verfahren auch als völlig ausreichend. Beim Übergang in den nichtlinearen Teil, vor allem im Grenzbereich, muss man allerdings noch einmal genau hinsehen, ob das reale System noch hinreichend genau abgebildet wird.

[36] Die beliebteste Schrittweite wird wohl 1 ms sein. Da in der Fahrdynamik klassischerweise das Systemverhalten bis 5 Hz betrachtet wird, sind dies mindestens 200 Messpunkte pro Schwingspiel.

4.4.3 RUNGE-KUTTA-Verfahren

Aufbauend auf das EULER-Verfahren nutzt das RUNGE-KUTTA-Verfahren mehr Informationen. Das Verfahren der 4. Ordnung setzt sich in seiner sogenannten klassischen Variante[37] aus den folgenden der TAYLOR-Reihenentwicklung entstammenden Schritten zusammen:

$$x_{i+1} = x_i + \frac{1}{6}(k_1 + 2\,k_2 + 2\,k_3 + k_4) \tag{4.29}$$

mit den Koeffizienten

$$k_1 = h \cdot v\,(t_i, x_i) \tag{4.30}$$

$$k_2 = h \cdot v\left(t_i + \frac{h}{2}, x_i + \frac{k_1}{2}\right) \tag{4.31}$$

$$k_3 = h \cdot v\left(t_i + \frac{h}{2}, x_i + \frac{k_2}{2}\right) \tag{4.32}$$

$$k_4 = h \cdot v\,(t_i + h, x_i + k_3) \tag{4.33}$$

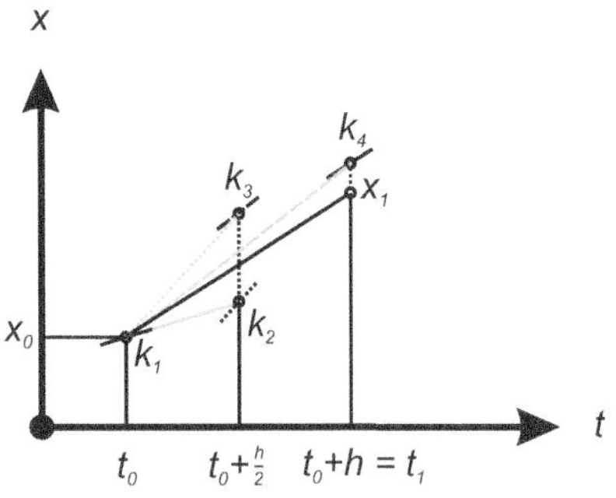

Bild 4.11 RUNGE-KUTTA-Verfahren 4. Ordnung

Beim expliziten EULER-Verfahren wird ausschließlich die Steigung am linken Rand des Intervalls genutzt. Im RUNGE-KUTTA-Verfahren 4. Ordnung entspricht dies dem Koeffizienten k_1, der zu einem Sechstel einfließt. Zusätzlich werden zwei Steigungen in der Intervallmitte, k_2 und k_3 zu je einem Drittel, und die Steigung am Intervallende, k_4 mit einem Sechstel, berücksichtigt. Daraus ergibt sich eine mittlere Steigung, die aufgrund der Gewichtung der Stützstellen, den weiteren Verlauf der Funktion besser abbilden soll (Bild 4.11). Da keine Werte aus dem letzten Berechnungsintervall und der zu berechnenden Funktionswert ebenfalls nicht verwendet wird, handelt es sich um ein explizites Einschrittverfahren.

Die erhöhte Genauigkeit hat ihren Preis, denn es sind vier Funktionsaufrufe notwendig. Dies kann nur aufgrund der höheren Fehlerordnung und der sich daraus gegebenenfalls ergebenen größeren Schrittweite kompensiert werden.

4.4.4 ADAMS-Verfahren

Das zuvor beschriebene RUNGE-KUTTA-Verfahren nutzt vier Stützstellen innerhalb eines Intervalls, um einen neuen Funktionswert zu approximieren. Die Stützstellen werden verwen-

[37] Es existieren weitere Varianten, bei denen die Gewichtungsfaktoren anders gewählt wurden.

det, um den lokalen Verlauf der Funktion innerhalb des nächsten Intervalls[38] besser abschätzen zu können. Die Mehrschrittverfahren verwenden dagegen für die Schätzung des Funktionsverlaufs die bereits in der Vergangenheit berechneten Funktionswerte, sodass mehrere Intervalle die entsprechenden Stützstellen liefern. Die bekanntesten Verfahren sind die beiden ADAMS-Verfahren. Es steht mit dem ADAMS-BASHFORTH-Verfahren ein explizites Verfahren (Bild 4.12) und mit dem ADAMS-MOULTON-Verfahren ein implizites Verfahren zur Verfügung. Beides sind lineare Verfahren, welche die Superposition der Einzelergebnisse nutzen.

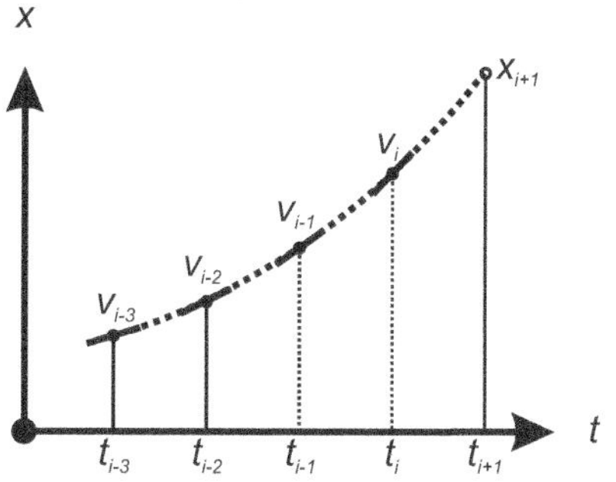

Bild 4.12 ADAMS-BASHFORTH-Verfahren

Wesentlich für die Vorgehensweise ist, dass die Koeffizienten eines Interpolationspolynoms n-ten Grades gesucht werden. Je höher die Ordnung des Verfahrens ist, desto mehr Funktionsauswertungen müssen herangezogen werden, aber desto höher ist auch die Fehlerordnung. Großer Vorteil gegenüber den Einschrittverfahren höherer Ordnung ist, dass nur eine Funktionsauswertung bei den expliziten und zwei Funktionsauswertungen bei den impliziten Verfahren pro Rechenschritt vorgenommen werden müssen. Alle anderen Funktionsauswertungen wurden ja bereits für die vorangegangenen Schritte berechnet – sie müssen nur im *Gedächtnis* bleiben.

Bei dem expliziten Verfahren entspricht die Fehlerordnung der Ordnung des Verfahrens, beim impliziten Verfahren ist sie jeweils um eine Ordnung höher, als die des Verfahrens. Für das ADAMS-BASHFORTH-Verfahren ist dies exemplarisch in Tabelle 4.1 dargestellt.

Tabelle 4.1 Rechenvorschriften des ADAMS-BASHFORTH-Verfahrens

Ordnung	Verfahren	Fehler-ordnung
1[39]	$x_{i+1} = x_i + h \cdot v\,(t_i, x_i) = x_i + h \cdot v_i$	1
2	$x_{i+1} = x_i + \frac{h}{2} \cdot (3\,v_i - v_{i-1})$	2
3	$x_{i+1} = x_i + \frac{h}{12} \cdot (23\,v_i - 16\,v_{i-1} + 5\,v_{i-2})$	3
4	$x_{i+1} = x_i + \frac{h}{24} \cdot (55\,v_i - 59\,v_{i-1} + 37\,v_{i-2} - 9\,v_{i-3})$	4

[38] Vorgegeben durch die Schrittweite h.
[39] Entspricht dem expliziten EULER-Verfahren.

4.4.5 BDF-Verfahren

Unterscheiden sich die Eigenfrequenzen der Teilsysteme innerhalb eines Systems sehr stark, so spricht man von einem *steifen* System. Als Anhaltswert kann man ein Verhältnis von der größten zur kleinsten Eigenfrequenz von mindestens 1000 nehmen. Werden neben den für Mehrkörpersysteme üblichen starren Körpern auch elastische Strukturen eingesetzt, die zum Beispiel durch Balkenmodelle dargestellt werden oder wird die Hydraulik der Bremsanlage mit abgebildet, so kann es schnell zu großen Unterschieden der Eigenfrequenzen kommen.

Die bisher besprochenen Integrationsverfahren müssten sich mit ihrer Schrittweite oder ihrer Ordnung an der größten Eigenfrequenz orientieren und dementsprechend sehr kleine Integrationsschrittweiten verwenden. Die Folgen sind bereits besprochen. Die Rechenzeit steigt stark an, die Rundungsfehler wachsen und anhängig vom Integrationsverfahren, wird die Rechnung unter Umständen abgebrochen, da keine Konvergenz erreicht wird.

Implizite Verfahren eignen sich für derartige Probleme besser als explizite. Es wurde eine besondere Klasse von Integrationsverfahren für diese Art von Systemen entwickelt. Die sogenannten *Backwards Differential Functions* oder besser durch ihre Abkürzung *BDF* bekannt, sind ebenfalls lineare Mehrschrittverfahren. Im Gegensatz zum ADAMS-MOULTON-Verfahren verfügen sie bis zur Ordnung sechs über ein größeres Stabilitätsgebiet und können deshalb größere Schrittweiten zulassen. Bei *BDF*-Verfahren werden nicht die Integrale durch ein Interpolationspolynom angenähert, sondern die Ableitung v_{i+1}.

4.5 Interpolations- und Extrapolationsverfahren

4.5.1 Interpolation

Gemessene Bauteilkennlinien liegen in Form von diskreten Messpunkten vor, welche die Stützstellen der Kennlinien darstellen. Während der Simulation werden auch Werte benötigt, die beliebig zwischen diesen Punkten liegen können. Aus diesem Grund müssen die zugehörigen Werte interpoliert werden.

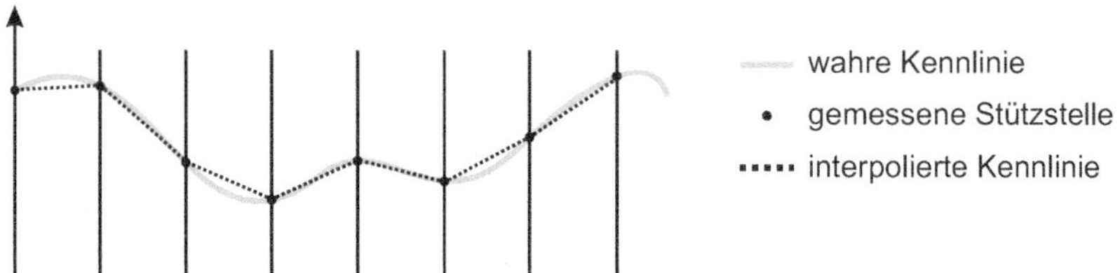

Bild 4.13 Lineare Interpolation

Für die Interpolation werden häufig verschiedene Verfahren angeboten. Als Standardverfahren wird in der Regel die lineare Interpolation verwendet, die sehr schnell ist, da sie sobald der richtige Wertebereich ermittelt wurde, nur den Gradienten zwischen zwei Punkten bestimmen muss (Bild 4.13).

Der Wert *P(x, y)*, der zwischen den Werten $P(x_i, y_i)$ und $P(x_{i+1}, y_{i+1})$ liegt (Bild 4.14), wird nach folgender Vorschrift ermittelt:

$$y = \frac{x - x_i}{x_{i+1} - x_i} \cdot (y_{i+1} - y_i) + y_i \qquad (4.34)$$

Der klare Nachteil dieser Methode kommt dann zum Tragen, wenn sich die Steigung stark ändert und so unstetige Übergänge entstehen, die numerisch zu Problemen führen können. Die Umgebung der beiden Punkte wird nicht berücksichtigt, sodass die Unstetigkeiten mit der Methode der linearen Interpolation nicht auszuschließen sind.

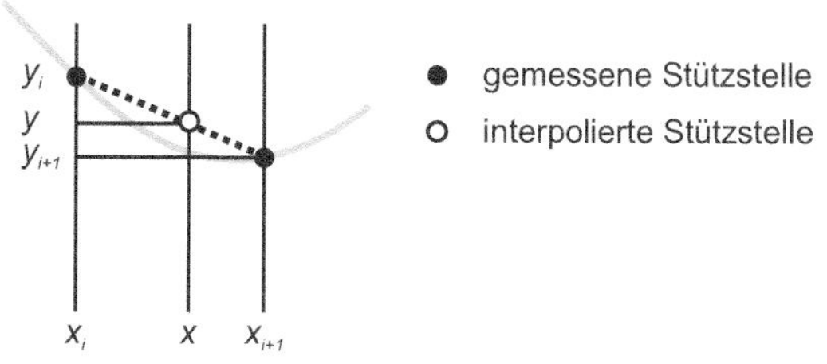

Bild 4.14 Ermittlung des zu interpolierenden Wertes

Methoden, die diese Unstetigkeiten vermeiden, dafür allerdings mehr Rechenaufwand benötigen, greifen auf höhere Polynomansätze zurück. Eine übliche Methode ist es, eine Spline-Funktion durch die Stützstellen zu legen. Ein Spline besteht aus Polynomen, die jeweils nur einen Teil der Kurve repräsentieren und an den Übergängen einen stetigen Verlauf garantieren.

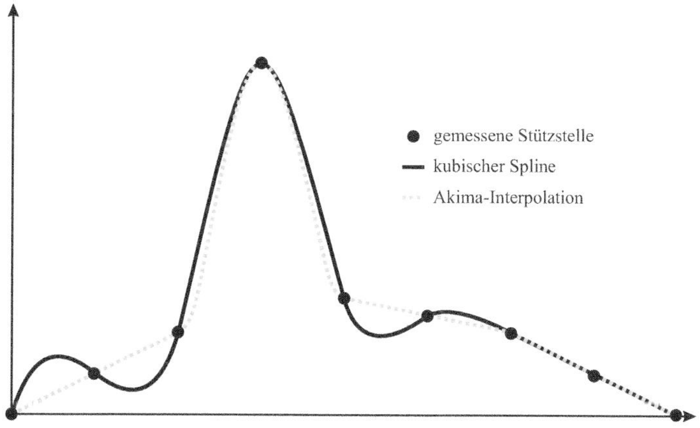

Bild 4.15 Auswirkung unterschiedlicher Interpolationsverfahren

Eine häufig angebotene Variante ist der kubische Spline, dem ein Polynom dritten Grades

$$f(x) = a_i x^3 + b_i x^2 + c_i x + d_i \qquad (4.35)$$

zugrunde liegt. Hierfür werden passende Koeffizienten a_i, b_i, c_i und d_i gesucht, sodass die Funktion zweimal stetig differenzierbar ist. Die entstehenden Kurven sehen immer *glatt* aus, was für die Zwischenwerte einen stetigen Verlauf vortäuscht, der unter Umständen nicht dem modellierten System entspricht.

Hilfreich ist es, wenn die Simulationssoftware die Kennlinie mit dem ausgewählten Interpolationsverfahren anzeigen kann, denn dabei können durchaus ungewollte Ergebnisse erzielt werden. Wie in Bild 4.15 zu sehen ist, führen die wenigen zur Verfügung gestellten Stützstellen nicht zu einer eindeutigen Lösung. Sowohl der kubische Spline, als auch der Akima-Ansatz[40] könnten das gewünschte Verhalten zeigen. Aber wie man eindeutig sieht, führt es nicht zum gleichen Ergebnis, wenn man das Verfahren *zufällig* auswählt. Eine größere Anzahl von Stützstellen würde hier zu einer Annäherung der Verfahren führen. Das Beispiel zeigt drastisch, das eine optische Kontrolle des Interpolationsergebnisses sehr wichtig ist.

Muss der Nullpunkt exakt getroffen werden, so muss er, gemessen oder nicht, in der Regel explizit in der Kennlinie angegeben werden, da ansonsten das Interpolationsverfahren unter Umständen aufgrund der beiden umgebenden Stützstellen einen von Null verschiedenen Wert berechnen kann.

4.5.2 Extrapolation

Die gemessene Kennlinie liegt in einem bestimmten Wertebereich vor, der häufig durch die Grenzen der Messmaschine oder -prozedur vorgegeben wird. In den seltensten Fällen kann mit Sicherheit vorhergesagt werden, dass im Rahmen der Simulation keine Werte außerhalb dieses Messbereichs ausgewertet werden müssen. Für diesen Fall sehen die meisten Simulationswerkzeuge die Extrapolation über die Grenzen der Messung hinaus vor. Für die Extrapolation werden häufig dieselben Verfahren angeboten wie für die zuvor beschriebene Interpolation.

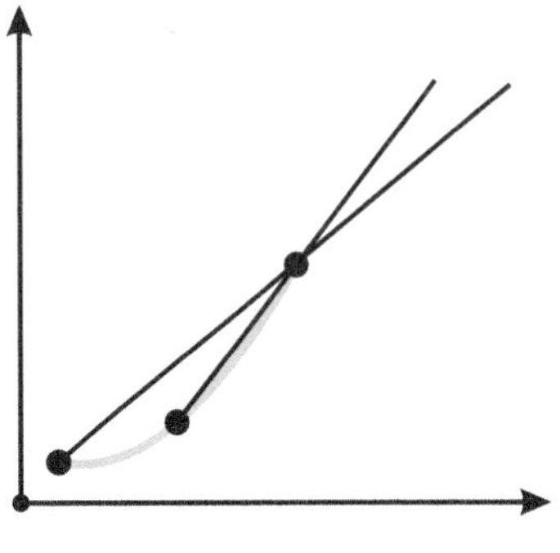

Bild 4.16 Einfluss der Endpunkte auf die Extrapolation

Hierbei ist zu beachten, dass die letzten Punkte, bei der linearen Extrapolation häufig nur die letzten beiden, für die Berechnung herangezogen werden. In Bild 4.16 kann man den Einfluss eines Zwischenpunktes auf die erwartete Steigung sehen. Dort wo am Ende der Kennlinie starke Steigungsänderungen vorliegen – dies ist bei progressiven Kennlinien, insbesondere bei Pufferkennlinien der Fall – muss besonderen Wert auf die Qualität dieser Stützstellen gelegt werden. Ansonsten können stark unplausibele Werte ermittelt werden. Bei Druckpuffern kann dies zu exorbitant großen Kräften führen, die in der Realität zur Zerstörung oder zumindest Verformung von Bauteilen führen würden. In der Starrkörperwelt der Mehrkörpersysteme geht so schnell nichts kaputt, aber die großen Kräfte können dann zu ungewohnten Bewegungen im Mechanismus führen.

[40] Auch bei diesem Verfahren werden kubische Splines verwendet. Allerdings werden die Nachbarintervalle für die Berechnung der Ableitungen an den Übergängen der Intervalle mitberücksichtigt.

4.6 Ein- und Ausblenden von Funktionen

Aus meinen Vorlesungen weiß ich, dass viele Studierende – mangels Erfahrung – Probleme haben, die passenden Ansätze und Parameter für das Ein- oder das Ausblenden von Funktionen und Signalen zu finden. Da man nie weiß, wer dieses Buch gerade in Händen hält, sei an dieser Stelle an diejenigen gedacht, die ähnliche Schwierigkeiten haben. Alle Anderen können sich zurücklehnen und diesen Abschnitt überspringen.

Vielleicht ist für das Folgende die englische Bezeichnung *Fade in* oder *Fade out* geläufiger. Die Aufgabe besteht darin, ein gegebenes Signal oder eine Funktion innerhalb eines vorgegebenen Zeitraums von einem Startwert auf einen Endwert zu überführen.[41] Ich stelle im Nachfolgenden drei gängige Vorgehensweisen vor, eine Skalierung von 0% auf 100% beziehungsweise umgekehrt zu bewirken. Wobei auch jeder andere Funktionszusammenhang und jede andere Skalierung verwendet werden können. Eine Anpassung der beschriebenen Abläufe sollte nicht schwerfallen.

4.6.1 Linear

Die einfachste Möglichkeit von einem Startwert zu einem Zielwert zu kommen, ist die Verwendung der Geradengleichung $y = m\,x + b$. Bekanntlich sind zwei Punkte ausreichend, um eine Gerade eindeutig zu beschreiben. In Bild 4.17 sind zwei mögliche Verläufe dargestellt.

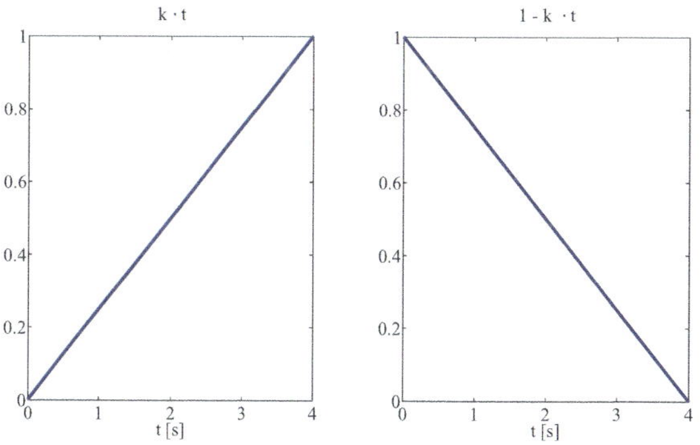

Bild 4.17 Skalierung mit der Geradengleichung

Als Skalierungsfaktor von 0% auf 100% (links) beziehungsweise von 100% auf 0% (rechts) können diese Geradengleichungen im dargestellten Zeitbereich von vier Sekunden verwendet werden. Der Faktor *k* regelt die Steigung der Geraden, das heißt in diesem Fall, nach welcher Zeit der Wert Eins erreicht wird. Auch wenn die Gleichungsparameter bereits durch scharfes Hinsehen erkannt werden, folgt nun die formale Berechnung für die linke Gerade im Bild 4.17. Die Geradengleichung hat zwei Unbekannte und wir haben zwei Koordinaten, also ist das *Problem* lösbar.

[41] Gedanklich drehe man jetzt an einem Potenziometer.

$$P_1(0,0): m \cdot 0 + b = 0 \rightarrow b = 0 \tag{4.36}$$

$$P_2(4,1): m \cdot 4 + 0 = 1 \rightarrow m = \frac{1}{4} \tag{4.37}$$

Solche Skalierungen werden oft benutzt, um ein Signal nicht direkt mit einem Wert ungleich Null starten zu lassen, was zum Beispiel bei der Ansteuerung eines Prüfstands zu größeren Sprüngen führen könnte.

Bei Zeitpunkten $t > 4\ s$ darf die Skalierung natürlich nicht weiter anwachsen, sondern muss softwaretechnisch auf Eins (Gleichung (4.38)) oder Null (Gleichung (4.39)) begrenzt werden. Wie üblich ist nicht alles, was mathematisch möglich ist, auch physikalisch sinnvoll.

$$y(t) = \min\left(\frac{t}{t_E}; 1\right) \cdot f(t) \tag{4.38}$$

$$y(t) = \max\left(1 - \frac{t}{t_E}; 0\right) \cdot f(t) \tag{4.39}$$

4.6.2 Exponentiell

Soll das Zeitverhalten in das Modell integriert werden, so verwendet man häufig ein exponentielles Auf- oder Abklingen des Wertes. Zunächst betrachten wir die e-Funktion in ihren vier Erscheinungsformen des progressiven oder des degressiven Verlaufs des Auf- oder des Abklingens (**Bild 4.18**).

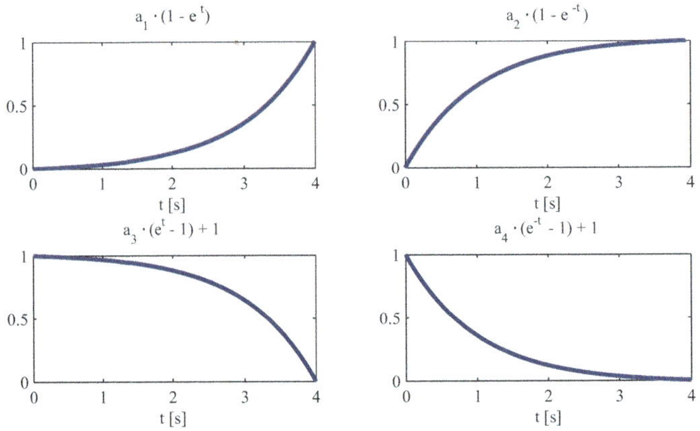

Bild 4.18 Skalierung mit der e-Funktion

Abhängig vom gewünschten Verlauf muss zunächst die Grundfunktion gewählt werden. In den nachfolgenden Beispielen wird immer davon ausgegangen, dass für zwei Zeitpunkte Zielwerte vorliegen, die erreicht werden sollen. Die nachfolgend vorgestellten Lösungen sind natürlich nur exemplarisch. Es gibt eine Vielzahl von Lösungen, vor allem dann wenn die jeweiligen Steigungen an den bekannten Punkten noch mit berücksichtigt werden soll. Die Werte des Beispiels sind dieselben wie bei der Geradengleichung. Für die Begrenzung der

Skalierungsfunktion gelten ebenfalls dieselben Zusammenhänge, wie bei der Geradengleichung vorgestellt.

4.6.2.1 Progressives Aufklingen

Die obere linke Grafik zeigt einen progressiven Verlauf, der bei $t = 0\ s$ mit dem Wert Null beginnt und bei $t_E = 4\ s$ mit dem Wert Eins endet. Als Funktion wurde

$$y_1 = a_1 \cdot (1 - e^t) \tag{4.40}$$

gewählt, sodass folgende Gleichungen auszuwerten sind

$$P_1(0,0):\ a_1 \cdot (1-1) = 0 \tag{4.41}$$

$$P_2(4,1):\ a_1 \cdot (1-e^4) = 1 \rightarrow a_1 = \frac{1}{1-e^4} \tag{4.42}$$

Eingesetzt in Gleichung (4.40) ergibt sich

$$y_1 = \frac{1-e^t}{1-e^4} = \frac{1-e^t}{1-e^{t_E}} \tag{4.43}$$

4.6.2.2 Degressives Aufklingen

Die obere rechte Grafik zeigt einen degressiven Verlauf, der bei $t = 0\ s$ mit dem Wert Null beginnt und bei $t_E = 4\ s$ mit dem Wert Eins endet. Als Funktion wurde

$$y_2 = a_2 \cdot (1 - e^{-t}) \tag{4.44}$$

gewählt, sodass folgende Gleichungen auszuwerten sind

$$P_1(0,0):\ a_2 \cdot (1-1) = 0 \tag{4.45}$$

$$P_2(4,1):\ a_2 \cdot (1-e^{-4}) = 1 \rightarrow a_2 = \frac{1}{1-e^{-4}} \tag{4.46}$$

Eingesetzt in Gleichung (4.44) ergibt sich

$$y_2 = \frac{1-e^{-t}}{1-e^{-4}} = \frac{1-e^{-t}}{1-e^{-t_E}} \tag{4.47}$$

4.6.2.3 Progressives Abklingen

Die untere linke Grafik zeigt einen progressiven Verlauf, der bei $t = 0\ s$ mit dem Wert Eins beginnt und bei $t_E = 4\ s$ mit dem Wert Null endet. Als Funktion wurde

$$y_3 = a_3 \cdot (e^t - 1) + 1 \tag{4.48}$$

gewählt, sodass folgende Gleichungen auszuwerten sind

$$P_1(0,1):\ a_3 \cdot (1-1) + 1 = 1 \tag{4.49}$$

$$P_2(4,0):\ a_3 \cdot (e^4-1) + 1 = 0 \rightarrow a_3 = \frac{1}{1-e^4} \tag{4.50}$$

Der Koeffizient a_3 entspricht also dem von a_1. Für Gleichung (4.48) bedeutet das

$$y_3 = 1 - \frac{1 - e^t}{1 - e^4} = 1 - \frac{1 - e^t}{1 - e^{t_E}} \tag{4.51}$$

4.6.2.4 Degressives Abklingen

Die untere rechte Grafik zeigt einen progressiven Verlauf, der bei $t = 0\ s$ mit dem Wert Eins beginnt und bei $t_E = 4\ s$ mit dem Wert Null endet. Als Funktion wurde

$$y_4 = a_4 \cdot (e^{-t} - 1) + 1 \tag{4.52}$$

gewählt, sodass folgende Gleichungen auszuwerten sind

$$P_1(0,1){:}\ a_4 \cdot (1 - 1) + 1 = 1 \tag{4.53}$$

$$P_2(4,0){:}\ a_4 \cdot (e^{-4} - 1) + 1 = 0 \ \rightarrow\ a_4 = \frac{1}{1 - e^{-4}} \tag{4.54}$$

Auch hier entspricht der Koeffizient a_4 dem von a_2. Für Gleichung (4.52) bedeutet das

$$y_4 = 1 - \frac{1 - e^{-t}}{1 - e^{-4}} = 1 - \frac{1 - e^{-t}}{1 - e^{-t_E}} \tag{4.55}$$

4.6.3 Trigonometrisch

Wie in Bild 4.17 für die Geradengleichung und in Bild 4.18 für die *e*-Funktion deutlich zu sehen ist, sind die Steigungen an den Endpunkten nicht Null, sodass es zu einem unstetigen Übergang für Zeiten größer als die hier gewählten vier Sekunden kommen wird. Dies ist nicht für alle Anwendungen akzeptabel. Gehen wir von einem Beispiel aus, bei dem zwei Signale aneinandergehängt werden sollen und beide haben an der Übergangsstelle die Steigung Null.[42]

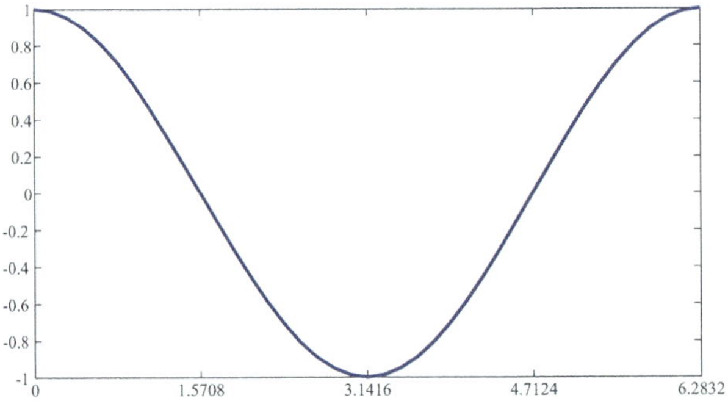

Bild 4.19 Cosinus-Funktion

Selbstverständlich können für die *e*-Funktion *komplexere* Gleichungen gefunden werden, deren Ableitung Null werden kann, aber es gibt auch eine andere elegante Methode. Wir ver-

[42] Natürlich sind die Werte ungleich Null, sonst könnte man sie direkt aneinanderhängen.

wenden den Cosinus[43], der an den Punkten *P(0, 1)* und *P(π, 1)* jeweils die Steigung Null hat (Bild 4.19). Auch hier gibt es die beiden Varianten das Signal ein- bzw. auszublenden (Bild 4.20). Da der Cosinus als Winkelfunktion zwischen den Winkel *0* und 2π periodisch verläuft, müssen wir ihn zunächst in den Zeitbereich umrechnen und auf die Hälfte kürzen, da wir nur den Ast bis π benötigen.

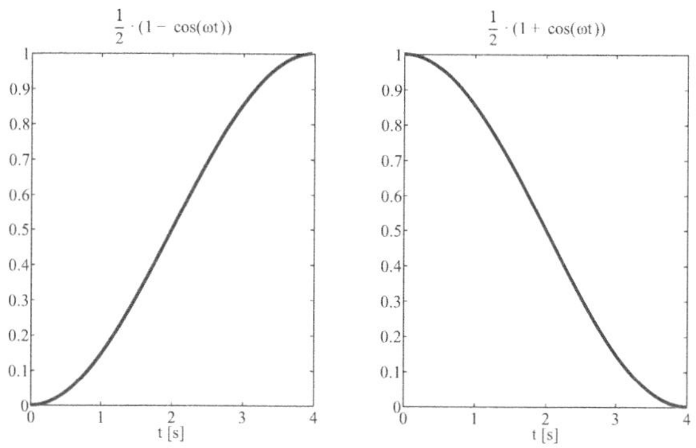

Bild 4.20 Skalierung mit der Cosinus-Funktion

Die Konstante ω ergibt sich aus der Forderung unseres Standardbeispiels, dass die halbe Periode in vier Sekunden ablaufen soll

$$\omega = \frac{\pi}{4\,s} = \frac{\pi}{t_E} \tag{4.56}$$

Da der Cosinus zwischen seinen Maxima *+1* und *-1* pendelt, muss die Amplitude halbiert und durch einen Offset verschoben werden, sodass die Start- und Endwerte erreicht werden. Auf diese Weise kommen die beiden Skalierungsfunktionen

$$y_{0\to 1} = \frac{1}{2}(1 - \cos(\omega t)) \tag{4.57}$$

$$y_{1\to 0} = \frac{1}{2}(1 + \cos(\omega t)) \tag{4.58}$$

zustande. Für die Begrenzung der Funktion auf den Zeitraum von null bis vier Sekunden gilt das zuvor Gesagte.

[43] Da der Sinus nur ein verschobener Cosinus ist, wird er hier nicht weiter erwähnt. Aber er kann bedenkenlos von den Anhängern dieser Funktion verwendet werden.

5 Simulationswerkzeuge

Wer als Werkzeug nur einen Hammer hat, sieht in jedem Problem einen Nagel.
Paul Watzlawick

5.1 Werkzeugauswahl

Sollte der Leser zu einem späteren Zeitpunkt einmal in die Verlegenheit kommen, dass für die geplanten Aufgaben ein Werkzeug ausgewählt oder ein vorhandenes durch ein neueres ersetzt werden soll, so sei ihm das Folgende als *Entscheidungsgrundlage* zur Hand gegeben. Besitzt man noch keine Simulationsumgebung, so hat man zunächst die Wahl zwischen *Make or Buy,* also der selbst erstellten Inhouse-Lösung (Abschnitt 5.1.1) oder dem Kauf eines kommerziellen Produktes (Abschnitt 5.1.2).

5.1.1 Inhouse-Lösung

Der klare Vorteil bei einer Inhouse-Lösung ist die Anpassbarkeit an die eigenen Vorstellungen und Bedürfnisse. Da man die Simulationsumgebung selbst programmiert, kann man sie optimal an den eigenen Prozess anpassen und weiß, was unterhalb der Benutzeroberfläche passiert.

Der klare Nachteil dieser Vorgehensweise beantwortet sich in der Regel mit der Frage, ob die Programmierung eines solchen Werkzeuges zur eigenen Kernkompetenz gehört und ob man überhaupt die Fähigkeiten dazu hat. In der Regel wird die Frage nach der Kernkompetenz außerhalb von Hochschulen und Forschungseinrichtungen negativ beantwortet werden. Die notwendigen Fähigkeiten eine Simulationsumgebung zu erstellen, dürfte ebenfalls in den wenigsten Fällen vorhanden sein. Des Weiteren gibt es zu bedenken, dass der spätere Pflegeaufwand des Eigengewächses auch bei Personalwechseln gewährleistet bleiben muss.

Weiterhin ist hier klar zu unterscheiden, ob man sich nur für den Eigengebrauch und eine begrenzte Zahl von Anwendungen ein *kleines* Werkzeug erstellt oder ob man die Nutzung auch für Dritte und über einen längeren Zeitraum vorsieht. Der Programmieraufwand steigert sich damit immens, denn diese *Dritte* wissen nicht zwingend, was man sich bei diesem Tool gedacht hat und welche Eingaben und Datenformate erwartet werden. Man muss also mehr Dokumentationsaufwand treiben und mit den Fehlern der Benutzer rechnen und diese entsprechend abfangen. Außerdem wachsen mit der Anzahl der Nutzer schnell Begehrlichkeiten für weitere Funktionalitäten.

Letztlich ist es eine strategische Entscheidung, ob man diesen Weg gehen will und auch in Zukunft beibehalten kann. Dieser Teil des Simulationsgeschäftes ist dann reine Softwareentwicklung und sollte auch mit den dort gebräuchlichen Methoden durchgeführt werden.[44]

5.1.2 Kommerzielles Produkt

Der Kauf eines kommerziellen Produktes wird für die meisten der einzig mögliche Weg sein. Für die Kaufentscheidung sind der Preis, der Support und die Kompatibilität zu bereits vorhandenen Produkten wichtiger, als das zugrunde liegende Verfahren zur Gleichungslösung. Die wenigsten werden über ausreichende Erfahrung in der höheren Mechanik verfügen, um beurteilen zu können, ob eine Formulierung in Absolutkoordinaten jetzt besser oder schlechter ist als die in Relativkoordinaten. Für den Fachmann sind diese Fragestellungen gravierend, für den Anwender unsichtbar im Programm versteckt und er wird mit beidem leben können.

Für die eigenen Fragestellungen kommen in der Regel nur wenige Werkzeuge in die Auswahl. Mit einer Gewissheit sollte man sich von Anfang an anfreunden. Keines der in Frage kommenden Produkte kann 100 Prozent der eigenen Aufgabenstellung abdecken. Die Werbung und die professionellen Produktpräsentationen werden dies zwar behaupten (in der Regel mit kleinen Seitenhieben auf die leider nicht so gut entwickelten Konkurrenzprodukte), aber bei einem konkreten Einsatz wird man immer wieder an Grenzen stoßen. An dieser Stelle ist es hilfreich bis zwingend, wenn Schnittstellen für eigene Erweiterungen und Anpassungen vorhanden sind.

Als Entscheidungsgrundlage kann auch ein sogenannter Benchmark dienen. Die Grundidee ist, dass die potenziellen Simulationsumgebungen (bzw. deren Anbieter) mit einer Aufgabenstellung aus der geplanten Nutzung konfrontiert werden. Nach einer sinnvollen Frist soll dann beurteilt werden, welche Umgebung das Problem am einfachsten, schnellsten oder elegantesten gelöst hat. Leider kann häufig in der Kürze der Zeit oder aufgrund der Beschränkungen der einzelnen Werkzeuge kein so komplexes Problem modelliert werden, wie es die Aufgabenstellung verlangt. Die Relevanz des Benchmarkproblems ist damit in Frage zu stellen. Eine weitere Gefahr besteht darin, dass Benchmarks bewusst oder unbewusst so ausgelegt werden, dass das, vor dem Benchmark präferierte Werkzeug, im Vorteil ist. Trotz all dieser Anstrengungen kann dieser Prozess mehrere Monate bis Jahre in Anspruch nehmen. Und trotz dieser *objektiven* Bewertung des Benchmarks sollte man sich nicht darüber hinweg täuschen lassen, dass die Werkzeugauswahl dann doch häufig eine Bauch- und/oder Managemententscheidung ist, bei der dann auch andere Kriterien eine Rolle spielen werden.

Da man sich aber für mehrere Jahre an eine solche Umgebung bindet und ein Umstieg auf einen anderen Anbieter sehr zeit- und kostenintensiv ist[45], sollte man sich schon ausreichend Zeit für die Entscheidung des *richtigen* Werkzeuges nehmen. Auf einschlägigen Tagungen

[44] Wobei das nicht als Abwertung gemeint ist, sondern als Botschaft, diesen Teil durch diejenigen erledigen zu lassen, die sich damit auskennen. Fast jeder kann schnell ein paar Zeilen Programmcode schreiben, aber nicht jeder kann die Dimension eines solchen Projekts überblicken.

[45] Manchmal gilt dies allerdings auch für den Umstieg auf eine Nachfolgeversion desselben Werkzeuges.

kann man zum Beispiel mit Nutzern der präferierten Produkte über deren Erfahrungen mit den Produkten und dem Support im Alltag sprechen.

5.2 Grundstruktur einer Simulationsumgebung

Grundlegend bestehen Simulationsumgebungen aus drei wesentlichen Teilen. Der Modellvorbereitung (Präprozessor), der eigentlichen Berechnung (Solver) und der Ergebnisaufbereitung (Postprozessor). Die einzelnen kommerziellen Werkzeuge sind diesbezüglich sehr unterschiedlich strukturiert. Entweder sind alle drei Prozessschritte im Werkzeug integriert oder sie bestehen aus einzelnen Bausteinen, die zum Teil sogar durch Produkte anderer Anbieter ausgewechselt werden können. Mit der Berechnung des Systems ist hier das Aufstellen der Bewegungsgleichungen gemeint und nicht die numerische Annäherung, die bereits in Kapitel 4 besprochen wurde.

5.2.1 Präprozessor

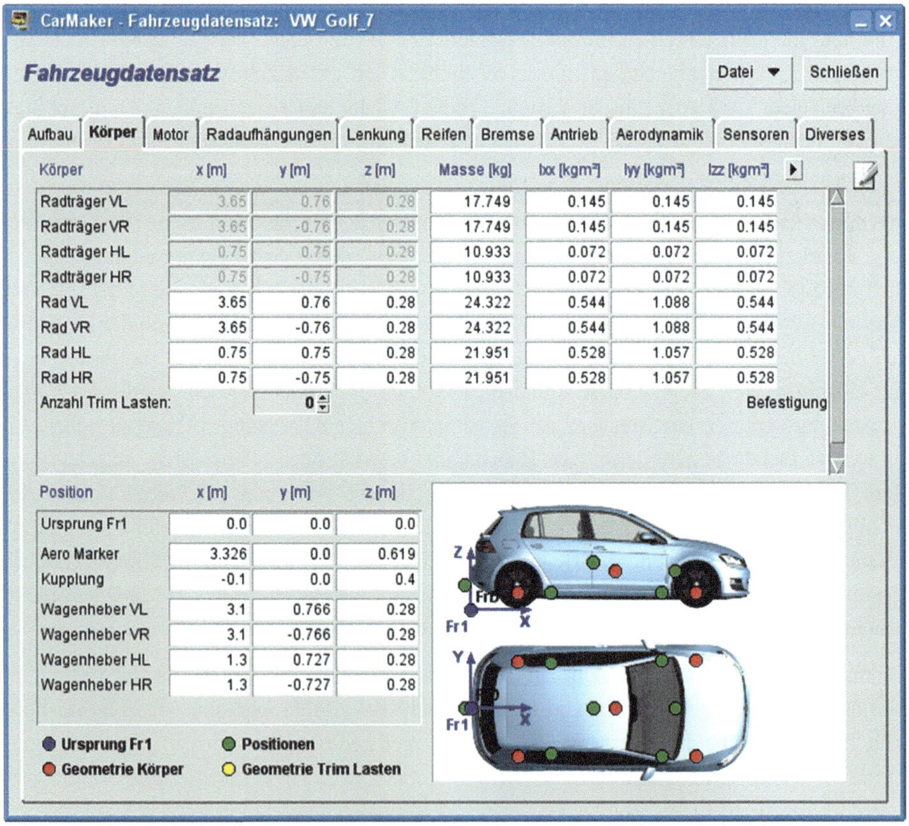

[Bildquelle IPG Automotive]

Bild 5.1 Benutzeroberfläche zur Fahrzeugkonfiguration

Der sogenannte Präprozessor[46] dient der Vorbereitung der Berechnung. Sowohl die Erstellung des Modells, wie auch seine Parametrierung findet in diesem vorgelagerten Prozess statt.

Die meisten Programme ermöglichen eine grafische Erstellung der Modelle, das heißt, man kann aus vorgefertigten Bibliotheken einzelne Elemente wie Gelenke, Körper, Kraftelemente, etc. (*multi purpose*) oder ganze Module, wie Vorderachsen, Hinterachsen, Antriebsstränge, etc. (*single purpose*) auswählen und zusammenfügen oder konfigurieren (Bild 5.1). Ein Grundmodell kann auf diese Weise schnell erstellt werden. Die Feinarbeit, die Details einzustellen und die Parametrierung vorzunehmen, ist dann mitunter deutlich aufwendiger.

Ein entscheidender Unterschied für die Handhabung der Modelle ist vor allem für die erfahrenen Anwender, ob das erstellte Modell vom Programm in binärer Form oder als ASCII-Format in einer oder mehreren Dateien abgelegt wird. Beide Methoden haben ihre Vor- und Nachteile, die ich kurz erläutern möchte.

5.2.1.1 Modelldaten im Binärformat

Die Ablage des Modells in binärer Form ist aus programmiertechnischer Sicht der bessere Weg. Die Dateien sind in der Regel deutlich kleiner und vor allem sind sie nicht vom Anwender editierbar. Die Software kann also immer davon ausgehen, dass die in der Datei abgelegten Daten wohlgeordnet und vollständig sind – die softwaretechnische Überprüfung der Gültigkeit der Daten kann deutlich schlanker ausfallen. Für den Anwender bedeutet diese Vorgehensweise, dass Änderungen am Modell immer über die grafische Oberfläche erfolgen müssen. Dort wird dann hoffentlich auch geprüft, ob das gewählte Datenformat oder der zulässige Wertebereich eingehalten wurde. Für den Einsteiger in das Thema ist das in der Regel besser, denn er wird in notwendigen Schritten geführt und unterstützt. Die erfahrenen Nutzer empfinden das Navigieren durch Menüstrukturen und Eingabedialoge häufig als sehr lästig und zeitaufwendig.

Werden verschiedene Rechnerplattformen oder Betriebssysteme genutzt, so muss im Vorfeld geklärt werden, dass die binären Daten auf allen in Frage kommenden Rechnern verwendet werden können.

5.2.1.2 Modelldaten im ASCII-Format

Alternativ kann die Ablage der Modelldaten im ASCII-Format erfolgen, das heißt, in einem für den Anwender außerhalb des Simulationsprogramms lesbaren und editierbaren Format. Die erfahrenen Anwender eines solchen Programms schätzen diese Möglichkeit, da sie deutlich schneller Modifikationen je nach Erfahrung auf Parameter- oder auch auf Modellebene umsetzen können und einen größeren Überblick über ein Teil des Modells erhalten. Wenn man sich um einen Parameter oder eine Modelleinstellung ändern zu müssen, erst durch mehrere Menüebenen oder Dialogfenster kämpfen muss, kann dieser Weg deutlich schneller sein.

[46] Eingedeutschte Version des englischen *Preprocessors*, der analog zum *Precompiler* der Softwareentwicklung zu sehen ist.

Des Weiteren ist diese Methode vorteilhaft, wenn man viele Varianten rechnen muss, wie es zum Beispiel bei Sensitivitätsanalysen oder bei Optimierungen der Fall ist. Man kann dann ohne Aufruf des Präprozessors Parameter oder Modelleinstellungen verändern und die geänderten Daten direkt berechnen lassen. Natürlich bieten viele Programme die Möglichkeit zur gezielten Variation einzelner Parameter an, doch sind hier häufig nicht die notwendigen Schnittstellen vorhanden, um zum Beispiel ein externes Optimierungsprogramm der eigenen Wahl anzubinden. Soweit die Vorteile dieser Vorgehensweise das ASCII-Format zu nutzen.

Als ganz klarer Nachteil ist zu sehen, dass die meisten Programme (zu Recht) ein festes Format und eine vorgegebene Reihenfolge der Modelldaten erwarten und die Einhaltung dieser Vorgaben nur zum Teil aufwendig prüfen. Ein einzelnes Leerzeichen an der falschen Stelle, ein Komma statt eines Dezimalpunktes durch den Anwender unbeabsichtigt eingebracht, kann im günstigsten Fall eine qualifizierte Fehlermeldung, im zweitbesten Fall den Absturz des Programms und im ungünstigsten Fall eine kleine ungewollte Modifikation im Modell hervorrufen. Dieser Fall ist deshalb ungünstig, da er unter Umständen ein Berechnungsergebnis erzeugt, dass zwar nicht erwartet, aber noch erklärbar ist. Man jagt gegebenenfalls einem Fahrzeugphänomen hinterher, das in Wirklichkeit ein Modell- oder Parameterfehler ist. Diese Methode ist also nur zu empfehlen, wenn mit größter Sorgfalt und der Kenntnis des geforderten Formats gearbeitet wird.

Bei plattformübergreifenden Berechnungen (Rechnerhardware / Betriebssystem) können Sonderzeichen (insb. im Deutschen die Umlaute) oder Zeilenenden unterschiedlich interpretiert werden, sodass auch hier im Vorfeld geklärt werden muss, auf welcher Plattform editiert werden darf und welche Zeichen verwendet werden dürfen.

5.2.2 Solver

Der Nutzer einer Simulationssoftware muss sich nicht mit dem Aufstellen der Bewegungsgleichungen auseinandersetzen – außer er programmiert sich sein eigenes Programm und operiert auf Gleichungsebene. In der Regel sieht er eine grafische Repräsentation seines Modells und im Hintergrund der Software wird daraus ein System von Gewöhnlichen Differenzialgleichungen oder Differenzial Algebraischen Gleichungen (DAE). Hier sind dann alle Bewegungsgleichungen und Bindungsgleichungen berücksichtigt.

In den Grundlagenvorlesungen der Technischen Mechanik lernt man in der Regel die Bewegungsgleichungen mithilfe der NEWTONschen Gesetze aufzustellen. Hier fallen für jeden Körper im System sechs Freiheitsgrade und drei äußere Kräfte sowie drei äußere Momente an, die dann zusätzlich durch Bindungsgleichungen eingeschränkt werden. Eine Erweiterung stellen dann die LAGRANGEschen Gleichungen 1. oder 2. Art dar, bei denen die Bindungen durch zusätzlich LAGRANGEsche Multiplikatoren repräsentiert werden. Im Rahmen der Höheren Technischen Mechanik kann man dann noch die Verfahren nach HAMILTON oder APPELL oder die Verwendung von Quaternionen kennenlernen. Eine gute Übersicht dieser Verfahren findet man in [ScHB10].

Nach dem Aufstellung des Gleichungssystems wird dieses dann, wie in Kapitel 4 beschrieben, numerisch gelöst.

5.2.3 Postprozessor

Nachdem die Berechnungen erfolgreich durchgeführt wurden, möchte man die Ergebnisse sichtbar machen. In diesem Abschnitt beleuchten wir die Unterschiede, ob die Darstellung im Zeit- oder Frequenzbereich erfolgt, ob Standardgrößen oder neu zu berechnende Größen dargestellt werden sollen und wie wichtig das Werkzeug der Animation ist.

5.2.3.1 Darstellung im Zeitbereich

Wie bei einer Messung einer realen Komponente beziehungsweise eines realen Fahrzeuges werden auch im Modell Signale (Kräfte, Beschleunigungen, etc.) aufgezeichnet und über der Zeit dargestellt. Als klaren Vorteil der Simulation kann man sehen, dass man in der Regel im Modell auf eine deutlich größere Zahl von Signalen zugreifen kann, als bei einer realen Messung. Manche Simulationsumgebungen lassen es zu, die Menge der Signale zu variieren, mit dem Effekt, dass die Ergebnisdateien nur die Signale enthalten, die für den jeweiligen Lastfall interessant sind und somit die Dateigröße im Rahmen bleibt. Nachteilig an dieser Methode ist natürlich, wie bei der Messung auch, dass man im Nachhinein nur auf die aufgezeichneten Signale zugreifen kann und gegebenenfalls andere, später entstehende Fragestellungen nicht beantworten kann. Dann bleibt nur eine neue Rechnung mit einer erweiterten Menge von Ausgabesignalen. Zeichnet man allerdings immer alle möglichen Signale auf, wächst die Dateigröße immens an und man schleppt eine Vielzahl *unnötiger* Informationen mit sich herum. Hier wird man sich mit der Zeit abhängig von der eigenen Vorgehensweise an eine sinnvolle Anzahl von Signalen heraniterieren.

Für komplexe Probleme wird man in der Regel als Integrationsverfahren Mehrschrittverfahren mit Schrittweiten- oder Ordnungssteuerung verwenden, die im letzten Kapitel bereits vorgestellt wurden. Durch die Schrittweitensteuerung wird die Schrittweite des Integrationsverfahrens an die jeweilige Situation angepasst. Vereinfacht gesagt: Ist alles in einem eingeschwungenen Zustand, so wird die Schrittweite vergrößert, kommt es zu einer Sprunganregung, so wird die Schrittweite verringert. Was hat dies nun mit der Darstellung der Simulationsergebnisse im Zeitbereich zu tun?

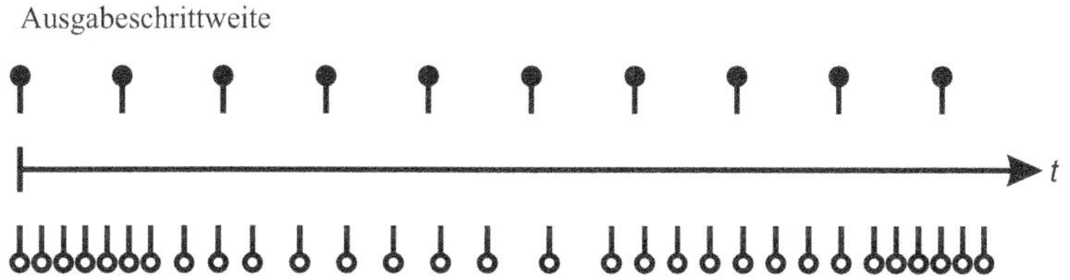

Bild 5.2 Integrationsschrittweite und Ausgabeschrittweite

Wie in Bild 5.2 ersichtlich ist, liegen die Zeitpunkte für die Ausgabe der Simulationsdaten im Allgemeinen nicht auf den durch das Integrationsverfahren berechneten Zeitpunkten. An dieser Stelle muss also zwischen zwei Integrationszeitpunkten interpoliert werden. Dies kann dazu führen, dass sich die Simulationsergebnisse desselben Modells, mit denselben Integrationseinstellungen aber unterschiedlicher Ausgabeschrittweiten im Detail unterscheiden können. Also an denselben Ausgabezeitpunkten kann es zu unterschiedlichen Werten kommen, da abhängig vom verwendeten Interpolationsverfahren unter Umständen die Interpolationspunkte unterschiedlich waren. Wohlgemerkt, dies hat keinen Einfluss auf das Systemverhalten, nur auf die Sicht, die wir auf das Systemverhalten haben. Nutzt man immer dieselbe Ausgabeschrittweite wird einem dieses Phänomen nie begegnen. Ich rate allerdings dazu, den beschriebenen Effekt einmal auszuprobieren, um zu wissen, wie empfindlich die Kombination aus Modell, Lastfall, Integrationsverfahren und Simulationsprogramm auf diese Änderung reagiert.

Eine, gerade für noch unerfahrene Anwender, tückische Funktion kann das ansonsten sehr komfortable Autoscaling sein, das heißt, die dargestellten Ergebnisse werden in Diagrammen automatisch so angezeigt, dass sie *optimal* in das Diagramm hineinpassen. Da das Auge zuerst dem Kurvenverlauf folgt, können hier insbesondere bei Vergleichen zweier oder mehrerer Ergebnisse drastische Abweichungen zu erkennen sein. Dies kann unterschiedliche Ursachen haben. Zunächst können die Ergebnisse tatsächlich große Unterschiede aufweisen. Allerdings kann es auch sein, dass die Darstellung sehr kleine Schwankungen zeigt, die, wenn man gedanklich einen Schritt zurückgeht, auch als Null oder als konstant interpretierbar wären. Oft geht nämlich der Blick gar nicht an die Ordinate und auf den dargestellten Maximalwert. Unterscheiden sich zwei nahezu konstante Kräfte im Zeitbereich um 10^{-8} N, so kann das mit Autoscaling entsprechend drastisch aussehen, ohne aber einen wirklichen Einfluss auf das Ergebnis zu haben (Bild 5.3).

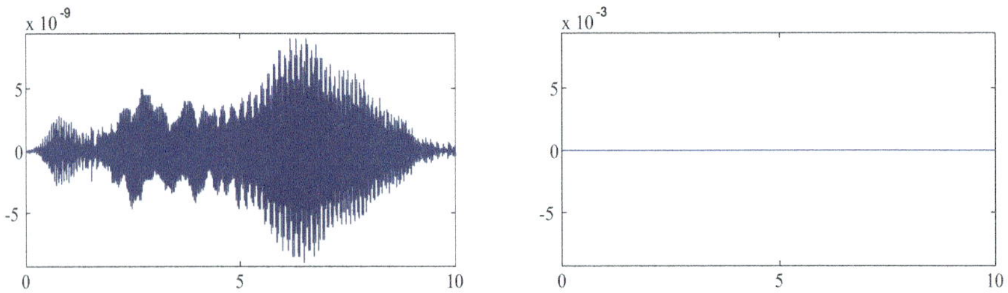

Bild 5.3 Nachteil der Autoscaling-Funktion

5.2.3.2 Darstellung im Frequenzbereich

Wenn Schwingungsphänomene am Fahrzeug betrachtet werden, so wird das in der Regel im Frequenzbereich erfolgen. Im Zeitbereich sind die Unterschiede zweier Varianten häufig nicht eindeutig festzustellen, wenn man das *wüste Gezappel* zweier Beschleunigungssignale mit einander vergleichen möchte. Ein beliebtes Verfahren ist die *Fast Fourier Transformation* (FFT) mit deren Hilfe man das Zeitsignal in den Frequenzbereich überführt, um zum Beispiel die spektrale Leistungsdichte (*Power Spectral Density*, PSD) zu bewerten. Vereinfacht gesagt ist dies der Versuch ein zum Beispiel stochastisches Signal durch die Superposition harmonischer Signale unterschiedlicher Frequenz zu ersetzen. Die Darstellung über der Frequenz stellt dann die Gewichtung der einzelner Frequenzen im untersuchten Signal dar (Bild 5.4).

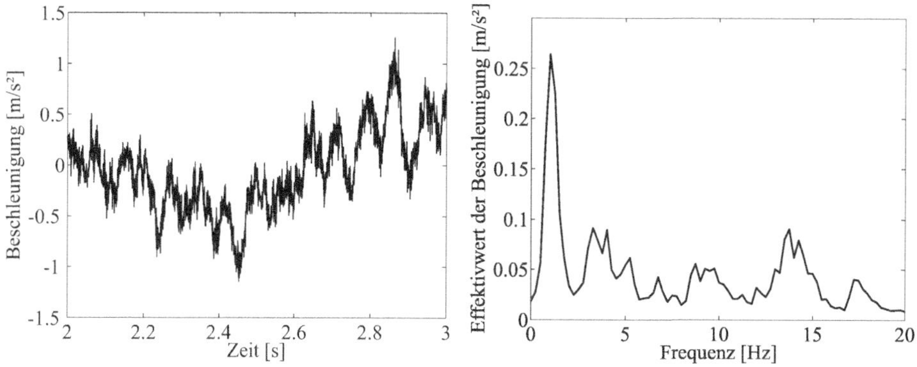

Bild 5.4 Signalausschnitt im Zeitbereich (links) und im Frequenzbereich (rechts)

Da der Mensch Schwingungen abhängig von ihrer Frequenz, Amplitude und Einwirkrichtung unterschiedlich wahrnimmt, kann, mit der entsprechenden Erfahrung, eine Variante im Frequenzbereich zum Beispiel bezüglich des Fahrkomforts bewertet werden.

Wenn Signale im Frequenzbereich verglichen werden, ist es zwingend, dass sie mit demselben Verfahren transformiert wurden. Welche Art der Fensterung wurde verwendet? Wie breit ist das Fenster? Überlappen sich die einzelnen Fenster? Mit der Variation dieser Parameter lassen sich die Ergebnisse sehr unterschiedlich darstellen. Wenn also die Signale und nicht die Verfahren verglichen werden sollen, so müssen diese Fragen im Vorhinein geklärt sein. Eine anschauliche und direkt mit MATLAB verbundene Vorgehensweise zu diesem Thema erläutert zum Beispiel [Hoff11].

5.2.3.3 Erstellung eigener Messgrößen

Sensoren sind im realen Fahrzeug notwendig, um Messgrößen für aktive Systeme oder für die Messtechnik während des Entwicklungsprozesses bereitzustellen. Wenn es keinen Sensor gibt, kann die entsprechende Größe auch nicht bestimmt werden. Die Simulationsmodelle haben den Vorteil, dass sie einen großen Satz von Messgrößen insbesondere von Kräften, Momenten, Wegen, Geschwindigkeiten und Beschleunigungen bereitstellen. Wenn spezielle Größen gefragt sind, die nicht im Standardumfang enthalten sind, dann können diese in der Regel einfach erzeugt werden.

Als Beispiel soll der Schwimmwinkel berechnet werden, der sich in der Realität nur indirekt bestimmen lässt. Im Simulationsmodell stehen meistens für alle Größen die Komponenten in den einzelnen Raumrichtungen zur Verfügung, sodass der Schwimmwinkel β einfach aus folgender Beziehung der Komponenten der Fahrzeuggeschwindigkeit in x- und y-Richtung errechnet werden kann:

$$\beta = \tan\left(\frac{v_y}{v_x}\right) \tag{5.1}$$

Grundsätzlich bieten sich für die Berechnung neuer Größen zwei Verfahrenswege an:

1. Die Größe wird online, also während der laufenden Simulation, berechnet.
2. Die Größe wird offline, erst während der nachfolgenden Auswertung, berechnet.

Im ersten Fall ist es hilfreich, wenn die Simulationsumgebung eine mathematische Verrechnung vorhandener Signale, zum Beispiel durch eine Makrosprache, zur Verfügung stellt. Ist dies nicht der Fall, so muss man sich für die Berechnung ein kleines Programm schreiben, das über eine Benutzerschnittstelle mit der Simulationsumgebung verknüpft wird.[47] Diese Methode wird zwingend, wenn zum Beispiel ein Regelalgorithmus oder eine andere Fahrzeugkomponente auf diese Größe während der Simulation zugreifen soll.

Stellt die Simulationsumgebung keine einfache Möglichkeit zur Berechnung eigener Größen zur Verfügung, so ist als zweite Möglichkeit häufig deren Berechnung im Postprozessing vorgesehen. Die aufgezeichneten Messkanäle können miteinander verrechnet oder auch gefiltert werden. Nachteilig ist, dass diese berechneten Größen während der Simulation nicht zur Verfügung stehen. Dafür kann man sie im Nachhinein noch beliebig nachbehandeln und verrechnen.

Was zu beachten ist, wenn ein aktives System mit dem Sensor zu versorgen ist, wird noch einmal ausführlicher in Abschnitt 17.2 besprochen. Hier beschränken wir uns auf die Auswertung dieser gemessenen Größe. Ihre Darstellung wurde in Abschnitt 5.2.3.1 behandelt.

5.2.3.4 Animation

Bietet die Simulationssoftware eine Animation der Ergebnisse an, kann so in der Regel schnell und einfach ein erster Eindruck des Zeitverhaltens des Systems gewonnen werden. Bricht zum Beispiel die Rechnung mittendrin ab, so kann man oft mithilfe der Animation überprüfen, ob das erwartete Zeitverhalten auch vorliegt. Fährt das Fahrzeug tatsächlich auf dem vorgegebenen Kurs oder biegt es direkt ab? Fliegt es förmlich auseinander, weil an einer Stelle im Modell riesige Kräfte wirken, so liegt deren Ursache meist nicht in der Physik, sondern in einem Modellierungsfehler. Für die nähere Analyse muss man sich dann mit den einzelnen Signalen beschäftigen und sie mithilfe von Zeitschrieben beobachten und plausibilisieren.

Eine detaillierte Analyse mithilfe der Animation ist in der Regel nicht möglich, da bieten sich eher die Zeitreihen einzelner Signale oder ihre Auswertung im Frequenzbereich an. Will man aber gar nicht wissen, ob zwischen zwei Varianten unterschiedliche Lagerkräfte entstehen, sondern eher welche Variante besser in einem Fahrmanöver abschneidet, so kann die Animation sehr hilfreich sein. Vor allem dann, wenn sie die Gelegenheit bietet, beide Ergebnisse gleichzeitig zu sehen, wie es zum Beispiel das Programm CARMAKER der Firma IPG ermög-

[47] Oft als sogenannter *user code* oder als *user defined function* bezeichnet.

licht (Bild 5.5). Wird dieses Feature geschickt eingesetzt, kann es auch Dritten, die nicht so im Detail stecken, überzeugend die Vorteile einer Variante aufzeigen.

[Bildquelle IPG Automotive]

Bild 5.5 Vergleichende Animation zweier Simulationsergebnisse

Dieser Aspekt ist nicht zu vernachlässigen, denn mithilfe einer geeigneten Animation können die Simulationsergebnisse in der Regel deutlich besser an den Mann oder die Frau gebracht werden, als durch eine Darstellung in Diagrammen. Dort sind häufig Details zu sehen, die meistens nur von einer sehr kleinen Expertengruppe gedeutet werden können. Dabei ist allerdings für das Vertrauen in die Ergebnisse wichtig, dass die Grundlage der Animation auch die vom Simulationsprogramm berechnete Physik ist. Man kann mithilfe der Animationen auch ein Wunschverhalten zeigen, aber dann gerät man in die Nähe der Trickfilmer und das ist nicht Gegenstand dieses Buches.

Aufwendige Darstellungen mit gerenderten Oberflächen und einer detaillierten Umgebung sind insbesondere für Nichtfachleute sehr eindrucksvoll. Sie können aber auch von den eigentlich wichtigen Punkten ablenken.

5.2.3.5 Weitere Auswerteverfahren

Häufig bietet vor allem die Gruppe der Multi Purpose Tools die Möglichkeit, zusätzliche Auswerteverfahren zu nutzen. Dazu zählt zum Beispiel die Kinematische Analyse, in der die Kräfte und Momente nicht berücksichtigt werden und eine reine Bewegungsanalyse durchgeführt wird. Gerade im Umfeld der Auslegung von Radaufhängungen wird dieses Verfahren gerne genutzt.

Eine weitere Möglichkeit sind Linearisierungen, mit deren Hilfe man die Eigenwerte und Eigenvektoren eines Systems ermitteln kann. Der erfahrene Berechner kann daran schon sehen, ob die Werte im erwarteten Bereich liegen. Parametrierungsfehler von Masse- und Steifigkeitseigenschaften können so aufgedeckt werden.

Als letztes Verfahren sei die Statische Analyse erwähnt, mit der man die statischen Lasten ermitteln, um zum Beispiel Vorspannungen zu ermitteln, oder das Fahrzeugniveau einstellen kann.

Primär geht es im Weiteren aber um die Dynamische Analyse, bei der das Bewegungsverhalten und die Einwirkung von Kräften und Momenten im Vordergrund steht.

5.3 Schnittstellen für die Cosimulation

Viele Simulationsumgebungen bieten heute schon im Standardumfang Schnittstellen zu anderen Simulationsprogrammen an – manche allerdings nur gegen einen Aufpreis. Häufig ist eine Schnittstelle zu MATLAB/SIMULINK zu finden, sodass regelungstechnische Belange aus dem *mechanischen* Modell in die blockschaltorientierte Umgebung ausgelagert werden können. Dabei werden, je nach Umgebung, bis zu drei Arten der Cosimulation angeboten, die in den nächsten Abschnitten kurz vorgestellt werden.

5.3.1 Reglerimport

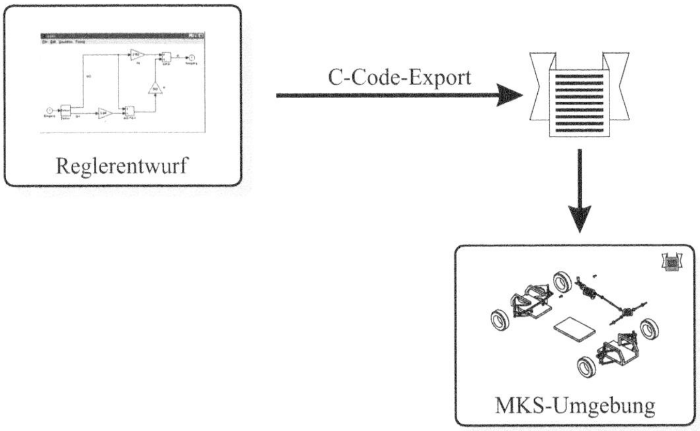

Bild 5.6 Reglerimport in eine MKS-Umgebung

Verfügt man über die entsprechenden Toolboxen (z. B. SIMULINK CODER) kann man den Regler als C-Code exportieren und dann in die MKS-Umgebung einbinden (Bild 5.6). Der Vorteil dieser Methode liegt darin, dass man es im Weiteren nur mit einer Simulationsumgebung zu tun hat. Der MKS-Berechner bleibt in seinem gewohnten Umfeld und bekommt den Regler von einem Experten (oder Lieferanten) zugeliefert. Dies kann auch in Form einer binären Bibliothek sein, um den Inhalt des Reglers zu schützen.[48] Die Steuerung des Simulationsprozes-

[48] Je nach Betriebssystem zum Beispiel als DLL oder LIB.

ses liegt dann in der MKS-Umgebung. Der Reglercode ist im normalen Programmablauf integriert. Die Gesamtrechenzeit wird sich nur wenig ändern.[49] Der für den MKS-Berechner übliche Simulationsprozess läuft wie gewohnt ab. Zur Laufzeit benötigt er nur eine Lizenz für seine MKS-Umgebung. Die Lizenz für die Reglerentwicklungsumgebung wurde nur beim Reglerentwurf beziehungsweise während seines Exports gebraucht.

Dies bietet sich vor allem an, wenn der Regler fertig entwickelt ist oder seine Änderungen in größeren zeitlichen Abständen erfolgen und er zusammen mit dem MKS-Modell eingesetzt werden soll. Wird der Regler noch weiterentwickelt, so muss der Export aus der Reglerumgebung und der Import in die MKS-Umgebung immer wieder wiederholt werden. Was abhängig vom Arbeitsumfeld und der Entfernung zwischen MKS-Berechner und dem Reglerentwickler zu Verzögerungen im Entwicklungsablauf führen kann.

5.3.2 MKS-Modellimport

Manche Simulationsumgebungen können das gesamte MKS-Modell als Quelltext exportieren, der dann zum Beispiel als S-Funktion in SIMULINK verwendet werden kann (Bild 5.7). Diese Variante ist jedoch deutlich seltener anzutreffen. Hier gilt das Umgekehrte zum vorher gesagten. Diese Variante sollte verwendet werden (vorbehaltlich der Verfügbarkeit), wenn die Strecke, also das MKS-Modell nicht verändert werden muss und der Regler weiterentwickelt werden soll. Die Steuerung des Simulationsprozesses liegt dann in der Reglerentwurfsumgebung. Für die Rechenzeit gilt das zuvor Gesagte. Der für den Reglerentwickler übliche Simulationsprozess läuft wie gewohnt ab. Zur Laufzeit benötigt er nur eine Lizenz für seine Reglerentwurfsumgebung. Die MKS-Lizenz wurde nur bei der Modellerstellung des MKS-Modells und während des Exports gebraucht.

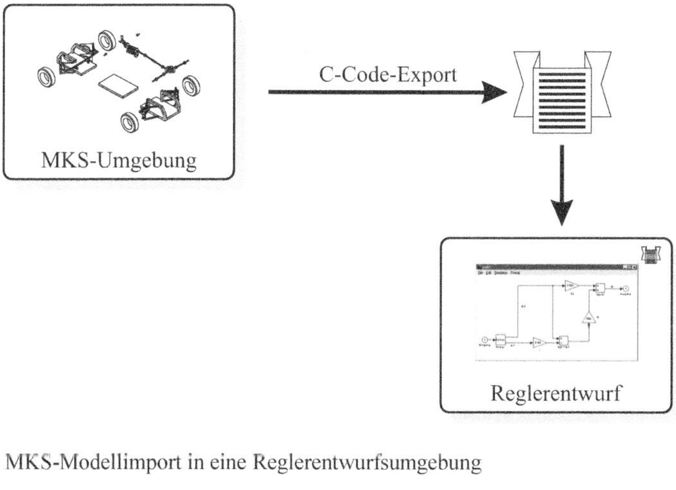

Bild 5.7 MKS-Modellimport in eine Reglerentwurfsumgebung

[49] Bezogen auf die Rechenzeit für den Regleralgorithmus und die notwendige Kommunikation. Die Änderungen des Gesamtsystemverhaltens können natürlich durchaus zu Rechenzeiterhöhungen führen.

Bei diesen Szenarien gehe ich davon aus, dass der Entwickler des MKS-Modells und der Entwickler des Reglers nicht ein und dieselbe Person sind. Sollte dies doch der Fall sein, so vereinfacht sich der Ablauf etwas.

5.3.3 Online-Cosimulation

Die aufwendigste der drei Möglichkeiten stellt die Online-Cosimulation dar. Das MKS-Modell läuft in der MKS-Umgebung und der Regler in der Reglerentwurfsumgebung (Bild 5.8). Zu festgelegten Kommunikationszeitpunkten tauschen beide Programme einen Zustandsvektor aus, in dem zum Beispiel Sensorsignale für den Regler und Stellsignale für Aktoren im MKS-Modell enthalten sein können. SIMULINK stellt hierfür ebenfalls S-Funktionen zur Verfügung.

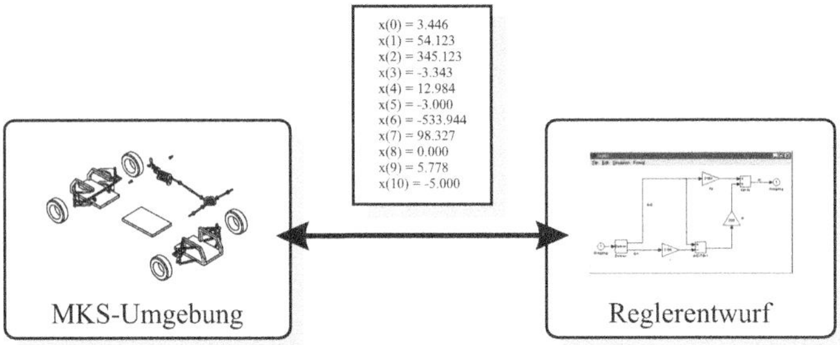

Bild 5.8 Online-Cosimulation

Der Nutzer dieser Option sollte mit beiden Simulationswerkzeugen umgehen können und braucht auch für beide Lizenzen, damit die Programme gleichzeitig laufen können. Der Rechenaufwand, zu dem hier noch unter Umständen ein Kommunikationsaufwand hinzukommt (siehe nächster Abschnitt), ist bei dieser Variante am höchsten.[50]

5.3.4 Potenzielle Kommunikationsprobleme

Unabhängig von der Kopplungsart muss man sich zu Beginn Gedanken über das Zeitmanagement und den Datenaustausch machen. Zu welchen Zeitpunkten werden Daten ausgetauscht und was erwartet die jeweils andere Seite für Datenformate. Sind größere Sprünge im Wertebereich erlaubt oder muss ein stetiger Verlauf des Signals gewährleistet werden.

Bei allen Varianten muss zwischen dem Regler und der Strecke ein Zustandsvektor ausgetauscht werden, in dem Informationen zwischen den betroffenen Modellteilen ausgetauscht werden. Die Erfahrung zeigt, dass die Dimension und die Belegung dieses Vektors (an welcher Stelle steht welche Zustandsgröße) im Laufe der Entwicklung verändert wird. Ein schneller Vergleich mit einem älteren Stand ist dann nicht mehr ohne weiteres möglich. Hier empfiehlt es sich, eine Versionsnummer der Stände einzuführen und diese zwischen den Mo-

[50] Natürlich mag es Fälle geben, bei denen beide Modellteile so komplex sind, dass eine Aufteilung auf zwei Prozessoren trotz des Kommunikationsaufwandes zu Rechenzeitvorteilen kommt. Diese scheinen mir aber eher die Ausnahme zu sein. Dabei ist keine *echte* Parallelisierung des Rechenprozesses gemeint.

dellteilen auszutauschen. Auf diese Weise können Funktionen, die später hinzugekommene Größen benötigen, gegebenenfalls abgeschaltet werden. Alternativ können die Auswertungen des Zustandsvektors abhängig von der Version unterschiedlich gestaltet werden.

Als Beispiel für das Zeitverhalten nehmen wir einen hydraulischen Steller, der die Aufbaufeder in ihrem Federweg manipuliert, so wie es beim *Active Body Control* bei Mercedes erfolgen kann.

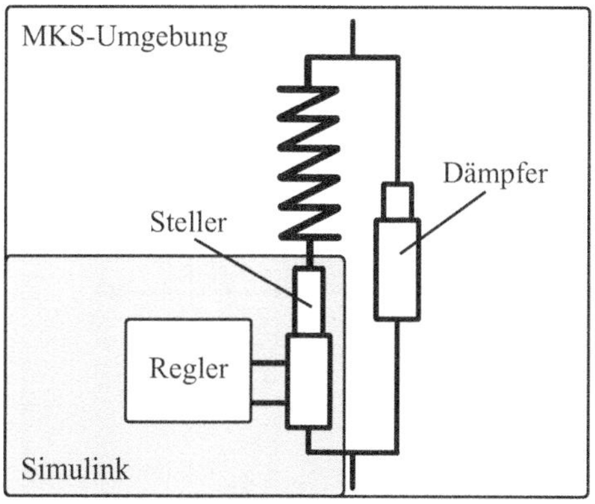

Bild 5.9 Schnittstelle zwischen Regler und Fahrwerk

Stellen wir uns eine Lösung vor, in welcher der Regler und der Steller in SIMULINK modelliert wurden und der Rest des Fahrwerks in einer MKS-Umgebung (Bild 5.9). Wurde die Systemdynamik des hydraulischen Stellers als erste Näherung vernachlässigt oder nur rudimentär dargestellt, so kann er seine Auslenkungen sehr schnell vornehmen. Der Aufbaufeder im MKS-Modell ist dies egal, da sie ja nur eine wegabhängige Kraft produziert. Im selben Kraftpfad befindet sich aber auch der Aufbaudämpfer und der reagiert mit seiner Kraftwirkung geschwindigkeitsabhängig. Treten nun zwischen zwei Kommunikationszeitpunkten größere Wegdifferenzen auf, so ergibt sich daraus zwangsläufig eine sehr große Geschwindigkeit. Der Dämpfer würde unrealistische Kräfte erzeugen – das Gesamtsystem nicht so funktionieren wie erwartet. Tauscht man die Signale, um vermeintlich möglichst genau zu sein, im Millisekundentakt aus, ergibt eine Wegänderung von einem Millimeter pro Zeittakt bereits eine Geschwindigkeit von 1 m/s, was sich für einen Dämpfer bereits wie ein Schlagloch anfühlt.

Notwendigerweise muss also die Systemdynamik richtig modelliert werden, um die Änderungsgeschwindigkeit in realistische Bahnen zu lenken. Eine an sich triviale Aussage, die aber für Einsteiger in dieses Thema durchaus zur Falle werden kann, wenn man sich zu sehr auf den Reglerentwurf und zu wenig auf die Mechanik konzentriert.

Eine weitere Frage ist, wie oft die Daten zwischen den beiden Modellteilen ausgetauscht werden müssen und in welchem Rhythmus. Je häufiger das passiert, desto größer ist der Kommunikationsaufwand. Laufen beide Simulationsprogramme auf einem Prozessor mit mehreren Kernen, so ist die Zeit für den Austausch kurz. Sind die beiden Simulationsprogramme auf zwei verschiedenen Rechnern untergebracht, die über ein Netzwerk oder einen Datenbus kommunizieren, so steigt der zeitliche Aufwand drastisch an.

Der Rhythmus des Austausches ist davon abhängig, wer den Prozess führt. Gehen wir zunächst einmal davon aus, dass ein Integrationsverfahren mit Schrittweitensteuerung verwendet wird. Als Konsequenz ergibt sich, dass man nicht im vorhinein weiß, wie groß die

Schrittweite jeweils sein wird. Würde man zu jedem oder jedem *n*-ten Zeitschritt eine Übertragung vornehmen, so wären die Abstände zwischen zwei Kommunikationspunkten nicht äquidistant. Regler dagegen kommunizieren aber in der Regel mit einer festen Taktung (Bild 5.10). Es wird also ein Zeitmanagement benötigt, dass zu festgelegten Zeitpunkten Daten zwischen den beiden Teilen austauscht. Unabhängig ob dieser Zeitpunkt gerade zum Ende eines Integrationsschrittes oder mittendrin liegt. Dies bedeutet, dass gegebenenfalls inter- oder extrapoliert werden muss. Einfach den letzten gültigen Integrationsschritt zu verwenden[51], egal wie lange er schon vorliegt, kann bei größeren Abständen und hochdynamischen Systemen (z. B. Hydraulik) zu Unstetigkeiten führen. Die wiederum unerwünschtes Systemverhalten mit sich bringen können.

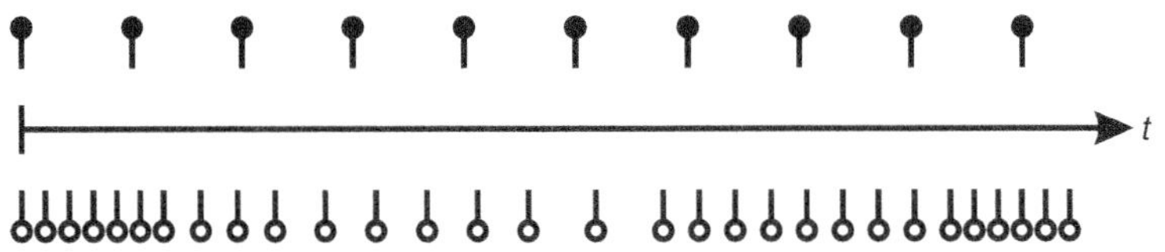

Bild 5.10 Integrationsschrittweite und Reglertakt

Man könnte nun einwenden, dass es ja auch Integrationsverfahren mit fester Schrittweite gibt. Ob die dann aber dem mechanischen Problem gerecht werden, muss jeweils im Einzelfall genauer untersucht werden. Hinweise darauf sind in Kapitel 4 zu finden.

Die meisten kommerziellen Programme nötigen einem nicht auf, sich mit dieser Thematik beschäftigen zu müssen – allerdings verraten sie auch häufig nicht, wie dieses Problem gelöst wird. Diese Beispiele zeigen hoffentlich, dass es sich lohnt, sich zu Beginn mit den Signalen, die ausgetauscht werden und ihrer Übertragung zu beschäftigen.

[51] Bei Integrationsverfahren mit Überprüfung einer Fehlerschranke, muss darauf geachtet werden, dass keine Integrationsschritte verwenden werden, die aufgrund eines zu großen Fehlers verworfen werden. Erst, wenn das Integrationsverfahren den Schritt für gültig erklärt, darf der Wert benutzt werden. Trickreich wird es, wenn das Ergebnis des Integrationsverfahren durch den Regler beeinflusst wird, denn dann muss auch der Regelalgorithmus zwischen Testschritten und gültigen Schritten unterscheiden, d. h. diese Information muss aus dem Integrationsverfahren in den Regler gelangen.

6 Simulationsprozess

Das, was aus Bestandteilen so zusammengesetzt ist, dass es ein einheitliches Ganzes bildet – nicht nach Art eines Haufens, sondern wie eine Silbe –, das ist offenbar mehr als bloß die Summe seiner Bestandteile. Eine Silbe ist nicht die Summe ihrer Laute: ba ist nicht dasselbe wie b plus a, und Fleisch ist nicht dasselbe wie Feuer plus Erde. *Aristoteles, Metaphysik*

Ist die Simulation ein Hilfsmittel eines Einzelnen, der für seine Entwicklungstätigkeit ein unterstützendes Werkzeug sucht, so wird er unter Umständen die Ergebnisse der Berechnungen gar nicht kommunizieren, sondern sie als Grundlage seiner Entscheidungen verwenden. Wer so arbeitet, kann dieses Kapitel überspringen. Er sollte sich aber an seine Existenz erinnern, wenn die Notwendigkeit zu simulieren, immer größer wird und die Ergebnisse Grundlage für die Entscheidung Dritter werden. Dann reicht die zuvor beschriebene Vorgehensweise nicht mehr aus.

Wird in Teams mit denselben Modellen gearbeitet oder die Ergebnisse der Berechnungen werden von andern angefordert und verwendet, so ist eine strukturiertere Vorgehensweise ratsam. Es gibt nicht die eine Vorgehensweise für alle, sondern sie muss auf die jeweilige Firmen- und Arbeitsstruktur angepasst sein. Sind die Simulationsergebnisse fester Bestandteil des Entwicklungsablaufs und im Terminplan eingetaktet, so hat dies eine andere Qualität, als wenn es in loser Folge zu einzelnen Fragestellungen Bedarf an Simulationen gibt.

Häufig wird als Vorteil der Simulation der Kostenvorteil gegenüber dem Versuch genannt. Dies ist ein betriebswirtschaftlich nachvollziehbares Argument, nichtsdestotrotz ist es in der Regel falsch. Wenn man die Simulation in den Entwicklungsprozess eingliedert und von ihr belastbare Ergebnisse erwartet, so sind ihre Kosten nicht zu vernachlässigen. Die Preise für die notwendige Hardware sind stark gefallen, die Lizenzkosten bleiben in der Regel aber sehr hoch. Darüber hinaus sind wirkliche Simulationsexperten rar und teuer. Doch all dies macht nur einen kleinen Teil der Gesamtkosten aus. Der viel größere Teil – der selten ermittelt wird – besteht aus den Kosten für die Gewinnung der notwendigen Parameter für die Modelle und dies in einer oft hohen Qualität. Häufig reichen die üblichen Messungen von Komponenten, wie sie auch von Komponentenentwicklern benötigt werden, für eine anspruchsvolle Modellierung nicht aus. Dies bedeutet zusätzliche oder aufwendigere Messungen. Dazu kommt ein Datenmanagementprozess, der sicherstellt, dass die *richtigen* und aktuellen Daten für die Simulationen zur Verfügung stehen. Bei den OEMs sind zum Anfang des Jahrhunderts große Anstrengungen unternommen worden, diese Prozesse in den Unternehmen zu etablieren. Kostentreiber ist der Simulationsgrundsatz, der formell GIGO heißt (*Garbage in – Garbage out*) und der weniger formell als *Shit in – Shit out* bezeichnet wird. Das beste Fahrzeugmodell nützt nichts, wenn die Eingangsdaten minderer Qualität sind. Je weniger ich über die zu simulierende Komponente oder gar das zu simulierende Fahrzeug weiß, desto unsicherer sind auch die Ergebnisse. Dies sollte nicht als Argument gegen die Simulation verstanden werden, sondern eher als Plädoyer für eine sorgsame Aufbereitung der notwendigen Daten. Daraus folgt als Modellierungsgrundsatz:

Nur gute Eingangsdaten liefern gute Ausgangsdaten!

Wie im Abschnitt 6.5 zum Thema Reproduzierbarkeit angedeutet werden wird, ist es immens schwer, ein Ergebnis, das man vielleicht vor einem Jahr produziert hat, erneut zu erstellen. Dies hat direkt etwas mit dem Stellenwert und der Produktivität der Simulation in einem Unternehmen zu tun. Bei den OEMs hat sich in den letzten Jahren auf diesem Sektor sehr viel entwickelt, wie man zum Beispiel in [BaGK08], [BrDG06] oder [Pohl10] nachlesen kann.

6.1 Parameterbeschaffung

Es ist ein wesentlicher Unterschied, ob ein Parameter bereits feststeht, weil er sich zum Beispiel zwingend aus einer Vorgabe oder der Geometrie ergibt (beispielsweise der Radstand) oder ob es sich um einen Entwurfsparameter handelt, der erst durch die Simulation bestimmt werden soll. Aus dieser Unterscheidung leitet sich die Forderung ab, dass alle notwendigen fixen Parameter vor der ersten Rechnung zur Verfügung stehen müssen.

6.1.1 Parameterbedarf

Für jedes Modell benötigt man Parameter. Braucht der zuvor verwendete Einmassenschwinger nur drei Parameter (Masse, Steifigkeit und Dämpfung), so können komplexe Gesamtfahrzeugmodelle schon vierstellige Parameterzahlen erfordern. Die Frage ist, woher kommen diese Parameter? In der frühen Konzeptphase sind nur wenige fahrwerkrelevante Parameter bekannt. Für ein Fahrzeug sind dies vielleicht der Radstand, das Zielgewicht oder die Motorleistung (und damit die Anforderungen aus der Höchstgeschwindigkeit), für eine Komponente liegt unter Umständen schon der zur Verfügung stehende Bauraum fest. Will man in dieser Phase bereits erste Berechnungen anstellen, so werden die meisten Daten auf Schätzungen oder Erfahrungen mit einer möglichen Vorgängerversion beruhen.

Je klarer die Zielsetzung des Produktes wird, desto mehr Daten lassen sich aus der Konstruktion ableiten oder es gibt sogar schon erste Baumuster, die vermessen werden können. Mindestens die relevanten Geometriedaten lassen sich aus dem CAD-System auslesen. Sind die Konstruktionen mit den richtigen Werkstoffdaten (Dichte) versehen, lassen sich auch die Massedaten (Masse, Trägheitsmomente, Schwerpunktlage) entnehmen. Zu diesem Thema gibt es eine ausführlichere Beschreibung in Abschnitt 6.1.6.

Wenn die Konstruktion oder die Vermessung nicht im eigenen Verantwortungsbereich liegt, braucht man einen Datenlieferanten. Entweder im eigenen Haus oder von extern. Hier wird man genau spezifizieren müssen, in welcher Form man die Daten benötigt. Bis zu welchem Kraftniveau sollten Elastomerlager oder bis zu welcher Geschwindigkeit Dämpfer vermessen werden? In welcher Form sollen die Daten geliefert werden? Bekommt man ein Fax (gerne auch gescannt per Email), muss man alle Messpunkte von Hand in die elektronische Form überführen. In der Regel liegen die Daten dem Messenden elektronisch vor. Es gibt bei den Messprogrammen auch Exportmöglichkeiten in nicht proprietäre Datenformate.

Bei jeder Modellierung einer Fahrwerkkomponente ist zu beachten, dass je detaillierter die Beschreibung ist, desto mehr Parameter werden in der Regel benötigt, um eine konkrete Komponente berechnen zu können. Dabei ist immer im Auge zu behalten, welcher Aufwand die Messung dieser Parameter bedeutet. Dies ist nicht nur eine finanzielle Frage. Es verhindert auch unter Umständen, dass man diese Daten mehr als einmal bekommt. Dies gilt vor allem dann, wenn es sich nicht um Standardmessprozeduren handelt. Mindestens kann man aber davon ausgehen, dass die Beschaffung der Daten länger dauert, als bei einem Standardprozess.

Je weniger Parameter benötigt werden und umso einfacher die Beschaffung dieser Parameter ist, desto sicherer ist eine vollständige aktuelle Parametrierung der Komponente. Eine gängige Vorgehensweise ist es, wenn ein Modell einmal vollständig parametriert wurde, Nachfolgemodelle zunächst mit den Parametern des vorhergehenden Modells zu versehen und nur die Parameter neu zu vergeben, die man auch aus neuen Messungen erhält. Alle anderen Parameter bleiben *alt*. Dies ist zunächst eine durchaus probate Vorgehensweise, die aber schnell zu Datenständen führt, die nur als inkonsistent zu bezeichnen sind. Eine Kommentierung der Parameter, zu der auch das Einstelldatum des Parameters und die Quelle gehören, ist unablässig. Leider bieten nicht alle Programme diese Möglichkeit und nur wenige Anwender sind so konsequent es zu tun.

Es ist auch eine Managemententscheidung, dass hier Sorgfalt vor Schnelligkeit geht. Dies ist eine Zukunftsinvestition, die im Tagesgeschäft sowohl vom Berechner, wie auch vom Management schon einmal *vergessen* wird.

6.1.2 Benennung von Parametern

Hat man die in Abschnitt 3.9.2 beschriebene Trennung von Modell und Parametern vollzogen, muss man sich Gedanken machen, wie man diese Parameter kennzeichnet – die sogenannte Nomenklatur. Es lohnt sich, bevor man beginnt, sich darüber im Klaren zu werden, wie viele Personen gegebenenfalls unterschiedlicher Sprache mit dem Modell arbeiten sollen und wie viele es Parametrisieren sollen. Auch hier gilt wieder – für den einmaligen Gebrauch kann der Aufwand minimiert werden. Sobald aber das Modell oder die Modellfamilie wiederverwendet und in vielen Varianten genutzt werden sollen, ist eine einheitliche Benennung der Parameter, aus der jeder sofort den Sinn des Wertes herauslesen kann, zwingend. Viele Missverständnisse lassen sich damit vermeiden und die Fehlersuche wird drastisch vereinfacht.

Der erste Grundsatz ist, dass ein Parametername nur einmal im Modell vorkommen darf. Dies erscheint natürlich und die wenigsten werden anzweifeln, dass dies notwendig ist. Dieser Grundsatz kann aber sehr schnell durchbrochen werden, wenn mehrere Quellen genutzt werden, um ein Gesamtmodell zu erstellen. Haben sich die Entwickler der Teilmodelle nicht abgesprochen, so kann es zu derartigen Überschneidungen kommen. Prüft die verwendete Software das mehrfache Vorkommen eines Parameternamens nicht, so ist von der Einleseroutine der Software abhängig, welcher Wert verwendet wird. Ein offensichtlich nicht einfach zu findender Fehler. Es gibt nicht *die* eine Vorgehensweise, die für alle Einsatzfälle das Optimum darstellt. Wichtiger ist, dass man einen Konsens über die Verwendung einer einheitlichen

Namenskonvention erzielt. Ich werde ein paar Beispiele zeigen, aus denen man eine eigene Benennungsstrategie ableiten kann.

Was ist nun mit *einheitlicher Benennung* gemeint? Zunächst sollte der Einsatzort des Parameters, also das zugehörige Bauteil aus dem Namen hervorgehen. Hier gibt es zum einen die Möglichkeit sogenannte sprechende Namen zu verwenden, das bedeutet sofort lesbare und interpretierbare Bezeichnungen.

Beispiel 1: `DÄMPFER_VORNE_LINKS` oder kürzer `DÄMPFER_VL`

Mit diesem Beispiel kann man sich mehrere Probleme einfangen. Diese Namensgebung setzt voraus, dass nur deutschsprachige Personen mit diesem Parameter arbeiten müssen. Weiterhin setzt sie voraus, dass die verwendeten Programme auf allen Rechnerplattformen (Betriebssystemen) mit Umlauten umgehen können. Trifft das für das eigene Haus vielleicht noch zu, kann dies bei gegebenenfalls eingebundenen Lieferanten oder Dienstleistern schnell an seine Grenzen stoßen. Die Unterstriche anstatt von Leerzeichen sind bereits ein Entgegenkommen an manche Betriebssysteme beziehungsweise Programme. Gehen wir zunächst davon aus, dass die deutsche Sprache ausreicht, und entschärfen zumindest die Umlautfrage zu folgendem Vorschlag:

Beispiel 2: `DAEMPFER_VORNE_LINKS` bzw. `Daempfer_Vorne_Links` bzw. `Daempfer_vorne_links` bzw. `daempfer_vorne_links` oder kürzer `*_VL`

Es ist also zusätzlich zu klären, ob die zu verwendende Software eine Unterscheidung der Groß- und Kleinschreibung enthält. Dies wird sehr unterschiedlich gehandhabt. Um diesem Problem zu entgehen, muss also die Art und Weise, wann man groß und wann man klein schreibt, festgelegt werden. Es kann durchaus beides verwendet werden. So könnte man zum Beispiel vollständig großgeschriebene Parameter für Konstanten und komplett kleingeschriebene für berechnete Parameter verwenden. Man würde aufgrund ihrer Schreibweise sofort ihre Art erkennen.[52] Da wir aber noch beim Ort und nicht beim Typ des Parameters sind, einigen wir uns jetzt auf folgenden Vorschlag:

Beispiel 3: `daempfer_vorne_links`

Der klare Vorteil, dass man sofort weiß, wohin der zugehörige Parameter gehört, kann sich aber auch schnell zu einem Bandwurm entwickeln, wenn man sich folgendes Beispiel ansieht:

Beispiel 4: `oberes_querlenkerlager_vorne_vorne_links`

Fügt man, wie nachfolgend empfohlen noch den physikalischen Typ mit an, so kann der Parameter schnell

`oberes_querlenkerlager_vorne_vorne_links_radiale_steifigkeit`

heißen. Ob das dann noch zur Lesbarkeit beiträgt, ist fraglich.

[52] Ein berechneter Parameter ist zum Beispiel die Hilfsgröße einer aktuellen Federlänge, die aus den beiden Anbindungspunkten (die als Parameter konstant sein sollten) errechnet werden kann.

Alternativ bieten sich Kurznamen an, die aber eine Übersetzungstabelle benötigen, damit die Zuordnung eindeutig ist. So könnte aus dem oberen vorderen Querlenkerlager der linken Fahrzeugeseite ein `oql_v_vl` werden.[53]

Bei beiden Vorgehensweisen ist es wichtig, dass die Reihenfolge der Bezeichnungen festgelegt wird. In diesem Fall: Bauteil – lokale Bauteillage – globale Bauteillage.

Neben dem Ort an dem der Parameter verwendet wird, sollte auch der physikalische Typ erkennbar sein. Hier kann die Informatik als Vorbild dienen. Das klassische Beispiel ist die sogenannte *Ungarische Notation*, bei der einer Variablen ihr Typ als Kürzel vorangestellt wird (Präfix). Anlehnend an diese Vorgehensweise kann man den physikalischen Typ des Parameters codieren. So kann eine Steifigkeit mit dem in der Mechanik üblichen c, kartesische Positionsparameter mit x, y und z bezeichnet werden. Hier ist die Entscheidung zu treffen, ob das Kürzel vor- und hintangestellt werden soll. Stellt man den physikalischen Typ als Kürzel voran, wie bei der *Ungarischen Notation*, so kann man, wenn man die Parameter alphabetisch sortiert zum Beispiel alle Steifigkeiten auf einen Schlag sehen (Tabelle 6.1).

Tabelle 6.1 Parameterliste mit Präfix[54]

Name	Wert	Kommentar
`c_ax_oql_h_vl`	20000	N/m, Stand Q3, 28.06.13
`c_ax_oql_v_vl`	25000	N/m, Stand Q3, 28.06.13
`c_ax_uql_h_vl`	27000	N/m, Stand Q2, 21.06.13
`c_ax_uql_v_vl`	28000	N/m, Stand Q2, 21.06.13
`c_ax_zs_vl`	20000	N/m, Stand Q3, 28.06.13

Der klare Nachteil besteht darin, dass man nicht durch einen einfachen Sortieralgorithmus alle Bauteilparameter zusammen aufgelistet bekommen kann. Hierfür würde es sich anbieten, den physikalischen Typ an das Ende des Parameters zu setzen. Eine einfache Sortierung bringt dann alle Bauteilparameter zusammen – mit dem Problem nicht alle Steifigkeiten einfach in eine Übersicht zu kriegen (Tabelle 6.2).

[53] Fast all Simulationsumgebungen spiegeln die linke Radaufhängungsseite auf die rechte Fahrzeugseite, sodass auf den Zusatz `vl` verzichtet werden könnte. Will man sich die Freiheit erhalten, das Fahrzeug auch unsymmetrisch aufbauen zu können oder die gemessenen (unterschiedlichen) Werte des linken und rechten Lagers verwenden zu können, so sollte man beide Seiten mit eigenen Parametern bestücken. Auch wenn sie in 99 Prozent der Fälle identisch sein werden.

[54] Die Darstellung ist exemplarisch und variiert von Programm zu Programm.

Tabelle 6.2 Parameterliste mit Suffix[55]

Name	Wert	Kommentar
`oql_h_vl_c_ax`	20000	N/m, Stand Q3, 28.06.13
`oql_h_vl_c_rad`	17000	N/m, Stand Q3, 28.06.13
`oql_h_vl_x`	120.1	mm, Stand Q2, 21.06.13
`oql_h_vl_y`	-687.3	mm, Stand Q2, 21.06.13
`oql_h_vl_z`	412.2	mm, Stand Q3, 28.06.13

Es gibt weiterhin die Möglichkeit auch die zu verwendende Einheit in den Namen zu integrieren – dies könnte man nutzen, wenn es keine Kommentierungsmöglichkeit gibt. Hier scheint es mir aber sinnvoller zu sein, die klare Vereinbarung zu treffen, alle Daten in SI-Einheiten zu verwenden, dazu im nächsten Abschnitt mehr. Alle diese Vereinbarungen über Namenskonventionen und Einheiten sollten schriftlich für jeden Nutzer erreichbar niedergelegt werden. Insbesondere dann, wenn anstatt sprechender Namen Abkürzungen verwendet werden und Dritte insbesondere Externe damit arbeiten sollen.

6.1.3 Einheitenbehaftete Parameter

In den überwiegenden Fällen spiegeln Parameter physikalische Größen wider, die in den meisten Fällen mit Einheiten belegt sind. Große Fehlerquellen sind fehlende oder falsch umgerechnete Einheiten. Auch hier bieten leider nicht alle Programme eine ausreichende Unterstützung von Einheiten an. Diejenigen die es tun, rechnen automatisch immer zu den Standardeinheiten um, egal welche Einheit der Benutzer vorgibt. Dort wo es keinerlei Unterstützung gibt, muss streng auf Standards (z. B. SI-Einheiten) Wert gelegt werden, die allerdings auch eindeutig definiert und bekannt gemacht werden müssen. Leider bietet auch die direkte Messwertübernahme eine große Fehlerquelle, da dort je nach Herkunft sehr unterschiedliche Einheiten (teilweise abhängig vom Alter oder Hersteller der Messsoftware bzw. Messhardware) verwendet werden können. Stellt die Simulationssoftware eine Kommentierung von Parametern zur Verfügung, so ist es ratsam, die verwendete Einheit im Kommentar zu erwähnen und dem Kommentar bei Änderungen auch aktuell zu halten.

[55] Wer alternativ den Begriff Postfix verwenden will, kann dies tun – beides lässt der tägliche Sprachgebrauch des Ingenieurs zu.

6.1.4 Eindimensionale Parameter

Viele Parameter lassen sich durch Konstanten repräsentieren. So sind Parameter wie das Gewicht, die Position oder die Länge als Skalar, das heißt eindimensional darstellbar. Aber es gibt durchaus auch Größen, die je nach Anwendung ein- oder mehrdimensional auftreten können. Die Position ist physikalisch ein Vektor oder der Massenträgheitstensor eine Matrix. Die wenigsten Programme bieten aber die Möglichkeit, diese Datenformate zu verwenden, sodass die einzelnen Komponenten des Vektors oder der Matrix jeweils in einem eigenen skalaren Parameter abgelegt werden.

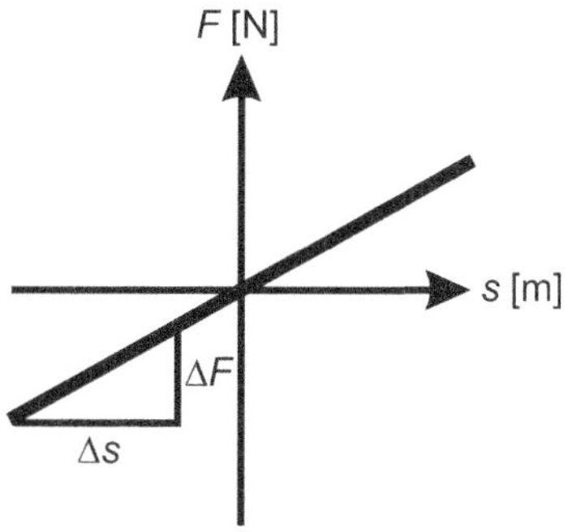

Bild 6.1 Lineare Federsteifigkeit

Verfügt das Bauteil zum Beispiel über ein lineares Kraftverhalten (Bild 6.1), das bedeutet, die Steifigkeit ist nicht vom Weg abhängig, so reicht es in der Regel völlig aus, diese Steifigkeit durch einen skalaren Parameter darzustellen.

$$c = \frac{\Delta F}{\Delta s} \tag{6.1}$$

Dabei ist aber zu beachten, dass das Bauteil innerhalb der Simulation auch wirklich nur in diesem linearen Bereich ausgelenkt wird. Ist dies nicht der Fall oder kann es nicht mit Bestimmtheit vorhergesagt werden, so werden unter Umständen Steifigkeitsänderungen (z. B. Progressionen) vernachlässigt. Sie können dann zu sehr großen und in der Regel unzulässigen Auslenkungen oder Kraftniveaus führen.

Soll das Fahrzeugverhalten im Frequenzbereich ausgewertet werden, so müssen alle Größen linearisiert werden. Eine Vorgehensweise für ein Viertelfahrzeugmodell wird zum Beispiel in [Rösk12] beschrieben.

6.1.5 Mehrdimensionale Parameter

Lassen sich die physikalischen Größen nicht mehr mit einem Wert beschreiben, so müssen sie entweder durch einen Funktionszusammenhang, durch Kennlinien oder durch Kennfelder dargestellt werden.

6.1.5.1 Kennlinien

Ändert sich zum Beispiel die Steifigkeit eines Bauteils über dem Weg, so muss diese Änderungen durch eine Kennlinie beschrieben werden (Bild 6.2). Am gebräuchlichsten sind Kraft-Weg-Kennlinien, da die Kraftgesetze für Steifigkeiten häufig so definiert sind, das als Eingang der Weg und als Ausgang die Kraft verlangt wird. Die Steifigkeit ist dann die Ableitung dieser Kurve über dem Weg.

Es wäre aber auch möglich den Steifigkeitsverlauf über dem Weg darzustellen. Allerdings müsste dann die Kraft durch eine Integration bestimmt werden. Was eher ungewöhnlich ist. Diese Vorgehensweise kann aber in der Vorbereitung der Kennlinie sehr hilfreich sein. Wenn man beispielsweise die radbezogene Steifigkeit der Einheit aus Aufbaufeder, Druckpuffer und einer Zuganschlagfeder betrachtet, so werden hier häufig die Steifigkeitsänderungen zu bestimmten Einsatzpunkten beim Ein- und Ausfedern definiert.[56]

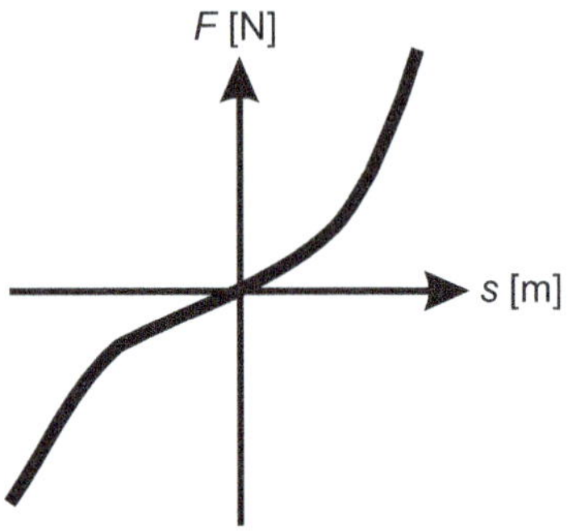

Bild 6.2 Nichtlineare Federsteifigkeit

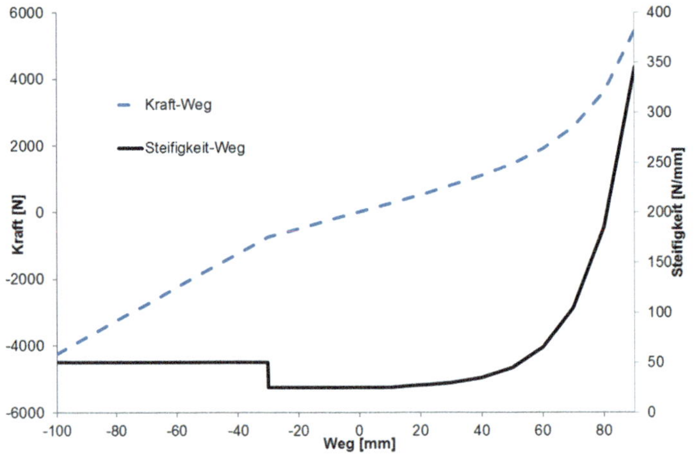

Bild 6.3 Kraft-Weg- und Steifigkeit-Weg-Diagramm

Mit der Betrachtung des Steifigkeitsverlaufs über dem Federweg sind diese Einsatzpunkte deutlich besser erkennbar. Bekommt man eine radbezogene Messung der Kraft-Weg-Kurve, so kann man durch einfaches differenzieren erkennen, an welchen Stellen die Einsatzpunkte sind.[57] In der Kraft-Weg-Kurve fällt dies häufig deutlich schwerer.

In Bild 6.3 ist eine radbezogene Kennlinie zu sehen, bei der die Zuganschlagfeder bei einem Ausfederweg von 50 mm einsetzt. Der Druckpuffer setzt bei einem Einfederweg von 20 mm ein.

---

[56] Näheres hierzu findet man im Abschnitt 9.3.3.

[57] Das Differenzieren von gemessenen Kurven führt häufig zu stark verrauschten Ergebnissen. Wer hier filtern will, muss genau wissen, was er macht, denn die meisten Filter *verschmieren* das Signal und verschieben so die Einsatzpunkte. Alternativ hilft auch manchmal das Hineinzoomen in den interessanten Wertebereich.

Werden Werte zwischen den Messpunkten oder außerhalb des Messbereichs benötigt, so müssen sie inter- oder extrapoliert werden. Numerische Methoden für die Inter- oder Extrapolation wurden in Abschnitt 4.5 beschrieben.

6.1.5.2 Kennfelder

Wenn eine Kennlinie die zweidimensionale Darstellung einer Funktion mit einem Parameter ist, so wird die Erweiterung um mindestens einen weiteren Parameter als Kennfeld bezeichnet. Die Organisation der Daten ist stark vom verwendeten Programm abhängig. Während die Parameter einer Kennlinie häufig als Wertetabelle abgelegt werden (Tabelle 6.3), kann dies für ein Kennfeld auf mehrere Wege erfolgen. In diesem Beispiel einer (verkürzten) Dämpferkennlinie kann für jede Geschwindigkeit eine eindeutige Kraft ermittelt werden. Werte zwischen den Stützstellen müssen interpoliert, außerhalb des Messbereiches extrapoliert werden.

Tabelle 6.3
Wertetabelle

v [m/s]	*F [N]*
-0.5	-1000
-0.1	-400
0.0	0
0.1	1100
0.5	3120

Die Parameter von Kennfeldern können in einer Matrixform oder als Kombination mehrerer Kennlinien abgelegt werden. Die Matrixform bietet sich an, wenn alle Kennlinien mit gleichen Stützstellen verwendet werden (Tabelle 6.4). In diesem Beispiel kann die Kraft ermittelt werden, wenn Werte für die Geschwindigkeit v und für die Bestromung i vorliegen. Die Inter- oder Extrapolation muss nun zweidimensional erfolgen.

Tabelle 6.4 Kennfeld als Matrix

v[m/s] / i [A]	0.2	0.4	0.6	0.8	1.0
-0.5	-600	-800	-1000	-1200	-1400
-0.1	-240	-320	-400	-480	-560
0.0	0	0	0	0	0
0.1	660	880	1100	1320	1540
0.5	1872	2496	3120	3744	4368

Liegen Kennlinien aus Messungen vor, die an unterschiedlichen Stützstellen aufgenommen wurden (Tabelle 6.5), so gibt es mehrere Möglichkeiten, wie mit diesen Daten zu verfahren ist. Verlangt das verwendete Programm die Matrixform, so müssen die Daten im Vorfeld einmalig auf gleiche Stützstellen umgerechnet werden. Mit Programmen wie zum Beispiel MATLAB kann man dies relativ komfortabel tun, aber mit ein wenig Vorbereitung ist man auch mit jeder Tabellenkalkulation in der Lage zur Matrixform zu kommen.

Tabelle 6.5 Kennfeld aus einzelnen Kennlinien

i = 0.2 A		*i = 0.4 A*		*i = 0.6 A*		*i = 0.8 A*		*i = 1.0 A*	
v [m/s]	F [N]	v [m/s]	F [N]	v [m/s]	F [N]	v [m/s]	F [N]	v [m/s]	F [N]
-0.42	-528	-0.61	-932	-0.51	-1000	-0.55	-1290	-0.48	-1358
-0.15	-360	-0.23	-736	-0.10	-400	-0.17	-816	-0.20	-1120
0.00	0	0.00	0	0.00	0	0.00	0	0.00	0
0.15	812	0.25	1486	0.13	1100	0.12	1441	0.11	1611
0.45	1685	0.53	2646	0.57	3120	0.56	4193	0.47	4106

Man hat also einmalig den Aufwand der Umrechnung und kann danach die angebotenen Standardroutinen des verwendeten Programms nutzen. Als klarer Nachteil ist jedoch zu sehen, dass sich die gemessenen Originaldaten und die verwendeten Modelldaten unterscheiden. Auf den ersten Blick ist nicht sicherzustellen, dass die richtige Messung im Modell verwendet wird. Durch eine Richtlinie zur Benennung der Datenstände (und deren strikten Einhaltung) muss die Vertauschung ausgeschlossen werden.[58]

Der sicherere Weg wäre also, die gemessenen Daten unverändert zu verwenden – dies lassen aber die meisten Programme nicht zu, da das direkt die internen Inter- und Extrapolationsroutinen betrifft. Hat man die Möglichkeit (und die Fähigkeit) hier eine eigene Routine zu implementieren, ließe sich die Fehlergefahr reduzieren.

6.1.5.3 Anzahl der Stützstellen

Bild 6.4 Kennlinie mit hoher Auflösung

Je nach Messprozedur ist die Kennlinie oder das Kennfeld unter Umständen sehr fein abgetastet (Bild 6.4). Würde diese hochaufgelöste Kennlinie in der Simulation verwendet, so kann dies je nach Programm zu hohem Speicherbedarf und auch zur Verlangsamung der Rechnung führen. Die Aussagegenauigkeit würde dadurch nicht besser. Aus diesem Grund sollte die in der Simulation verwendete Kennlinie nach dem Grundsatz so fein wie nötig und so grob wie möglich erstellt werden. Eine zu geringe Auflösung (Bild 6.5) kann die im Abschnitt 4.5 besprochenen Probleme bei der Inter- oder Extrapolation mit sich bringen.

[58] Nach der allgemeinen Lebenserfahrung und unter Beachtung von *Murphys Law* treten Fehler, die auftreten können auch auf. An dieser Stelle liegt also eine potenzielle Fehlerquelle.

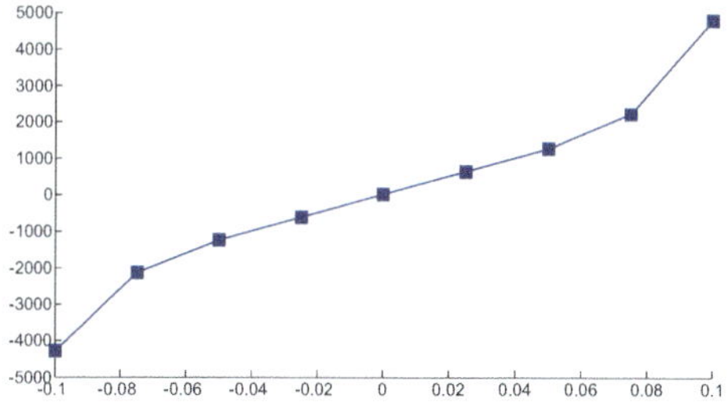

Bild 6.5 Kennlinie mit geringer Auflösung

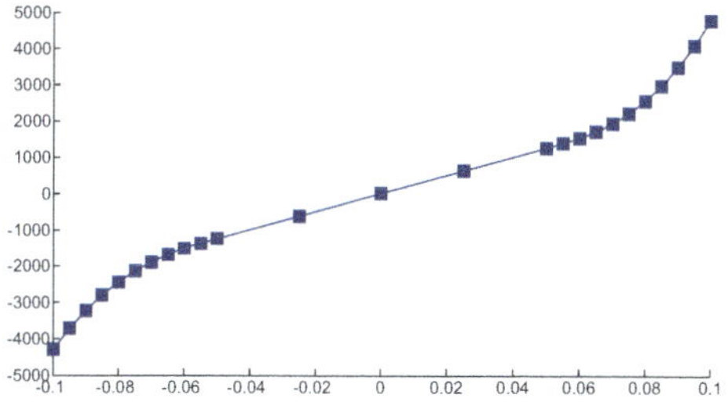

Bild 6.6 Kennlinie mit bedarfsorientierter Auflösung

Wird nicht auf dem eigenen Arbeitsplatzrechner gerechnet, sondern auf einem zentralen Rechenknoten, kommt neben der eigentlichen CPU-Zeit noch der Kopiervorgang der benötigten Dateien auf den Rechenknoten hinzu. Sind sehr viele kurze Rechnungen durchzuführen, wie dies oft bei Optimierungen der Fall ist, kann dieser Anteil erheblich ansteigen und wesentlich zur Gesamtdauer der Simulation beitragen.

Benötigt die Simulationssoftware keine äquidistante Darstellung der Kennlinie, so kann man die eher linearen Anteile sehr grob und die Anteile mit großen Änderungen im Steifigkeitsverlauf (Progression) etwas feiner auflösen (Bild 6.6). Ansonsten muss man sich eher an den nichtlinearen Verläufen orientieren und eine größere Anzahl von Stützstellen akzeptieren.

6.1.5.4 Hysteresebehaftete Parameter

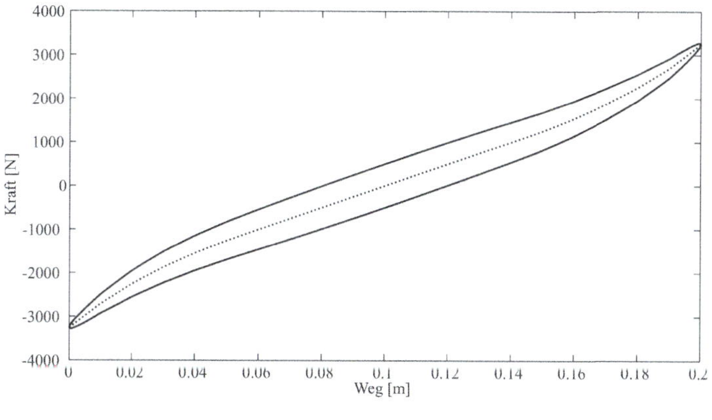

Bild 6.7 Hysteresebehaftete Kennlinie

Ist die gemessene Kennlinie hysteresebehaftet, so lässt sich dieser Effekt in der Regel nicht direkt in das Modell übernehmen, da er zumeist auf Reibungs- oder Dämpfungskomponenten im Bauteil zurückgeht und deshalb mit einem anderen Kraftgesetz beschrieben werden muss (siehe hierzu Kapitel 10). Um die Kraft-Weg-Kennlinie aus dieser Messung herauszufiltern, bietet es sich hier an, die mittlere Kennlinie zu identifizieren, die zwischen dem oberen und unteren Ast der hysteresebehafteten Kennlinie liegt (Bild 6.7). Wird diese mittlere Kennlinie dann noch mit einem Reibungs- oder Dämpfungseffekt überlagert, so bildet dies die Hysterese gut ab.

6.1.6 Fahrzeugbezugssystem

Eine essenzielle Frage, die vor der ersten Verwendung einer Simulationssoftware geklärt werden muss, ist die des verwendeten Fahrzeugbezugssystems[59]. Kann man es selbst festlegen oder ist es durch das Programm vorgegeben? Wo liegt es und in welchem Richtungssinn ist es definiert? Üblicherweise werden kartesische Koordinatensysteme verwendet und in der Automobilindustrie ist in der Konstruktion als häufigste Platzierung dieses Bezugssystems die Mitte der Vorderachse zu finden. Um die überwiegende Anzahl der Koordinaten positiv zu halten, ist es entgegen der Fahrtrichtung orientiert, sodass alle Punkte in Fahrtrichtung (*x*-Richtung) hinter der Vorderachse positiv und vor der Vorderachse negativ sind. Da man einen erheblichen Anteil der Parameter aus Konstruktionsdaten bekommt, lohnt es sich im Fahrzeugmodell dieselbe Definition des Fahrzeugbezugssystems, wie in der Konstruktion zu wählen. Auf diese Weise ist keine Umrechnung notwendig (Bild 6.8).

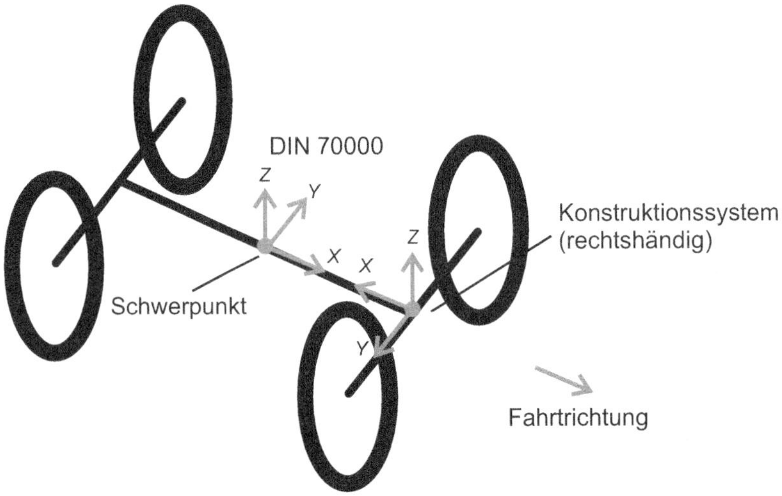

Bild 6.8 Unterschiedliche Fahrzeugbezugssysteme

Es gibt aber durchaus andere Vorgaben aus den jeweiligen Programmen, so kann auch der Bezugspunkt auf Fahrbahnebene in Fahrtrichtung orientiert hinter dem Fahrzeug liegen. Die Umrechnung auf diesen Punkt ist mit den üblichen Mitteln einer Tabellenkalkulation zu lösen, aber man verwendet dann *unnatürliche* Koordinaten, die man nicht direkt mit den Parametern aus der Konstruktion vergleichen kann.

[59] Mit dem Fahrzeugbezugssystem ist das mitbewegte, fahrzeugfeste Koordinatensystem gemeint, auf das alle Fahrzeugkoordinaten bezogen werden.

Fügt man für die Hinterachse ein zusätzliches Bezugssystem ein, so können alle Koordinaten der Hinterachse auf die Mitte der Hinterachse bezogen werden, das heißt, in der x-Koordinate taucht der Radstand des Fahrzeuges nicht auf. Das Hinterachssystem ist um den Radstand vom Vorderachssystem verschoben. Auf diese Weise lassen sich unterschiedliche Radstände (verlängerte Varianten) einfach darstellen, ohne die Koordinaten anpassen zu müssen.

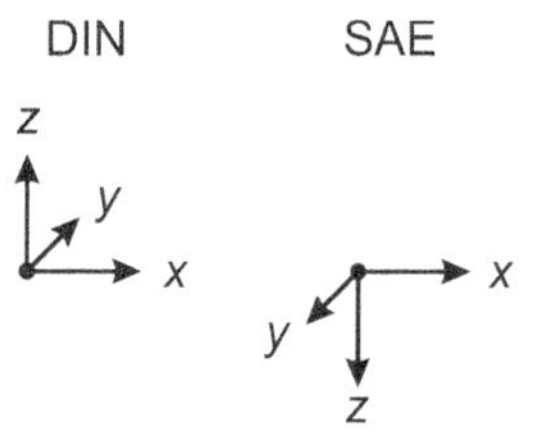

Bild 6.9 Koordinatensystem nach DIN oder SAE

Im Widerspruch zu dieser Vorgehensweise steht die Definition nach [DIN70000]. Hier ist die x-Richtung des Systems in Fahrtrichtung orientiert und als Ort wird üblicherweise der Schwerpunkt angegeben. Dies ist eher die Sicht der Mechanik, da man dort zum Beispiel die Fliehkraft bei einer Kurvenfahrt oder auch die Gewichtskraft platziert und dann auf die Achsen umrechnet. Da der Schwerpunkt abhängig von der Motorisierung und Beladung ist, ist er als Bezugssystem eher ungeeignet.

Bei internationalen Projekten muss man sich darüber verständigen, ob man ein System nach [DIN70000] oder ein System nach [SAEJ670e] verwendet, denn das hat Einfluss auf die Vorzeichen der y- und z-Achse und der entsprechenden Richtungssinne der Drehungen um diese Achsen (Bild 6.9).

6.1.7 Masseeigenschaften

Ist das Koordinatensystem im CAD-System mit dem im Simulationsprogramm identisch oder müssen Größen umgerechnet werden? Dies gilt insbesondere für die Massenträgheitsmomente, die, wie man in der Technischen Mechanik erfahren hat, auf eine Trägheitsachse bezogen sind. In den Berechnungsprogrammen gehen diese, in der Regel durch den Schwerpunkt des Körpers. In der CAD-Welt gibt es einen Bauteilursprung, der häufig als Bezugssystem verwendet wird (Bild 6.10). Eine Umrechnung ist Dank des Schweizer Mathematikers JACOB STEINER für homogene Masseverteilungen nicht schwierig (exemplarisch die Gleichungen (6.2) - (6.4) für die Hauptträgheitsmomente) – aber sie muss vorgenommen werden.[60]

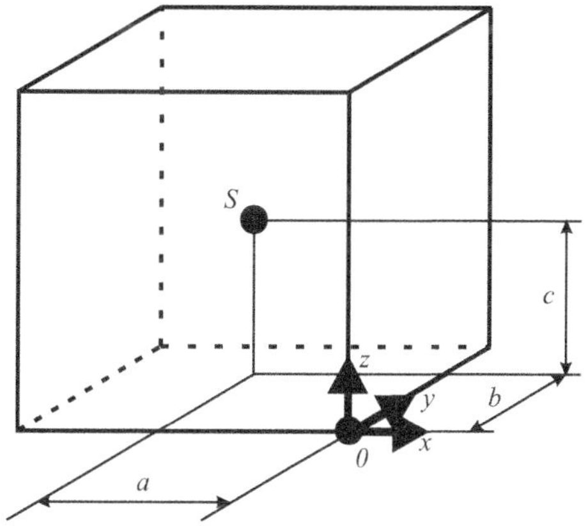

Bild 6.10 Umrechnung mit dem Satz von STEINER

[60] Für diejenigen, die keine Vorlesungen der Dynamik besucht haben: Der Satz von STEINER beschreibt die Umrechnung des Massenträgheitsmoments vom Schwerpunkt eines Körpers auf jeden anderen beliebigen Punkt bzw. umgekehrt.

$$\Theta_x^S = \Theta_x^0 - m \cdot a^2 \tag{6.2}$$

$$\Theta_y^S = \Theta_y^0 - m \cdot b^2 \tag{6.3}$$

$$\Theta_z^S = \Theta_z^0 - m \cdot c^2 \tag{6.4}$$

Oft liegt keine homogene Masseverteilung vor, weil das Bauteil zum Beispiel aus einer Vielzahl unterschiedlicher Materialen besteht. Die im CAD-System enthaltenen Daten sind hier möglicherweise diesbezüglich unvollständig, wenn diese verschiedenen Materialien nicht zugewiesen wurden. Wird der Einfluss des Massenträgheitsmoments als wesentlich eingestuft, so muss das Bauteil gependelt werden.

Falls das die Simulationsumgebungen nicht ohnehin prüfen, hat man eine einfache Möglichkeit die Werte des Trägheitstensors (Gleichung (6.5)) auf ihre Plausibilität zu testen.

$$\Theta^S = \begin{bmatrix} \Theta_x^S & \Theta_{xy}^S & \Theta_{xz}^S \\ \Theta_{yx}^S & \Theta_y^S & \Theta_{yz}^S \\ \Theta_{zx}^S & \Theta_{zy}^S & \Theta_z^S \end{bmatrix} \tag{6.5}$$

Die Hauptträgheitsmomente Θ_x^S, Θ_y^S und Θ_z^S auf der Diagonalen (Hauptträgheitsachse) müssen aufgrund ihrer Definition alle größer Null sein. Stehen dort negative Werte oder die Null, liegt ein Fehler vor. Darüber hinaus kann man noch die sogenannte Dreiecksungleichung testen, denn es muss gelten:

$$\Theta_x^S + \Theta_y^S \geq \Theta_z^S \tag{6.6}$$

$$\Theta_x^S + \Theta_z^S \geq \Theta_y^S \tag{6.7}$$

$$\Theta_y^S + \Theta_z^S \geq \Theta_x^S \tag{6.8}$$

Die Deviationsmomente können sowohl positiv, negativ oder Null sein, sodass man nicht auf Anhieb sehen kann, ob sie korrekte Werte enthalten. Immerhin muss man nur drei berechnen, da der Tensor symmetrisch ist und es gilt:

$$\Theta_{xy}^S = \Theta_{yx}^S \tag{6.9}$$

$$\Theta_{xz}^S = \Theta_{zx}^S \tag{6.10}$$

$$\Theta_{yz}^S = \Theta_{zy}^S \tag{6.11}$$

Gerade bei den Masseneigenschaften ist es wichtig, dass man nicht die Standardwerte des Berechnungsprogramms (auch nicht die aus dem CAD-Programm) verwendet. Werden beispielsweise Masse und Hauptträgheitsmomente jeweils mit 1 kg oder 1 kg m² angegeben, so würde aus einem Stablenker (im Sinne der Technischen Mechanik ein schlanker Stab) ein Würfel mit zumindest annähernd richtiger Masse. Nehmen wir den Verbrennungsmotor, so kann ein größerer Motor noch annähernd würfelförmig sein, aber die Masse liegt verständlicherweise zwei Größenordnungen höher. Warum erwähne ich diese *Trivialbeispiele*, die man so nie parametrieren würde? Weil es passiert! Die Massendaten sind bei einigen Bauteilen nur schwer zu erhalten und das Eintragen der richtigen Werte wird auf später verschoben und dann vergessen.[61]

6.2 Im Vorfeld der Berechnung

6.2.1 Konsistenz von Daten und Modell

Wenn mehrere Personen am selben Fahrzeugprojekt arbeiten, zu unterschiedlichen Zeiten oder mit unterschiedlichen Fragestellungen, so werden sie dies in der Regel an verschiedenen Arbeitsplätzen machen. Eine entscheidende Frage ist, wie ist sichergestellt, dass sie mit denselben Daten und Modellen arbeiten? Aus Geschwindigkeitsgründen wird gerne auf der lokalen Festplatte gearbeitet. Der Datenzugriff ist hier deutlich schneller, als wenn man über ein Netzwerk arbeitet. In dem Moment indem eine Datei auf verschiedene Rechner kopiert wird, ist es nicht mehr dieselbe Datei. Die Wahrscheinlichkeit, dass Änderungen von Daten oder Modellen nicht in allen Kopien vorgenommen werden, kann auf längere Sicht mit einhundert Prozent angenommen werden. Der Datenstand auf den verschiedenen Rechnern ist dann nicht mehr konsistent, sondern spiegelt zum Beispiel unterschiedliche Entwicklungsphasen wider.

Wie kann man nun erreichen, dass nur mit konsistenten Daten und Modellen gearbeitet wird? Mit einer konsequenten Beachtung des Einquellenprinzips. Alle Berechnungen müssen auf ein und denselben Daten- und Modellsatz beruhen. Dafür bietet die Softwaretechnologie einige Möglichkeiten.

Man kann eine Datenbank verwenden, in welcher der Datensatz und das Modell getrennt eingepflegt werden. Änderungen können hier nachvollzogen werden und es kann auch bewusst ein älterer Datenstand abgerufen werden, um zum Beispiel einen Vergleich unterschiedlicher Entwicklungsstufen anzufertigen. Wenn notwendig, kann man den Nutzern unterschiedliche Rechte einräumen. Abhängig von ihrem Status können sie die Daten und Modelle nur abrufen oder auch ändern.[62] Natürlich muss es nach wie vor möglich sein, mit lokalen Varianten zu arbeiten. Denn Entwicklungsstände müssen ja erst einmal erarbeitet werden. Sobald diese dann aber *offiziell* sind und nicht mehr geändert werden, müssen sie vor Änderungen geschützt werden.

Ein ähnliches Prinzip liegt den Versionskontrollsystemen aus der Softwareentwicklung zugrunde. Wer größere Softwareprojekte bearbeitet, muss Änderungen nachverfolgen können und da man mit Quelltexten arbeitet, können auch Unterschiede zwischen zwei Versionen einfach angezeigt werden. Die gleichen Mechanismen lassen sich auch für die Simulationsdaten und die Modelle verwenden. Die Versionskontrolle ist auf jeden Fall möglich. Ein Datenvergleich hängt vom gewählten Datenformat ab und ob dafür entsprechende Tools angeboten

[61] Der Parameter der Masse liegt häufig vor, aber die Schwerpunktlage oder der Trägheitstensor sind oft schwieriger zu bekommen. Auch im CAD-Programm sind sie nicht zwingend richtig hinterlegt, da gerade bei Zukaufteilen gerne nur die äußere Hülle geliefert wird.

[62] Abhängig von der Organisationsstruktur kann man hier noch unterscheiden, ob nur die Daten geändert werden dürfen (Anwender) oder auch die Modelle (Spezialist).

werden. Bei den Modellen hängt es davon, ob sie binär oder im Textformat gespeichert werden.

Ziel bei beiden Vorgehensweisen ist auf jeden Fall, dass der Benutzer einfach einen Datenstand abrufen kann und sich sicher sein kann, dass er auch mit den gewünschten Daten rechnet. Große Modelle arbeiten mit einer Vielzahl von Modellparametern. Wenn man sie modularisiert, sind die Daten unter Umständen auf viele verschiedene Dateien verteilt. Eine schnelle manuelle Überprüfung, ob der Datenstand aktuell und konsistent ist, scheidet in der Regel aus. Das Prinzip *Hoffnung* reicht aber für einen prozesssicheren Berechnungsablauf nicht aus.

6.2.2 Modellvielfalt

Neben der zuvor beschriebenen Konsistenz bietet diese Vorgehensweise noch einen anderen Vorteil. Heutige Fahrzeugmodelle sind häufig in den verschiedensten Aufbauvarianten verfügbar. Es gibt sie als zweitürige, viertürige oder verlängerte Limousine, als Kombi oder Cabriolet. Dazu kommt neben der hauseigenen Standardantriebsart vielleicht noch ein Allrad- oder Hybridantrieb. Abhängig von der Motorisierung gibt es unterschiedliche Brems- und/oder Achskonzepte. Die Explosion der Varianten, die auch noch die letzte Nische abdecken sollen, wird allgemein beklagt. Aber nichtsdestotrotz müssen sie geprüft werden und hier ist sicherlich ein großer Vorteil der Simulation zu sehen.

In der Regel beruhen diese Varianten auf einer Basisversion, mit der sie den Großteil der Parameter teilen.[63] Nur in ausgesuchten Komponenten wird man auf Unterschiede stoßen. Der Berechner einer Variante hat vielleicht mit der Erstellung der Basisversion gar nichts zu tun. Würde man für jede Variante einen eigenen vollständigen Datensatz erstellen, so wären viele Parameter doppelt vorhanden. Die Konsequenz ist dieselbe wie zuvor. Ändert sich ein von allen Varianten verwendeter Parameter, müsste er in allen Datensätzen nachgepflegt werden. Auch hier ist ein Abruf der Daten im Moment der Berechnung von einem gemeinsamen zentralen Ort sinnvoll. Der Aufwand der Datenpflege für den einzelnen Nutzer sinkt und das Vertrauen in die Konsistenz der Parameter und damit in das Ergebnis der Berechnung steigt.[64]

6.2.3 Berechnungshistorie

Man wird im Laufe des Projektes immer wieder den hoffentlichen Fortschritt des Entwicklungsstands zeigen wollen oder müssen. Aus diesem Grund müssen diese Stände zum Beispiel bei Erreichen eines festgelegten Prozessmeilensteins *eingefroren* werden, das heißt ab diesem Zeitpunkt, werden die Daten dieser Phase nicht mehr verändert. In der nächsten Phase wird mit einer Kopie des vorherigen Stands weitergearbeitet und nur diese wird dann verändert. Auf diese Weise kann ein Vergleich von Entwicklungsständen einfach vorgenommen werden. Außerdem hat man eine Rückfallebene, wenn sich das Produkt in die falsche Richtung entwickelt.

[63] Dies ist natürlich die Fahrwerksicht auf die Varianten.

[64] Der Aufwand einen solchen konsistenten Simulationsprozess zu erstellen, ist nicht zu unterschätzen. Aber er lohnt sich bzw. ist zwingend, wenn man in dem in diesem Kapitel beschriebenen Simulationsumfeld arbeitet.

Werden Entscheidungen im Entwicklungsprozess aufgrund der Simulationsergebnisse getroffen, so wird man sich gegebenenfalls später, wenn das Produkt real existiert, für seine Aussagen verantworten müssen. Vielleicht arbeitet man zu diesem Zeitpunkt bereits an einem anderen Projekt und hat die Details nicht mehr genau im Kopf. Dann ist es zwingend, die Rechnung wiederholen zu können und sich ein Bild von den damals verwendeten Eingangsdaten machen zu können. Hierzu im Abschnitt 6.4 mehr.

6.3 Berechnungsvorgang

6.3.1 Lokal oder extern

Für die Gestaltung des eigentlichen Berechnungsvorgangs hängt es stark davon ab, ob auf dem eigenen Rechner oder auf zentralen Rechenknoten gerechnet wird. Bei den heutigen Multiprozessorsystemen kann auch der Arbeitsplatzrechner für Einzelrechnungen verwendet werden, ohne das er für nichts anderes mehr zur Verfügung steht. Sind allerdings viele und auch längere Rechnungen notwendig, so erscheint ein Auslagern des Berechnungsvorgangs auf externe Prozessoren sinnvoller. Gerade bei Berechnungen, die über mehrere Stunden gehen, ist die Blockade des Arbeitsplatzes nicht anzuraten.

6.3.2 Kopiervorgang

Bei der lokalen Rechnung entfällt der Kopiervorgang der für die Berechnung notwendigen Dateien.[65] Es gibt in der Regel ein oder mehrere Inputverzeichnisse und ein Outputverzeichnis, in das die Berechnungsergebnisse geschrieben werden. Besitzt man zum Beispiel ein Vierprozessorensystem, so können maximal drei Berechnungen gleichzeitig durchgeführt werden, wenn nur ein Prozessor für die Benutzung des Rechners übrig bleiben soll.

Wird die Simulation produktiv eingesetzt, so sind in der Regel viele Berechnungen durchzuführen. Alleine für Variantenrechnungen kann die Anzahl der notwendigen Simulationsläufe schnell ansteigen.[66] Man benötigt dann einen Kopierprozess, der abhängig vom Betriebssystem und der Netzwerkumgebung, dafür sorgt, dass alle benötigten Dateien zu Beginn der Berechnung zur Verfügung stehen. Hier ist natürlich, das im letzten Abschnitt besprochene Konzept einer Datenbank oder einer zentralen Ablage verbindlicher Daten- und Modellsätze mit eventuellen lokalen Arbeitsversionen zu berücksichtigen. Nach erfolgreicher Beendigung der Berechnung oder nach einem Abbruch aufgrund einer Fehlerbedingung müssen dann die erzeugten Ergebnisse und Protokolldateien zurück auf den Arbeitsplatzrechner kopiert und die Dateien auf dem Rechenknoten gelöscht werden.

---

[65] Außer man holt sie sich online aus einer Datenbank.

[66] Nicht zu verwechseln mit der Brute Force-Methode, bei der unreflektiert viele Varianten berechnet werden und man hinterher sieht, was herauskommt und dann seine Schlüsse zieht. Anstatt im Vorhinein ein paar Grundüberlegungen anzustellen und nur noch die sinnvollen Rechnungen durchzuführen. Ein böser Spruch fasst dies in „Intelligenz × Rechenleistung = konstant“ zusammen.

6.3.3 Lizenzen

Abhängig von der verwendeten Simulationsumgebung werden für die lokalen und die externen Rechnungen unter Umständen unterschiedlich viele Lizenzen benötigt. Scheidet die lokale Rechnung grundsätzlich aus, so reicht gegebenenfalls eine GUI-Lizenz[67] und für die Rechenknoten eine Kernel-Lizenz[68], falls derartige Unterscheidungen gemacht werden. Dies sollte beim Erwerb und bei der Preisverhandlung der Lizenzen berücksichtigt werden.

6.4 Im Nachgang der Berechnung

6.4.1 Dokumentation der Berechnung

Setzt man die Simulation produktiv im Entwicklungsprozess ein, so wird sicherlich eine große Zahl von Berechnungsergebnissen erzeugt. Die Ergebnisse bestehen in der Regel mindestens aus einer Datei mit den berechneten Zeitreihen und einer Protokolldatei (*Log-File*), ob die Rechnung erfolgreich war oder wenn nicht, aus welchem Grund sie abgebrochen wurde.[69] Der Umfang der Protokollierung der Rechnung ist bei den meisten Programmen einstellbar.

Setzt man ein Simulationsprogramm neu ein oder ist die gesamte Vorgehensweise für Einen neu, so sollte man sich nicht scheuen, eine sehr umfangreiche Protokollierung vorzunehmen. Natürlich nur, wenn man auch nach Abschluss der Rechnung einen Blick in die Protokolldatei wirft. Dies sollte man zu Beginn auch durchaus bei erfolgreichen Rechnungen machen, damit man einen Eindruck gewinnt, wie sie in einem solchen Fall aussieht und welche Inhalte es gibt. Stellt sich eine gewisse Routine ein, so sollten die Protokolldateien zumindest noch so viele Informationen enthalten, dass man den Erfolg der Berechnung ablesen oder beim Abbruch der Rechnung, der Ursache auf die Spur kommen kann. Dauert die Rechnung nur wenige Sekunden, so kann man, bis auf die Erfolgsmeldung, auf alle weiteren Informationen verzichten, da die Rechnung im Zweifelsfall schnell mit erhöhtem Protokollinhalt wiederholt werden kann. Bei zeitlich längeren Rechnungen verbietet sich diese Vorgehensweise.

6.4.2 Archivierung

Bei manchen Fragestellungen werden viele Varianten berechnet, um aus der Gesamtschar von Ergebnissen eine Verbesserung des Produkts herauszulesen. Dies bedeutet, dass der überwiegende Teil der Ergebnisse, der nicht zu einer Verbesserung beigetragen hat, problemlos nach dem Ansehen der Ergebnisse gelöscht werden kann.[70] Manche Ergebnisse müssen vielleicht etwas länger, zum Beispiel bis zum Abschluss einer Versuchsreihe, aufbewahrt werden, bis sie dann ebenfalls gelöscht werden können.

---

[67] GUI = *Graphical User Interface*, Grafische Benutzeroberfläche

[68] Damit ist der eigentliche *Rechenkern* der Simulationssoftware gemeint, in dem die Bewegungsgleichungen gelöst und integriert werden.

[69] Ist der Berechnungsprozess weitgehend automatisiert, so sollte zwingend überprüft werden, ob die Berechnung wirklich erfolgreich war und bis zum Ende gerechnet wurde oder nur ein Teil der Rechnung vorliegt. Manche Ergebnisse sind dann besser zu verstehen.

[70] Außer, die Nichtwirkung auf die Verbesserung soll dokumentiert werden. Auch dies kann natürlich eine Fragestellung sein.

Und dann gibt es die Ergebnisse, die für Produktentscheidungen verwendet werden. Auf diese Berechnungen beruft man sich und kommuniziert diese Ergebnisse. Die Frage ist, was behält man von diesen Ergebnissen? Und vor allem, wie behält man sie? Setzt man ein Archivierungssystem ein oder liegen sie in einem Projektverzeichnis, wohl strukturiert, damit man sie einmal wiederfindet, wenn man sie sucht? Ist es wirklich sinnvoll, die Ergebnisse zu archivieren, oder sollte man nicht den Simulationslauf wiederholbar machen und die dafür notwendigen Dateien sichern? Auf diese Fragen gibt es natürlich keine allgemeingültige Antwort. Aber man sieht, mit welchen Themen man sich auseinandersetzen sollte. Vielleicht nicht am ersten Tag seiner Berechnerkarriere, aber dann mit zunehmendem Erfolg.[71]

6.4.3 Motivation zur Dokumentation

Die Notwendigkeit des Protokollierens und des Archivierens erschließt sich oft erst dann, wenn man seinen Chefs oder Auftraggebern erklären muss, dass man auch nicht mehr weiß, wie man damals zu dieser Aussage kam und man egal, was man jetzt macht, nicht zum selben Schluss kommt. Man kann warten, ob dieser Moment einem jemals widerfährt (hatte ich das Prinzip *Hoffnung* schon erwähnt?) oder ihn proaktiv abwenden.

Die Dokumentation von dem was man macht, gehört im Allgemeinen nicht zu den Lieblingsbeschäftigungen der Ingenieure. Allerdings trägt es nicht zur Glaubwürdigkeit bei, wenn man nicht nachweisen kann, was man da eigentlich berechnet hat. Dass dieser Vorgehensweise nicht mit den beliebten Stichwörtern *Qualitätsmanagement* oder *Prozesssicherheit* vereinbar ist, sollte sich jedem erschließen.

6.5 Reproduzierbarkeit der Simulationsergebnisse

Der große Vorteil der Simulation sei ihre Reproduzierbarkeit. Eine Berechnung könne zu jedem beliebigen Zeitpunkt wiederholt werden und liefere immer dasselbe Resultat. Das ist die gängige Meinung und man kann es überall nachlesen. Ich will mich dieser Argumentation nicht verschließen, aber sie enthält einige Annahmen, die nicht immer zutreffen – deshalb der Konjunktiv.

Annahme 1: Der Benutzer ist in der Lage, auch über längere Zeit, seine Simulationsumgebung und seine Modelle unverändert zu lassen, sodass sichergestellt ist, dass tatsächlich dieselbe Berechnung durchgeführt wird.

Es hängt also stark von der Sorgfalt des Benutzers ab, ob sein Modell *lebt* und laufenden Änderungen unterworfen ist. Wird ein Modellfehler gefunden, muss dieser behoben werden. Wird ein effizienterer Ansatz gefunden, muss er aus Gründen der Zeitersparnis implementiert werden. Dagegen spricht auch nichts, wenn das alte Modell unverändert existiert und wieder reanimiert werden kann. Das gilt streng genommen ebenso für die Simulationsumgebung, das Betriebssystem und den gesamten Simulationsprozess.

---

[71] Also ab dem Zeitpunkt, ab dem sich dauerhaft mehr Personen als man selbst für die Ergebnisse interessieren.

Annahme 2: Der Benutzer weiß, mit welchen Parametern er tatsächlich gerechnet hat und hat sie protokolliert, damit für die Wiederholung dieselben Parameter verwendet werden können.

Die ersten beiden Annahmen klingen so, als würde ich den Benutzern von Simulationsprogrammen keine Sorgfalt zutrauen. Das ist natürlich nicht der Fall. Aber ich traue ihnen zu, in der konkreten Aufgabe ein aktuelles Problem lösen zu müssen, manchmal die nur unter Umständen geforderte zukünftige Wiederholung zu vergessen und somit das ungeliebte Thema Dokumentation zu vernachlässigen. Hier hilft nur ein strukturierter Simulationsprozess mit einem hohen Maß an Automatisierung der Abläufe.

Annahme 3: Das Modell ist von seiner Struktur deterministisch, das heißt, durch klare Regeln ist sein Verhalten vorbestimmt. Man kann das zukünftige Verhalten berechnen und somit führt jede Wiederholung zum gewünschten selben Ergebnis.

Im Gegensatz zu den deterministischen Systemen lassen sich die stochastischen Systeme nur mithilfe von Wahrscheinlichkeiten berechnen. Es gibt also zufallsbedingte Einflüsse, die sich nicht exakt vorhersagen lassen. Am einfachsten lässt sich dieses Verhalten am Beispiel der Hardware-in-the-Loop-Simulation erklären, die in Kapitel 17 näher beschrieben wird. Ist ein Feldbussystem wie zum Beispiel der CAN (*Controller Area Network*) in das System eingebunden, so können die Laufzeiten von Botschaften, abhängig von der Auslastung des Busses, unterschiedlich sein. Abhängig von der Integrationsschrittweite kann die erwartete Botschaft noch zu diesem oder vielleicht auch erst zum nächsten Zeitschritt vorliegen. Reale elektrische oder hydraulische Bauteile können temperaturabhängig unterschiedlich dynamisch sein. Es ist also von Einfluss, ob die gesamte Anlage gerade erst eingeschaltet wurde und durchgehend Raumtemperatur hat oder ob schon diverse Berechnungen durchgeführt wurden und einige Bauteile deutlich höhere Temperaturen besitzen.

Beide Beispiele sind nicht wirklich stochastisch, da sich die Laufzeit der Botschaft in Abhängigkeit der Buslast und das dynamische Verhalten eines Hydraulikzylinders über der Öltemperatur funktional darstellen lassen. Sind diese Effekte aber nicht im modellierten System enthalten und werden korrekt berücksichtigt, so erscheinen sie zufällig.

Was ist die Konsequenz aus diesen Aussagen? Natürlich gilt die Annahme, dass die Simulation an sich ein reproduzierbares Werkzeug darstellt – wenn man sie richtig einsetzt.

Teil II – Simulation in der Fahrwerktechnik

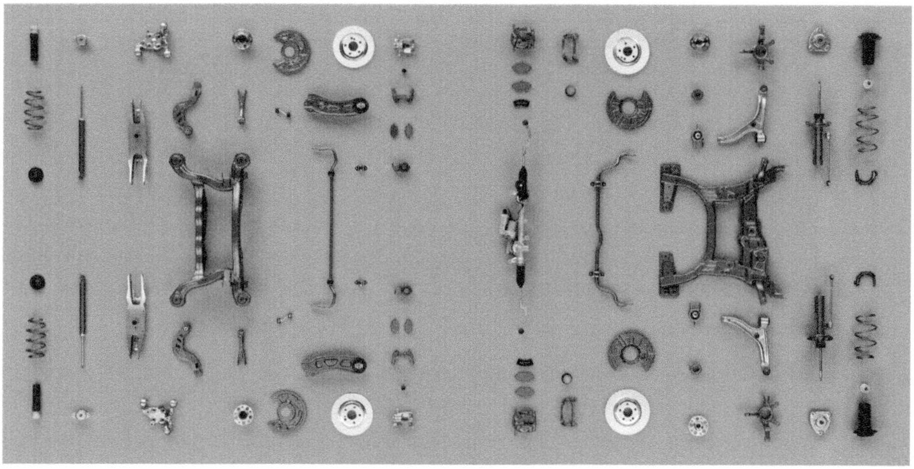

[Bildquelle Daimler AG]

Bild II.1 Fahrwerk einer Mercedes B-Klasse (W245)

Es gibt aufgrund der Vielzahl von Anwendungen und Fragestellungen natürlich keine allgemeingültigen Empfehlungen oder gar eine einheitliche Vorgehensweise für die Simulation in der Fahrwerktechnik. Aus diesem Grund haben die nachfolgend beschriebenen Modellierungen nur einen einordnenden Charakter. Sie sollen aber eine Hilfestellung sein, welche Aspekte berücksichtigt werden sollten und an welchen Punkten man vorbeikommen kann.

Für die Anwendungen in der Fahrdynamik-, der Fahrkomfort- und der Lastkollektivsimulation werden Vorschläge für eine Umsetzung gemacht, die vor allem aus meinem eigenen Erfahrungsraum stammen. Wie so oft gibt es fast immer mehrere Wege, um zum Ziel zu kommen. Es gibt Betrachtungsweisen und Aufgabenstellungen, welche die behandelten Aspekte unterschiedlich gewichten werden. Die für die eigene Fragestellung richtige Modellierung muss letztendlich jeder selbst finden und bewerten – diese Ausführungen können aber die Grundlage dafür sein.

Die nachfolgenden Kapitel widmen sich nun den einzelnen Baugruppen, die im Fahrwerk zu finden sind. Darüber hinaus werden auch einzelne Aspekte, die für die Gesamtfahrzeugsimulation notwendig sind, betrachtet.

7 Modellbildung von Fahrwerkkomponenten

7.1 Einsatzgebiete und Grenzen der Simulation

„Die Rolle der Simulation in der Fahrzeugentwicklung wird immer wichtiger." Seitdem ich mich mit dem Thema Simulation beschäftige – und das sind jetzt mehr als 25 Jahre – beginnt gefühlt fast jede zweite Veröffentlichung in diesem Kontext mit diesen oder ähnlichen Worten. Demnach dürfte es gar keine anderen Betätigungsfelder in der Fahrzeugentwicklung mehr geben. Dem ist natürlich nicht so, aber in der Tat hat die Verantwortung der Berechnung in dieser Zeit drastisch zugenommen – für das Budget der Berechner gilt das sicherlich nicht in gleichem Maße. In jedem Entwicklungsprozess der Automobilindustrie ist sie mittlerweile mindestens als sogenannte *Digitale* oder *Virtuelle Phase* fest verankert.

Gerne wird – vor allem aus wirtschaftlichen Gründen – das Argument gebraucht, Simulationen könnten Fahrversuche ersetzen und somit die Entwicklung eines Fahrzeuges schneller und preiswerter machen. Das mag für die eine oder andere Untersuchung sogar in dieser Vollständigkeit gelten, aber im Allgemeinen sehe ich den vollständigen Ersatz von Fahrversuchen durch Simulationen nicht. Schon 1974 wurde dies in [Wieg74] wie folgt beschrieben: „Simulationsrechnungen sind deshalb bereits dann angebracht, wenn mit ihrer Hilfe die Anzahl der Fahrversuche reduziert werden kann". Der sinnvolle Einsatz unterstützt den Fahrversuch durch gute Basis-Set-ups, die es dem Versuch ermöglichen, sich nur noch mit der Feinabstimmung und der damit verbundenen Kundentauglichkeit zu befassen.

Im Folgenden werden zunächst die drei wesentlichen Themengebiete für die Simulation von Fahrwerken kurz mit ihren jeweiligen Anforderungen an die Modellierung jeweils mit Hinweisen auf die zugehörigen Komponentenkapitel beschrieben. Danach folgt eine kurze Ergänzung des Themas Modellbildung im Umfeld der Fahrwerksimulation.

7.1.1 Fahrdynamik und Fahrerassistenzsysteme

Für die Untersuchung der Fahrdynamik eines Fahrzeuges ist die Abbildung des Reifenverhaltens unter großen Längs- und Querkräften, bis in den physikalischen Grenzbereich hinein, wesentlich. Ist hier das Übertragungsverhalten des Reifens nicht ausreichend abgebildet, wird sich ein vollständig anderes Fahrverhalten ergeben. Untersuchungen der Fahrdynamik finden in der Simulation eher auf ideal ebener Fahrbahn statt, sodass das Reifenmodell vorwiegend langwellige Fahrbahnänderungen übertragen muss, um zum Beispiel Curbs oder Bodenwellen für das Fahrmanöver abbilden zu können (siehe Kapitel 12).

Darüber hinaus muss die Starrkörperbewegung des Fahrzeugaufbaus abgebildet werden können, sodass das Wank-, Nick- und Gierverhalten untersucht werden kann (siehe Kapitel 15). Auch wenn die Fahrdynamik primär durch die Längs- und Querdynamik bestimmt wird, muss neben der Wankabstützung durch den Stabilisator (und der Lage der Wankachse) auch das Feder- und Dämpferverhalten in der Vertikalrichtung gut abgebildet werden, weil dies ebenfalls Einfluss auf die Wank- und Nickneigung eines Fahrzeuges hat (siehe Kapitel 9 und Kapitel 10). In der Regel spricht man von einem relevanten Frequenzbereich von bis zu 5 Hz.

Aufgrund der niedrigen Anforderung an den zu untersuchenden Frequenzbereich eignen sich schon sehr einfache Fahrwerk- und Fahrzeugmodelle für fahrdynamische Untersuchungen (siehe Kapitel 8). Aus diesem Grund sind die verwendeten Modelle häufig echtzeitfähig und dies ist für die Entwicklung und Auslegung von Fahrerassistenzsystemen extrem hilfreich. Nicht nur, dass man weniger Rechenzeit benötigt, sondern es hilft hier vor allem die Möglichkeit mithilfe von Hardware-in-the-Loop-Simulationen Probanden die Bedienbarkeit dieser Systeme ausprobieren zu lassen oder echte Hardware in die Simulation zu integrieren (siehe Kapitel 17 und Abschnitt 7.1.4).

7.1.2 Fahrkomfort

Fahrkomfortrelevante Fahrmanöver finden nicht im physikalischen Grenzbereich statt, sodass die Anforderungen an die Horizontaldynamik des Fahrzeuges und insbesondere des Reifens nicht sehr groß sind. Nichtsdestotrotz werden auch Kurven durchfahren, sodass das Wankverhalten und die Übertragung von Seitenkräften am Reifen ausreichend abgebildet werden muss. Einen größeren Wert muss man auf die Übertragungspfade der Vertikaldynamik legen. Vom Reifen-Straße-Kontakt über die Kinematik der Radaufhängung und ihre Anbindung an die Karosserie mithilfe von Elastomerlagern (siehe Kapitel 8), der Federung (siehe Kapitel 9) und Dämpfung (siehe Kapitel 10) über die Karosserie (siehe Kapitel 15) bis zum Fahrersitz[72] muss die Übertragung von Kräften und Beschleunigungen im notwendigen Frequenzbereich sichergestellt werden. Wenn auch das Verhalten des Reifens unter Längs- und Querkräften vereinfacht dargestellt werden kann, so ist doch die Abtastung der Straße in z-Richtung wesentlich. Die Untersuchung des Stucker- oder des Mikrostuckerverhaltens eines Fahrzeuges erfordert die richtige Abbildung des Einflusses der Makro- und der Mikrorauigkeit der Straßenoberfläche (siehe Kapitel 12).

Soll auch der Lenkstrang als Übertragungsglied von straßen- und unwuchterregten Schwingungen untersucht werden, so muss der Pfad vom Reifen bis zum Lenkrad entsprechend abgebildet werden (siehe Kapitel 11).

Über die Bewegung des gesamten Fahrzeugaufbaus hinaus, ist also vor allem die Übertragung von Schwingungen jenseits der Starrkörperbewegung interessant. Die Methode der Mehrkörpersysteme schränkt den Frequenzbereich zwar ein, aber die detaillierte Modellierung von Lagersteifigkeiten und unter Umständen der ersten Karosserieeigenformen, lassen Aussagen bis zu 30 Hz zu. Auf diese Weise können Untersuchungen im Bereich der sichtbaren und spürbaren Schwingungen durchgeführt werden (Bild 7.1).

[72] Häufig endet der Pfad auch an der Fahrersitzkonsole, da hier im Versuch häufig Beschleunigungssensoren angebracht werden. Der Sitz selbst hat ein sehr komplexes Übertragungsverhalten.

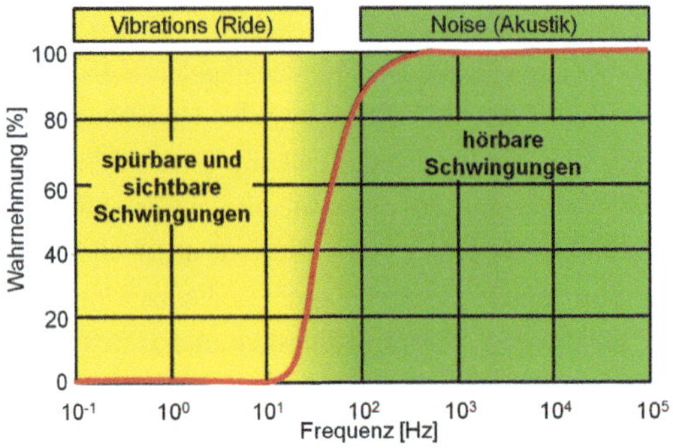

Bild 7.1 Menschliche Wahrnehmung von Schwingungen nach [HeEG13]

Sind Manöver geplant, die größere Radein- oder Radausfederungen beinhalten, so muss auch das nichtlineare Verhalten des Fahrwerks aufgrund großer Lagerwege und Federprogressionen berücksichtigt werden.

Die beschriebenen Anforderungen führen zu komplexen Fahrwerk- und Gesamtfahrzeugmodellen, die in der Regel nicht mehr echtzeitfähig sind. Trotzdem gibt es auch hier die Möglichkeit die Ergebnisse der Fahrkomfortsimulation erlebbar zu machen. In [AdJD07] wird ein Simulator beschrieben, der Ergebnisse aus der Simulation und Messungen realer Fahrzeuge einspielen kann und so, bevor der erste Prototyp aufgebaut wird, eine Fahrzeugbeurteilung bezüglich des Schwingungskomforts ermöglicht. Dies ist eine hervorragende Möglichkeit, die komplexen Simulationsmodelle auch subjektiv validieren zu können.

7.1.3 Lastkollektivermittlung

Sollen für die Berechnung der Betriebsfestigkeit der Fahrwerkbauteile oder für die Ansteuerung von Prüfständen Lastsignale erzeugt werden, so sind die Anforderungen an die Modellkomplexität ähnlich, wie bei der Fahrkomfortsimulation. Es sind nur noch größere Lagerwege oder höhere Dämpfergeschwindigkeiten zu erwarten. Vor allem hier ist also ein prüfender Blick auf die Bauteilparameter und Bauteilkennlinien zu werfen, ob dieser Bereich ausreichend abgebildet wird. Hierbei ist auch zu beachten, dass die Elastomerlager bei großen Amplituden weicher sind, als bei den kleineren Amplituden des Fahrkomforts.

Letztlich ist hier allerdings ein größerer Aufwand zu betreiben, als der Vergleich von Rainflow Analysen oder Klassierungen von Kräften. Dies sind sehr integrale Größen, die Fehler und Ungenauigkeiten im Modell oder in der Messung unter Umständen kaschieren. Erst ein Vergleich im Zeit- und/oder Frequenzbereich liefert hier aussagekräftige Erkenntnisse zur Modellqualität.

Die für die Fahrkomfortsimulation eingesetzten Reifenmodelle sind in der Regel auch in der Lage die Anregungen einer Schlechtwegstrecke zu übertragen, aber auch hier gilt bei der Parametrierung auf die deutlich größeren Amplituden zu achten. Kommt es gar zum Durchschlagen des Reifens auf die Felge, wie es bei einigen Missbrauchslastfällen vorkommen kann, so muss dieses Verhalten vom Modell abgedeckt werden können, denn das geht weit über einen Komfortlastfall hinaus.

7.1.4 Einsatz von Simulatoren

Ein beliebtes Argument gegen den Einsatz der Simulation in der Fahrwerkentwicklung ist die *Subjektivkeule*. Dort wo der subjektive Eindruck eine sehr große Rolle spielt, kann nach diesem Ansatz die Simulation keine Aussagen liefern, da man das im wahrsten Sinne des Wortes *erfahren* müsse.[73] Niemand sollte in solchen Disziplinen ernsthaft den erfahrenen Versuchsfahrer durch ein Fahrermodell ersetzen wollen. Bisher ist die Subjektivität des Menschen nicht umfassend in Algorithmen erfassbar – und das bleibt auch hoffentlich so. Nichtsdestotrotz kann durch geeignete Modelle wertvolle Unterstützung bei der Objektivierung der subjektiven Eindrücke geleistet werden. Vor allem die in den letzten Jahren immer stärker werdenden Simulatoren, in denen man dann tatsächlich die Simulationsergebnisse erleben kann, bieten hierfür eine großartige – wenn auch eine bisher nicht sehr preiswerte – Möglichkeit. Diese Simulatoren können zum Training oder zur Entwicklung neuer Fahrzeugkonzepte genutzt werden. Vor allem im Bereich der Fahrerassistenzsysteme bietet sich hier im Vorfeld eine gute Möglichkeit zu einer Kundenakzeptanzanalyse an. Große Simulatoren, in denen ein vollständiges Fahrzeug Platz findet, werden zum Beispiel von der Daimler AG in Sindelfingen [Depp10] (Bild 7.2), der Toyota Motor Corporation in Shizuoka [MTS09] oder dem Forschungsinstitut für Kraftfahrwesen und Fahrzeugmotoren in Stuttgart [FKFS09] betrieben.

[Bildquelle Daimler AG]

Bild 7.2 Fahrsimulator der Daimler AG in Sindelfingen

[73] Für den Kunden ist dies der entscheidende Eindruck, wenn wir einmal den Preis, den Verbrauch etc. außen vor lassen und uns auf die Fahrdynamik oder den Fahrkomfort beschränken.

Der Brockhaus [Broc14] beschreibt einen Simulator als: „Gerät oder System, mit dem gewisse Verhaltensweisen, Eigenschaften u. a. eines physikalischen, technischen, kybernetischen oder auch abstrakten Systems sowie Prozessabläufe dargestellt beziehungsweise nachgeahmt werden können; besonders ein Gerät, mit dem (technische) Bedingungen geschaffen werden, die denen später zu handhabender Geräte entsprechen." Die zu schaffenden Bedingungen sind ein wesentlicher Punkt. Es muss für Konsistenz gesorgt werden, das heißt, das Verhalten des Simulators muss für den Nutzer plausibel sein und im Rahmen der Untersuchungen dem Verhalten eines realen Fahrzeuges weitgehend entsprechen. Wirkt das Verhalten künstlich und fremd, wird man in der Regel keine befriedigenden Ergebnisse erzielen können. Aus diesem Grund ist es wichtig, dass das Zeitverhalten des Modells und die Umsetzung im Simulator stimmig zum erwarteten Verhalten ist. Kommt es zu Verzögerungen, Sprüngen oder zu geringen oder zu hohen Amplituden entsteht der Eindruck eines *Spielzeuges* und der Nutzer verhält sich nicht wie in einem realen Fahrzeug. Aus eigener Erfahrung weiß ich, dass man in einem konsistenten Simulator bei einem Spurwechsel in den Rückspiegel schaut – obwohl man weiß, dass dies *nur* eine Simulation ist.

Der Lohn für den nicht unerheblichen Aufwand ist, dass man den Fahrer in seinen komplexen Verhaltensmustern nicht durch ein Modell abbilden muss und dass man auch schwierige oder gefährliche Fahrsituationen mit Normalfahrern ausprobieren kann, ohne das jemand zu Schaden kommt.

7.1.5 Potenzial der Berechnung oder noch ungehobene Schätze

Häufig werden Modelle erstellt, um bestehende oder zukünftige Fahrwerkkomponenten oder Fahrwerksysteme abbilden zu können, um dann später die Berechnungsergebnisse mit realen Messungen zu vergleichen. Es gilt also, das Verhalten der Komponente oder des Systems so genau wie möglich abzubilden.

Der umgekehrte Weg wird seltener angewendet. Nicht die Komponente wird modelliert, sondern das gewünschte Verhalten. Mit einem möglichst einfachen Modellansatz wird dieses Wunschverhalten beschrieben. Wenn das Fahrzeugmodell die geforderten Eigenschaften besitzt, wird überlegt, welche reale Komponente könnte dieses Verhalten erreichen und wie müsste die Komponente abgestimmt werden. Auf diese Weise kommt man unter Umständen auf Systemlösungen, an die vorher niemand gedacht hat. Man besitzt nun aber mindestens eine Referenz eines theoretischen Grenzfalles, der durch reale Systeme nicht erreicht werden kann. Aber man kann zeigen wie nah man je nach Systemauswahl an diesen Grenzfall herankommen kann. Dafür ist es allerdings wesentlich, sich von der Orientierung am Bauteil zu lösen und das Gesamtfahrzeugverhalten im Blick zu haben.

Es ist aber natürlich genauso wesentlich, über genügend Bauteil- und Systemerfahrungen zu verfügen, um geeignete Umsetzungen prüfen zu können.

7.2 Komplexität von Modellen

Wenn man verschiedene Fragestellungen zu bearbeiten hat, die eine unterschiedlich detaillierte Modellierung erfordern, kann man mindestens zwei Wege gehen. Zunächst gibt es das Dogma, dass ein Modell immer nur so genau und detailliert sein soll, wie es die Fragestellung erfordert. Ein Ansatz, den ich sehr begrüße, denn es wird oft mit den sprichwörtlichen Kanonen auf Spatzen geschossen. Beispiel: Wenn ich die Hubeigenfrequenz eines Fahrzeuges auf ein Zehntelherz genau bestimmen will, reicht ein Ein- oder Zweimassenschwinger als Modell völlig aus. Ein Modell mit sechzig Freiheitsgraden wäre deutlich überdimensioniert. Will ich jedoch die Belastung der Karosserie am Stabilisatorlager bei einer Schlechtwegüberfahrt bestimmen, so komme ich um ein detailliertes Fahrzeugmodell mit einem komplexen Reifenmodell nicht herum. Aus diesen Beispielen kann man folgern, dass man somit für jede Fragestellung ein optimal angepasstes oder zumindest ein skalierbares Modell braucht.

Der andere Ansatz möchte genau dieses vermeiden. Er geht davon aus, wenn man für die komplexeste Fragestellung das detaillierteste Modell benötigt, dann sollte dieses Modell auch in der Lage sein, die einfacheren Lastfälle zu erfassen. Allerdings liegt diesem Ansatz häufig der Trugschluss inne, dass man nun ein Modell für alle möglichen Lastfälle generiert hat.

Beide Vorgehensweisen haben ihre Berechtigung und wir sollten kurz die Vor- und Nachteile dieser beiden Methoden betrachten.

7.2.1 Wartung und Änderungen

Für jede Komplexitätsstufe ein eigenes Modell

- Jede Änderung muss unter Umständen in jedem der Modelle durchgeführt werden.
- Die große Gefahr besteht darin, dass nicht jedes Modell auf dem aktuellen Stand ist und sich so sehr schnell unterschiedliche Versionen bilden.[74]

Ein Modell für alle Komplexitätsstufen

- Eine Änderung wird einmalig durchgeführt und gilt dann für alle Modelle.
- Eine Ausnahme liegt dann vor, wenn innerhalb des Modells zum Beispiel über logische Schalter zwischen der einfachen und der komplexen Modellierungen umgeschaltet wird.[75]

---

[74] Die erforderliche Disziplin die Änderung gewissenhaft in allen Derivaten vorzunehmen ist hoch. Das unabhängig von Telefonklingeln, Chefanfragen, Mittagspausen und sonstigen Ablenkungen durchzuhalten ist heldenhaft und somit den Wenigsten von uns vorbehalten.

[75] Diese Vorgehensweise kann zur Rechenzeitersparnis häufig sinnvoll sein. Muss man diese Umstellung jedoch manuell vornehmen, so liegt hier ein großes Fehlerpotenzial. Hier bietet sich die Automatisierung über eine übergeordnete Lastfallsteuerung an.

7.2.2 Rechenzeitbedarf

Für jede Komplexitätsstufe ein eigenes Modell

- Je nach Modellkomplexität wird die Rechenzeit unterschiedlich sein, sodass die einfachen Modelle zum Beispiel echtzeitfähig sein können und die komplexen dann häufig nicht mehr.

Ein Modell für alle Komplexitätsstufen

- Ist das Modell aufgrund seiner Komplexität nicht mehr echtzeitfähig, so gilt dies in der Regel auch für *einfache* Lastfälle.

7.2.3 Parameterbedarf

Für jede Komplexitätsstufe ein eigenes Modell

- Die grundlegenden Parameter eines Fahrwerks liegen relativ früh vor oder können zumindest gut abgeschätzt werden. So sind schon sehr früh innerhalb der Entwicklungsphase Rechnungen mit den einfacheren Modellen möglich. Für die komplexeren Modelle muss dann länger gewartet werden, bis zum Beispiel die Messungen der Zielkomponenten vorliegen.

Ein Modell für alle Komplexitätsstufen

- Auch die einfachsten Lastfälle können mit wenigen Ausnahmen erst dann gerechnet werden, wenn das Modell vollständig parametriert ist. Dies bedeutet, dass sehr viele Daten und diese dann auch in der geforderten Qualität vorliegen müssen. So kann man in der Regel erst relativ spät anfangen, erste Berechnungen durchzuführen.[76]

7.3 Einfache Modellansätze

Je nach Fragestellung können einfache in der Regel (aber nicht zwingend) lineare Modelle eingesetzt werden. Insbesondere sind das für die Querdynamik beliebte Einspurmodell oder für die Vertikaldynamik das Zweimassenschwingermodell zu nennen. Diese Modelle sind in der Literatur (z. B. [MiWa04] und [Zomo91]) hinreichend beschrieben und sollen hier nicht weiter behandelt werden. Diese einfachen Modellansätze stammen häufig noch aus einer Zeit, die es erforderlich machte, die Modellgleichungen auf dem Papier lösen zu können. Bevor die Computer und die Berechnungsprogramme ihre Verbreitung fanden, mussten die Gleichungen per Hand gelöst werden und dementsprechend wurden geschlossen lösbare Ansätze bevorzugt. Ein hervorragendes Beispiel für ein derartiges Gesamtfahrzeugmodell für einen Pkw und für einen Lkw ist in [MiKB95] zu finden. Dort sind auch alle notwendigen Gleichungen und Systemmatrizen nachzuvollziehen. Jetzt könnte man meinen, dass mit der heutigen Ver-

[76] Die ist praktisch ein No-Go für Managementanfragen in der Konzeptphase. Hier braucht man eine kurze Reaktionszeit und muss mit wenigen Informationen *brauchbare* Ergebnisse erzielen können. Diesbezüglich sei allerdings noch einmal auf Kapitel 6 und das GIGO-Konzept verwiesen.

fügbarkeit von Hochleistungsrechnern und von komplexesten Berechnungsprogrammen es keine Notwendigkeit mehr für diese Modelle gibt. Dem sei anzumerken, dass ein vollständig verstandenes Modell mit zwei Freiheitsgraden in der Regel wertvoller einzusetzen ist, als eines mit 100 Freiheitsgraden, bei dem man nur erahnt, welche Zusammenhänge es in ihm gibt. Gerade für das Grundverständnis über die Auswirkungen einzelner Parameter auf das Fahrzeugverhalten sind sie sehr wichtig.[77] Natürlich sind die Einsatzgebiete und die Aussagefähigkeit solcher Modelle beschränkt – aber unser Abstraktionsvermögen ist es ja auch. Bereits 1989 wurde in [Fial89] erkannt: „Heute gibt es Fahrzeugmodelle mit vielen Freiheitsgraden und beliebig genauer Nachbildung aller nichtlinearen elasto-kinetischen Eigenschaften. Das macht jedes Detail erklärbar, schadet aber der Übersichtlichkeit."

Im Folgenden wird davon ausgegangen, dass in einem Gesamtfahrzeugmodell komplexere Modelle eingesetzt werden. Nichtsdestotrotz lassen sich die beschriebenen Vorgehensweisen auch auf Teilaspekte dieser Einfachmodelle übertragen.

7.4 Wo steckt die richtige Information?

In der Regel dient die Fahrwerkabstimmung dazu, ein gewünschtes Fahrverhalten zu erzielen oder eine unerwünschtes abzustellen. Dabei kommt es auf das Know-how des Fahrzeugabstimmers an, welche Fahrzeugparameter er variiert und mit welchen Manövern er das Ergebnis überprüft und mit welchen man negative Seiteneffekte ausschließt oder aufspürt.

Neben dem subjektiven Eindruck wird das Ergebnis häufig auch objektiv, das heißt durch eine Messung, festgehalten. Bei einem realen Fahrzeug gibt es eine große Anzahl von Parametern, die gemessen werden können, um so einen Einblick in das Verhalten des Fahrzeuges zu bekommen. Welche Fahrzeuggrößen ausgewertet werden sollen, liegt für den Profi meistens klar auf der Hand. Aber gerade für Einsteiger oder komplexe Sachverhalte ist diese Frage nicht immer eindeutig zu beantworten.

In der Simulation ist die Anzahl der messbaren Größen um ein Vielfaches höher. Die Frage nach den *richtigen* Größen ist aber dieselbe wie bei den Messungen realer Fahrzeuge. Je komplexer die Modelle und/oder die Fragestellungen werden, desto unübersichtlicher kann die Situation für den Berechner sein. Auch hier ist ein großes Know-how über das Fahrverhalten notwendig. Darüber hinaus sind viele Fahrzeuggrößen in der Simulation bestimmbar, die in einer realen Messung nicht überprüft werden können. Hier ist dann die Frage, wie man diese Größen plausibilisiert, da man sie nicht direkt mit gemessenen Werten vergleichen kann. Im Gegensatz zum realen Fahrzeug kann das Modell, besser noch das Teilmodell, an deutlich mehr Eingängen mit Testsignalen beaufschlagt werden, um so das Übertragungsverhalten zu überprüfen. Auf diese Weise lässt sich das Modell plausibilisieren (sofern man das Übertragungsverhalten kennt oder abschätzen kann). Sollte ein fehlerhaftes Verhalten vorliegen, so lässt sich der Fehler meist einfacher lokalisieren, als bei einem realen Fahrzeug.

[77] Wer das Modell mit 100 Freiheitsgraden vollständig durchdrungen und die Wechselwirkungen verstanden hat, darf dies natürlich gerne einsetzen und sich auf die Schulter geklopft fühlen.

7.5 Planung und Auswertung von Fahrmanövern

7.5.1 Einschwingzeit

Bei den wenigsten Manövern wird sich das Fahrwerk- oder das Gesamtfahrzeugmodell von vorneherein im sogenannten *Eingeschwungenen Zustand* befinden. Dieser Zustand repräsentiert den Gleichgewichtszustand des schwingungsfähigen Systems, das heißt, dass bei allen Massen die Gewichtskräfte mit den sie abstützenden Federkräften im Gleichgewicht stehen. Abhängig davon, wie aufwendig im Vorfeld die Kraftoffsets bestimmt wurden, wird das Modell eine kurze Einschwingzeit brauchen, bevor es hinreichend eingeschwungen ist und somit seine Eigenschwingung abgeklungen ist (Bild 7.3).

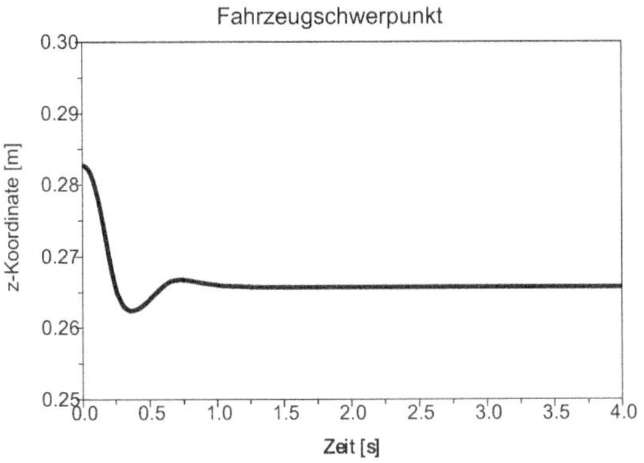

Bild 7.3 Einschwingphase des Gesamtfahrzeuges

Da man bei der Auswertung von Manövern in der Regel nicht am Einschwingverhalten interessiert ist, gibt es zwei Möglichkeiten, wie man mit diesem Verhalten umgeht.

Ändert sich die Konfiguration des Modells häufig, sodass jedes Mal eine neue Gleichgewichtslage gefunden werden muss, so bietet es sich an, die Ruhelage im Vorfeld nicht zu bestimmen und das Modell sich bei jeder Simulation einschwingen zu lassen. Die dafür benötigte Zeit sollte im kleinen einstelligen Sekundenbereich (Simulationszeit) liegen. Man muss jetzt von jedem Manöver diesen Anteil abschneiden und bewertet nur das Verhalten danach. Hierfür muss allerdings auch der relevante Teil des Manövers (z. B. Beginn eines Straßenabschnittes) an die Position nach der Einschwingzeit gelegt werden. Damit man nicht jedes Mal eine neue Einschwingzeit bestimmen muss, bietet sich ein konstantes Intervall an, das so groß sein muss, dass der Einschwingvorgang auf jeden Fall innerhalb des Intervalls liegt. Verwendet man unterschiedliche Geschwindigkeiten, so muss dies, wie im nächsten Abschnitt erläutert, bei der Manövergestaltung berücksichtigt werden.

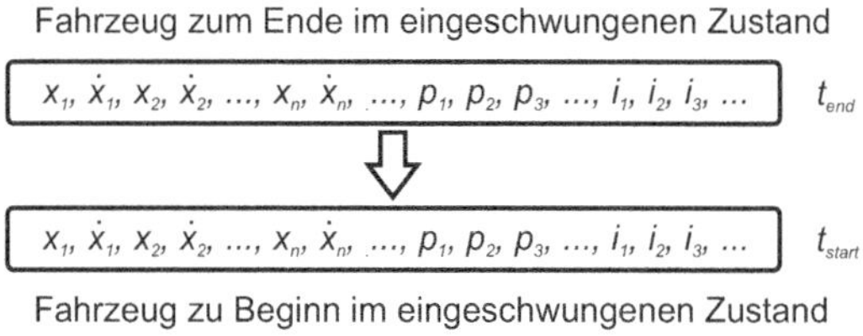

Bild 7.4 Übernahme des Zustandsvektors aus einer vorherigen Berechnung

Für die zweite Möglichkeit bieten viele Simulationsprogramme die Möglichkeit an, den Zustandsvektor des letzten Berechnungsschrittes einer vorangegangenen, gespeicherten Simulation für die Anfangswerte des Zustandsvektors der neuen Rechnung zu verwenden (Bild 7.4). Hierbei muss natürlich sichergestellt werden, dass die gleichen Randbedingungen herrschen und alle manöverrelevanten Größen in diesem Zustandsvektor enthalten sind.

7.5.2 Länge des Manövers

Bei der Planung eines Manövers ist zu beachten, dass die Größen der Fahrzeuggeschwindigkeit (v [m/s]), der Streckenlänge (S [m]) und der Simulationszeit (t [s]) unmittelbar durch einen einfachen Zusammenhang miteinander verknüpft sind.

$$t = \frac{S}{v} \tag{7.1}$$

Ich würde dies nicht erwähnen, wenn es nicht eine beliebte und gerne genutzte Fehlermöglichkeit wäre. Eine gegebene Strecke mit konstanter Länge[78] soll von einem Fahrzeug mit unterschiedlichen Geschwindigkeiten überfahren werden. Damit für jede Fahrzeuggeschwindigkeit sichergestellt wird, dass nur der gewünschte Streckenabschnitt überfahren wird, muss natürlich die Simulationszeit angepasst werden. Ansonsten kommt es je nach Programm und Straßendefinition zu Simulationsabbrüchen (gut) oder der Berücksichtigung von gegebenenfalls ebenen Auslaufstrecken (schlecht).

Bei der Auswertung dieser Manöver kann man unterschiedliche Vorgehensweisen verwenden. Bei integralen Auswertegrößen, die das gesamte Manöver bewerten, muss man letztlich nur dafür sorgen, dass das Manöver den Vorgaben entspricht.[79] Ansonsten ist bei unterschiedlichen Geschwindigkeiten eine Ausgabe der interessierenden Größen über der Zeit in der Regel nicht sehr informativ. Ein Vergleich über der Trajektorie ist hier eher angebracht. Bei Geradeausfahrten ist dies *trivial*, da nur die Größe über der x-Koordinate ausgewertet werden muss. Ist die Trajektorie räumlich muss ein Bahnparameter definiert werden, der vergleichbar mit dem Kilometerzähler im Fahrzeug die zurückgelegte Strecke berücksichtigt. Manche Programme bieten das standardmäßig an, bei anderen muss man sich diesen Parameter errechnen.

[78] Bei Straßen nicht unüblich.

[79] Hier muss das berücksichtigt werden, was man umgesetzt hat, nicht das, was man umsetzen wollte.

8 Fahrwerkkinematik und Fahrwerklager

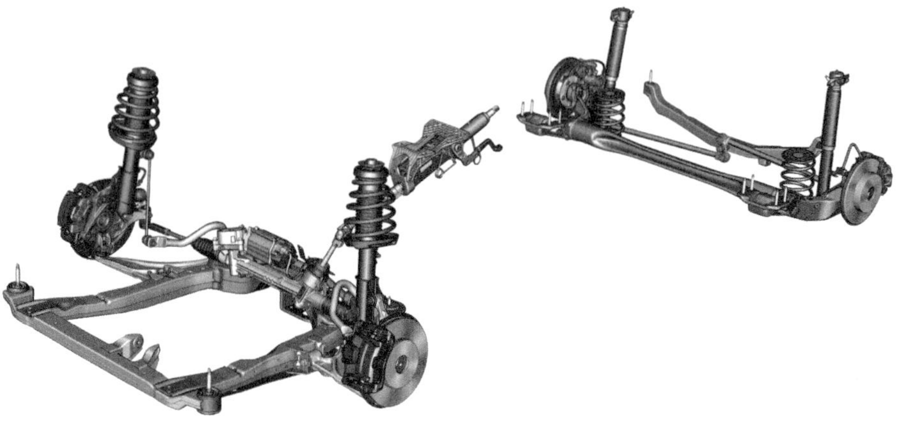

[Bildquelle Adam Opel AG]

Bild 8.1 Vorder- und Hinterachse des Opel Astra H

Die Aufgabe der Radaufhängung ist neben dem Tragen und Führen des Fahrzeuges auch die Isolation von Störeinflüssen wie der Straßenrauigkeit, von Unebenheiten oder von Radunwuchten. Je nachdem welcher dieser Aspekte in den Vordergrund tritt, muss bei der Modellierung die notwendige Komplexität gewählt werden. So ist zunächst zu klären, ob es sich um ein reines Kinematikmodell handeln soll, bei dem auf die Nachbildung der Fahrwerklager verzichtet wird und nur ideale Gelenke[80] verwendet werden, oder ob die Elastokinematik berücksichtigt werden muss. Die Unterschiede werden nachfolgend behandelt.[81]

Auf die verschiedenen Radaufhängungskonzepte wird nur exemplarisch im nächsten Abschnitt eingegangen. Wer sich näher mit den Kinematiken der unterschiedlichen Radaufhängungskonzepte beschäftigen will, sollte hierfür [Henk93], [Mats07] oder [ReBe00] zurate ziehen.

8.1 Abbildung der Kinematik

8.1.1 Mechanismenorientierte Modelle

In einem mechanismenorientierten Modell wird die Kinematik im Sinne der Starrkörpermechanik durch ideale Gelenke und Verbindungselemente dargestellt. Das GRÜBLER-KUTZBACH-Kriterium (Gleichung (8.1)) ermittelt die Anzahl der Freiheitsgrade in einem Mechanismus mit n_K Körpern und n_G Gelenken mit jeweils f_{Gi} Gelenkfreiheitsgraden. Der Para-

[80] Ideale Gelenke besitzen keine Ausdehnung, keine Masse, keine Elastizitäten und sind reibungsfrei.

[81] Sollten keine Elastomerlager verbaut sein, wie es im Rennsport zum Teil üblich ist, so stellt sich diese Frage natürlich nicht.

meter r beschreibt die Anzahl der sogenannten isolierten Freiheitsgrade, die nicht zur eigentlichen Bewegung des Mechanismus beitragen.

$$f = 6\,n_K - \sum_{i=1}^{n_G} \left(6 - f_{G_i}\right) - r \tag{8.1}$$

In Tabelle 8.1 ist eine Auswahl relevanter Gelenke mit der Anzahl der durch sie gebundenen Freiheitsgrade zusammengestellt.

Tabelle 8.1 Schematische Übersicht typischer Gelenke

		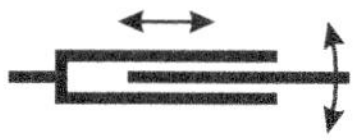	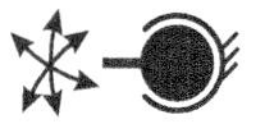
Drehgelenk $f_G = 1$	Schubgelenk $f_G = 1$	Drehschubgelenk $f_G = 2$	Kugelgelenk $f_G = 3$

Verbindet man diese Standardgelenke in geeigneter Weise, so entstehen einige Grundelemente von Achskonzepten, um die Radbewegung zu führen. Das Schubgelenk ist zum Beispiel in der Zahnstangenlenkung zu finden.

Der ungeführte Radträger hat sechs Starrkörperfreiheitsgrade, die bei einer Einzelradaufhängung auf einen reduziert werden müssen. Nachfolgend werden Kinematikrechnungen durchgeführt, das heißt es werden nur Gelenke verwendet. In der Achse oder der Radaufhängung sind natürlich auch Elastomerlager verbaut, doch dies wird erst in der Elastokinematik berücksichtigt.

Ein einfaches Bauteil ist der Stablenker (Bild 8.2), der aus zwei Kugelgelenken und einer starren Verbindung besteht. Mithilfe des GRÜBLER-KUTZBACH-Kriteriums kann man die Anzahl der Freiheitsgrade berechnen, die durch den Stablenker gebunden werden.

Bild 8.2 Stablenker

Das erste Gelenk hängt an der sogenannten Wurzel oder Basis, die als Körper nicht mitgezählt wird, in unserem Fall an der Karosserie. Somit hat der Mechanismus zwei Körper – den Stablenker und den Radträger – und verfügt zunächst über $f = 2 \times 6 = 12$ Freiheitsgrade. An beiden Enden des Lenkers sind Kugelgelenke angebracht, die jeweils drei Freiheitsgrade binden, sodass sechs Freiheitsgrade für den Mechanismus übrig bleiben.

So viele Freiheitsgrade hätte der Radträger auch ohne den Stablenker gehabt, sodass er zunächst unnötig erscheint. Doch nun kommt der isolierte Freiheitsgrad ins Spiel. Der Lenker kann sich um die Verbindungsachse der beiden Kugelgelenke drehen. Das hat aber keinen Einfluss auf die Bewegung des Radträgers und wird deshalb herausgerechnet.[82]

Fassen wir zusammen:

Anzahl der Körper:	$n_K = 2$
Anzahl der Gelenke:	$n_G = 2$
Gelenkfreiheitsgrade:	$f_{G1,2}$ = je 3
Anzahl isolierter Freiheitsgrade:	$r = 1$
Anzahl der Gesamtfreiheitsgrade:	$f = 2 \cdot 6 - (6-3) - (6-3) - 1 = 5$

Durch die Verbindung des Radträgers mit einem Stablenker wurde die Anzahl der Freiheitsgrade des Radträgers von ursprünglich sechs auf nun fünf reduziert.

Werden jetzt noch vier weitere Stablenker angebracht, wird die Zahl der Freiheitsgrade des Radträgers auf einen begrenzt, sodass nur noch die gewünschte Einfederbewegung übrig bleibt. Dieses Achskonzept ist als Fünflenker- oder Raumlenkerachse bekannt (Bild 8.4) und ist in diversen Derivaten bei verschiedenen Herstellen an der Hinterachse zu finden.

[Bildquelle Audi AG]

Bild 8.3 Fünflenkervorderachse des Audi A6 (C7)

[Bildquelle Daimler AG]

Bild 8.4 Fünflenkerhinterachse der Mercedes C-Klasse (W205)

[82] Bei der realen Achse spielt der isolierte Freiheitsgrad keine Rolle, da karosserieseitig, außer im Rennsport, immer ein Elastomerlager verwendet wird, sodass sich der Lenker nicht drehen kann.

Abhängig von der Zählweise findet man sie auch als Vierlenkerachse oder als Fünflenkerachse an der Vorderachse (Bild 8.3). Der fünfte Lenker wird dann als Spurstange mit der Lenkung verbunden.

Verbindet man zwei Stablenker, in dem man das radträgerseitige Kugelgelenk in einem Punkt zusammenfasst und ersetzt die karosserieseitigen Kugelgelenke durch Drehgelenke, entsteht so ein Dreieckslenker. Obwohl in Bild 8.5 zwei Drehgelenke zu sehen sind, werden sie nur als eines gerechnet, denn sie haben dieselbe Drehachse und sind deshalb kinematisch wie ein Gelenk zu betrachten.

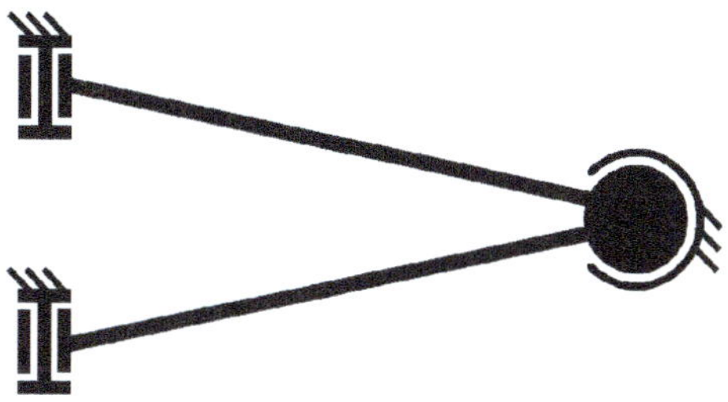

Bild 8.5 Dreieckslenker

Wiederholen wir dieselbe Rechnung wie zuvor, sehen wir, dass der Dreieckslenker zwei Freiheitsgrade des Radträgers bindet.

Anzahl der Körper:	$n_K = 2$
Anzahl der Gelenke:	$n_G = 2$
Gelenkfreiheitsgrade:	$f_{G1} = 1$ (Drehgelenk), $f_{G2} = 3$ (Kugelgelenk)
Anzahl isolierter Freiheitsgrade:	$r = 0$
Anzahl der Gesamtfreiheitsgrade:	$f = 2 \cdot 6 - (6-3) - (6-1) = 4$

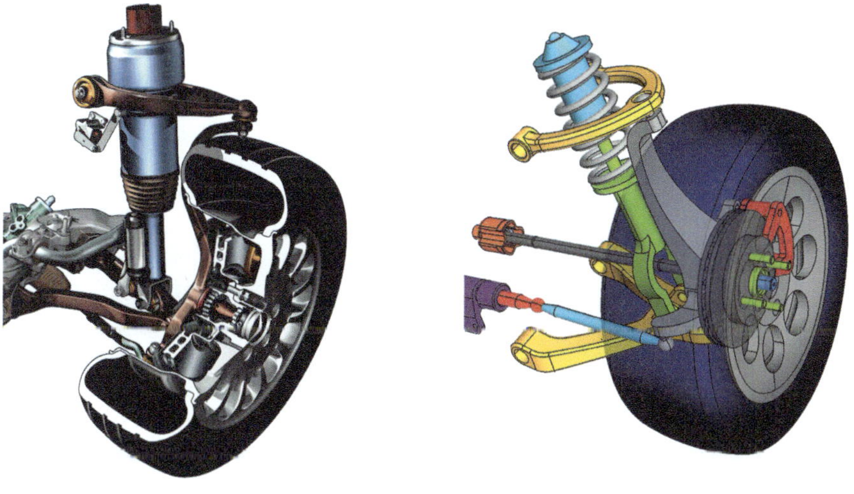

[Bildquelle Daimler AG] [Bildquelle MSC Software]

Bild 8.6 Doppelquerlenkerachse, Vorbild und Simulationsmodell

Von den ursprünglich sechs Freiheitsgraden bleiben also nur noch vier übrig. Kombinieren wir zwei Dreieckslenker mit einem Stablenker, so werden fünf Freiheitsgrade gebunden und wir haben die Grundform der Doppelquerlenkerachse (Bild 8.6). Verbinden wir den Stablenker (Spurstange) mit der Lenkung, wird die Achse lenkbar. Wird er mit der Karosserie oder wie an der Hinterachse üblich mit dem Hilfsrahmen verbunden, ist sie ungelenkt.

Die Doppelquerlenkerachse gibt es in verschiedenen Derivaten. Löst man einen Dreieckslenker auf und ersetzt ihn durch zwei Stablenker, so erhält man in der Regel Bauraumvorteile und erweitert den Abstimmungsspielraum. Löst man beide Dreieckslenker auf, hat man die vorher besprochene Fünflenkerachse.

Ein Lenker, der alleine vier Freiheitsgrade binden kann, ist der Trapezlenker (Bild 8.7). Es ist bei der sogenannten Trapezlenkerachse in Kombination mit einem Stablenker an der Hinterachse zu finden (Bild 8.8). Die karosserieseitigen Drehgelenke sind kinematisch wieder als eines zu betrachten. Da auch an der Radträgerseite ein Drehgelenk angebracht ist, bindet dieses Bauteil deutlich mehr Freiheitsgrade als der Dreieckslenker. Die Berechnung der Freiheitsgrade ergibt:

Anzahl der Körper:	$n_K = 2$
Anzahl der Gelenke:	$n_G = 2$
Gelenkfreiheitsgrade:	$f_{G1,2}$ = je 1 (Drehgelenk)
Anzahl isolierter Freiheitsgrade:	$r = 0$
Anzahl der Gesamtfreiheitsgrade:	$f = 2 \cdot 6 - 2 \cdot (6 - 1) = 2$

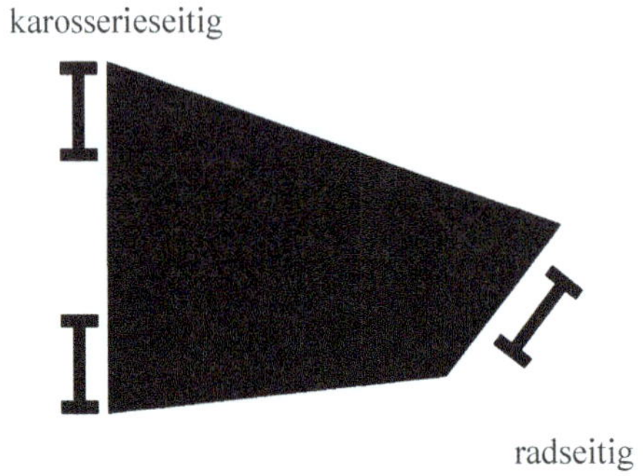

Bild 8.7 Trapezlenker

[Bildquelle Audi AG]

Bild 8.8 Trapezlenkerachse als Hinterachse des Audi A6 (C7)

Als letztes kinematisches Konzept möchte ich die weltweit beliebteste Vorderachse vorstellen – die McPherson-Achse (Bild 8.9). Sie ist eine typische Vorderachse für frontgetriebene Fahrzeuge bis zur oberen Mittelklasse und da dieser Fahrzeugtyp weltweit am häufigsten verkauft wird, kann sie fast als Standard in diesem Segment angesehen werden.

[Bildquelle Adam Opel AG]

Bild 8.9 Hyper Strut-Vorderachse des Opel Cascada

Sie besteht aus einem Dreieckslenker und einem Stablenker, doch dadurch werden erst drei Freiheitsgrade gebunden. Anders als bei den bisher besprochenen Radaufhängungen übernimmt hier der Dämpfer nicht nur eine Funktion als Kraftelement, sondern auch eine als Radführung. Der Dämpfer ist fest mit dem Radträger verbunden und kann so Momente übertragen. Kinematisch ist er als Drehschubgelenk zu betrachten, das zwei Freiheitsgrade binden kann. Da Dämpfer von ihrer Grundaufgabe nicht für die Übertragung von Biegemomenten geeignet sind, muss man neben einer stärkeren Kolbenstange durch das Anstellen der Aufbaufeder auch für eine Querkraftkompensation sorgen. Stellen wir auch hier die Berechnung der Freiheitsgrade an, so ergibt sich für die gesamte Aufhängung folgendes Bild:

Anzahl der Körper:	$n_K = 4$
	(Dreieckslenker, Stablenker, Radträger, Dämpfer)
Anzahl der Gelenke:	$n_G = 6$
Gelenkfreiheitsgrade:	$f_{G1\text{-}4}$ = je 3 (Kugelgelenke), $f_{G5} = 1$ (Drehgelenk),
	$f_{G6} = 2$ (Drehschubgelenk)
Anzahl isolierter Freiheitsgrade:	$r = 2$ (Stablenker, Kolbenstange des Dämpfers)
Anzahl der Gesamtfreiheitsgrade:	$f = 4 \cdot 6 - 4 \cdot (6-3) - (6-1) - (6-2) - 2 = 1$

Der Stablenker wurde hier mitberücksichtigt, obwohl er natürlich bei einer Vorderachse an der Lenkung angebunden ist und somit den Lenkfreiheitsgrad realisiert. Wird der Dreieckslenker aufgelöst, das heißt durch zwei Stablenker ersetzt, erhält man die sogenannte Dreilenkerachse.

Eine gute Übersicht welche Kinematik hinter einer Auswahl von Radaufhängungskonzepten stecken, ist in [ScHB10] zu finden. Dort wird ausführlich beschrieben, mit welchen Verfahren der Höheren Mechanik die Kinematik mithilfe der Methode der Mehrkörpersysteme gelöst werden kann.

8.1.2 Kennfeldorientierte Modelle

Für Betrachtungen im Umfeld der Fahrdynamik ist es vor allem relevant, wie sich das Rad unter den äußeren Kräften und Momenten bewegt, also wie sich zum Beispiel die Spur- und Sturzwinkel verändern. Dies hat maßgeblichen Einfluss auf das Fahrverhalten. Kommen dazu noch die Forderungen der Echtzeitfähigkeit, die bei Hardware-in-the-Loop-Untersuchungen unerlässlich ist, stoßen die zuvor betrachteten detaillierten Modelle an ihre Rechenzeitgrenzen. Jetzt sind eher Modelle gefragt, die das Verhalten ausreichend genau darstellen können, ohne dass man zwingend wissen muss, welche Bauteile dafür verantwortlich sind [Kune05]. Die Berücksichtigung der einzelnen Steifigkeiten der Fahrwerkslager führt zu einem numerisch steiferen System, das letztlich die Rechenzeit erhöht [Tobo04]. Gesucht wird also ein Ansatz, der die Berücksichtigung der Kinematik und der Elastokinematik zulässt, ohne sie explizit zu modellieren.

Für den Ansatz der kennfeldorientierten Modelle ist es notwendig, dass die Kinematik und Elastokinematik der Radaufhängung entweder durch Messungen am realen Fahrwerk oder zum Beispiel durch eine MKS-Simulation mit einem komplexen Radaufhängungsmodell abgebildet werden kann. Die Radbewegung wird nach Kinematik und Elastokinematik getrennt in Kennfeldern abgelegt (Bild 8.10) und dann geeignet zusammengeführt, um je nach Fahrsituation die Radposition und –orientierung durch doppeltlineare Interpolation bestimmen zu können [Lang97].

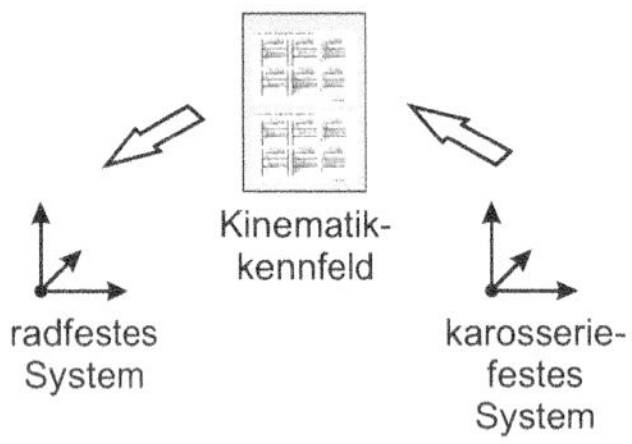

Bild 8.10 Kennfeldmodell einer Radaufhängung

Sollen während der Rechnungen keine Größen durch Differenzieren ermittelt werden, müssen auch die Geschwindigkeitszustände in Kennfeldern abgelegt werden. Für die Generierung der Kennfelder werden die Radaufhängungen vollständig ein- und ausgefedert. Dabei werden Spur, Sturz, Spreizachse, etc. aufgenommen und in den Kennfeldern abgelegt. Bei lenkbaren Achsen muss zusätzlich von Anschlag zu Anschlag gelenkt werden.

Da die einzelnen Lenker der Radaufhängung nicht modelliert werden, können auch ihre Massen nicht direkt berücksichtigt werden. Es bietet sich an, diesen Massenanteil hälftig karosserieseitig und hälftig radträgerseitig zuzuschlagen. Kraftelemente wie Federn, Dämpfer oder Stabilisatoren müssen in ihrem Kraftangriff auf den Radträger umgerechnet werden, da die tatsächlichen Angriffspunkte nicht vorhanden sind (siehe hierzu auch Abschnitt 9.4).

Es ist naheliegend, dass die Auswertung von Kennfeldern um ein Vielfaches schneller ist, als die komplette Berechnung der Kinematik und der Elastokinematik. Eine Aussage über die wirkenden Kräfte in den Lagern oder über den Einfluss eines bestimmten Lagers oder Gelenks ist allerdings nicht direkt ablesbar, da sie ja nicht explizit modelliert wurden. Bei Änderungen im Fahrwerk kann erst nach der Erstellung von neuen Kennfeldern und der erneuten Rechnung gezeigt werden, welchen Einfluss die Änderung hatte.

Kommerzielle Simulationsprogramme, die mit Kennfeldmodellen arbeiten, bieten häufig die Möglichkeit aus einem Kinematikmodell einer Radaufhängung durch vorkonfigurierte Lastfälle in mehr oder weniger einfacher Weise die notwendigen Kennfelder zu erzeugen. Dies ist grundsätzlich mit jedem MKS-Programm möglich, in dem die Radaufhängung abgebildet werden kann, aber nicht immer steht ein solches Programm zur Verfügung oder ist die notwendige Kenntnis vorhanden, wie man es bedient. Bild 8.11 zeigt eine Möglichkeit, wie man für die Simulationsumgebung CARMAKER mithilfe von IPG KINEMATICS Kennfelder aus einer Kinematik erzeugen kann und dass man hier eine grafische Kontrollmöglichkeit hat, um überprüfen zu können, ob die Kinematik richtig übernommen wurde.

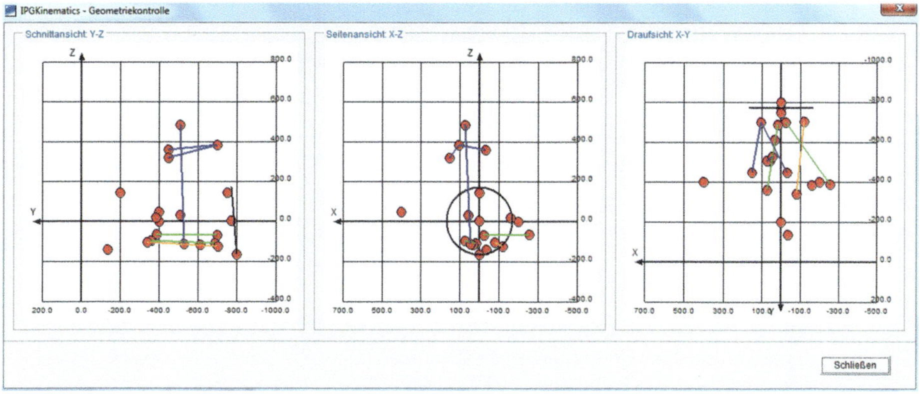

[Bildquelle IPG Automotive]

Bild 8.11 Kinematikkontrolle einer Radaufhängung mit IPG Kinematics

8.1.3 Verhaltensorientierte Modelle

Soll ein vorhandenes reales Fahrzeug modelliert werden, zu dem die notwendigen Kinematikdaten nicht vorliegen, muss ein anderer Weg gefunden werden, die Radbewegung abzubilden. Eine aufwendige dreidimensionale Vermessung der Kinematikpunkte und die Vermessung aller Fahrwerklager ist in der Regel zu zeitintensiv, zu teuer und nur in den wenigsten Fällen sinnvoll. Die Klasse der Verhaltensmodelle baut auf der Beobachtung der Radbewegung bei verschiedenen Lastfällen auf, um dann dieses Verhalten auf ein einfaches Grundmodell zu übertragen. Die Parameter des Grundmodells müssen dabei identifiziert werden, das heißt, solange angepasst werden, bis das Verhalten des Modells und des Vorbilds ausreichend übereinstimmen. Diese Vorgehensweise wurde bereits in Abschnitt 3.4.2 vorgestellt.

In [HaHo03] wird dieser Vorgang der Identifikation des dynamischen Verhaltens der Radaufhängung mithilfe der Methode der Neuronalen Netze beschrieben. Grundlegende Methoden zur Identifikation von Parametern eines gemessenen Systems sind zum Beispiel in [Ise192] aufgeführt.

8.2 Abbildung der Elastokinematik

8.2.1 Elastische Fahrwerkteile

Dieser Abschnitt beschäftige sich weder mit den Federn (siehe hierzu Kapitel 9) noch mit den elastischen Lagern (siehe Abschnitt 8.3). Hier geht es um die elastischen Blechstrukturen, wie sie zum Beispiel bei der Verbund- oder Schwertlenkerachse oder einem Hilfsrahmen auftreten. Aber auch bei Radträgern können, wie zum Beispiel bei einer Doppelquerlenkervorderachse, aufgrund der Schwanenhalskontur[83], Elastizitäten auftreten, die Einfluss auf die Kinematik und Elastokinematik haben (Bild 8.6).

Fast alle Fahrzeuge werden heute extremen Gewichtszielen unterworfen, die nur durch entsprechende Leichtbaukonzepte verwirklicht werden können. Ist darüber hinaus noch die Nordschleifentauglichkeit, sprich eine *harte* Abstimmung, gewünscht, so liegen die Steifigkeiten der Krafteinleitungsstellen in der Karosserie und die Lagersteifigkeiten nicht mehr, wie früher gefordert, um Größenordnungen auseinander. Dies führt als Folge zu messbaren Verschiebungen bei großen Seiten- oder Längskräften. Wird kein elastisches Karosseriemodell verwendet (siehe Kapitel 15), so muss diese *Nebenfederrate* an anderer Stelle berücksichtigt werden. Nachfolgend werden Vorschläge für die Modellierung dieser Effekte gemacht.

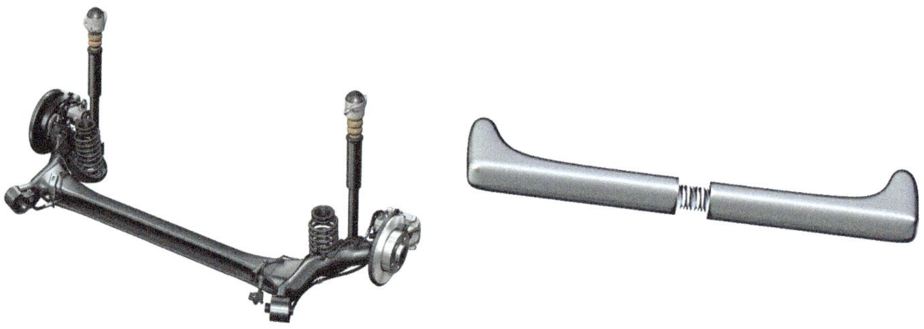

[Bildquelle Audi AG]

Bild 8.12 Verbundlenkerachse, Vorbild und Modell

Ein einfacher Ansatz elastische Fahrwerkteile mit Hilfe der MKS-Simulation abbilden zu können, ist das Bauteil starr zu modellieren und dann die elastischen Anteile durch Federelemente darzustellen. Wenn man das Beispiel der Verbundlenkerachse heranzieht (Bild 8.12, links), so könnte man dort die Längslenker starr an den Querträger anbringen und den Querträger aus zwei starren Teilen, die durch ein Drehgelenk und eine überlagerte Torsionsfeder verbunden sind, modellieren (Bild 8.12, rechts). Die dafür notwendige Torsionssteifigkeit

[83] Auch als sogenannte *long spindle* bekannt. Im Gegensatz zur *short spindle*, wie sie bei Hinterachsen verwendet wird, bei der die obere und die untere Lenkebene innerhalb der Felge Platz finden muss.

muss dann aus Versuchen oder FEM-Berechnungen ermittelt werden.[84] Auf diese Weise kann das globale Verformungsverhalten abgebildet werden. Spannungen oder lokale Verformungen sind so natürlich nicht ableitbar.

Dafür wären aufwendigere Balkenmodelle notwendig, die jedoch einen deutlich höheren Rechenzeit- und Parametrierungsbedarf mit sich bringen. In [LiSe01] wird ein Modell, das mithilfe der modalen Reduktion aus einem FEM-Modell gewonnen wurde, beschrieben.

Im Fall des Radträgers findet man gelegentlich die Umsetzung, dass die Quersteifigkeit nicht im Bauteil Radträger, sondern in der Anbindung an die Lenker untergebracht wird. Dies hat den Vorteil einer relativ einfachen Modellierung des Radträgers – als klassischen starren Körper. Dies verstößt allerdings abhängig von der Art der Modellierung gegen folgendes Modellierungsgebot:

Sind die Parameter von einem konkreten Bauteil bekannt, so müssen sie auch im Modell verwendet werden.

Die Überlagerung mit der Bauteilsteifigkeit des Radträgers würde zu einer Verfälschung der Lagerdaten führen. Sind die Lager nicht explizit modelliert und alle Nebenfederraten sind in einer imaginären Feder vereint, so kann hier natürlich auch die Radträgersteifigkeit eingehen.

Ein anderer Ansatz ist die Modellierung des Kugelgelenkes zwischen Radträger und Lenker nicht ideal starr, sondern elastisch auszuführen.[85] Hier gilt aber dasselbe Modellierungsgebot. Liegt die Gelenksteifigkeit aufgrund einer Messung vor, so ist diese im Gelenkmodell zu berücksichtigen und steht somit nicht als Tuningparameter zur Verfügung.

Die notwendige Steifigkeit kann entweder aus einer Bauteilmessung oder einer FE-Berechnung ermittelt werden. Die meisten MKS-Simulationspakete enthalten Ansätze, dass elastische Balkenmodelle verwendet werden können. Hierbei ist allerdings auf die Rechenzeit und die numerische Stabilität zu achten.

Schlussendlich kann auch eine Kopplung mit einem FEM-Programm verwendet werden, in dem die elastische Struktur ausmodelliert wurde und das für das MKS-Programm eine geeignete modale Beschreibung bereitstellt. Man muss hier berücksichtigen, ob durch diesen Ansatz die tatsächlich auftretenden, unter Umständen nichtlinearen, Verschiebungen durch das Modell noch abgedeckt werden. Falls hier nur lineare Zusammenhänge berücksichtigt werden, können nur Schwingungsphänomene mit entsprechend kleinen Amplituden sinnvoll untersucht werden.

Das für manche Fragestellungen selbst die globale Torsionssteifigkeit des Fahrzeugaufbaus durch einfache Modelle abgebildet werden kann, wird zum Beispiel in [Kroh01] beschrieben.

---

[84] Auch wenn Metalle eine zu vernachlässigende Materialdämpfung besitzen, so sollte natürlich kein ungedämpfter Schwinger modelliert werden. Aufgrund der hohen Steifigkeit würde eine hochfrequente Störung auftreten, die mindestens das Integrationsverfahren beschäftigt.

[85] Vor allem aufgrund der Reibung werden Gelenkmodelle verwendet. Beide Effekte, die hohe Steifigkeit und der Übergang zwischen Haft- und Gleitreibung, beschäftigen die Numerik und führen aufgrund kleiner Schrittweiten zu hohen Rechenzeiten.

8.2.2 Nebenfederrate

Unter den Begriff der Nebenfederrate oder auch der parasitären Federung fallen alle Steifigkeiten, die vom Rad bis zur Karosserie auftreten und die nicht zur Aufbaufederung oder der Reifenfederung gehören. Hiermit sind also alle Elastizitäten in den Lagern, den Lenkern und gegebenenfalls im Hilfsrahmen oder in den Krafteinleitungspunkten der Karosserie gemeint.

Im folgenden Abschnitt 8.3 wird beschrieben, wie man die Lagerelastizitäten in unterschiedlicher Komplexität bauteilbezogen darstellen kann. Diese Herangehensweise setzt voraus, dass für jedes Lager die Position, die Orientierungen und die Steifigkeiten und Dämpfungen bekannt sind. Nur dann kann man bauteilorientiert modellieren. Der Vorteil dieser Methode liegt darin, dass so die Lagerwege und die Kräfte im Lager und an der Einleitungsstelle in die Karosserie berechnet werden können. Nun liegen diese Informationen aber nicht immer vor oder die Modellkomplexität wurde so gewählt, dass keine expliziten Bauteile modelliert wurden (wie zum Beispiel bei der kennfeldorientierten Vorgehensweise aus Abschnitt 8.1.2).

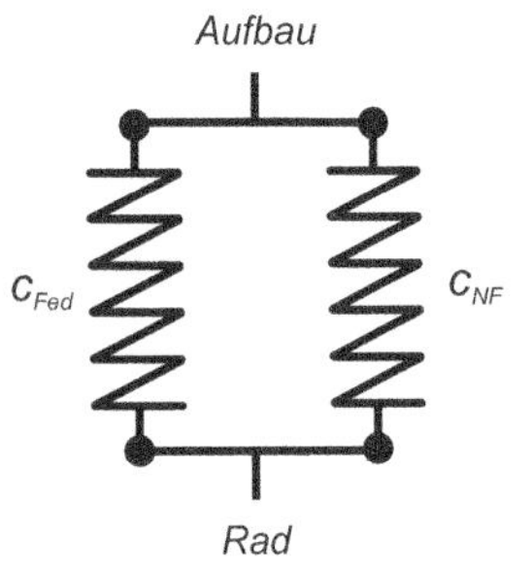

Bild 8.13 Aufteilung der Aufbaufedersteifigkeit und der Nebenfederrate

Man kann die Nebenfederrate auch als eine parallel geschaltete Zusatzfeder zur Aufbaufeder interpretieren und sie entsprechend modellieren (Bild 8.13). Misst man nun an einem realen Fahrzeug auf einer K&C-Anlage die Gesamtfederrate $c_{ges} = c_{Fed} + c_{NF}$, so muss man die Federsteifigkeit der Aufbaufeder c_{Fed} separat, das heißt im ausgebauten Zustand, bestimmen und kann dann beide Modellteile parametrieren. Bei diesem Ansatz muss man jedes modellierte Bauteil mit seinen eigenen Steifigkeiten parametrieren. Nur die restliche, unbekannte Steifigkeit kann dann noch der Nebenfederrate zugeschlagen werden. Wird also ein Puffer modelliert, so muss die zugehörige Steifigkeit im Puffermodell, bei einem Dämpfer die Gaskraft im Dämpfermodell zu finden sein.

Dies ist ein linearer Ansatz, der für viele Anwendungen ausreichend sein wird. Allerdings bleiben die Wirkungen auf die einzelnen Lager unberücksichtigt und können dementsprechend auch nicht ausgewertet werden. Wesentlich schwerer fällt jedoch die fehlende Dämpfung ins Gewicht. Elastomerlager werden aufgrund ihrer Materialdämpfung zur Schwingungsisolation verwendet. Für Simulationen im Fahrkomfortumfeld scheidet diese Art der Modellierung daher weitgehend aus.

8.3 Einfache Elastomerlagermodelle

Im Gegensatz zu einem idealen Gelenk, das nur die jeweiligen Bewegungsfreiheitsgrade zulässt und alle anderen Bewegungen sperrt[86], muss ein Elastomerlager unter Kraft- oder Momenteneinfluss Bewegungen in allen Richtungen zulassen. Als Modelltyp wird hierfür in den meisten Fällen das Kraftelement *Bushing* verwendet, das wie bei allen Kraftelementen üblich, weder eine Ausdehnung noch eine Masse besitzt (Bild 8.14).

Betrachten wir zunächst exemplarisch eine Kraftrichtung. Das Lagermodell erzeugt abhängig von einer Verschiebung dx proportional zu seiner Steifigkeit in der Verschieberichtung c_x eine Federkraft F_{Fx} und abhängig von der zeitlichen Ableitung der Verschiebung $d\dot{x}$ proportional zu einer Dämpfung d_x in Verschieberichtung eine Dämpferkraft F_{Dx}

$$F_x = F_{Fx} + F_{Dx} = c_x \cdot dx + d_x \cdot d\dot{x} \tag{8.2}$$

die dann zusammen beidseitig eingeprägt werden. Dies entspricht dem in Abschnitt 8.4.2 näher besprochenen KELVIN-VOIGT-Element.

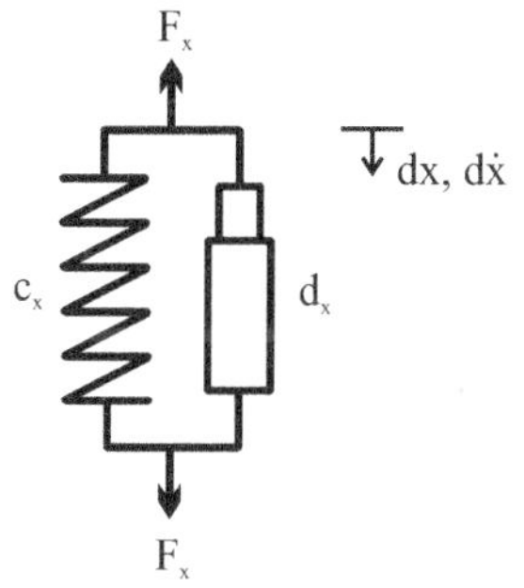

Bild 8.14 Eindimensionales Kraftgesetz eines Bushings

Betrachtet man die Freiheitsgrade eines Fahrwerklagers, so stellt man fest, dass es sich in allen drei translatorischen (axial, radial) und auch in den drei rotatorischen (Torsion, Kardanik) Richtungen bewegen kann. Die Bewegung ist natürlich nicht frei, sondern wird ebenfalls durch Kraftgesetze beschränkt. Aufgrund des Lagerwerkstoffes und der geometrischen Form muss neben der richtungsbezogenen Steifigkeit auch eine richtungsbezogene Dämpfung berücksichtigt werden.

Um zu diesen Werten zu gelangen, muss das zu modellierende Lager vermessen werden. Erfolgt dies quasistatisch[87], so ergeben sich zumeist progressive Kraft-Weg-Kennlinien für den Steifigkeitsverlauf. Die freie Verformbarkeit des Werkstoffes wird in der Regel durch Metallhülsen eingeschränkt, sodass es bei zunehmender Verformung zu einem Steifigkeitsanstieg, der Progression, kommt.

Aus den gewonnenen Daten kann man nun abhängig von der jeweiligen Fragestellung entweder eine lineare oder eine nichtlineare Parametrierung vornehmen. Wie man das macht und welche Konsequenzen das hat, wird in den beiden folgenden Abschnitten behandelt.

[86] Korrekter gesagt: kinematische Bindungen definiert.

[87] Der Begriff ist natürlich formal nicht korrekt. Er bedeutet für den Ingenieur umgangssprachlich, dass bei viskoelastischen Bauteilen die Messung so langsam durchgeführt wird, dass die dämpfenden Anteile vernachlässigbar gering sind.

8.3.1 Lineare Parametrierung

Der einfachste Ansatz für die Verwendung eines Bushings besteht darin, jeden Steifigkeits- und Dämpfungsparameter durch einen skalaren Wert auszudrücken. Dies ist jedoch nur dann zulässig, wenn die Auslenkungen des Lagers sehr klein sind, sodass der bei größeren Lagerwegen progressive Steifigkeitsverlauf nicht zum Einsatz kommt. Im Arbeitsbereich muss also ein lineares Verhalten vorliegen, damit es durch einen skalaren Wert ausgedrückt werden kann. Dies ist nur dann der Fall, wenn der skalare Steifigkeitswert für eine mehr oder weniger feste Amplituden- und Frequenzanregung ermittelt wurde und nur diese, beziehungsweise im Sinne eines Arbeitspunktes das direkte Umfeld dieser Anregung, betrachtet wird.

Tabelle 8.2 Lineare Parametrierung

Steifigkeit	Dämpfung	Offset
c_{Axial}	d_{Axial}	$x_{0,Axial}$
$c_{Radial,x}$	$d_{Radial,x}$	$x_{0,Radial}$
$c_{Radial,y}$	$d_{Radial,y}$	$y_{0,Radial}$
$c_{Torsion}$	$d_{Torsion}$	$\varphi_{0,Torsion}$
$c_{Kardanik,x}$	$d_{Kardanik,x}$	$\psi_{0,Kardanik}$
$c_{Kardanik,y}$	$d_{Kardanik,y}$	$\theta_{0,Kardanik}$

Fahrwerklager werden in der Regel mit Vorspannung eingesetzt, das heißt, sie sind in der Einbaulage nicht kraftfrei. Deshalb sind zumindest in den translatorischen Richtungen Kraft- oder Wegoffsets vorzusehen. Zur Verallgemeinerung des Komponentenmodells sind zum Teil auch Momenten- oder Winkeloffsets für die rotatorischen Freiheitsgrade vorgesehen. Schon für diesen Ansatz braucht man im Allgemeinen, wie in Tabelle 8.2 dargestellt, mindestens 18 Parameter.[88] Besitzt das Lager nur eine richtungsunabhängige Radialsteifigkeit und Radialdämpfung und auch die Kardanik ist mit je einem Wert zu beschreiben, dann reduziert sich die erforderliche Parameterzahl auf 12 Werte.

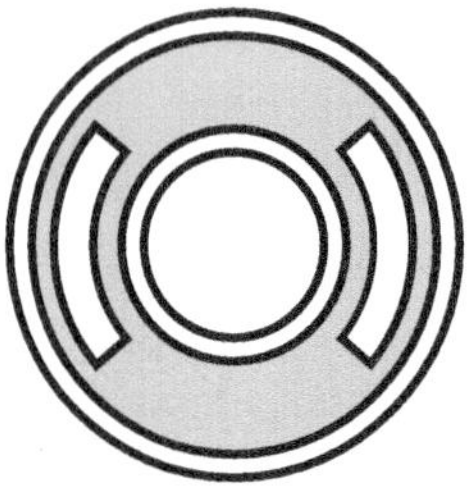

Bild 8.15 Elastomerlager mit unterschiedlichen radialen Steifigkeiten

Die unterschiedlichen Steifigkeiten in radialer Richtung und der Kardanik ergeben sich bei Lagern, die durch sogenannte Nieren in den beiden Kraftrichtungen unterschiedlich viel Material aufweisen oder durch einvulkanisierte Blechstreifen in einer Richtung steifer gemacht wurden (Bild 8.15). Hierbei ist es zwingend notwendig die Koordinatensysteme des Lagers im Modell mit den Konstruktionsdaten und den Messrichtungen abzugleichen, sodass die Steifigkeiten zu den wahren Kraftrichtungen in der Einbaulage passen.

[88] In diesem Beispiel wird nur ein Weg- bzw. Winkeloffset vorgegeben. Der Kraft- bzw. Momentenoffset ist redundant. Je nach Mess- bzw. Modellierungsmethode kann die eine oder die andere Angabe vorteilhafter sein.

An dieser Stelle reicht es also nicht, nur den Kinematikpunkt des Lagers zu kennen. Auch die Orientierung des Lagers spielt eine Rolle, wenn die Kraftrichtungen unterschiedliche Steifigkeiten aufweisen. Man benötigt ein Koordinatensystem, das die axiale Richtung und die beiden radialen Richtungen festlegt. Eine Konvention könnte sein, dass die z-Richtung des Koordinatensystems immer in axialer Richtung und die radiale x-Richtung in Lenkerrichtung weist. Die radiale y-Richtung ergibt sich bei einem Rechtehandsystem dann zwingend aus dem Kreuzprodukt der z- und der x-Richtung.[89]

$$\vec{e}_z \times \vec{e}_x = \vec{e}_y \tag{8.3}$$

Abhängig von der Bauform der Lenker ist die radiale x-Richtung nicht zwingend gleich der Strebenrichtung. Bei einem Dreieckslenker kann sich zum Beispiel die axiale Richtung aus der Verbindungslinie der beiden karosserieseitigen Lager ergeben ($\overline{PQ}$), die radialen Richtungen sind dann aber immer noch unbestimmt. Man benötigt noch einen dritten Punkt, um die fehlende Richtung zu ermitteln. In der Kinematik ist dies auch als *PQR*-Methode bekannt, wobei *P* der Kinematikpunkt ist, *Q* gibt die Drehachse und *R* die Orientierung des Koordinatensystems auf der Drehachse vor. Letztlich wird durch diese drei Punkte eine eindeutige Ebene festgelegt (Bild 8.16). Wie sich das Koordinatensystems des Lagers an dieser Ebene ausrichtet, kann in den verschiedenen Simulationsumgebungen unterschiedlich interpretiert werden und muss deshalb zu Beginn geprüft werden.

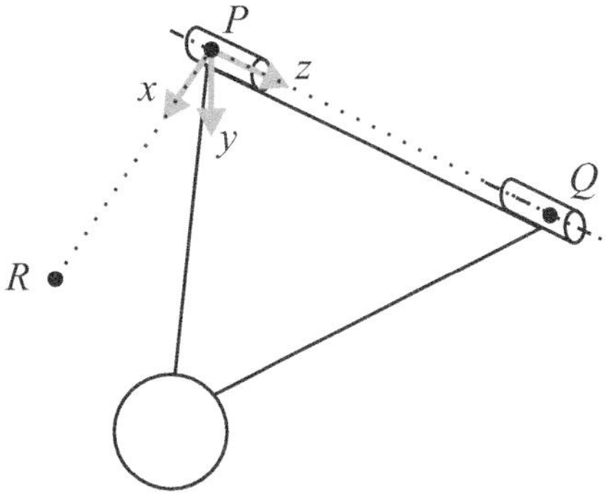

Bild 8.16 Festlegung der Orientierung des Lagers mithilfe dreier Punkte

Die Steifigkeit des Lagers in jeder Raumrichtung lässt sich durch Messungen bestimmen. Bei der Messung wird dann eine Kraft-Weg-Kurve aufgenommen. Aufgrund der Amplituden- und Frequenzabhängigkeit der Elastomere sollten mehrere Messungen durchgeführt werden, die den benötigten Parameterraum bezüglich der für die Simulation erwarteten Amplituden und Frequenzen abdecken. So werden kleine Amplituden für lineare Schwingungsuntersuchungen (Unwuchtanregungen) oder für geringe Straßenanregungen (Mikrostuckern) und große Amplituden für Schlechtwegstrecken (Lastkollektivermittlung) benötigt.[90] Quasistatische, also sehr niederfrequente Messungen erleichtern die Ermittlung der statischen Steifigkeit. Messungen im Bereich der Achseigenfrequenz decken die bewegte Achse ab und Messungen im akustischen Frequenzbereich können für die Ermittlung des Transferpfades von Störgeräuschen verwendet werden.[91] Es gibt also nicht eine Messung für alle Lastfälle. Obwohl offensichtlich, wird dieser Umstand *einfachheitshalber* häufig *vernachlässigt*. Wenn sich mehrere

[89] Falls die letzte aktive Beschäftigung mit dem Kreuzprodukt schon etwas länger zurückliegen sollte: Es ist im Allgemeinen nicht kommutativ, denn es gilt $\vec{e}_x \times \vec{e}_z = -\vec{e}_y$.

[90] Bei kleinen Amplituden sind Elastomerlager in der Regel härter als bei großen Amplituden. Wie man damit umgehen kann, wird in Abschnitt 8.3.3 näher beleuchtet.

[91] Allerdings nicht mehr mit den Methoden der Mehrkörpersysteme.

Berechnungsfraktionen für diese Messungen interessieren, müssen die Anforderungen zusammengefasst werden, um die Anzahl der erforderlichen Messungen koordinieren und möglichst reduzieren zu können.

Wenn man die Messungen des Lagers betrachtet, muss man sich darüber im Klaren sein, dass es sich hier um ein viskoelastisches Bauteil handelt. Es sind also immer elastische (wegabhängige) und viskose (geschwindigkeitsabhängige) Anteile gleichzeitig vorhanden. In Bild 8.17 ist dies exemplarisch für ein Lager mit konstanter Steifigkeit und Dämpfung dargestellt, wie es der Modellansatz von KELVIN-VOIGT (Abschnitt 8.4.2) vorsieht.

Für die Hysterese ist der viskose Anteil verantwortlich. Häufig wird der gemittelte Wert aus den beiden Hystereseästen für den Steifigkeitsverlauf herangezogen. Dies entspricht ihm allerdings häufig nur näherungsweise.

Für eine Feder wird die Steifigkeit einfach aus dem Quotienten der Kraftamplitude und der Wegamplitude bestimmt. Im Fall des Elastomerlagers erhält man so die sogenannte dynamische Steifigkeit c_{dyn}, die einen elastischen und einen viskosen Anteil besitzt.

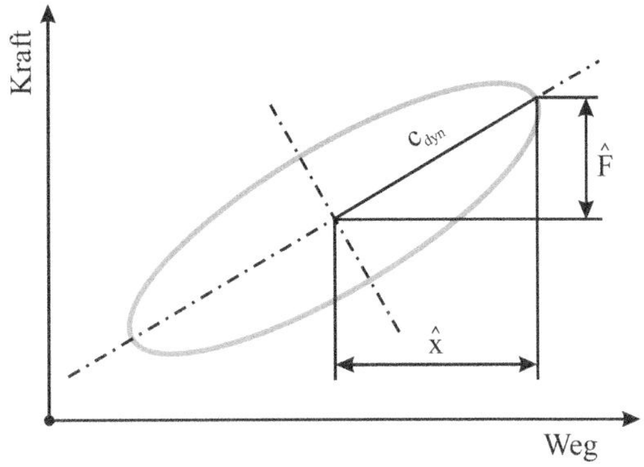

Bild 8.17 Kraft-Weg-Kennlinie eines linearen Elastomerlagers

$$c_{dyn} = \frac{\hat{F}}{\hat{x}} \tag{8.4}$$

In der Schwingungslehre[92] der Technischen Mechanik wird zur Lösung der zugrunde liegenden Differenzialgleichung folgender Ansatz verwendet, der den bisher noch unbekannten Term δ enthält:

$$c_{dyn} = \frac{\hat{F}(t)}{\hat{x}(t)} = \frac{\hat{F}(\omega)}{\hat{x}(\omega)}(\cos\delta + i\sin\delta) \tag{8.5}$$

Für die Dämpfung des Elastomerlagers wird der Begriff des Verlustwinkels δ verwendet, der anschaulich den Verzug zwischen der Auslenkung des Lagers und dem verzögerten Kraftaufbau darstellt (Bild 8.18).

Ein Verlustwinkel von $\delta = 0°$ entspricht dabei einer idealelastischen Feder, ein Winkel von $\delta = 90°$ einem idealviskosen Dämpfer. Die Elastomerlager sind also zwischen diesen beiden Extremwerten zu finden. Gleichung (8.5) führt dazu, dass man die dynamische Steifigkeit als Vektorsumme des elastischen Anteils c und des viskosen Anteils $d\omega$ auffassen kann.

[92] In der Schwingungslehre wird auch der Begriff der komplexen Steifigkeit verwendet. Der elastische Anteil entspricht dem Realteil, der viskose Anteil dem Imaginärteil der Gleichung.

$$c_{dyn} = \sqrt{c^2 + (d\omega)^2} \tag{8.6}$$

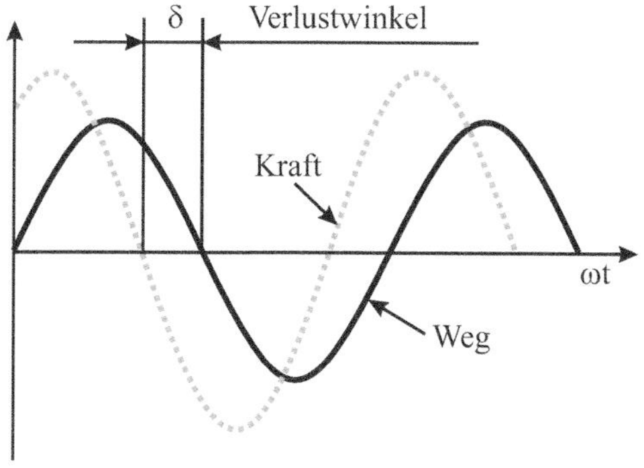

Bild 8.18 Verlustwinkel

Aus diesem Grund ist man in der Lage, bei bekannter dynamischer Steifigkeit und bekanntem Verlustwinkel die statische Steifigkeit und die Dämpfung des Lagers näherungsweise zu bestimmen.

Gleichung (8.8) zeigt zum einen, dass die dynamische Steifigkeit von der Anregungsfrequenz f abhängt und zum anderen, dass wir hier noch eine Unbekannte haben. Die Dämpfung eines Lagers kann also nur linearisiert für eine bestimmte Frequenz angegeben werden.

$$c = c_{dyn} \cos\delta \tag{8.7}$$

$$d = c_{dyn}\frac{\sin\delta}{\omega} = c_{dyn}\frac{\sin\delta}{2\pi f} \tag{8.8}$$

Handelt es sich um ein Fahrwerklager, so wurde am günstigsten in der Nähe der Achseigenfrequenz gemessen und dieser Frequenzwert sollte dann auch verwendet werden.[93]

Für Elastomerlager wird der Verlustwinkel in der Regel als nahezu frequenzunabhängig betrachtet. Ein Elastomerlager dämpft damit alle Frequenzen gleich gut bzw. keine einzelne Frequenz besonders.[94]

Der Verlustwinkel hat somit Einfluss auf die dynamische Steifigkeit des Lagers wie in Gleichung (8.6) und in Bild 8.19 zu sehen ist.

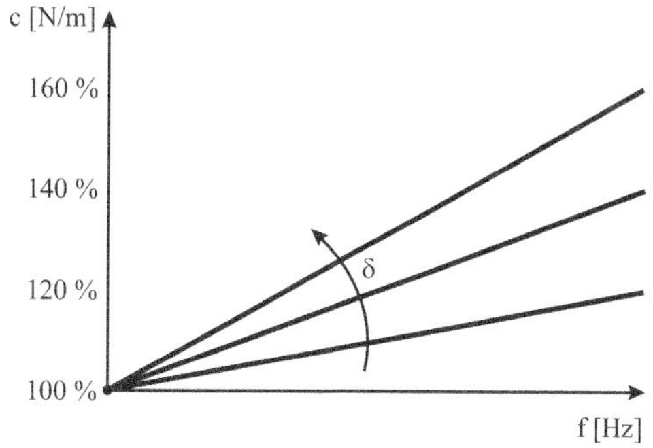

Bild 8.19 Dynamische Steifigkeit in Abhängigkeit des Verlustwinkels

Die Werkstoffeigenschaften von Elastomeren können auch über den Elastizitätsmodul E beschrieben werden, der das Verhältnis der Normalspannung σ zur Dehnung ε darstellt

[93] Die Achseigenfrequenzen *normaler* Pkw liegen zwischen 12 und 16 Hz. In der Literatur ist häufig der Wert 15 Hz zu finden. Dies kann aber natürlich soweit bekannt individuell für das jeweilige Fahrzeug gewählt werden.

[94] Für größere Massen, deren Eigenfrequenzen bekannt sind (Motor, Hilfsrahmen) werden häufig die in Abschnitt 8.5.1 beschriebenen Hydrolager eingesetzt.

$$E = \frac{\sigma}{\epsilon} \tag{8.9}$$

Wenn wir den Phasenverzug aus Gleichung (8.5) berücksichtigen, bedeutet das für die Spannung mithilfe des Additionstheorems

$$\sigma = \sigma_0 \sin(\omega t + \delta) = \sigma_0 \cos\delta \sin(\omega t) + \sigma_0 \sin\delta \cos(\omega t) \tag{8.10}$$

Daraus ergeben sich für den Elastizitätsmodul zwei Anteile. Der eine Anteil spiegelt die elastischen Eigenschaften des Materials wider. Der sogenannte Speichermodul E' ist in Phase zur Dehnung.

$$E' = \frac{\sigma_0 \cos\delta}{\epsilon} \tag{8.11}$$

Der zweite Anteil ergibt den viskosen Anteil, der um $\pi/2$ gegenüber der Dehnung verschoben ist und auch als Verlustmodul E" bezeichnet wird.

$$E'' = \frac{\sigma_0 \sin\delta}{\epsilon} \tag{8.12}$$

Beide Anteil werden als komplexer Elastizitätsmodul zusammengefasst, an dem man ebenfalls den Verlustwinkel ablesen kann (Bild 8.20).

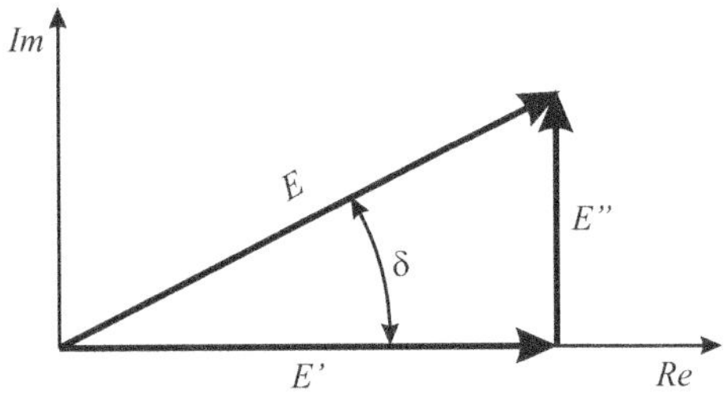

Bild 8.20 Elastizitätsmodul und Verlustwinkel

Die Steifigkeiten des Lagers sind frequenz- und amplitudenabhängige Größen, sodass eine lineare Darstellung nur jeweils eine Frequenz und eine zugehörige Amplitude abbilden kann. Wurde das Lager mit unterschiedlichen Anregungsfrequenzen vermessen, so verwendet man wie, besprochen, am besten diejenige, die am nächsten an der Achseigenfrequenz liegt. Wurden zusätzlich mehrere Anregungsamplituden vermessen, so können sich bei dieser Frequenz durchaus unterschiedliche Steifigkeiten ergeben. Für den Fahrkomfort bedeutet dies, dass für geringe Amplituden wie beim Mikrostuckern andere Steifigkeiten gelten, als bei großen Amplituden, wie bei schlechten Landstraßen oder gar bei Schlechtwegstrecken. Es sollte also eine lastfallabhängige Parametrierung erwogen werden, wenn die Unterschiede relevante Größenordnungen erreichen. Wenn dies nicht gewünscht wird, denn hier steckt wieder ein zusätzliches Fehlerpotenzial[95], so müssen komplexere Elastomerlagermodelle eingesetzt werden.

8.3.2 Nichtlineare Parametrierung

Will man die sechs Freiheitsgrade des Lagers komplett über Kennlinien abbilden, so gilt das zuvor Gesagte. Man benötigt je nach Lagerart sechs bis zwölf Kennlinien, um das Lager voll-

[95] Stellt man die lastfallabhängige Parametrierung manuell um, so geht die Wahrscheinlichkeit, dass man dies einmal vergisst gegen 100 Prozent. Kann man den Vorgang automatisieren, sinkt die Fehlermöglichkeit drastisch.

ständig zu beschreiben (Tabelle 8.3). Die Dämpfung liegt in der Regel aber nicht als Kraft-Geschwindigkeit-Kennlinie vor und auch der skalare Wert muss häufig mithilfe des Verlustwinkels, wie im letzten Abschnitt beschrieben, über den Phasenverzug abgeschätzt werden.

Die meisten Simulationsprogramme lassen einem die Wahl, ob die jeweilige Steifigkeit und die Dämpfung durch einen skalaren Wert oder eine Kennlinie dargestellt wird. Dabei muss allerdings beachtet werden, das manche Umsetzungen beides gleichzeitig zulassen, sodass es zu einer Überlagerung des skalaren und des Kennlinienwertes kommt.

Dies kann aber auch gezielt genutzt werden. Wird zum Beispiel die Progression einer Steifigkeit durch eine Kennlinie dargestellt, so kann die Grundsteifigkeit des Lagers durch einen linearen Wert repräsentiert werden (Bild 8.21).

Ist mit größeren Lagerwegen zu rechnen, wie es bei den meisten Manövern von Gesamtfahrzeugsimulationen der Fall sein wird, so muss mindestens die Progressivität der Lagersteifigkeiten berücksichtigt werden. Dafür muss das Lager in einem Kraftniveau vermessen werden, das bis in diese Progression hineinreicht.

Tabelle 8.3 Nichtlineare Parametrierung

Steifigkeit	Dämpfung	Offset
$c_{Axial}(x)$	$d_{Axial}(xd)$	$x_{0,Axial}$
$c_{Radial,x}(x)$	$d_{Radial,x}(xd)$	$x_{0,Radial}$
$c_{Radial,y}(x)$	$d_{Radial,y}(xd)$	$y_{0,Radial}$
$c_{Torsion}(x)$	$d_{Torsion}(xd)$	$\varphi_{0,Torsion}$
$c_{Kardanik,x}(x)$	$d_{Kardanik,x}(xd)$	$\psi_{0,Kardanik}$
$c_{Kardanik,y}(x)$	$d_{Kardanik,y}(xd)$	$\theta_{0,Kardanik}$

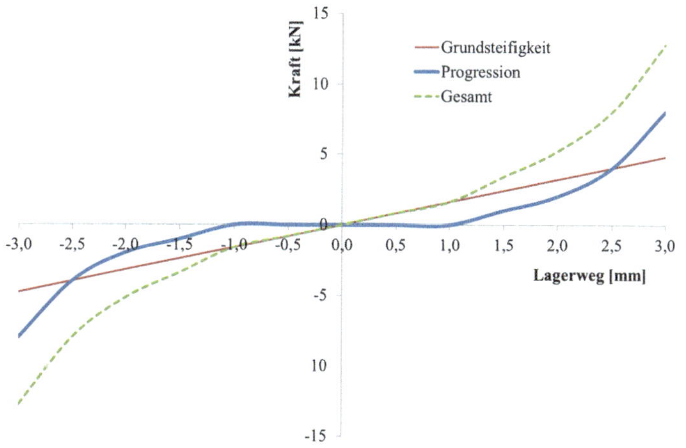

Bild 8.21 Überlagerung der Grundsteifigkeit und der Progression eines Elastomerlagers

Dabei muss man beachten, dass bereits bei sehr langsamen Messgeschwindigkeiten leichte Hysteresen in den Kraft-Weg-Kennlinien sichtbar werden. Sie sind der Hinweis, dass die Dämpfungseigenschaften des Lagers bereits wirksam sind. Hierbei ist das im Abschnitt 6.1

Gesagte zu berücksichtigen. Ein rein wegabhängiges Kraftgesetz kann die für die Hysterese verantwortlichen Mechanismen (Reibung, viskose Dämpfung) nicht alleine darstellen.

Die bereits erwähnte Vorspannung, mit der Fahrwerklager in der Regel eingebaut werden, kann durch einen Weg- bzw. Winkeloffset oder alternativ durch einen Offset der Kraft oder des Moments im Modell berücksichtigt werden. Für die Parametrierung mit Kennlinien bedeutet dies, dass entweder die Kennlinie durch den Nullpunkt geht und mit dem Offset verschoben wird[96] oder dass der Offset bereits in der Lage der Kennlinie berücksichtigt wird und dementsprechend der Wert des Offsets auf Null gesetzt werden muss.

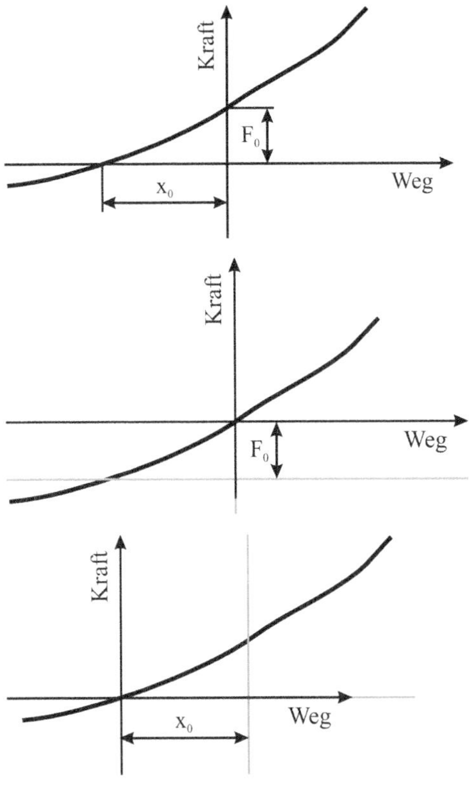

Bild 8.22 Angabe des Kraft- oder Wegoffsets einer Kennlinie

Die Unterschiede der verschiedenen Möglichkeiten sind in Bild 8.22 dargestellt. Wie so oft müssen Messmethode und Modellierung zusammenpassen, um das gewünschte Ergebnis zu erhalten.

Dies ist nichts Anderes, als der Appell Messdaten nicht blind in das eigene Modell zu übernehmen, sondern sich immer im Klaren darüber zu sein, wie die Messungen stattgefunden haben und wie das eigene Modell aussieht.[97] Die allgemeine Vorgehensweise bei der Erstellung und Handhabung von Kennlinien wurde bereits in Abschnitt 6.1.5 behandelt.

8.3.3 Einfluss der Amplitude und der Frequenz der Anregung

Wird dasselbe Lager dynamisch und dies mit wechselnden Anregungsamplituden und Anregungsfrequenzen beaufschlagt, so stellt man in der Regel größere Abweichung des Steifigkeitsverlaufs im Vergleich zur statischen Messung fest. Bei Messungen sind stets auf die gleichen Rahmenbedingungen zu achten, denn die Elastomere verhalten sich abhängig von ihrer Temperatur und ihrer Vorgeschichte deutlich unterschiedlich. Bei den ersten Belastungszyklen wird man andere Steifigkeiten messen als bei den späteren. Die Werkstoffkundler nennen dieses Verhalten MULLINS- bzw. PAYNE-Effekt, abhängig davon, ob mit großen oder kleinen Amplituden gemessen wird. In [Krei13] werden diese Effekte und ihre Ursachen sehr

---

[96] Man sollte sich spätestens an dieser Stelle mit der Vorzeichenkonvention des verwendeten Simulationsprogramms auseinander setzen, damit das Lager auf Druck und nicht auf Zug vorgespannt wird.

[97] Mit oder ohne Offset ist hier die Frage …

anschaulich erläutert. Aufgrund der Messmethodik gibt es abhängig von den verwendeten Prüfständen Zusammenhänge zwischen den maximalen Kraftamplituden (notwendig zum Erreichen der Progressionen), den maximalen Wegamplituden (die Prüfung sollte zerstörungsfrei ablaufen) und den erreichbaren Frequenzen.

Die Werkstoffe der Elastomerlager zeigen somit aufgrund ihrer Amplituden- und Frequenzabhängigkeit ein starkes nichtlineares Verhalten. Diese Aspekte sind mit den klassischen wegabhängigen Kraftgesetzen nicht erfasst. Will man diese Modelle trotzdem nutzen (Rechengeschwindigkeit, Kosten, Verfügbarkeit, etc.), dann bietet die Verwendung eines Überhöhungsfaktors einen möglichen Ausweg. Hierbei wird ein Faktor ermittelt, der eine Skalierung der dynamischen Steifigkeit bei der Eigenfrequenz des Systems (z. B. im Achsbereich bei ca. 15 Hz) gegenüber der statisch ermittelten Steifigkeit darstellt. Je nach Material und Amplitude variieren diese Faktoren typischerweise zwischen 1,0 und 2,0. Ein Wert von 1,0 kann bedeuten, dass das Material, das bei kleinen oder mittleren Wegamplituden durchaus verhärtet (z. B. Faktor 1,4), bei sehr großen Wegamplituden dann wieder *weicher* wird und auf die statische Steifigkeit zurückfällt. Dieser Faktor kann dann je nach Lastfall variiert werden. Bei einem quasistatischen Lastfall (z. B. Prüfstandsmessung) wird er zu 1,0 gesetzt, bei dynamischen Lastfällen (Straßenüberfahrt, amplitudenabhängig) dann unter Umständen bis 2,0 heraufgesetzt. Dies ermöglicht eine einheitliche Parametrierung des Lagers, die dann aber lastfallabhängig variiert werden muss. Da dieses Verhalten in der Regel auf mehrere Lager im Fahrwerk zutrifft, könnte dies über einen zentralen Faktor geschehen. Dieser Ansatz ist dann zielführend, wenn eher gemittelte Werte über dem Betrachtungszeitraum interessieren. Dies kann zum Beispiel bei Auswertungen im Frequenzbereich bei der Überfahrt eines stochastischen Straßenprofils der Fall sein. Sollen stattdessen Kraftverläufe direkt am Lager im Detail untersucht werden, dann wird dieser Ansatz zu grob sein. Vor allem dann, wenn die Anregung stark zwischen sehr kleinen und sehr großen Amplituden oder stark unterschiedlichen Frequenzinhalten variiert, können im Zeitbereich größere Unterschiede zu Messungen auftreten.

Für die Untersuchungen der Elastokinematik und für viele Lastfälle der Fahrdynamiksimulation sind die quasistatisch bestimmten Lagerkennlinien ausreichend und die dämpfende Wirkung der Elastomere kann oft vernachlässigt werden. Dort, wo das lokale Schwingungs- und Kraftübertragungsverhalten eine größere Rolle spielt, also in der Fahrkomfortberechnung oder auch in der Lastermittlung für die Betriebsfestigkeit, muss darüber hinaus das dynamische Verhalten des Lagers (im relevanten Frequenzbereich) berücksichtigt werden. Für diejenigen, deren Fokus stärker auf dem Bauteil Lager oder der Krafteinleitung in die Karosserie oder in das Fahrwerk liegt, sollte die Frequenz- und Amplitudenanhängigkeit im Modell abgebildet werden.

Weitere Einflüsse wie die Temperatur oder die Alterung des Materials zeigen sich ebenfalls in den Steifigkeitscharakteristiken und führen zu einer weiteren Komplexitätssteigerung. Wie auch bei den anderen Modellen ist es hier wieder stark von der Aufgabenstellung der geforderten Vorhersagegenauigkeit abhängig, inwieweit und wie detailliert diese Abhängigkeiten im Lagermodell dargestellt werden müssen. Die einfachere Variante ist es, hier eine Kennlinie zu verwenden, die den gewünschten Betriebszustand repräsentiert und sie mit dem Nominalzustand zu vergleichen.

Um die Materialeigenschaften des Elastomerwerkstoffes besser abbilden zu können, gibt es in der Rheologie verschiedene Ansätze, die man zum Teil auch in Umsetzung von Lagermodellen findet [Sedl01]. Ihre Parameter müssen dann durch Identifikation aus Messungen gewonnen werden. Im Anschluss werden die bekanntesten Ansätze kurz beschrieben. Sie sind häufig in Parallelschaltungen und in Kombinationen zu finden. Die hierfür notwendigen rheologischen Grundlagen sind sehr gut in [Mezg06] beschrieben.

8.4 Grundlagen typischer Elastomerlagermodelle

8.4.1 MAXWELL-Element

Bild 8.23
Maxwell-Element

Das MAXWELL-Element dient in der Rheologie zur Darstellung einer viskoelastischen Flüssigkeit durch die Reihenschaltung eines Dämpfers (NEWTON-Element) und einer Feder (HOOKE-Element) (Bild 8.23). Eine äußere Kraft wirkt gleichzeitig auf die Feder und den Dämpfer und beide Elemente können unabhängig voneinander ausgelenkt werden.

$$F = c\Delta s = d\Delta\dot{s} \tag{8.13}$$

Die Feder reagiert sofort mit einer Auslenkung, während der Dämpfer erst durch die wirkende Kraft eine Bewegung aufbaut, die dann wiederum teilweise die Feder entlasten kann.

Die Wegänderung Δs des Systems setzt sich somit aus einem Anteil der Feder und einem Anteil des Dämpfers zusammen.

$$\Delta s = \frac{F}{c} + \int \frac{F}{d} dt \tag{8.14}$$

Wird die äußere Belastung zurückgenommen, so wird die elastische Verformung der Feder vollständig abgebaut. Im Dämpfer bleibt eine Restverformung aufgrund des viskosen Anteils[98]. Wird das beschriebene Verhalten ideal umgesetzt, so wird beim Aufbringen eines Kraftsprungs (Bild 8.24, links) das System sofort mit einer Auslenkung der Feder reagieren und sich dann aufgrund des Dämpfers mit der Zeit weiter verformen (Bild 8.24, rechts). Dieses Verhalten wird als Kriechen bezeichnet.

[98] Das hier verwendete Dämpferelement ist nicht mit dem Bauteil des Stoßdämpfers zu verwechseln, der sich aufgrund der wirkenden Gaskraft auch wieder verformen kann. Hier ist nur der viskose Anteil enthalten, der eine Geschwindigkeit braucht, um eine Kraft aufzubauen (bzw. umgekehrt).

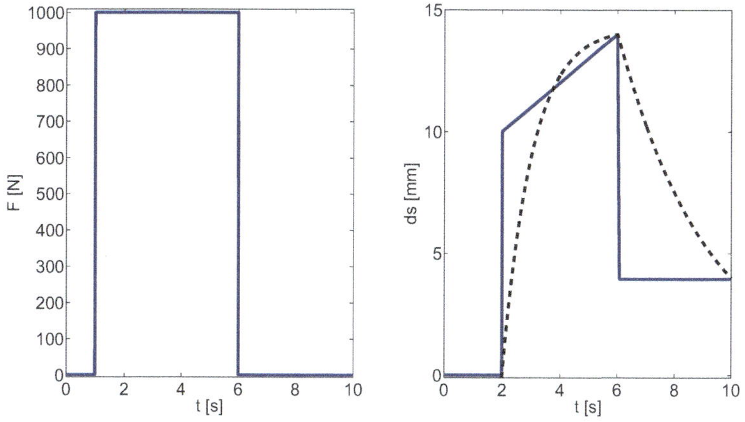

Bild 8.24 Kriechvorgang

Reale Materialien werden ein Zeitverhalten zeigen, sodass die ideale sprunghafte Änderung eher dem gepunkteten Verlauf entsprechen wird. Dementsprechend müssen die Systemgleichungen um exponentielle Anteile ergänzt werden, wie sie in Abschnitt 4.5 besprochen wurden.

8.4.2 KELVIN-VOIGT-Element

Zur Modellierung eines viskoelastischen Feststoffes durch die Parallelschaltung eines viskosen Dämpfers und einer Feder kann das KELVIN-VOIGT-Element verwendet werden (Bild 8.25). Eine äußere Kraft wirkt sofort auf beide Kraftglieder, sodass sie sich aufgrund der Kopplung nur zusammen bewegen können.

$$\Delta s = \frac{F_F}{c} = \int \frac{F_D}{d} dt \tag{8.15}$$

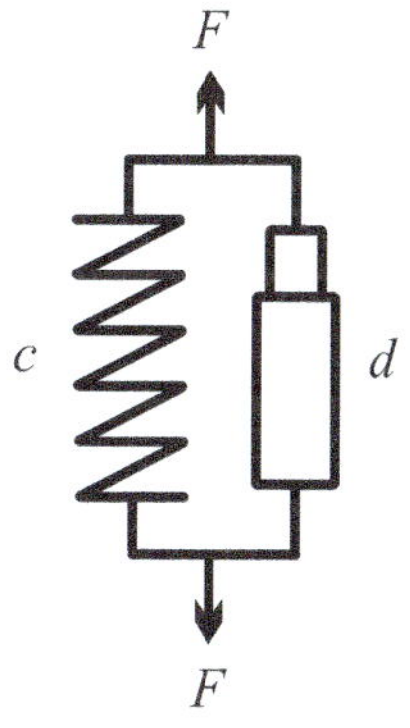

Bild 8.25 Kelvin-Voigt-Element

Es kommt zu einer verzögerten Auslenkung, da der Dämpfer die Bewegung der Feder bremst. Nach der Entlastung wird die Verformung vollständig abgebaut, allerdings wieder durch die Dämpfung verzögert. Die aufzubringende Kraft ist also die Summe aus beiden Anteilen.

$$F = c\Delta s + d\Delta\dot{s} \tag{8.16}$$

Ein Gummipuffer oder ein Elastomerlager kann als viskoelastischer Feststoff betrachtet werden. Beide Bauteile werden neben ihrer Federwirkung vor allen aufgrund der Materialdämpfung eingesetzt.

8.4.3 Kombination mehrerer Elemente

Die beiden beschriebenen Grundmodelle können auch in einem Netzwerk von mehreren Modellen verwendet werden, um die Genauigkeit des Modells, aber auch den Parametrierungsaufwand, zu erhöhen. Tiefergehende Untersuchungen und Modellansätze sind beispielsweise in [Sedl01] zu finden.

8.5 Spezielle Fahrwerklager

8.5.1 Hydrolager

Im Fahrwerk werden Hydrolager vor allem dort eingesetzt, wo gezielt Schwingungen bestimmter Frequenzbereiche gedämpft werden sollen. Hydrolager sind Elastomerlager, die zusätzlich noch ein Flüssigkeitsvolumen besitzen, das zwischen zwei Kammern hin- und hergepumpt wird. Das führt zu einer deutlich erhöhten Dämpfung gegenüber dem reinen Elastomerlagern. Darüber hinaus kann diese Dämpfung sehr speziell auf bestimmte Frequenzen abgestimmt werden. Dies wird immer dann genutzt, wenn man die Eigenfrequenz des Schwingungssystems kennt und diese gezielt dämpfen möchte (Beispiel Hilfsrahmen mit Achse oder Aggregatelagerung).

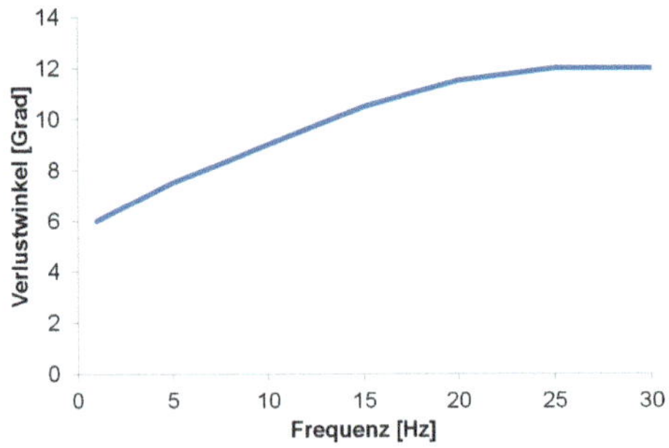

Bild 8.26 Verlustwinkel bei Gummilagern

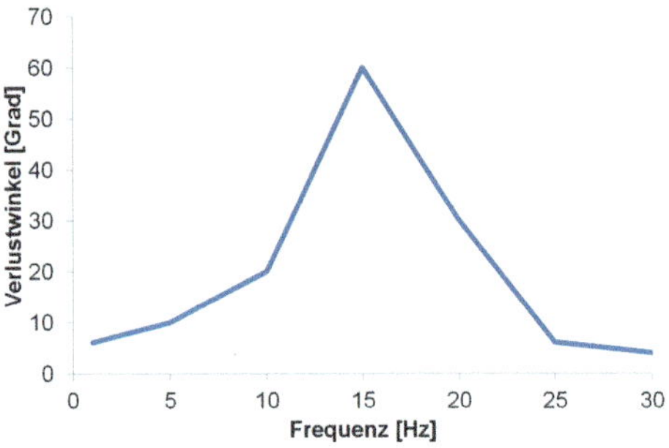

Bild 8.27 Verlustwinkel bei Hydrolagern

Neben den Eigenschaften der Elastomerlager ist bei den Hydrolagern zusätzlich eine deutliche Abhängigkeit von der Anregungsfrequenz zu beobachten. Da Hydrolager gezielt auf spezielle Frequenzen abgestimmt werden, ist dort die Dämpfwirkung auch am größten (Bild 8.27). Bei Gummilagern ist die Änderung des Verlustwinkels über der Frequenz deutlich geringer (Bild 8.26). Hier ist zu beachten, dass nur der relevante Frequenzbereich, der noch mit MKS-Simulationen abgedeckt werden kann, betrachtet wird. Auswirkungen auf die Akustik sind anderen Disziplinen vorbehalten.

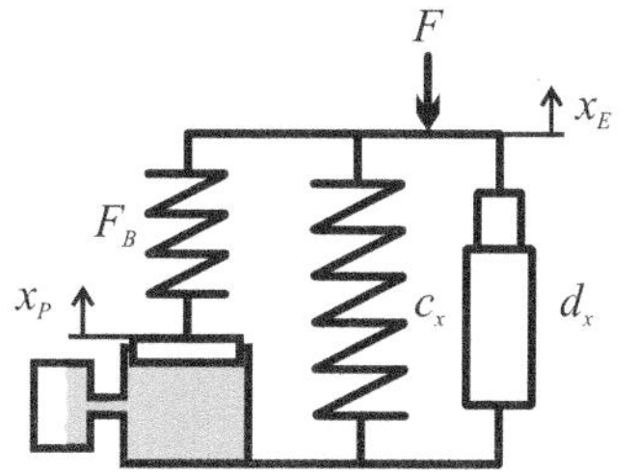

Bild 8.28 Aufbau eines Hydrolagers nach [NeLa99]

In [NeLa99] wird der prinzipielle Aufbau eines Hydrolagers am Beispiel eines Motorlagers beschrieben (Bild 8.28). Hier wird besonderen Wert auf die Wirkung der Blähfeder bei besonders kleinen und bei besonders großen Amplituden gelegt, indem ihr ein nichtlinearer Steifigkeitsverlauf zugeordnet wird. Die zu übertragende Kraft setzt sich aus dem Anteil der Elastomerfeder (KELVIN-VOIGT-Modell) und dem Anteil der Blähfeder aufgrund der Fluidwirkung zusammen.

$$F = c_x x_E + d_x \dot{x}_E + F_B \tag{8.17}$$

Wobei die Reaktionskraft der Blähfeder aus folgender Bewegungsgleichung ermittelt wird.

$$F_B = A_T\, l_T\, \rho\, \kappa^2\, \ddot{x}_P + d_T\, \kappa\, \dot{x}_P + d_{2T}\, \kappa^2\, \dot{x}_P\, |\dot{x}_P| \tag{8.18}$$

mit A_T: Querschnittsfläche des Ringkanals zwischen den Kammern

l_T: effektive Länge des Ringkanals

ρ: Dichte des Öls

κ: Verhältnis der Querschnittsflächen des Ringkanals und des Kolbens

d_T: viskose Dämpfung

d_{2T}: quadratische viskose Dämpfung

Der quadratische Teil der viskosen Dämpfung hat seine Ursache in der Dissipation der Energie im Volumenstrom. Würde er mit dem Quadrat der Geschwindigkeit multipliziert, so wäre er unabhängig von der Geschwindigkeitsrichtung immer positiv – was der Physik widerspricht.[99] Durch die Multiplikation mit dem Betrag der Geschwindigkeit (oder alternativ der Verwendung der Signum-Funktion) kann man die Richtungsabhängigkeit berücksichtigen [Dixo07].

[99] Wie man bereits im ersten Semester lernt, ist die Reibung immer der Bewegung entgegengesetzt.

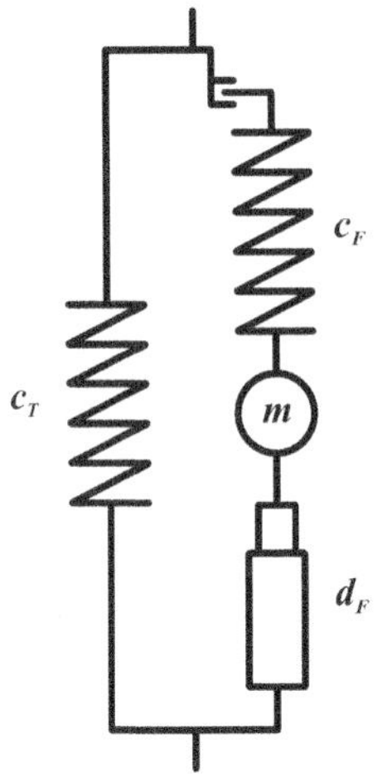

Bild 8.29 Hydrolagermodell nach [Zell12]

Ein anderer Modellansatz ist in [Zell12] beschrieben. Dort wird zusätzlich eine Lose eingeführt, damit bei kleinen Anregungen nur die Tragfeder c_T (Elastomerlageranteil) wirkt und erst bei größeren Amplituden auch der Anteil des Fluids c_F hinzukommt (Bild 8.29).

Ein Ansatz für ein semiaktives Hydrolager, der ebenfalls für eine Motorlagerung verwendet wird, ist in [HeGP07] zu finden.

8.5.2 Kopflager

Das Kopflager[100] stellt die Verbindung zwischen der Karosserie und dem Hauptkraftpfad zum Rad dar. An dieser Stelle werden die Kräfte der Aufbaufeder, des Aufbaudämpfers und eventueller Zusatzfedern, wie der Druckpuffer oder der Zuganschlagfeder an der Karosserie abgestützt.[101]

Im Prinzip kann es wie ein gewöhnliches Elastomerlager betrachtet werden. Es muss nur beachtet werden, um welchen Kopflagertyp es sich handelt. Die Krafteinleitung in die Karosserie kann, wie in Bild 8.30 dargestellt wird, ein-, zwei- oder dreipfadig erfolgen. Für jeden der bis zu drei Pfade sind die entsprechenden Vorlasten zu berücksichtigen. Der Druckpuffer wird in der Nulllage in der Regel kraftfrei sein, im Dämpfer wirkt die Kraft des komprimierten Gasvolumens und die Aufbaufeder stützt die statische Radlast ab.

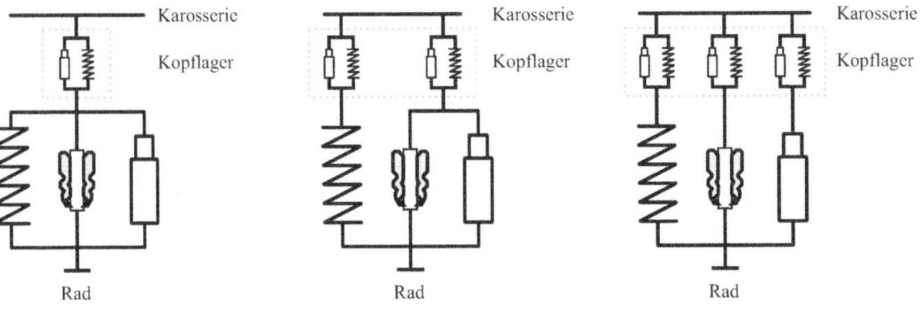

Bild 8.30 Kopflagertypen: ein-, zwei- und dreipfadig

Für jeden Pfad werden unterschiedliche Steifigkeiten und Dämpfungen verwendet. Letztendlich wird damit das Kopflager durch ein, zwei oder drei parallele Elastomerlager repräsentiert, welche die Karosserie mit dem jeweiligen Kraftpfad verbinden. Für das Einfedern muss auf

[100] Für den Begriff des Kopflagers werden auch die Bezeichnungen Stützlager oder Top Mount verwendet.
[101] Die Modellierung der Federelemente Aufbaufeder, Druckpuffer und Zuganschlagfeder werden in Kapitel 9, die des Aufbaudämpfers in Kapitel 10 beschrieben.

die richtige Anschlagcharakteristik geachtet werden, weil ansonsten der Druckpuffer nicht zum richtigen Kraftniveau geführt werden kann.

8.6 Abgleich der Kinematik und Elastokinematik mit Messungen

8.6.1 Erstellung von Raderhebungskurven

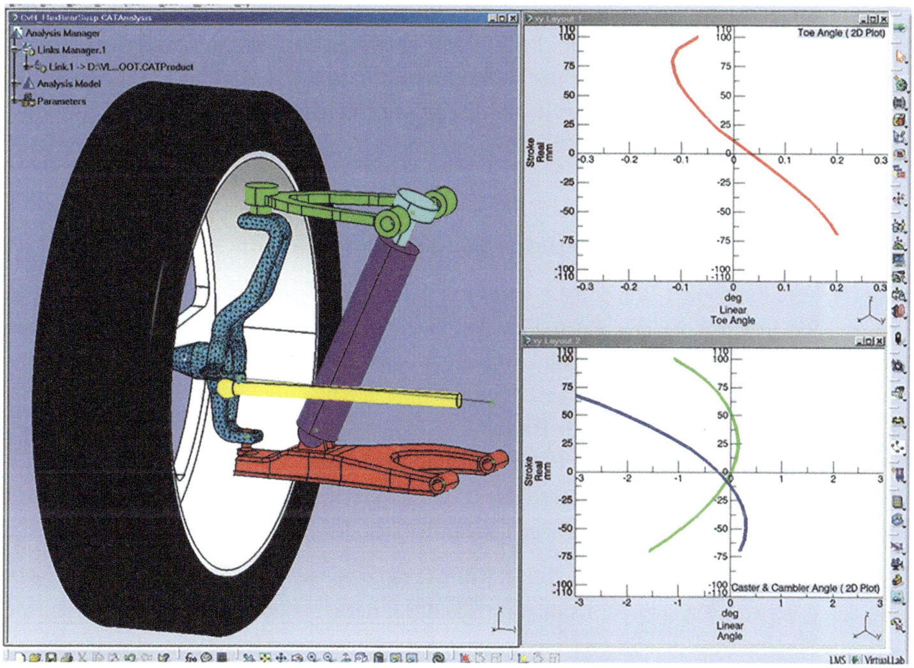

[Bildquelle Siemens PLM Software]

Bild 8.31 Berechnete Raderhebungskurven einer Doppelquerlenkerachse

Da die Kinematik und Elastokinematik einer Achse grundlegendes über das Fahrverhalten des gesamten Fahrzeuges aussagt, haben sich eine Vielzahl von Standardmessungen in diesem Bereich etabliert.[102] Einige Simulationsumgebungen, die speziell für die Fahrzeugsimulation ausgelegt wurden, oder die entsprechende Bibliotheken anbieten, stellen bereits fertige Manöver und Auswerteroutinen zur Verfügung (Bild 8.31). Sollte dies der Fall sein, so ist zu Beginn zu klären, ob die vordefinierten Verfahren, denen im realen Versuch entsprechen. Hierauf sollte größten Wert gelegt werden, denn ansonsten ist ein direkter Vergleich von einer Messung und einem Berechnungsergebnis nicht befriedigend möglich. Natürlich kann das eine in das andere umgerechnet werden, aber eine Diskussion zwischen Prüfstandsnutzer und Berechner wird sich immer schwierig gestalten. Je ähnlicher sich die Auswertungen sind, des-

[102] Natürlich ist es mehr das Zusammenspiel zwischen der Vorder- und der Hinterachse, aber bei den Messungen wird in der Regel achsweise vorgegangen.

to größer wird die Akzeptanz der Ergebnisse auf der Hardwareseite sein. Außerdem werden Dritte (z. B. Chefs) zu recht nicht verstehen, warum sie denselben Sachverhalte in zwei verschiedenen Darstellungen präsentiert bekommen.

8.6.2 Abweichungen im Fahrzeugniveau

Sowohl bei den Kinematik- wie auch bei den Elastokinematikversuchen spielt das Fahrzeugniveau eine große Rolle. Bei Vergleichen von Rechnungen und Messungen wird man unterschiedliche Niveaus sofort als Verschiebung der entstandenen Kurven sehen können. Natürlich kann man im Nachhinein eine der beiden Kurven rechnerisch verschieben, aber günstiger ist es natürlich, wenn von vorneherein mit den gleichen Fahrzeugniveaus gearbeitet wird. Das Fahrzeugniveau kann über entsprechende Kraft- oder Wegoffsets in der Aufbaufeder eingestellt werden.

8.6.3 Abweichungen in der Kinematik oder der Elastokinematik

Weichen die Spur- oder Sturzkurven bereits in der Nulllage von der Messung ab, so ist zunächst die Kinematik zu überprüfen. Eine dreidimensionale Koordinatenmessung der vermessenen Achse wird in der Regel nicht vorliegen, sodass man modellseitig sicherstellen muss, dass die nominellen Koordinaten der Lenkeranbindungen und die Lenkerlängen korrekt übernommen wurden. Im Rahmen der Bauteil- und Montagetoleranzen können Abweichungen zum nominellen Verlauf begründet sein, deshalb empfiehlt es sich, abhängig von der Art der Abweichung, einzelne Lagerkoordinaten leicht zu variieren. Nähern sich die Ergebnisse an, so kann dies ein Indiz für den Einfluss der Toleranzen sein.[103]

Als weitere Ursache kommen unterschiedliche Vorspannungen in den Lagern in Frage, denn hierdurch verschieben sich die Kraftangriffspunkte. Hier ist wiederum zu prüfen, ob im Modell alle nominellen Vorspannungen eingesetzt wurden und wenn ja, welchen Einfluss die Variationen dieser Vorspannungen auf die Lage der Spur- und Sturzkurve haben. Bei Lagern mit richtungsabhängiger Radialsteifigkeit ist zu klären, ob die Einbaurichtung in Fahrzeug und Modell übereinstimmen.

8.6.4 Zusatzfedern

Bei den Messungen der Elastokinematik wird unter anderem die radbezogene Steifigkeit einer Radaufhängung bestimmt. Betrachtet man das Kraft-Weg-Diagramm einer gleichseitigen Messung[104], so ist es aufgrund der Reibung und der Dämpfwirkung der Elastomerlager hysteresebehaftet. Die Einsatzpunkte von Druckpuffern und eventueller Ausfederbremsen (Zuganschlagfeder) können in der Regel schlecht abgeschätzt werden. Günstiger ist es in diesem Fall die Ableitung dieser Kurve zu betrachten, da dort die Steifigkeit über dem Weg aufgetragen

[103] Die Variationen müssen natürlich im Rahmen der tatsächlichen Bauteil- und Montagetoleranzen liegen. Die Größenordnungen sollten vorab mit fachkundiger Seite geklärt werden.

[104] Die linke und rechte Achshälfte wird zeitgleich mit gleicher Amplitude ein- bzw. ausgefedert, sodass ein eventuell verbauter Stabilisator nicht wirkt. Ist ein Stabilisator verbaut und sind seine Lager aufvulkanisiert, so ist die Torsionssteifigkeit der Stabilisatorlager Teil der Sekundärfederung. Außer sie liegt explizit vor, dann kann sie im Stabilager abgebildet werden.

wird. Steifigkeitsänderungen, denn dies stellen die Einsatzpunkte der Zusatzfedern ja da, können durch Sprünge in dieser Kurve besser lokalisiert werden (siehe hierzu auch Abschnitt 9.3).[105]

Während die Ausfederbremsen in der Regel lineare Zusatzfedern sind, was sich im Steifigkeit-Weg-Diagramm als Sprung auf ein höheres konstantes Niveau zeigt, besitzen die Druckpuffer ein nichtlineares Verhalten. Jeder Fahrzeughersteller hat seine eigene Philosophie wann und wie stark der Puffer einsetzen soll, aber wie in Abschnitt 9.3 beschrieben, steigt die Steifigkeit meist exponentiell an. Liegt eine Bauteilmessung vor, kann man sie mit diesem Manöver überprüfen. Liegt sie nicht vor, kann man den Steifigkeitsverlauf des Puffers iterativ an die Fahrzeugmessung anpassen. In diesem Kraftpfad liegt allerdings auch das Kopflager, das im letzten Abschnitt behandelt wurde. Neben der korrekten Anbindung des Kraftpfades und seiner Wegbegrenzung muss hier ein Vergleich der Steifigkeiten zeigen, welche Effekte zu den Zusatzfedern und welche zum Kopflager gehören.

8.6.5 Aufbaufedersteifigkeit

Im Bereich der Nulllage oder der Konstruktionslage wirken bei den meisten Fahrzeugen nur die Aufbaufedern. Die Zusatzfedern sind somit noch nicht im Eingriff. Aus diesem Grund lässt sich an dieser Stelle, wenn auch nur indirekt, am besten Ablesen, ob man die richtige Steifigkeit für die Aufbaufeder gewählt hat und ob im vermessenen Fahrzeug die erwartete Feder verbaut war. Handelt es sich bei der Aufbaufeder um eine lineare Stahlfeder, so muss der Wert der Steifigkeit um diese Lage herum konstant sein. Bei einem nichtlinearen Steifigkeitsverlauf kann gegebenenfalls eine Verschiebung auf ein unterschiedliches Fahrzeugniveau in der Messung und der Rechnung hindeuten. Man kann den Betrag der Steifigkeit nur indirekt ablesen, da ja auch die sogenannte Sekundärfederung oder auch parasitäre Federung mitgemessen wurde. Wurde eine Messung mit ausgebauter Aufbaufeder durchgeführt, so kann man den Anteil der Sekundärfederung abschätzen.[106] Hierzu findet man im Abschnitt 9.3.3 mehr.

Wird für die Aufbaufederung eine Luftfeder verwendet, so wird sie sich aufgrund der langsamen Verfahrgeschwindigkeit annähernd isotherm verhalten, da die durch die Kompression erzeugte Wärme hinreichend schnell aus dem System Luftfeder an die Umgebung abgegeben werden kann. Dies bedeutet, dass die Steifigkeit der Feder niedriger ist als bei einer dynamischen Beanspruchung. Da die Steifigkeit der Luftfeder zusätzlich auch noch lastabhängig und aufgrund der Abrollkontur wegabhängig ist, ist es in diesem Fall noch wichtiger das Fahrzeugniveau mit der Messung abzugleichen. Falls kein komplexes Luftfedermodell verwendet wird, das diese Aspekte alle berücksichtigt, ist die entsprechende Kennlinie für diesen Lastfall auszuwählen. Näheres zu diesen Effekten ist in Abschnitt 9.2 zu finden.

---

[105] Dies sind radbezogene Einsatzpunkte, die erst auf das Bauteil umgerechnet werden müssen.

[106] Da die Elastomerlager dann nicht mehr mit derselben Vorspannung verspannt sind, wird man die Steifigkeit der Sekundärfederung in der Nulllage allerdings nur annähernd bestimmen können.

8.6.6 Stabilisatorsteifigkeit

Betrachtet man eine wechselseitige Messung[107], so ist, sofern verbaut, zusätzlich zur gleichseitigen Anregung die Steifigkeit eines Stabilisators im Diagramm erkennbar. Dies ist eine hervorragende Möglichkeit, die im Modell verwendete Stabilisatorsteifigkeit zu überprüfen, oder falls man sie als Wert nicht vorliegen hat, sie mit diesem Manöver zu bestimmen. Näheres zum Bauteil des Stabilisators ist in Abschnitt 9.1.4 zu finden.

[107] Die linke Achshälfte wird ein- und die rechte Achshälfte wird zeitgleich mit gleicher Amplitude ausgefedert bzw. umgekehrt.

9 Federn

[Bildquelle Audi AG]

Bild 9.1 Im Prüfstand eingespannte GFK-Feder

Auch Elastomerlager (Gummimetallteile) können als Federn betrachtet werden. Schließlich tragen sie bei Mehrlenkerachsen nicht unwesentlich zur sogenannten parasitären Federung bei. Sie wurden jedoch bereits im Abschnitt 8.3 beschrieben, sodass in diesem Kapitel vor allem die Federn im vertikalen Kraftpfad und der Stabilisator im Vordergrund stehen. Zunächst muss man sich wieder überlegen, welche Aspekte der Feder abgebildet werden sollen. Müssen die Gestalt, die Masseneigenschaften und/oder das Kraftgesetz abgebildet werden? Im Sinne der Mehrkörpersysteme sind Federn reine Kraftglieder – ohne Masseeigenschaften.

Um ihre Masse im Gesamten dennoch zu berücksichtigen, kann man sie zum Beispiel zur einen Hälfte dem Aufbau und zur anderen Hälfte der Radaufhängung zuschlagen.[108] Dieser *Trick* dient allerdings ausschließlich dazu, dass sich die Masse in der Gesamtsumme des Fahrzeuges wiederfindet. Durch die bauteilnahe Position der Ersatzmasse wird der Fahrzeugschwerpunkt nur unwesentlich beeinflusst. Aufgrund der zum Beispiel hälftigen Aufteilung ist ein Teil in der gefederten und ein Teil in der ungefederten Masse zu finden. Die möglichst

[108] Für die Trägheitsmomente und die Änderung der Schwerpunktlage wird dies unter Umständen schwierig, weshalb sie oft *vergessen* werden.

korrekte Verteilung der ungefederten Masse spielt insbesondere bei unebener Fahrbahn oder Betrachtung der Radlastschwankungen eine Rolle. Fatal wäre es zum Beispiel, wenn die Feder 2 kg wiegt und ihre Masse vollständig dem ebenfalls 2 kg schweren Lenker zugeschlagen würde. Die wirkenden Trägheitskräfte wären dann deutlich anders als im Original.

9.1 Stahlfedern

9.1.1 Schraubenfeder

Bei den meisten Pkws ist die Aufbaufeder, die den Aufbau gegenüber dem Fahrwerk abstützt, als Schraubenfeder ausgeführt. Im Folgenden wird die Annahme getroffen, dass sich diese Feder immer unter einer Vorspannung befindet und durch ihre Form oder durch den Puffer daran gehindert wird, auf Block zu gehen. Auf diese Weise können Effekte wie Windungsschlagen, Abheben der Federenden oder Kollisionen mit anderen Bauteilen ausgeschlossen werden. Diese Effekte müssen also nicht modelliert werden.

9.1.1.1 Kraftgesetz

Bei der Modellierung einer Schraubenfeder, muss zunächst geklärt werden, ob es sich um eine lineare oder eine nichtlineare Feder handelt. Das Kraftgesetz der linearen Feder (Bild 9.2) kann in guter Näherung durch eine Konstante der Federsteifigkeit abgebildet werden (Gleichung (9.1)), bei der nichtlinearen Variante (Bild 9.3) muss die Federsteifigkeit als Kraft-Weg-Kennlinie vorliegen (Gleichung (9.2)).

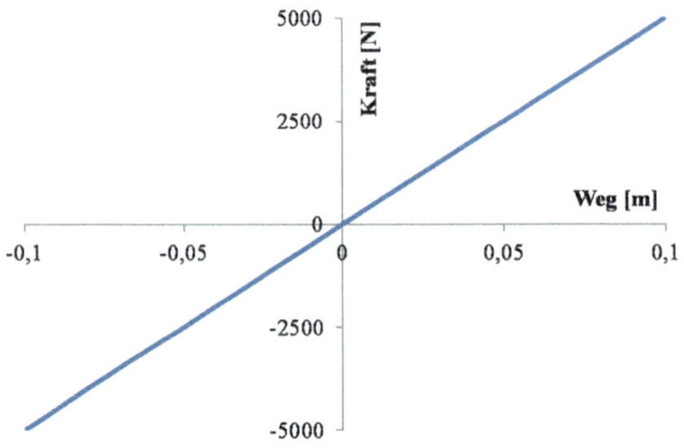

$$F(ds) = c \cdot ds \qquad (9.1)$$

Bild 9.2 Kraftgesetz der linearen Feder

Diese einfache Darstellung ist für die meisten MKS-relevanten Lastfälle ausreichend. Dieses eindimensionale Kraftgesetz reagiert statisch und dynamisch, bei kleinen und großen Amplituden immer gleich – solange man im Arbeitsbereich der Feder bleibt, keine Knickung oder ein auf Block gehen berücksichtigen muss. Die Kennlinie ist einfach zu erstellen.

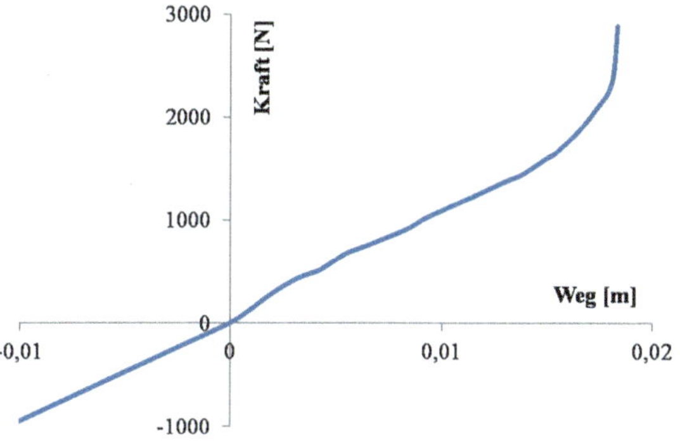

$$F(ds) = c(ds) \cdot ds \qquad (9.2)$$

Bild 9.3 Kraftgesetz der nichtlinearen Feder

Die Ursachen, die zu der Nichtlinearität führen, werden im Weiteren aber nicht mehr berücksichtigt. Entsteht die Nichtlinearität durch einen veränderlichen Drahtquerschnitt, so ändert dies das Schwingungsverhalten der Feder über ihrem Einfederweg. Für eine Modellierung der Aufbaufeder ist dieser Effekt aber meistens vernachlässigbar. Nichtsdestotrotz muss man vor der Modellierung überlegen, ob diese Effekte für die zu betrachtende Fragestellung relevant sind oder nicht.

Die Feder wird bei der beschriebenen eindimensionalen Modellierung in den MKS-Simulationsprogrammen als masselos und ohne Kinematikeinfluss angesehen. Sie kann keine Längs- oder Querkräfte abstützen und hat somit keine kinematische Funktion. Ist die Feder als Bauteil und nicht nur in ihrer Kraftwirkung interessant, gilt dies nicht mehr – komplexere Ansätze sind in den meisten kommerziellen Simulationsumgebungen zu finden. Sie finden zumeist in der Simulation von Ventilfedern Anwendung, denn dort spielt bei der hohen Anregungsfrequenz die Trägheit der Federmasse eine nicht unwesentliche Rolle. Dies gilt auch, wenn das von der Feder zu übertragende Biegemoment nicht vernachlässigbar ist. In [MeSc07] sind einige Beispiele von komplexeren Modellen für diese Zwecke aufgeführt.

In der Standardmodellierung ist keinerlei Reibung oder Materialdämpfung vorgesehen. Letztere kann bei einer Stahlschraubenfeder sicherlich vernachlässigt werden.

Entsteht die Nichtlinearität der Feder durch Zusatzfedern (Zuganschlag, Druckpuffer) so ist zu überlegen, ob es zweckmäßig ist, deren Steifigkeitsverlauf in die Federkennlinie zu übernehmen oder als gesonderte Bauteile zu modellieren. Welche Konsequenzen dies hat, ist in Abschnitt 9.3 näher beschrieben.

9.1.1.2 Grafische Darstellung

Häufig findet man in den kommerziellen Simulationsumgebungen grafische Darstellungen der Schraubenfedern, die aber nur zur grafischen Repräsentation dienen und mit dem tatsächlichen Federungsverhalten nur bedingt etwas zu tun haben. Nichtsdestotrotz ist diese Darstellung für das Verständnis der Bewegung hilfreich.

9.1.1.3 Durchdringung

Gegenüber der realen Feder hat die MKS-Feder nicht die Einschränkung, dass sie nicht auf Block gehen darf. Da sie nur ein Kraftgesetz darstellt, verfügt sie nicht über entsprechende Kontaktmodellierungen, die ein Aufsetzen der Windungen detektieren würden. Auf diese Weise kann die Feder sich selbst durchdringen und nach Gleichung (9.1) mit negativen Wegen und somit negativen Kräften arbeiten. Bei Radaufhängungen ist dies in der Regel konstruktiv nicht möglich. Sollten die ersten Versuche der Modellierung eines Einmassenschwingers dienen, so muss man sich mit diesem Effekt auseinandersetzen. Man sollte sich dieses Effektes allerdings immer bewusst sein. Wie man im nächsten Abschnitt sieht, kann eine Federlänge von Null eine durchaus nicht unübliche Konvention für die Konstruktionslage sein. Auf diese Weise erzeugen positive Wege Zugkräfte und negative Druckkräfte. Da der Weg von Null keine Kraft liefern würde, muss ein konstantes Kraftoffset die statische Last aufnehmen.

9.1.1.4 Ungespannte Federlänge

Wird die Feder in eine konkrete Achskinematik eingebaut, so muss die ungespannte Länge berücksichtigt werden. Die Federn werden unter einer Druckkraft eingebaut, denn sie müssen in der Konstruktionslage bereits das statische Gewicht tragen.

Je nach Simulationsumgebung kann die ungespannte Länge der Feder vorgegeben werden, sodass aufgrund der Einbaulage der Feder ein Kraftoffset entsteht. Alternativ kann häufig auch direkt die Federvorspannung (Kraftoffset) angegeben werden, welche die Feder in der Einbaulage aufweist. Sie ist meist mit der statischen Radlast identisch (auf den Kraftangriffspunkt der Feder umgerechnet). Die Kraft-Weg-Kennlinien in Bild 9.2 und Bild 9.3 gehen durch den Nullpunkt, das bedeutet, sie stellen die Kraft F der Feder bei einer Auslenkung ds dar, die durch ein Offset F_0 korrigiert wurde. Das Kraftgesetz erweitert sich, aufbauend auf Gleichung (9.1), mit der ungespannten Länge s_0 zu

$$F(ds) = c \cdot (ds - s_0) + F_0 \tag{9.3}$$

Für die nichtlineare Feder gilt Entsprechendes. Das Vorzeichen ist zu beachten, da bei einer Längung der Feder ($ds > 0$) Zugkräfte, bei einer Stauchung ($ds < 0$) Druckkräfte auftreten.

9.1.1.5 Isolation

Ist die Feder elastisch gegenüber der Karosserie und/oder der Radaufhängung isoliert, so ist dies möglichst als weiteres Bauteil oder als Kraftgesetz zu berücksichtigen (siehe auch Abschnitt 8.3). Ist die gesonderte Abbildung für die Fragestellung nicht relevant oder liegen keine Steifigkeiten für diese Lagerung vor, so ist zu überlegen, wie die sogenannten Nebenfederraten im Gesamtmodell zu berücksichtigen sind.

9.1.1.6 Komplexe Federmodelle

In den bisher beschriebenen Ansätzen wird die Feder also weniger als Bauteil gesehen, sondern eher als Kraftgesetz formuliert. Ist dies nicht ausreichend, da zum Beispiel Kontaktvorgänge, Windungsschlagen oder das Abheben der Federenden berücksichtigt werden muss, so sind komplexere Federmodelle zu verwenden, wie sie beispielsweise in [Witt06] oder [MeSc07] beschrieben werden.

9.1.2 Blattfeder

Der wesentliche Unterschied der Blattfeder zur Spiralfeder ist, dass sie auch eine kinematische Funktion hat. Sie kann Längs- und auch Querkräfte übertragen und somit eine Abstützung des Rades in diesen Richtungen gewährleisten. Darüber hinaus stützt sie sich an zwei Karosseriepunkten ab, was in ihrer Anbindung berücksichtigt werden muss. Je nach Bauart tritt bei geschichteten Federn mehr oder weniger Reibung zwischen den Blättern auf, die, wenn das Ansprechverhalten bei kleinen Amplituden mit betrachtet werden soll, auch modelliert werden muss. Diese Reibung wird ja zum Teil explizit als dämpfendes Element eingesetzt, sodass sowohl das Haft- wie auch das Gleitreibungsverhalten berücksichtigt werden muss.

9.1.2.1 Kraftgesetz

Die einfachste Möglichkeit eine Einzelblattfeder darzustellen, ist die Annahme das ausschließlich eine vertikale Kraft F auf einen einseitig eingespannten Balken wirkt. Die Errechnung der zugehörigen Biegelinie ist Stoff in der Vorlesung der Festigkeitslehre. Der in Bild 9.4 dargestellte Balken repräsentiert die Hälfte eines einzelnen Blattes einer Rechteckblattfeder.

Die Berechnung der Steifigkeit erfolgt über die Differenzialgleichung der Biegelinie.

$$w''(x) = -\frac{M(x)}{E\,I(x)} \tag{9.4}$$

Mit dem angenommenen Rechteckquerschnitt ist das Flächenträgheitsmoment I über der gesamten Länge konstant.

$$I(x) = I = \frac{b\,h^3}{12} \tag{9.5}$$

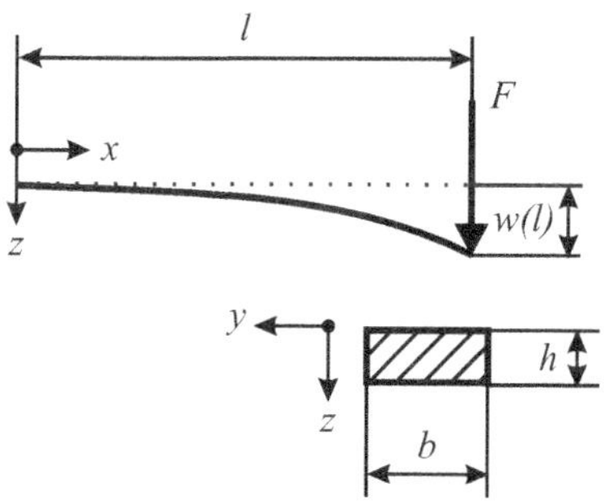

Bild 9.4 Biegelinie des einseitig eingespannten Balkens

Durch zweifache Integration und der Berücksichtigung der Nebenbedingungen erhält man für die Durchbiegung w am Federende folgende Gleichung

$$w(l) = \frac{F\,l^3}{3\,E\,I} \tag{9.6}$$

Setzt man nun die Durchbiegung und die wirkende Kraft ins Verhältnis, erhält man für einen Rechteckquerschnitt die Steifigkeit des Blattes.

$$c = \frac{F}{w(l)} = \frac{3\,E\,I}{l^3} = \frac{b\,h^3\,E}{4\,l^3} \tag{9.7}$$

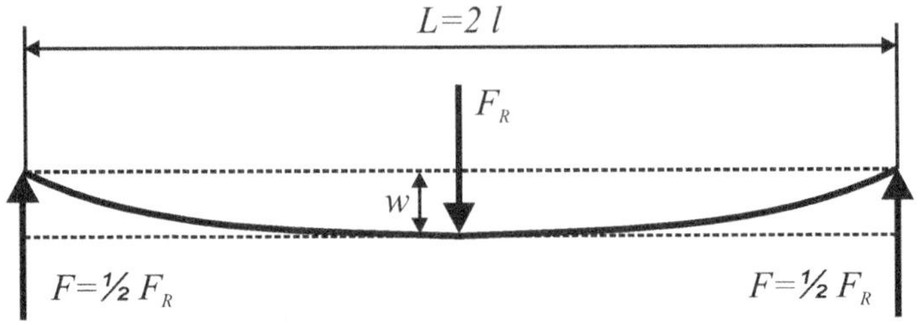

Bild 9.5 Biegelinie der beidseitig eingespannten Blattfeder

Für die gesamte Feder (Bild 9.5) gilt für die Einfederung mit einer symmetrisch abgestützten Radlast F_R

$$w(l) = \frac{F_R\, L^3}{48\, E\, I} = \frac{F_R\, l^3}{6\, E\, I} \tag{9.8}$$

Auch wenn der Rechteckquerschnitt leicht zu berechnen ist, wird er aufgrund seines hohen Gewichts nicht eingesetzt. Die üblicheren Bauformen sind die Trapez- und die Parabelblattfeder. Die deutlich bessere Verhältnisse aus Gewicht und Steifigkeit aufweisen.

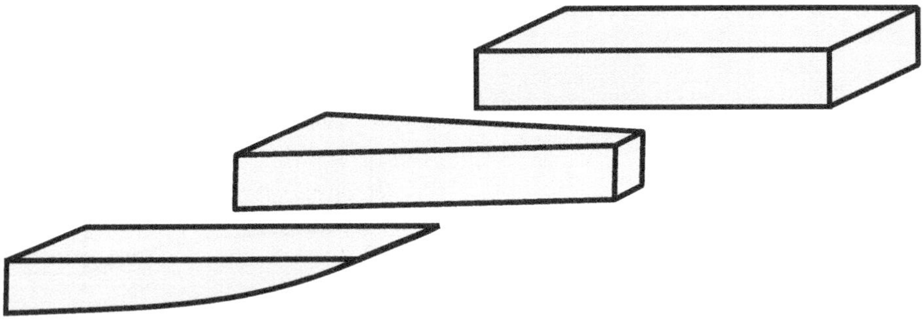

Bild 9.6 Blattfederbauformen (Parabel, Trapez, Rechteck)

Bei der Trapezblattfeder werden die Blätter zum Ende hin, bei konstanter Höhe, schmaler (Bild 9.6, mittig). Im Grenzfall der Dreiecksfeder wird die Endbreite b_l zu Null, was in dieser Form natürlich nicht umsetzbar ist. Im Gegensatz zur Rechteckfeder ändert sich das Flächenträgheitsmoment über der x-Koordinate, sodass mit der Anfangsbreite b_0 nach [MeSc07] gilt

$$I(x) = \frac{b(x)\, h^3}{12} = \frac{h^3}{12}\left[b_1 + \frac{x}{l}(b_0 - b_1)\right] \tag{9.9}$$

Für die Berechnung der Auslenkung am Federende wird das Breitenverhältnis $\beta = b_l/b_0$ eingeführt.

$$w(l) = \left[\frac{1 - 4\beta + 3\beta^2 \ln \beta}{(1-\beta)^2}\right] \frac{6\, F\, l^3}{E\, b_0\, h^3} \tag{9.10}$$

Die Steifigkeit der Trapezblattfeder ergibt dann aus dem Verhältnis der eingeprägten Kraft *F* und der Auslenkung am Ende *w(l)*.

$$c = \frac{F}{w(l)} = \left[\frac{(1-\beta)^2}{1 - 4\beta + 3\beta^2 \ln\beta}\right] \frac{E\, b_0\, h^3}{6\, l^3} \tag{9.11}$$

Bei der Parabelblattfeder reduziert sich die Höhe bei gleichbleibender Breite zum Ende hin parabelförmig (Bild 9.6, links).

$$h(x) = h_0 \sqrt{1 - \frac{x}{l}} \tag{9.12}$$

Nach obiger Vorgehensweise ergibt sich für die Parabelfeder die folgende Steifigkeit:

$$c = \frac{F}{w(l)} = \frac{E\, b\, h_0^3}{8\, l^3} \tag{9.13}$$

Ändert sich die Kontur kubisch

$$h(x) = h_0 \sqrt[3]{1 - \frac{x}{l}} \tag{9.14}$$

so wird die Feder bei gleichen Abmessungen steifer.

$$c = \frac{F}{w(l)} = \frac{E\, b\, h_0^3}{6\, l^3} \tag{9.15}$$

Die bisherigen Rechnungen wurden für einzelne Blätter durchgeführt. Um ein nichtlineares Verhalten und/oder eine größere Steifigkeit zu erreichen, werden die Blätter geschichtet. Bei der Federbewegung bewegen sich die einzelnen Lagen relativ zueinander und es entstehen Reibkräfte. Die dadurch entstehende Dissipation wird und wurde bei nicht komfortrelevanten Einsätzen der Federn gerne als *Dämpfung* verwendet, wodurch zum Teil zusätzliche Dämpfer eingespart wurden. Der dauernde Übergang von der Haft- zur Gleitreibung sorgt aber weder für ein gutes Ansprechen, noch für einen befriedigenden Komfort, sodass heute oft Kunststoffeinlagen zwischen die Blätter eingebracht werden, um die Reibungseffekte zu minimieren. Trotzdem sollten bei mehrlagigen Blattfedern Messungen der Reibkräfte vorgenommen werden, um abschätzen zu können, ob diese Effekte modelliert werden müssen. Eine kurze Anmerkung zu diesem Thema folgt im nächsten Abschnitt.

In [MeSc07] ist für eine geschichtete Rechteckblattfeder mit symmetrischer Belastung für die Einfederung folgender Zusammenhang aufgestellt worden

$$w = \frac{12\, l^3}{(2n + n')\, E\, b\, h^3} \tag{9.16}$$

wobei *n* die Anzahl der Lagen und *n'* die Anzahl zusätzlicher Lagen mit der vollen Länge $L = 2\,l$ darstellen (Bild 9.7).

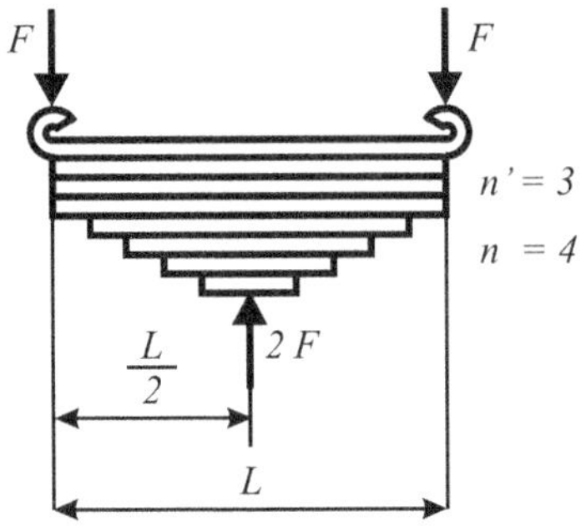

Bild 9.7 Geschichtete Blattfeder

Es gibt mittlerweile einige Entwicklungen die Blattfedern aus Faserverbundwerkstoffen zu fertigen, um primär das Gewichtsproblem aber auch die Reibung in den Griff zu bekommen. Sollte eine solche Feder Gegenstand der Betrachtung sein, sind die vorher angegebenen Formeln an die jeweilige Bauform anzupassen. Stahl und Eisen sind halt doch einfacher zu beschreiben. In [Fruh10] wird ein solcher Ansatz einer radführenden Querblattfeder vorgestellt.

Das Kraftgesetz kann auch über spezielle elastische Balkenansätze dargestellt werden, die je nach Software masselos oder massebehaftet sind. Die numerische Stabilität, der Rechenzeitbedarf und der Parameterbedarf dieser Modelle müssen vorher kritisch darauf geprüft werden, ob sie einen Mehrwert gegenüber den *einfachen* Kraftgesetzen liefern.

Gerade im Nutzfahrzeugbau kann natürlich die Masse einer Blattfeder nicht mehr vernachlässigt werden, das heißt, sie muss gegebenenfalls aufbau- und/oder achsseitig zugeschlagen werden.

9.1.2.2 Reibung

Problematischer wird es mit der Reibung. Häufig kann neben den steifigkeitsbestimmenden Größen auch ein Dämpfungsparameter oder eine Dämpfungsmatrix angegeben werden. Dies entspricht aber viskoser Dämpfung, das heißt einer geschwindigkeitsabhängigen Dämpfung und hat nichts mit den Effekten von Haft- und Gleitreibung zu tun. Will man keine zusätzlichen Reibungsmodelle integrieren, so wird oft die Linearisierung um einen Arbeitspunkt herangezogen. Aus einer Hysteresemessung wird ein konstanter Kraftoffset bestimmt, der dann der Federkraft zugeschlagen wird. Dabei ist zu beachten, dass die Richtungsabhängigkeit gewahrt bleibt[109] und dass man nur von einem Lastfall ausgehen kann, bei der die Feder immer losgebrochen ist[110]. Dies ist zum Beispiel bei Fahrten über schlechte Straßen der Fall. Eine detailliertere Beschreibung zum Thema Reibung ist in Abschnitt 10.2 zu finden.

Eine ausführliche Untersuchung zum Thema Reibung und Hysterese im Zusammenhang der statischen und der dynamischen Steifigkeit bei Blattfedern wird zum Beispiel in [Lee03] beschrieben.

9.1.2.3 Kinematik

Die kinematische Funktion der Längs- und Querabstützung kann durch die Kombination des Kraftgesetzes mit Gelenken oder expliziten Zwangsbedingungen (*Constraints*) erfolgen. Die Verformung der Feder in Längs- und Querrichtung hat Einfluss auf die Radführung, was ins-

[109] Zum Beispiel durch eine Signumfunktion, die allerdings numerisch problematisch sein kann.
[110] Sprich die Federkräfte deutlich über der Losbrechkraft aus der Haftreibung liegen.

besondere bei Bremsungen und größeren Querkräften zu größeren Fehlern führen kann, wenn dies nicht berücksichtigt wird.

9.1.3 Torsionsstabfeder

Die Modellierung einer Torsionsstabfeder kann analog zur Spiralfeder erfolgen, nur muss statt einer Kraft-Weg-Kennlinie eine Moment-Winkel-Kennlinie vorgegeben werden. Ist die Steifigkeit aus den Materialwerten und den Abmessungen zu ermitteln, so ergibt sich bei reiner Torsionsbeanspruchung und einem Kreisquerschnitt mit dem Durchmesser d und der Länge l für einen gegebenen Schubmodul G

$$c_\varphi = \frac{\pi\, G\, d^4}{32\, l} \tag{9.17}$$

9.1.4 Stabilisator

Der Stabilisator ist letztlich eine Torsionsstabfeder mit der Besonderheit an die Einfederung der beiden Radaufhängungen einer Achse gebunden zu sein. Bei wechselseitiger Federung entsteht so eine Verdrehung, die dann zu einem Moment führt, das sich am Aufbau abstützt, um dessen Wankwinkel zu reduzieren. Bei der Implementierung muss darauf geachtet werden, dass das Stabilisatormodell verschiedene Szenarien abdecken können muss.

Als Erstes kommt einem immer die Hauptanwendung in den Sinn. Bei einer Kurvenfahrt wirkt aufgrund der im Schwerpunkt angreifenden Fliehkraft

$$F_C = m \cdot \frac{v^2}{r} \tag{9.18}$$

und des Abstands zwischen dem Schwerpunkt und der Wankachse ein Moment, dass den Aufbau um die Wankachse verdreht. Diesem Moment steht die Federwirkung der Aufbaufederung und des Stabilisators gegenüber. Reduziert man die Wirkung des Stabilisators auf eine Drehfedersteifigkeit, die proportional zur Verdrehung wirkt, vernachlässigt man das eigentliche Wirkprinzip.

[Bildquelle Daimler AG]

Bild 9.8 Gekrümmte Kontur des Stabilisators an der Hinterachse einer Mercedes S-Klasse (W221)

Für den Stabilisator ist es wesentlich, dass es zu einer ungleichen Einfederung an der rechten und linken Seite derselben Fahrzeugachse kommt. Bei gleicher Einfederung wirkt er entsprechend nicht. Dies ließe sich noch mit einem Verdrehwinkel von Null realisieren, aber es gibt noch ein weiteres, unerwünschtes Szenario. Fährt das Fahrzeug geradeaus, aber auf unebener Fahrbahn, so federn die beiden Räder einer Achse ebenfalls ungleich ein. Es entsteht wiederum ein Moment, dass diesmal so auf den Aufbau wirkt, dass er sich um die Wankachse drehen wird. Diesen unerwünschten Effekt bezeichnet man auch als Werfen des Aufbaus. Es ist also bei Fahrten über unebene Fahrbahnen zwingend, dass die Einfederung des Rades mitberücksichtigt wird.

9.1.4.1 Kraftgesetz

Die Verformung des Stabilisators erfolgt beim Einfedervorgang durch eine Kombination von Biege- und Torsionsmomenten. Aufgrund der häufig mehrfach gebogenen Kontur (Bild 9.8), ist eine einfache analytische Bestimmung der Stabilisatorsteifigkeit in der Regel nicht möglich.

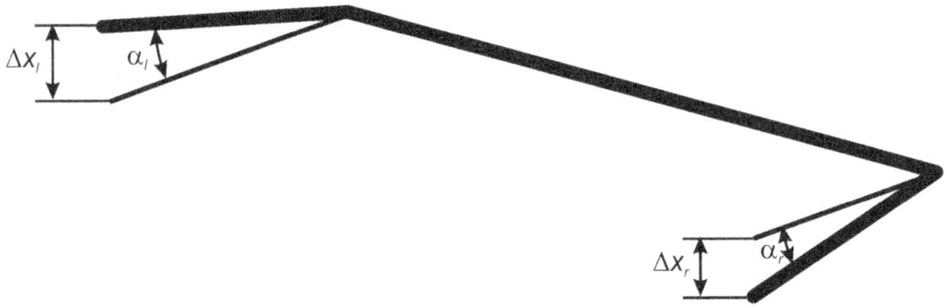

Bild 9.9 Wechselseitiges Einfedern des Stabilisators

Bei der einfachsten Modellierung wird ein linearer Zusammenhang zwischen der wechselseitigen Einfederung $\Delta x = x_l - x_r$ und der erzeugten Kraft oder zwischen $\Delta\alpha = \alpha_l - \alpha_r$ und dem erzeugten Moment angenommen (Bild 9.9). Die lineare Ersatzsteifigkeit bildet das Verhalten um die Ruhelage gut ab. Für die meisten, eher kleinen Verformungen ist dieser Ansatz ausreichend. Bei größeren Federwegen treten aber zunehmend Abweichungen zum realen Bauteil auf, sodass es hier notwendig ist, auf Bauteilmessungen oder auf Ergebnisse nichtlinearer FEM-Berechnungen zu setzen.

Auch für den Stabilisator gibt es die Möglichkeit, um die Kontur besser abbilden zu können, komplexe Balkenmodelle zu verwenden. Aber auch hier gilt, dass die Stabilität, der Rechenzeitbedarf und der Parameterbedarf vorher kritisch darauf geprüft werden müssen, ob die Verwendung des komplexen Modells einen Mehrwert gegenüber den einfachen Kraftgesetzen liefert.

9.1.4.2 Stabilisatoranbindung

Der Stabilisator wird in der Regel mit elastischen Lagern am Hilfsrahmen oder der Karosserie befestigt. Dabei muss unterschieden werden, ob sich der Stabilisator im Lager drehen kann (nur Radialkräfte werden übertragen) oder ob das Lager aufvulkanisiert wurde (auch Axialkräfte und Momente können übertragen werden).

Soll das Modell des Stabilisators mithilfe einer Gesamtfahrzeugmessung auf einem K&C-Prüfstand parametriert werden, so muss berücksichtigt werden, dass die aufgrund der Anbindung entstehenden Kräfte und gegebenenfalls Momente mitgemessen wurden. Liegen Einzelmessungen des Stabilisators und der Lager vor, so ist die Parametrierung entsprechend einfacher.

9.2 Luftfeder

Die Tiefe der Modellierung einer Luftfeder ist stark von der Fragestellung und der zu modellierenden Luftfeder abhängig. Gibt es ein zuschaltbares Zusatzvolumen, ist eine Niveauregulierung vorgesehen? Wie stark variieren die Radlasten, muss die Thermodynamik berücksichtigt werden? Sind die Federwege groß oder klein? Wie wichtig ist das Abrollverhalten des Balges? Diese Fragen zeigen schon einige Gesichtspunkte, unter denen man das System Luftfeder betrachten kann und die direkten Einfluss auf die Modellkomplexität und den zugehörigen Parameterbedarf haben. Nachfolgend wird versucht, einige der wesentlichen Punkte kurz aufzugreifen.

9.2.1 Bestimmung der quasistatischen Steifigkeit

In der Luftfeder wirkt ein unter dem Druck p stehendes Gas auf eine Fläche A und erzeugt so die Kraft F.

$$F = p \cdot A \tag{9.19}$$

Weder der Druck, noch die Fläche sind beim Ein- und Ausfedern konstant. Beide Größen hängen vom Federweg ds ab. Um in erster Näherung die Steifigkeit der Feder zu bestimmen, leiten wir Gleichung (9.19) nach ds ab, sodass folgende Beziehung entsteht

$$c = \frac{F}{ds} = p \cdot \frac{dA}{ds} + A \cdot \frac{dp}{ds} \tag{9.20}$$

Der erste Teil der Summe beschreibt die Änderung der wirksamen Fläche, die von der Abrollkontur und Geometrie der Feder abhängt. Hier muss aus den Konstruktionsdaten der Feder eine entsprechende Kennlinie generiert werden, wenn die Flächenänderung einen wesentlichen Anteil zur Steifigkeitsänderung beiträgt.

Der zweite Teil der Summe zeigt die Wirkung der Druckänderung auf die Steifigkeit der Feder. Bei der Federbewegung ändert sich das Volumen der Feder. Unter der Annahme einer polytropen Zustandsänderung gilt

$$p_1 = p_0 \cdot \left(\frac{V_0}{V_1}\right)^{\kappa} \rightarrow p \cdot V^{\kappa} = const \tag{9.21}$$

Bei sehr langsamen, quasistatischen Ein- und Ausfederbewegungen kann die Wärme, die durch die Kompression des Luftvolumens bei der Einfederung entsteht, schnell genug an die Umgebung abgeführt werden (isotherm, $\kappa = 1$). Die Druckänderung erfolgt also proportional zur Volumenänderung. Da die Luftfeder aber dynamisch im Achsfrequenzbereich betrieben wird, ist die Bewegung zu schnell, als das die Wärme ausreichend übertragen würde (adiabat, $\kappa = 1{,}4$).[111] Der Druck steigt also überproportional an.

Leitet man Gleichung (9.21) ab, so erhält man

$$V^{\kappa}\, dp + \kappa\, p\, V^{\kappa-1}\, dV = 0 \tag{9.22}$$

$$dV = -\frac{V^{\kappa}}{\kappa\, p\, V^{\kappa-1}}\, dp = -\frac{V}{\kappa\, p} dp \tag{9.23}$$

Beschreibt man die Volumenänderung *dV* in Abhängigkeit des Federweges *ds* als

$$dV = -A\, ds \tag{9.24}$$

folgt daraus

$$ds = \frac{V}{\kappa\, A\, p} dp \tag{9.25}$$

Setzt man das in den zweiten Teil der Summe aus Gleichung (9.20) ein, ergibt sich für den Steifigkeitsanteil aufgrund der Druckänderung

$$c = \frac{\kappa\, A^2\, p}{V} \tag{9.26}$$

Die wirksame Fläche A, das Volumen V, der Druck p und somit die Steifigkeit c hängen ebenfalls aufgrund der Abrollkontur von der Einfederung ab, sodass auch hier die zugrunde liegende Geometrie berücksichtigt werden muss.

Darüber hinaus spielt die Harshness der Feder besonders bei kleinen Anregungen eine große Rolle. Sie kann im weitesten Sinne als eine Verhärtung der Feder angesehen werden, die zusätzlich berücksichtigt werden muss. Hier spielt die Bauart der Feder und vor allem des Balges (Axialbalg, Kreuzbalg, Mischform) eine entscheidende Rolle.

9.2.2 Bestimmung der dynamischen Steifigkeit

Berücksichtigt man, dass sich das Gas erwärmen wird, muss man, wie zum Beispiel in [Scha13] beschrieben, zunächst die Energiebilanz im System aufstellen.

$$Q + W = U \tag{9.27}$$

Die Summe der Wärmeenergie Q und der mechanischen Arbeit W entspricht der inneren Energie U.

Bei der Wärmeenergie beschränken wir uns auf die Wärmeübertragung, die über die äußere Oberfläche A_a an die Umgebung abgegeben wird. Mithilfe des Wärmeübergangskoeffizienten α und der Referenztemperatur T_0 ergibt sie sich aus

$$Q = -\int \alpha\, A_a\, \Delta T\, dt = -\int \alpha\, A_a\, (T(t) - T_0)\, dt \tag{9.28}$$

---

[111] Natürlich ist dieser Vorgang nicht im strengen Sinn adiabat, da trotzdem Wärme an die Umgebung abgeführt werden kann, sodass der Isentropenexponent zwischen 1 und 1,4 liegen wird.

Für die mechanische Arbeit betrachten wir die Volumenänderungsarbeit, die aufgrund der Gaskompression beziehungsweise Gasexpansion entsteht. Zusätzlich könnte zum Beispiel auch die Arbeit hinzugerechnet werden, die durch die Reibung verursacht wird.

$$W = \int F\, ds = \int p\, A\, ds = \int p\, dV \tag{9.29}$$

Für die innere Energie bilanzieren wir die gespeicherte Wärme im System mit der Luftmasse m_L und der mittleren spezifischen Wärmekapazität c_m.

$$U = m_L\, c_m\, \Delta T = m_L\, c_m (T(t) - T_0) \tag{9.30}$$

Mithilfe der thermischen Zustandsgleichung für ideale Gase und der spezifischen Gaskonstanten für trockenen Luft R_L kann die Luftmasse in einem Referenzzustand berechnet werden.[112]

$$p_0\, V_0 = m_L\, R_L\, T_0 \rightarrow m_L = \frac{p_0\, V_0}{R_L\, T_0} \tag{9.31}$$

Betrachtet man die zeitliche Ableitung der Bilanzgleichung (9.27)

$$\frac{dQ}{dt} + \frac{dW}{dt} = \frac{dU}{dt} \tag{9.32}$$

und wendet für Gleichung (9.29) die thermische Zustandsgleichung für den Druck an,

$$p\, V = m_L\, R_L\, T \rightarrow p = \frac{m_L\, R_L\, T}{V} \tag{9.33}$$

so ergibt sich eine Differenzialgleichung erster Ordnung für die Temperatur.

$$\dot{T}(t) + \left[\frac{\alpha\, A_a}{m_L\, c_m} - \frac{R_L\, A\big(s(t)\big)\, \dot{s}(t)}{c_m\, V\big(s(t)\big)}\right] T(t) - \frac{\alpha\, A_a}{m_L\, c_m}\, T_0 = 0 \tag{9.34}$$

Löst man diese Differenzialgleichung, kann man mit der Temperatur T(t) und mithilfe der thermischen Zustandsgleichung für ideale Gase den zugehörigen Druck errechnen und dann mit Gleichung (9.26) die Steifigkeit oder mit der Wirkfläche multipliziert die Kraft der Feder bestimmen.

Man erkennt an der Struktur dieser Gleichung, dass man als zusätzliche Parameter den Wärmeübergangskoeffizienten α, die mittlere spezifische Wärmekapazität c_m und den Verlauf der Wirkfläche A und des Volumens V über dem Federweg s braucht. Dies sind Parameter, die in der Regel zunächst nur der Luftfederhersteller besitzt. Eine gute Beschreibung des Federungsverhaltens ist allerdings ohne die Berücksichtigung dieser thermodynamischen Effekte nicht möglich.

9.2.3 Verwendung gemessener Kennlinien

Ein einfacher Ansatz wäre es die Luftfeder, wie eine Stahlfeder, über eine Kraft-Weg-Kennlinie darzustellen und diese dann abhängig vom Lastfall (z. B. K&C-Prüfstand isotherm

---

[112] Für trockene Luft beträgt die spezifische Gaskonstante R_L = 0,287 KJ/Kg K. Unnötig zu erwähnen, dass die Temperatur natürlich in Kelvin angegeben wird.

und Straßenüberfahrt adiabat) umzuschalten oder auszutauschen. Die Kennlinien müssen für verschiedene Lasten ermittelt werden, damit die unterschiedlichen Beladungszustände berücksichtigt werden können. In [Puff09] werden konkrete Vorschläge für Messverfahren zur Charakterisierung von Luftfedern gemacht.

Der Weg eine Luftfeder wie eine Stahlfeder mit einer nichtlinearen Kennlinie abzubilden, funktioniert solange, wie es nur um gemittelte Ausgabegrößen und sehr niederfrequente Anregungen geht. Häufig werden Federn als eindimensionale Kraftelemente modelliert, die ihre Kräfte nur in der Verbindungslinie der oberen und unteren Federanbindung einprägen. Die Feder erfährt so weder Kräfte und Momente außerhalb dieser Linie, noch kann sie sie einprägen. Gerade Luftfedern werden während des Ein- und Ausfederns der Radaufhängung räumlich bewegt und erfahren auf diese Weise zwangsläufig auch Längs- und Querkräfte oder Biegemomente. Genau diese Kraftsituation führt ja zu den Problemen beim Abrollen des Balges während des Federungsvorganges.

Wie man diese Kräfte ermittelt, ist zum Beispiel in [Ramb08] beschrieben, wo Querkräfte von bis zu 20% der Vertikalkräfte gemessen wurden. Das dynamische Verhalten der Feder ist zum Beispiel in [Gaut01] oder [Baue08] beschrieben. In [Eich03] wird die Modellierung von Luftfedern mit Zusatzvolumen beschrieben.

9.2.4 Niveauregulierung

Häufig sind Fahrzeuge, die mit Luftfedern ausgestattet sind, auch mit einer Niveauregulierung versehen. Dies hat zwei Konsequenzen. Als Erstes muss unabhängig vom Beladungszustand immer dasselbe Niveau im Modell eingestellt werden. Abhängig von der Modellierungsart kann das zum Beispiel über eine geänderte Vorspannung der Aufbaufeder erfolgen.

Werden Kennlinien für die Luftfeder verwendet, muss eine Kennlinie für die höhere Last und die neue Gasmenge verwendet werden. Bei Luftfedern wird die Niveauregulierung dadurch erreicht, dass die Gasmenge solange verändert wird, bis das Wunschniveau eingestellt ist.

In Gleichung (9.26) wurde die Abhängigkeit der Luftfedersteifigkeit vom Druck dargestellt. Wenn wir nun den Zustand 0 (z. B. unbeladen) mit dem Zustand 1 (z. B. beladen) vergleichen, ergibt sich für den Steifigkeitsanteil aufgrund der Druckänderung

$$c_0 = \frac{\kappa\, A^2\, p_0}{V_0} \rightarrow c_1 = \frac{\kappa\, A^2\, p_1}{V_0} \tag{9.35}$$

Die Gasmenge wird solange variiert, bis das Ursprungsvolumen V_0 wieder erreicht wird. Aufgrund der veränderten Last stellt sich ein neuer Systemdruck p_1 ein. Der Effekt ist, dass sich die Steifigkeit proportional zur Druckänderung und damit zur Laständerung verändert. Dies ist eine wesentliche Eigenschaft der Luftfeder mit Niveauregulierung. Aus der Schwingungslehre ist der Zusammenhang aus Steifigkeit und Masse als Eigenfrequenz bekannt.

$$f = \frac{1}{2\pi}\sqrt{\frac{c}{m}} \tag{9.36}$$

Da sich die Steifigkeit im gleichen Maße wie die Masse ändert, bleibt die Eigenfrequenz des Fahrzeuges (nahezu) konstant. Wird also im Modell nur die Masse verändert, ohne eine angepasste Kennlinie zu verwenden, entspricht das Schwingungsverhalten des Aufbaus nicht dem des realen Vorbildes.

9.3 Druckpuffer und Zuganschlagfeder

Der Ein- und Ausfederweg kann hydraulisch, das heißt geschwindigkeitsabhängig, oder mit Federn, also wegabhängig, begrenzt werden. Im Folgenden werden nur die wegabhängigen Varianten besprochen.

9.3.1 Druckpuffer

Druckpuffer werden eingesetzt, um den maximalen Einfederweg begrenzen zu können und der Federkennlinie einen progressiven Verlauf zu geben (siehe auch Abschnitt 9.1.1.1). Von ihrer Wirkungsweise sind sie den in Abschnitt 8.3 beschriebenen Elastomerlagern ähnlich. Sie bestehen in der Regel aus einem Elastomermaterial und verfügen somit sowohl über eine Steifigkeit wie auch über Dämpfungseigenschaften. Der entscheidende Unterschied zum Lager, der modelltechnisch einen anderen Ansatz erfordert, ist, dass der Puffer erst ab einer gewissen Einfederung zum Einsatz kommt.

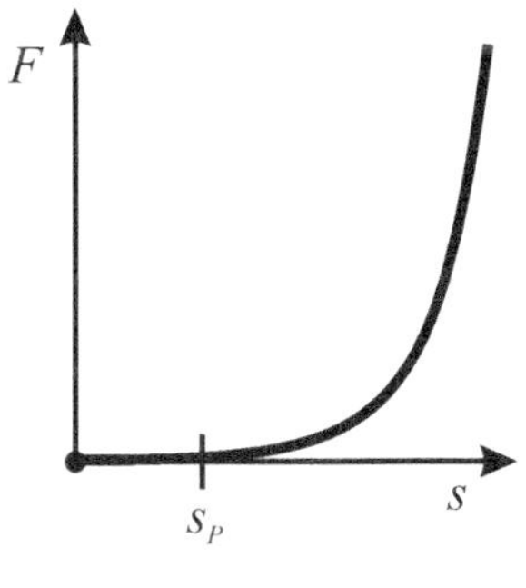

Bild 9.10 Pufferkennlinie

Die Aufbaufeder hat einen Freiweg s_P, innerhalb dessen nur sie alleine wirkt. Erst wenn dieser aufgebraucht ist, kommt der Puffer zusätzlich dazu und bringt seine Zusatzsteifigkeit und seine Dämpfung ein (Bild 9.10).

Die Steifigkeit des Puffers könnte wie eine Zusatzfeder über eine Kraft-Weg-Kennlinie definiert werden, deren Kraftwirkung erst beim Puffereinsatz einen Betrag größer Null annimmt. Die Dämpfung des Puffers kann aber, wenn sie als einfaches Dämpfermodell umgesetzt wird, nur geschwindigkeitsproportional sein. Auf diese Weise wirkt sie immer, auch wenn der Puffer noch gar nicht zusammengedrückt wird. Dieser Ansatz führt deshalb zu erhöhten Dämpferkräften innerhalb des Freiwegs der Feder.

Zielführender ist es, den Puffer mit Hilfe einer Kontaktmodellierung darzustellen, wie sie von den meisten Simulationsprogrammen bereitgestellt werden. Das Kontaktmodell ermöglicht den Einsatzpunkt des Puffers vorzugeben und die Kraftgesetze erst ab diesem Punkt wirken zu lassen. Je nach Umsetzung kann dies über eine Pufferkennlinie und eine Dämpfungskonstante oder auch -kennlinie erfolgen.

Kontaktmodelle sind häufig eindimensional, das heißt, es ist darauf zu achten, dass die tatsächlichen geometrischen Verhältnisse entsprechend umgerechnet werden müssen (Abstandsberechnung).

9.3.2 Zuganschlagfeder

Die Zuganschlagfeder oder auch als Ausfederbremse bekannt, soll den Ausfederweg begrenzen. Sie hat ähnlich wie der Druckpuffer beim Einfedern einen Freiweg und wirkt erst nach ihrem Einsatzpunkt. Häufig werden lineare Stahlfedern mit konstanter Steifigkeit verwendet, die im Dämpfer verbaut sind. Da die Federn über keine dämpfende Wirkung verfügen, können sie über ein einfaches Federmodell mit Freiweg modelliert werden.

9.3.3 Kombination

Modelliert man die Aufbaufeder, den Druckpuffer und die Zuganschlagfeder separat, so wirkt sich die Kombination der einzelnen Bauteile wie in Bild 9.11 dargestellt aus.

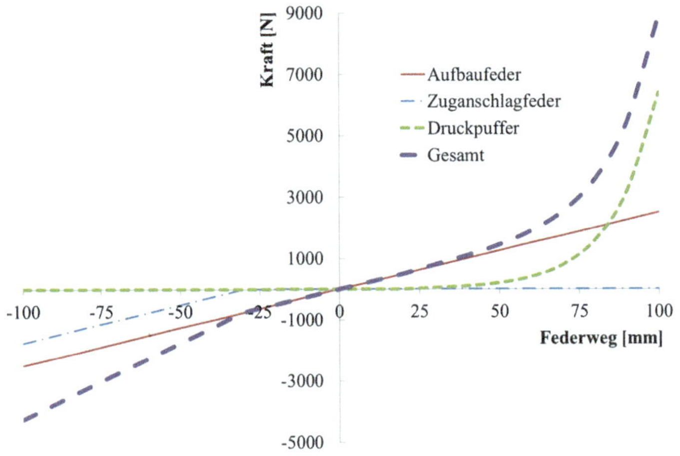

Bild 9.11 Kombination aus einzelnen Bauteilkennlinien

Dient eine Fahrzeugmessung eines K&C-Prüfstandes als Grundlage für die Parametrierung der Federelemente, muss berücksichtigt werden, dass in der Messung als zusätzliche Steifigkeit die Nebenfederrate enthalten ist. Im Umkehrschluss ist dies eine gute Möglichkeit, die Nebenfederrate zu ermitteln, wenn die einzelnen Bauteilsteifigkeiten bekannt sind. Die Differenz zwischen der in Bild 9.11 dargestellten Gesamtkennlinie und der gemessen radbezogenen Kennlinie entspricht dann der *parasitären* Nebenfederrate.

9.4 Federübersetzung

Abhängig von der Modellierung der Radaufhängung wird die Aufbaufeder unabhängig von ihrer Bauart entweder, wie im Zielfahrzeug, an den kinematisch korrekten Orten zwischen der Karosserie und dem Radträger oder einem Lenker angebracht oder die Kraft wirkt direkt auf die Radmitte (siehe auch Abschnitt 8.1.2). Im letzten Fall ist zu beachten, dass die bauteilbezogene Steifigkeit auf den Radmittelpunkt umgerechnet werden muss.

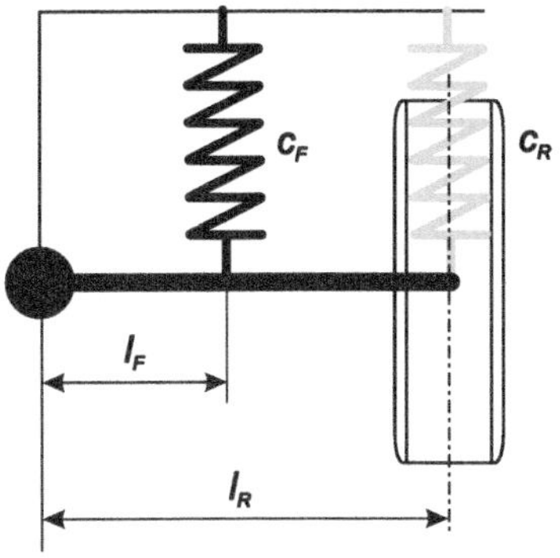

Bild 9.12 Federübersetzung

Wandert die Feder von ihrer geometrisch richtigen Position an den Radmittelpunkt[113], so verlängern sich der wirksame Hebelarm und im gleichen Maße die Federauslenkung. Um beide Effekte zu berücksichtigen, muss die Federübersetzung quadratisch berücksichtigt werden, damit am Rad dieselbe Federwirkung erzielt wird.

Die Federübersetzung stellt das Verhältnis der beiden Hebelarme l_F und l_R dar (Bild 9.12).

Man findet in der Literatur und in der Anwendung zwei Möglichkeiten, dieses Verhältnis zu bilden:

Federübersetzungen größer Eins:

$$i_F = \frac{l_R}{l_F} \tag{9.37}$$

Federübersetzungen kleiner Eins:

$$i_F = \frac{l_F}{l_R} \tag{9.38}$$

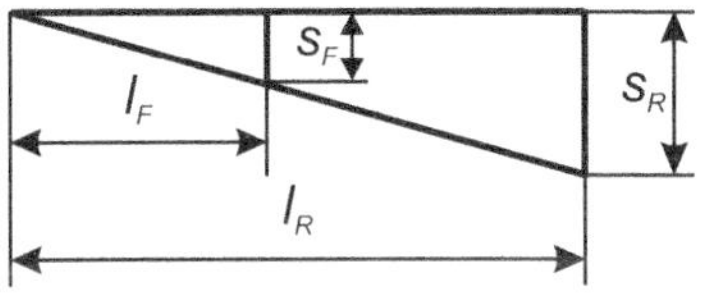

Bild 9.13 Änderung des Hebels und der Einfederung

Die Feder mit der Bauteilsteifigkeit c_F soll von der Position l_F auf die Radmittenposition l_R verschoben werden. Der wirksame Hebel und der Einfederweg der Feder verändert sich (Bild 9.13). Das Verhältnis des Radweges s_R zum Federweg s_F stellt über den Strahlensatz wiederum das Übersetzungsverhältnis dar.

Federübersetzungen größer Eins:

$$i_F = \frac{s_R}{s_F} \tag{9.39}$$

Federübersetzungen kleiner Eins:

$$i_F = \frac{s_F}{s_R} \tag{9.40}$$

Geht man davon aus, dass am Rad trotz der neuen Einbaulage dieselbe Kraft der Feder wirken soll, so muss bei der Verwendung von i_F mit den Gleichungen (9.37) und (9.39) folgende Rechnung für die radbezogene Steifigkeit c_R angestellt werden:

$$l_R \cdot s_R \cdot c_R = l_F \cdot s_F \cdot c_F \tag{9.41}$$

$$c_R = \frac{l_F}{l_R} \cdot \frac{s_F}{s_R} \cdot c_F = \frac{c_F}{i_F^2} \tag{9.42}$$

Des Weiteren ist je nach Anordnung der Feder zu beachten, dass beim Ein- und Ausfedern die Federübersetzung nicht konstant bleibt, da sich die Projektionen der Hebellängen verändern. Ist dieser Effekt wesentlich, kann man der Federkennlinie noch eine Übersetzungskennlinie i_F (s_R) vorschalten oder sie direkt mit der Federkennlinie verrechnen. Allerdings mixt man dann

[113] Zum Beispiel weil gar keine Achskinematik modelliert wird.

zwei Effekte, sodass sich die (umgerechnete) Bauteilkennlinie von der verwendeten Kennlinie unterscheidet. Man spart sich allerdings pro Rechenschritt vier zusätzliche Kennlinienauswertungen und die anschließende Multiplikation. Bei sehr zeitkritischen Anwendungen kann das zur Reduzierung der Rechenzeit beitragen.

Für den nachfolgend behandelten Dämpfer gilt bezüglich des Übersetzungsverhältnisses derselbe Zusammenhang.

10 Dämpfung und Reibung

[Bildquelle ZF Friedrichshafen AG]

Bild 10.1 Elektronisch verstellbare Dämpfersysteme

10.1 Dämpfer

10.1.1 Kraftgesetz und Dämpferkennlinie

Die im Fahrwerk verwendeten Aufbaudämpfer sind komplexe Bauteile, die nichtsdestotrotz häufig nur als Kraftgesetz in Form der geschwindigkeitsproportionalen viskosen Dämpfung modelliert werden. Für viele Fragestellung ist dies auch ausreichend, solange es sich um *klassische* Ein- oder Zweirohrdämpfer im *normalen* Einsatz handelt. Da Fahrzeugdämpfer immer nichtlinear sind, scheidet die Modellierung mit einer Dämpfungskonstanten, wie sie standardmäßig im Ein- oder Zweimassenschwingeransatz verwendet wird, für die hier behandelten Fragestellungen aus. Auch die Aufteilung zwischen Zug- und Druckstufe durch jeweils einen eigenen konstanten Wert ist nicht zielführend. Hier wird um die Nullstelle eine unter Umständen starke Unstetigkeit erzeugt, die numerisch zu Problemen führen kann (Bild 10.2).

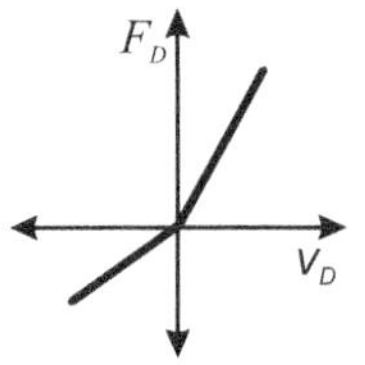

Bild 10.2 Unstetigkeit bei linearem Übergang

Ist eine Linearisierung zwingend erforderlich, so ist sehr genau zu überlegen, welcher Arbeitsbereich des Dämpfers abgebildet werden kann und ob dies wirklich ausreichend ist. Bei der Ein- und Ausfederbewegung des Rades erfolgt für die Dämpfergeschwindigkeit an jedem Umkehrpunkt ein Nulldurchgang mit einem nachfolgenden Vorzeichenwechsel.

Die häufig mit dem Dämpfer verbauten Komponenten Druckpuffer (Einfederbegrenzung) und Zuganschlagfeder (Ausfederbegrenzung) wurden bereits im vorherigen Abschnitt 9.3, das Kopflager in Abschnitt 8.5.2 behandelt.

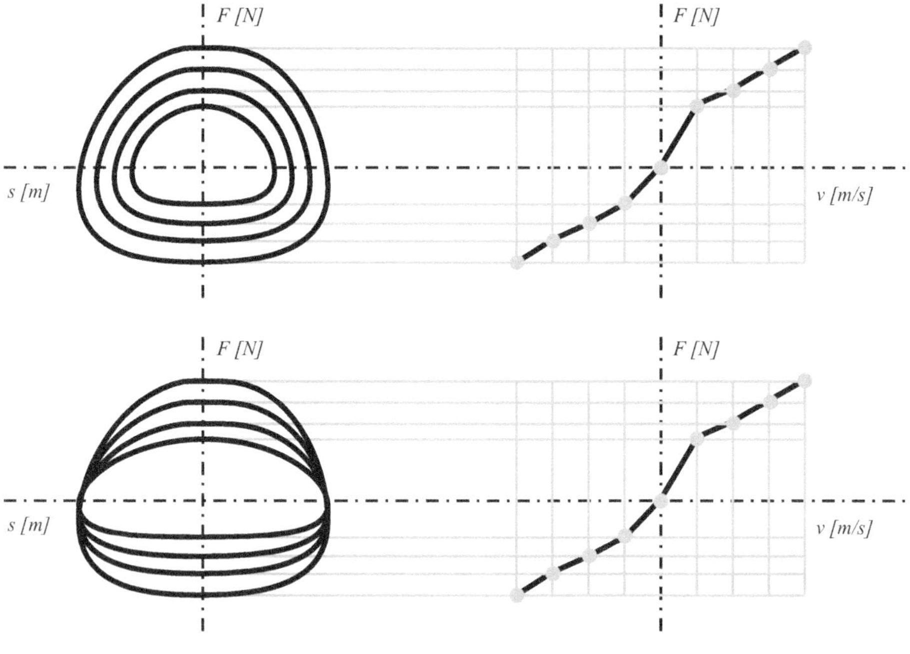

Bild 10.3 Messung einer Dämpferkennlinie mit konstanter Geschwindigkeit (oben) und konstantem Hub (unten)

Seit Jahrzehnten hat sich als Standard die sogenannte VDA-Kennlinie etabliert, in der die Auswertemethode und die Auswertepunkte vorgegeben sind. Das Ergebnis einer solchen Messung ist eine Kraft-Geschwindigkeits-Kennlinie, die sofort von den einfachen Dämpfermodellen verwendet werden kann.[114] Die Dämpfer werden bei konstanten Hüben und definierten Umdrehungs- oder Zylindergeschwindigkeiten gemessen oder alternativ mit konstanter Geschwindigkeit und angepassten Hüben, wie in Bild 10.3 exemplarisch dargestellt wird. Das Kraft-Weg-Diagramm zeigt die Arbeit, die der Dämpfer verrichten kann (Bild 10.3, links) – deshalb findet man auch häufig die Bezeichnung Arbeitsdiagramm für diese Darstel-

[114] Hier ist die Vorzeichenkonvention im Simulationsprogramm zu beachten.

lung. Je größer die eingeschlossene Fläche eines Messzyklus ist, desto mehr Energie kann umgesetzt werden. Die Geschwindigkeit kann aus dem Hub und der Umdrehungsgeschwindigkeit leicht ermittelt werden.[115] Wenn der Gesamthub s = 100 mm beträgt, dann hat der Dämpfer bei 50 mm seine maximale Geschwindigkeit, danach muss der Kolben wieder abgebremst werden. Bei einer Umdrehungsgeschwindigkeit von n = 100 min^{-1} ergibt sich für die Dämpfergeschwindigkeit v_D

$$v_D = \frac{2\pi}{60 \frac{s}{min}} \cdot n \cdot \frac{s}{2} = \frac{2\pi}{60 \frac{s}{min}} \cdot 100\, min^{-1} \cdot 50\, mm = 0{,}52 \frac{m}{s} \tag{10.1}$$

Bei der beschriebenen Ein- und Ausfederbewegung liegen bei den beiden Umkehrpunkten jeweils Dämpfergeschwindigkeiten von 0 m/s an. Dann wird auf dem Weg zum anderen Umkehrpunkt bis zur Maximalgeschwindigkeit beschleunigt, bis wieder abgebremst werden muss. Bei dieser Messvorschrift wird die maximale Kraft bei diesem Hub ausgewertet und der jeweiligen Dämpfergeschwindigkeit zugeordnet.

Wenn zwei Dämpfer verglichen werden, muss der Verlauf außerhalb dieses Maximums qualitativ gleich sein, da die gesamte Charakteristik auf diesen Maximalwert reduziert wird. Unterscheiden sich die Dämpfer in ihrem Kraftverlauf über dem Weg deutlich, wie es zum Beispiel bei einem konventionellen Dämpfer gegenüber einem Nutdämpfer oder einem amplitudenselektiven Dämpfer der Fall wäre, dann werden diese Aspekte nicht mehr berücksichtigt. In solchen Fällen müssen weitere Daten vorliegen und der einfache Modellansatz entsprechend um diese Funktionen erweitert werden.

Da diese Art der Dämpferkennlinie nur den Zusammenhang zwischen der Kolbengeschwindigkeit und der entstehenden Dämpferkraft beschreibt, können in diesen Modellen keine Effekte, die eine Abhängigkeit von der Anregungsfrequenz und/oder der Anregungsamplitude besitzen, abgebildet werden.

Sowohl für die Fahrdynamik, wie auch für den Fahrkomfort ist der niedrige Dämpfergeschwindigkeitsbereich interessant – also das Verhalten aus der Ruhelage ($v_D = 0$) heraus.

Nach der reinen Lehre muss für die Fahrdynamik sofort eine Kraft aufgebaut werden, welche die Aufbaubewegung bereits im Entstehen reduziert. Diesem Verhalten kommt ein degressiver Verlauf der Kennlinie am nächsten (Bild 10.4, oben). Im Sinne des Fahrkomforts liegt das Problem in der Übertragung kleiner Anregungen (aufgrund der Straßenrauigkeit).

---

[115] Die Methode kommt aus einer Zeit, in der mithilfe von Schubkurbeln gemessen wurde, daher findet man in der Literatur noch häufig die Angabe von Drehzahlen. Heutzutage wird überwiegend auf Hydropulsern gemessen.

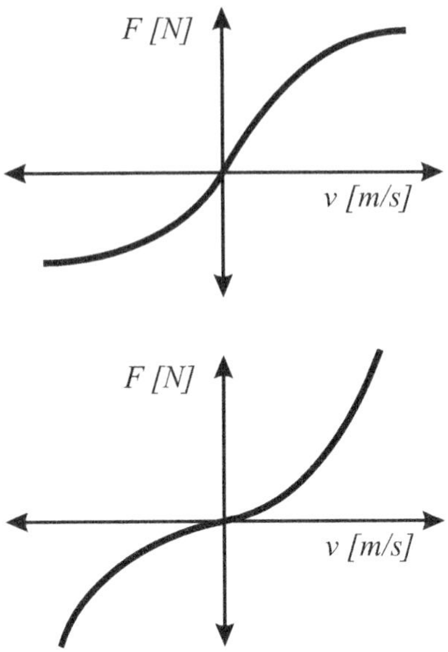

Bild 10.4 Degressiver und progressiver Verlauf der Dämpferkennlinie

Soll nicht wie zuvor beschrieben eine gemessene Kennlinie verwendet werden, sondern die Kennlinie ist selbst das Ziel der Simulation, so bietet sich eine etwas andere Vorgehensweise an. Will man mithilfe einer Optimierung eine Kennlinie für eine vorgegebene Manöverschar entwerfen, so ist es günstiger sie nicht durch Stützstellen, wie bei der Messung, sondern abschnittsweise durch Geradengleichungen abzubilden. In Bild 10.5 sind die Zug- und die Druckstufe jeweils in zwei Abschnitte eingeteilt. Je nach Anwendung können natürlich weitere Abschnitte sinnvoll sein. Um zum Beispiel den niedrigen

Im Idealfall sollte in diesem Fall gar keine Dämpferkraft erzeugt werden und somit möglichst wenige Störungen in den Aufbau und somit zu den Passagieren eingeleitet werden. Hier wäre ein progressiver Verlauf der Dämpferkennlinie günstiger (Bild 10.4, unten). Jeder Fahrzeughersteller löst diesen Zielkonflikt auf seine Weise.

Die Problematik für den Berechner liegt darin, dass die klassische Messmethode für den kleinen Dämpfergeschwindigkeitsbereich nur wenige Stützstellen liefert, das bedeutet, in diesem wichtigen Bereich unter Umständen sehr ungenau ist. Dazu kommt, dass gerade aus der Ruhelage heraus, die Reibung eine entscheidende Rolle spielt. Sie muss in einer Extramessung identifiziert werden, da sie ansonsten in der gemessenen Kraftamplitude enthalten ist. Für die Messungen sollte daher ein erweiterter Messbereich im kleinen Dämpfergeschwindigkeitsbereich gewählt und eine Reibungsmessung vorgesehen werden.

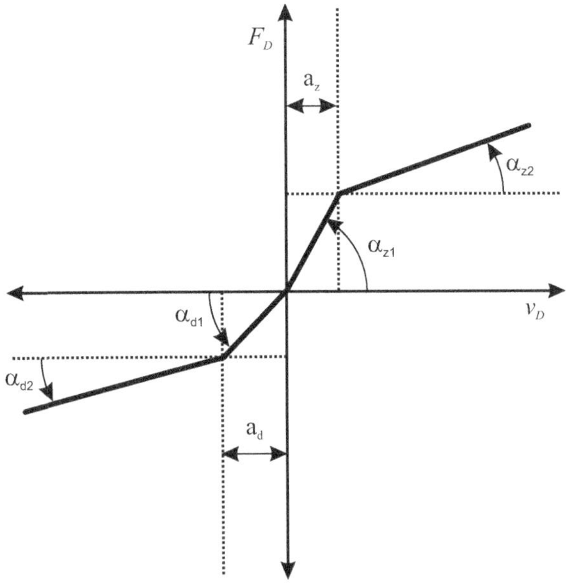

Bild 10.5 Abbildung der Dämpferkennlinie durch Geradengleichungen

Geschwindigkeitsbereich besser abbilden zu können oder bei höheren Dämpfergeschwindigkeiten noch einen weiteren Knick einzuführen.[116]

Auf diese Weise können die Steigungen der Geraden als Parameter in der Optimierung verwendet werden. Als Zielfunktionen dienen geeignete manöverspezifische Kennwerte. Wie bei jeder Optimierung muss im Nachhinein mit Ingenieurverstand die mathematische Lösung an die Physik herangeführt werden.

10.1.2 Kinematik und Masse

Aus MKS-Sicht besteht der Dämpfer aus verschiedenen Elementen. Bisher wurde das Kraftelement Dämpfer behandelt, das eine Kraft-Geschwindigkeits-Funktion darstellt. Darüber hinaus kann der Dämpfer als Drehschubgelenk wirken, wie es beim Konzept der McPherson-Radaufhängung auch kinematisch genutzt wird (siehe Abschnitt 8.1.1). Zusätzlich kann die Masse des Dämpfers berücksichtigt werden. Dabei ist zu beachten, dass die meisten Dämpfer auf der einen Seite karosseriefest und auf der anderen Seite am Radträger oder an einem Fahrwerklenker gelagert sind. Dies legt eine Modellierung von zwei Körpern nahe. Der radseitige Anteil gehört zur ungefederten Masse, die aufgrund ihres geringen Betrages empfindlich darauf reagiert, ob zum Beispiel 4 kg fehlen oder nicht. Es hängt natürlich stark von der Bauart des Dämpfers ab, wie viel des Gewichts man dem karosserieseitigen und wie viel dem radseitigen Körper zuschlägt. Dort wo die Kolbenstange befestigt ist, sollte das geringere Gewicht eingetragen werden.

10.1.3 Dämpferübersetzung

Greift das Dämpferelement im Modell nicht an der im Zielfahrzeug vorgesehenen Stelle, sondern im Radmittelpunkt an, so muss die hinterlegte Kennlinie auf diesen Punkt umgerechnet werden. Wie auch bei der Feder muss die Dämpferübersetzung quadratisch in diese Umrechnung eingehen (siehe Abschnitt 9.4).

10.1.4 Gasfederkräfte

Unabhängig von den am Dämpfer verbauten Federelementen wie Druckpuffer oder Zuganschlagfedern, liefert auch der Dämpfer neben seinen Dämpferkräften durchaus Federkraftanteile. Die heute fast ausschließlich eingesetzten Gasdruckdämpfer besitzen ein unter Druck stehendes Gaspolster. Dieses Gaspolster liefert beim ruhenden Dämpfer eine statische Grundkraft, die in der Regel in den Messungen angegeben wird. Da in den beiden Arbeitskammern des Dämpfers unterschiedliche Volumen zur Verfügung stehen, wird die Kompressibilität des Gases als Ausgleichsvolumen genutzt. Bei einer dynamischen Anregung ändert sich aufgrund der polytropen Zustandsänderung der Druck des Gases und somit die wirkende Federkraft. Nichtsdestotrotz sehen die meisten Dämpfermodelle nur eine konstante Offsetkraft vor. Die Änderungen der Gaskraft werden dann, obwohl sie wegabhängig sind, implizit in der Dämpferkennlinie vermutet. Da man aber das aktuelle Gasvolumen bei einer Standardmes-

[116] Zu beachten sind allerdings die Unstetigkeiten an den Übergängen, wie bereits zu Beginn diskutiert.

sung nicht kennt und es sich über die Druckverhältnisse im Dämpfer nur indirekt annähern lässt, ist dieser Weg für die allermeisten Anwendungen als hinreichend genau anzusehen.

Nimmt man das Dämpferöl in erster Näherung als inkompressibel an, so besitzt es keine Elastizität und kann keine potenzielle Energie speichern. Wird es kompressibel, so entsteht ein Federverhalten und es entsteht ein schwingendes System. Die Steifigkeit der Flüssigkeitssäule ist dann druckabhängig und somit nicht mehr konstant, wie zum Beispiel in [Stre12] nachgewiesen wurde.

10.1.5 Dichtungen und Reibung

Die Dichtungen zwischen Kolben und Dämpferrohr und an der Kolbenstange (und ggf. am Trennkolben) besitzen zwei Eigenschaften, die je nach Lastfall zu berücksichtigen sind. Zum einen tritt an der jeweiligen Kontaktfläche Reibung auf, die bei kleinen Anregungen dazu führt, dass der Dämpfer *klemmt* und so keine Dämpfung entwickeln kann. Zum anderen kann es bei kleinen Anregungen dazu kommen, dass der Dämpfer in der Dichtung federt. Dies bedeutet, dass die Elastizität der Dichtung einen Ausgleich der Bewegung ermöglicht, ohne dass die Kolbenstange verfährt. Auch so ist natürlich keine Dämpfwirkung vorhanden. Die Form und Größe der Hysterese ist dabei stark von der Art der Dichtung abhängig [ReSt89]. Wie dies berücksichtigt werden kann, ist in Abschnitt 10.2 beschrieben. Die Größenordnung der Reibung kann in der gleichen Aufspannung, wie die Dämpferkennlinie gemessen werden. Für die Reibungsmessung wird eine sehr niedrige Geschwindigkeit gewählt, sodass die Dämpfung in der gemessenen Kraft eine untergeordnete Rolle spielt und überwiegend die Reibung gemessen wird. Für die Fahrkomfortsimulation kleiner Anregungen (Mikrostuckern) haben diese Effekte in der Regel starken Einfluss auf das Ergebnis und sollten deshalb nicht vernachlässigt oder nur abgeschätzt werden.

10.1.6 Temperaturverhalten

Die Aufgabe des Dämpfers besteht darin, Bewegungsenergie in Wärmeenergie umzusetzen. In der Regel werden in den Dämpfermodellen diese Effekte nicht berücksichtigt, sodass die Erwärmung des Fluids und der Dichtungen vernachlässigt wird. Untersuchungen in [LiSe01] zeigen, dass das Temperaturverhalten der Dämpfer zwischen -20°C und +100°C durchaus relevante Änderungen in der Kraftwirkung verursacht. Die hohen Temperaturen können bei Schlechtwegüberfahrten, wie sie bei der Ermittlung von Lasten für die Betriebsfestigkeit üblich sind, durchaus auftreten. Ob man nun tatsächlich ein thermodynamisches Modell entwickelt, das diese Effekte nachbilden kann oder ob man Messungen von den Dämpfern bei der jeweils erreichbaren Temperatur vornimmt und das dann als stationär ansieht, ist abhängig von den Manövern und der Fragestellung. Hierbei ist natürlich auch zu beachten, inwieweit der reale Dämpfer abhängig von der Fahrgeschwindigkeit des Manövers von Luft umströmt und gekühlt werden kann. Die Erstellung einer Gesamtwärmebilanz ist sicherlich in den seltensten Fällen notwendig und durchführbar.

10.1.7 Komplexe Dämpfermodelle

Spielt für die gegebene Fragestellung der Dämpfer eine herausragende Rolle oder ist er der Hauptgrund für die Untersuchung, wird man der Modellierung mehr Aufmerksamkeit schenken. Das Dämpferöl ist dann nicht mehr als inkompressibel, die Viskosität als temperaturabhängig, das Gasvolumen als polytrop und die Ventildynamik als wesentlich anzusehen. Dies erfordert dann eine Modellierung, die weit über die als Standard angebotenen Modelle hinausgeht. Man wird in der Regel selbst zur Programmierungen der physikalischen Zusammenhänge greifen müssen.[117] Dabei darf man bei allem Enthusiasmus nicht vergessen, dass dieses Modell auch parametriert werden muss – und dies hoffentlich auch nicht nur einmal. Deshalb sollte man immer auch die einfache Messbarkeit und so die bessere Verfügbarkeit der Parameter im Auge haben. Sonst vermodert das Modell sehr schnell in der hintersten Ecke der Festplatte oder man füttert das dann nur noch vermeintlich genaue Modell mit einer großen Zahl von geschätzten Parametern. Ein Vorschlag zur Modellierung und Parametrierung über eine Parameteridentifikation ist zum Beispiel in [FuBe08] zu finden.

10.2 Reibung

Überall dort, wo sich Bauteile bewegen, entsteht an den Kontaktstellen zu den anderen Bauteilen Reibung, zum Teil in Größenordnungen, die nicht vernachlässigt werden können.

Aufgrund ihrer großen Kontaktfläche tritt Reibung bei den Kugelgelenken der Lenker im besonderen Maße auf. Auch die Dichtungen der Dämpfer reiben an den Kontaktflächen des Kolbens und an der Kolbenstange. Der Dämpfer arbeitet solange nicht, bis die äußeren Kräfte die Haftreibung überwunden haben. Auch im Lenkstrang spielt die Reibung der Dichtungen und Verzahnungen insbesondere für das Lenkgefühl eine große Rolle. Bei Blattfedern ohne Kunststoffeinlagen kann die Reibung so große Dimensionen annehmen, dass zusätzliche Dämpfer überflüssig werden. Auch bei Reifen sind die Reibungseffekte wesentlich. Sie sind dort aber derart komplex, dass sie mit dem klassischen Ansatz der COULOMBschen Reibung nicht mehr darzustellen sind. In Kapitel 12 wird erläutert, wie dies bei Reifenmodellen umgesetzt wird.

10.2.1 COULOMBsche Reibung

Im ersten Semester lernt man als zukünftige Ingenieurin oder als zukünftiger Ingenieur die Reibung als eine der Bewegung entgegengesetzte Kraft kennen. Zu diesem Zeitpunkt in der gut verständlichen, aber stark vereinfachenden Form der COULOMBschen Reibung. Die Haftreibung kann nicht durch die klassischen Kraftelemente Feder oder Dämpfer dargestellt werden, da sie keine konstante Kraft darstellt. Sie blockiert vielmehr bis zu einem bestimmten Kraftniveau einen Freiheitsgrad, den sie nach dem Überschreiten der sogenannten Losbrechkraft wieder frei gibt. Dies ist nicht unproblematisch, da die meisten Simulationsprogramme keine wechselnde Zahl von Freiheitsgraden vorsehen und dieses Verhalten durch eine Erhö-

[117] Oder jemanden damit beauftragen, der sich damit auskennt.

hung der Steifigkeit dargestellt wird. Was nicht ohne Einfluss auf die Rechenzeit und die Eigenwerte des Systems bleibt.

Zunächst muss man zwischen der Haftreibung im Stillstand und der Gleitreibung bei Bewegung unterscheiden. Der einfachste Ansatz ist die Reibung F_R als proportionale Kraft zur Normalkraft F_N und der Richtung der Geschwindigkeit v entgegenwirkend darzustellen.

$$F_R = \begin{cases} -\mu \cdot F_N & \text{für } v > 0 \quad \text{(Gleitreibung)} \\ F_H & \text{für } v = 0 \quad \text{(Haftreibung)} \\ \mu \cdot F_N & \text{für } v < 0 \quad \text{(Gleitreibung)} \end{cases}$$

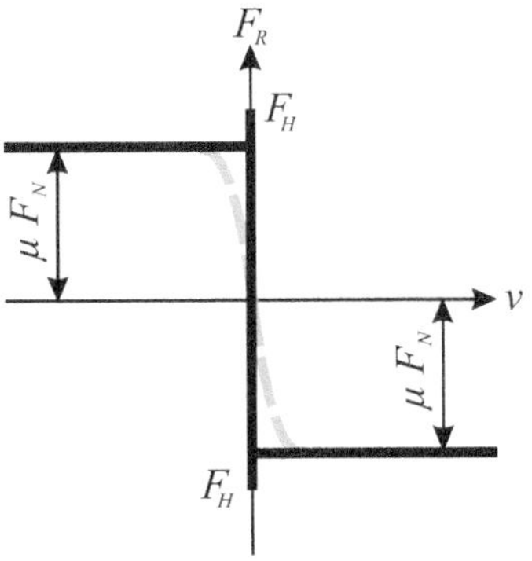

Bild 10.6 COULOMBsche Reibung

Hierbei ist μ der Gleitreibwert zwischen den beiden Bauteilen. Im Stillstand wirkt die Haftkraft F_H, sie wirkt wie eine Versteifung des Systems und wirkt sich im Frequenzbereich als eine Erhöhung von Eigenfrequenzen aus.

Numerisch problematisch bei dieser Modellierung ist die Unstetigkeit des Kraftverlaufs bei einem Richtungswechsel – hier wechselt die Reibkraft F_R bei gleichem Betrag schlagartig das Vorzeichen (Bild 10.6). Bildet man einen stetigen Übergang, so ist dies zwar numerisch verträglicher, aber dies führt unter Umständen bei niedrigen Geschwindigkeiten zu einer Reibungsfreiheit oder zu einer zu niedrigen Reibungskraft, was je nach Bauteil und Lastfall zu falschen Ergebnissen führt (in Bild 10.6 gestrichelt dargestellt).

Nach [Popo09] kann für diese stetige Beschreibung der Reibkraft folgender Ansatz verwendet werden:

$$F_R = -\frac{2}{\pi}\,\mu\, F_N \arctan\frac{v}{v_{ch}} \tag{10.2}$$

Dabei repräsentiert der Parameter v_{ch} die charakteristische Geschwindigkeit. Mit ihrer Hilfe kann der Übergang zwischen Haft- und Gleitreibung gestaltet werden (Bild 10.7). Die Auswertung der Arcus Tangens-Funktion ist jedoch verhältnismäßig rechenzeitintensiv.

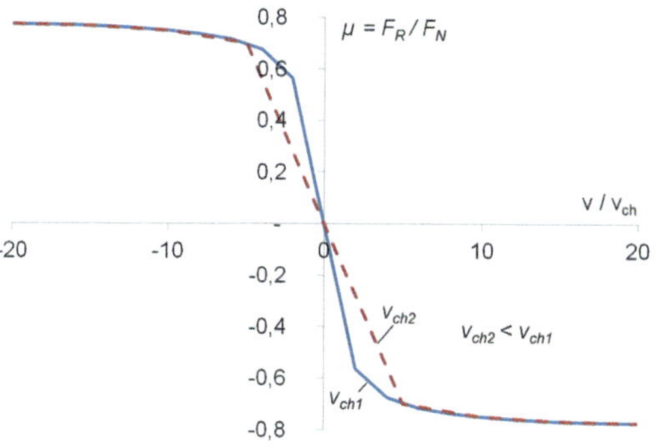

Bild 10.7 Modellierung der COULOMBscher Reibung nach [Popo09]

Dem kann man entgegenwirken, wenn man den erwarteten Wertebereich in eine Tabelle ablegt und dann die benötigten Werte durch lineare Interpolation ermittelt. Eine weiterer vereinfachender Ansatz teilt den Haft- und Gleitbereich in zwei Teile und approximiert sie durch Geradengleichungen [Simp09]. Die Steigungen m_1 und m_2 der beiden Geraden werden wiederum durch den Vergleich der aktuellen Geschwindigkeit an der Kontaktstelle zur charakteristischen Geschwindigkeit zur Berechnung der Reibkraft herangezogen (Bild 10.8).

$$F_R = \begin{cases} -m_1 \cdot v_{ch} + m_2 \cdot (v_{ch} - v) & \text{für } v > v_{ch} \quad \text{(Gleitreibung)} \\ m_1 \cdot v & \text{für } -v_{ch} \leq v \leq v_{ch} \quad \text{(Haftreibung)} \\ m_1 \cdot v_{ch} + m_2 \cdot (v_{ch} + v) & \text{für } v < v_{ch} \quad \text{(Gleitreibung)} \end{cases}$$

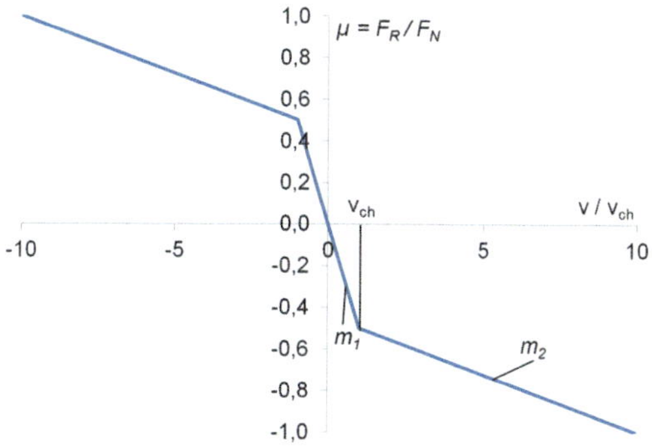

Bild 10.8 Modellierung COULOMBscher Reibung nach [Simp09]

Tritt bei dem betrachteten Lastfall die Haftreibung nur selten auf, da sich die Bauteile fast immer im *losgebrochenen* Zustand, also in der Gleitreibung befinden, so ist auf diesem Umstand weniger Augenmerk zu legen. Eine stetige Modellierung der Reibungskraft kann in diesem Fall akzeptabel sein. Kommen die Bauteile immer wieder zum Stillstand, dann ist der Übergang aus der Haft- in die Gleitreibung wesentlich und muss entsprechend modelliert werden (Stick-Slip-Effekte). Dies kann dann aber zu höheren Rechenzeiten führen, da hier das Kraftgesetz abhängig vom Status (Stick (Haften) oder Slip (Gleiten)) umgeschaltet werden muss. Die meisten Simulationsprogramme bieten für diese Zwecke komplexere Reibungsmodelle an, die allerdings neben der höheren Rechenzeit auch eine größere Anzahl von Parametern benötigen. Hierfür sind dann spezielle Messungen notwendig, um diese Modelle parametrieren zu können. Meine Empfehlung lautet hier, erst einmal die einfachen Modelle zu verwenden und ihre Grenzen zu verstehen, bevor man sich an die komplexen Modelle heranwagt.

10.2.2 Fiktive Gesamtreibung

Die Berücksichtigung der Reibungseffekte an jedem Bauteil im Fahrwerk führt zu extrem langen Rechenzeiten und ist in den seltensten Fällen sinnvoll. Sie komplett zu vernachlässigen ist aber ebenfalls selten möglich, da ansonsten ein zu optimistisches Bild dargestellt würde. Eine Alternative kann eine fiktive Gesamtreibung sein, die an einer Stelle (z. B. parallel zur Aufbaufeder oder dem Aufbaudämpfer) installiert wird und alle Reibungseffekte in vertikaler Richtung zusammenfasst (Bild 10.9). Die Größenordnung dieser Gesamtreibung kann auf einer K&C-Anlage gemessen werden, da dort der Kraftpfad zwischen Radmittelpunkt und der Karosserie zur Verfügung steht. Manöver auf sehr ebener Fahrbahn (z. B. Mikrostuckern) profitieren von dieser Art der Modellierung. Die Effekte der Reibung in Längs- oder Querrichtung können so allerdings nicht abgebildet werden.

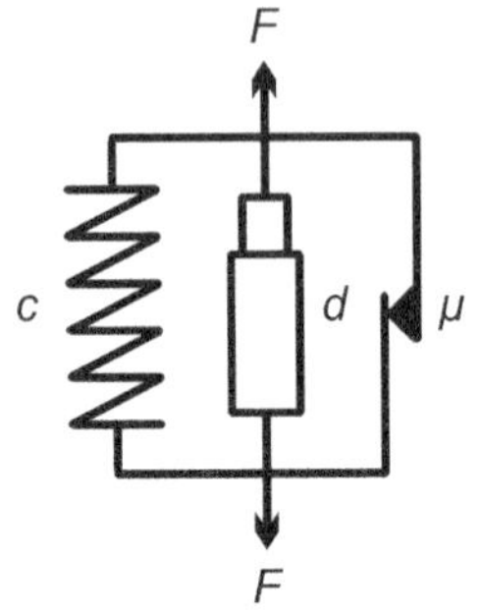

Bild 10.9 Fiktive Gesamtreibung

11 Lenkung

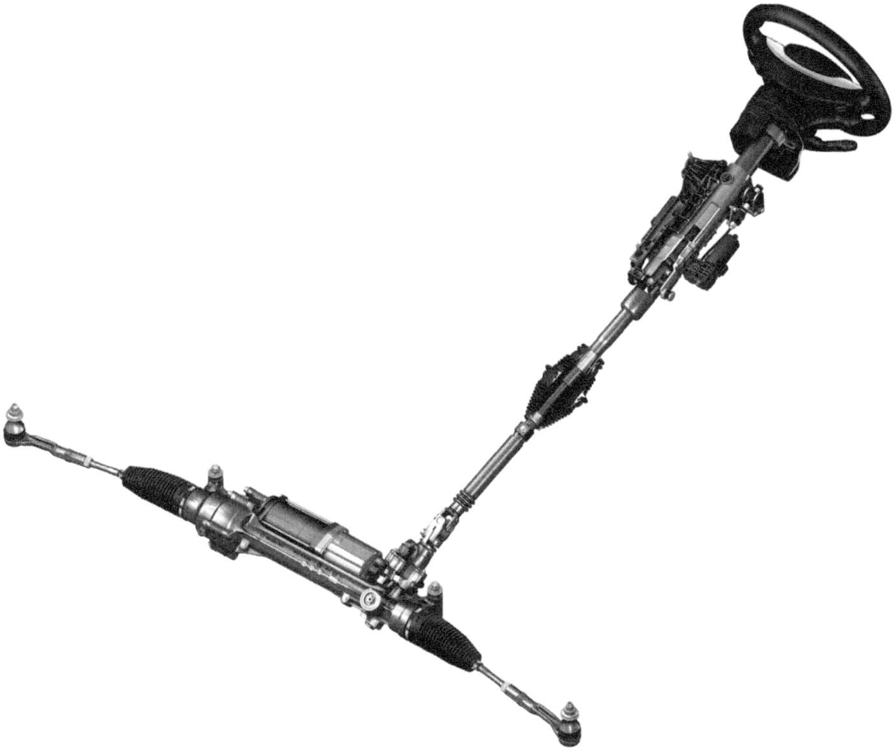

[Bildquelle Daimler AG]

Bild 11.1 EPS-Lenkung eines Mercedes SL (R231)

In diesem Kapitel soll ausschließlich die Abbildung der Baugruppe der Lenkung beschrieben werden. Der Einfluss des Fahrers, die Entstehung und die Umsetzung des Lenkwunsches, das heißt, die Lenkregelung, wird im Abschnitt 16.2 beschrieben.

Der Fahrerwunsch des Lenkens kann über zwei verschiedene physikalische Größen an die Lenkung übergeben werden. Als erstes denkt man sicherlich an den Lenkradwinkel. Er wird auch in den meisten Fällen der Eingang des Lenkungsmodells sein (Bild 11.2). Das Lenkungsmodell wandelt diesen Lenkradwinkel δ_H bei einem zweispurigen Fahrzeug kinematisch in einen Radlenkwinkel des kurvenäußeren Rades δ_a und des kurveninneren Rades δ_i um. Ob das direkt oder über ein Lenkgetriebe passiert, das dann wiederum zum Beispiel eine Zahnstangenverschiebung als Ausgang hat, sei an dieser Stelle erst einmal nebensächlich. Aus der Radbewegung entsteht eine Radseitenkraft F_R, die wiederum auf das Lenkrad zurückwirkt und dort in einem erforderlichen Lenkmoment M_H resultiert. Weitere Größen wie Reibung, Servounterstützung, Reifenrückstellmoment etc. seien zunächst in dieser Kraft F_R gebündelt.

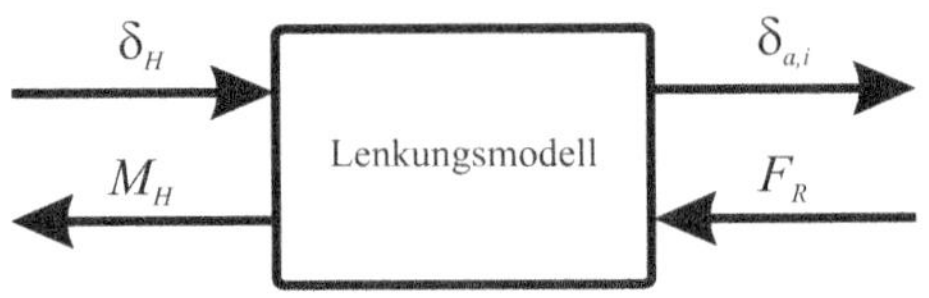

Bild 11.2 Lenkradwinkel als Eingang des Lenkungsmodells

Da der Lenkradwinkel häufig als Funktion der Zeit (z. B. über eine Wertetabelle) vorgegeben wird, sind seine Ableitungen, insbesondere die Lenkradwinkelgeschwindigkeit, implizit mit vorgegeben. Dies sollte man im Hinterkopf behalten, denn die Geschwindigkeit, mit welcher der Fahrer lenkt, sollte dem Manöver und dem modellierten Fahrer angemessen sein. Für Standardmanöver wie zum Beispiel dem Lenkwinkelsprung nach [ISO7401] sind diese Geschwindigkeiten vorgegeben (200 – 500°/s).

Aber auch die Möglichkeit alternativ das Lenkmoment vorzugeben macht durchaus Sinn (Bild 11.3). In Verbindung mit einem Lenkregler für den Fahrer, kann hier sehr gut das maximal vom Fahrer aufzubringende Moment begrenzt werden und so ein möglichst realistisches Fahrerverhalten modelliert werden.

Bild 11.3 Lenkradmoment als Eingang des Lenkungsmodells

Zunächst ist wieder die übliche Frage zu stellen, wofür das Lenkungsmodell gebraucht wird. Wird es lediglich für die Kursfolgung des Fahrzeuges verwendet, so können auch einfache Modellansätze, wie sie im folgenden Abschnitt beschrieben werden, ausreichen. Ist es wichtig, dass das erforderliche Lenkmoment inklusive der Rückmeldung der Straße oder die Beanspruchung einzelner Lenkungsbauteile abgebildet werden kann, so muss mehr Aufwand in die Modellierung gesteckt werden. Derartige Modelle werden in den darauffolgenden Abschnitten erläutert.

11.1 Einfache Lenkungsmodelle

Die einfachste Darstellung der Lenkung ist sicherlich die Beschränkung auf den entsprechenden Freiheitsgrad am Rad, der direkt durch eine Radlenkwinkelvorgabe beaufschlagt wird. Bei dieser Vorgehensweise wird auf eine Modellierung der Lenkung weitgehend verzichtet und der *Fahrerwunsch* des Lenkreglers direkt auf die Lenkbewegung des einzelnen Rades oder der Achse bezogen. Hierbei ist natürlich zu beachten, dass das kurveninnere Rad einen anderen Radlenkwinkel als das kurvenäußere Rad braucht (Bild 11.7). Hat man keine herstellerspezifischen Vorgaben, so ist die Modellierung nach den Ackermannbedingungen sicherlich der erste Schritt, um die benötigten Lenkwinkel an den beiden Rädern bestimmen zu können (Bild 11.5). Dafür benötigt man zunächst die Lage des Schwerpunktes in x-Richtung.

Bei einem gegebenen Radstand l und der Gewichtsverteilung im Fahrzeug (Vorderachslast m_V, Fahrzeuggesamtgewicht m_{ges}) kann der Schwerpunktabstand zur Hinterachse l_h mit Gleichung (11.1) bestimmt werden (Bild 11.4).

$$l_h = l \cdot \frac{m_v}{m_{ges}} \qquad (11.1)$$

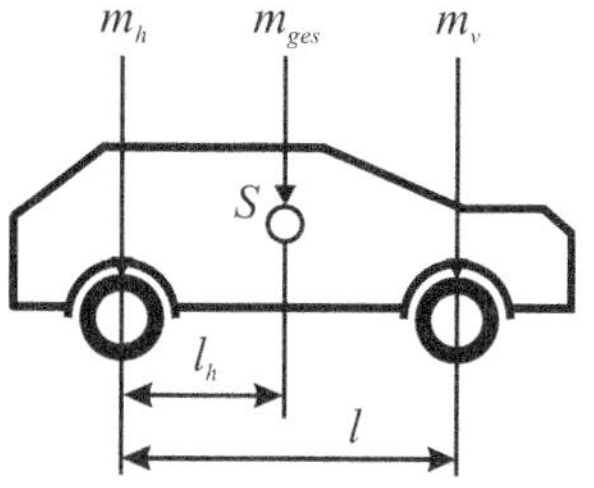

Bild 11.4 Schwerpunktabstand

Jetzt kann man geometrisch aus Bild 11.5 den Ackermannwinkel δ_A mit Gleichung (11.2) bestimmen. Unter der Annahme hinreichend großer Kurvenradien wird der Ackermannwinkel entsprechend klein und man kann die Gleichung linearisieren.

$$\tan \delta_A = \frac{l}{\sqrt{R^2 - l_h^2}} \rightarrow \delta_A = \frac{l}{R} \qquad (11.2)$$

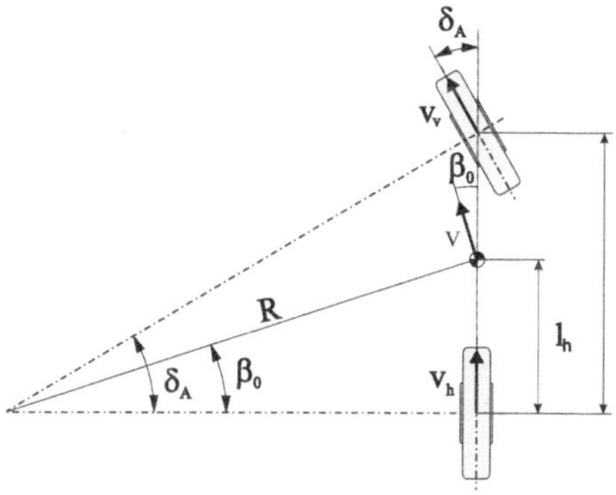

Bild 11.5 Statischer Ackermannwinkel

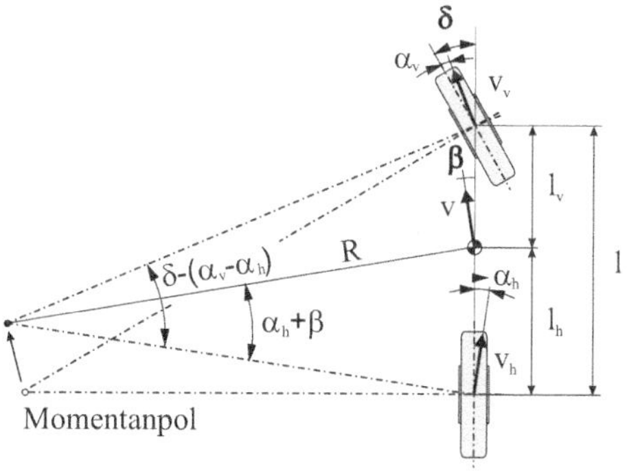

Bild 11.6 Dynamischer Ackermannwinkel

Wie bei jeder Linearisierung ist der Wertebereich im Auge zu behalten, in dem operiert wird. Werden die untersuchten Kurvenradien doch kleiner, so entstehen größere Winkel und der Fehler durch die Linearisierung wächst.

Darüber hinaus geht die statische Definition des Ackermannwinkels davon aus, dass keine Schräglaufwinkel an den Rädern entstehen. Dies ist bei einer Kurvenfahrt, bei der eine Seitenkraft übertragen werden muss, per Definition nicht möglich. Die entstehenden Schräglaufwinkel an der Vorder- und an der Hinterachse sorgen für eine Verschiebung des Momentanpols aus der Kreismitte, sodass auch hier eine Abweichung entsteht (Bild 11.6).

Um jetzt bei einem zweispurigen Fahrzeug (Bild 11.7) auf die Radlenkwinkel des kurveninneren (δ_i) und des kurvenäußeren Rades (δ_a) zu kommen, muss man die Spurweite b_v der Vorderachse mitberücksichtigen (Gleichungen (11.3) und (11.4)).

$$\delta_i = \frac{l}{R - \frac{b_v}{2}} \tag{11.3}$$

$$\delta_a = \frac{l}{R + \frac{b_v}{2}} \tag{11.4}$$

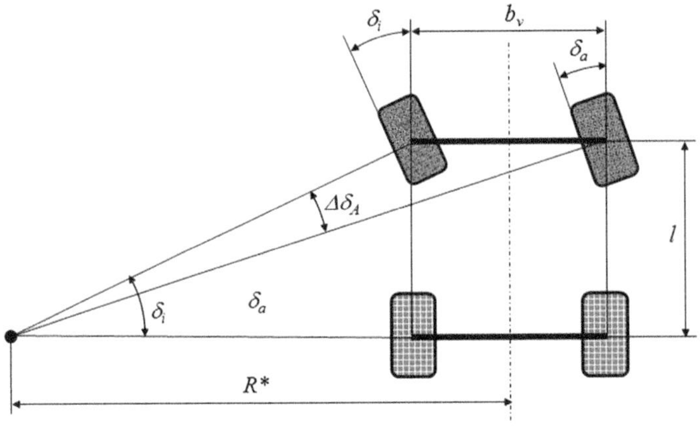

Bild 11.7 Erforderliche Radlenkwinkel bei einem zweispurigen Fahrzeug[118]

Ein Maximalwinkel sollte den Einschlag der Räder begrenzen. Auch hier kann man, wenn man keine fahrzeugspezifischen Vorgaben hat, anhand des Spurkreisdurchmessers oder des Wendekreises eine erste Abschätzung treffen. Wenn man noch nichts über die Karosserieüberhänge und Spiegelbreiten des Fahrzeuges weiß, kann man in erster Näherung den Spurkreisdurchmesser und den Wendekreisdurchmesser gleich setzen.

In den bisher verwendeten Gleichungen ist kein Lenkrollhalbmesser berücksichtigt. In [Mats07] wird vorgeschlagen die sogenannte Lenkzapfenspur zu verwenden, die den Abstand der Schnittpunkte der Spreizachse mit der Horizontalebene durch die Radmitte darstellt. Entsprechend muss dann die Spurweite b_v durch diesen Wert ersetzt werden.

Aussagen über das erforderliche Lenkmoment können mit dieser Art der Modellierung nicht getroffen werden.

[118] Bei hinreichend großen Kurvenradien kann der Mittenabstand der Hinterachse zum Momentanpol $R*$ mit dem tatsächlichen Kurvenradius R gleichgesetzt werden.

11.2 Lenkstrang

11.2.1 Lenkgetriebe

Die Funktion des Lenkgetriebes ist die Lenkübersetzung i_L zwischen dem Lenkradwinkel δ_H und dem mittleren Radlenkwinkel δ_m darzustellen.

$$\delta_m = \frac{\delta_a + \delta_i}{2} \tag{11.5}$$

$$i_L = \frac{\delta_H}{\delta_m} \tag{11.6}$$

Als Beispiel soll bei einer Lenkübersetzung von 1:15 ein Lenkradwinkel von 15° einen mittleren Radlenkwinkel von einem Grad erzeugen. Dabei ist zunächst einmal vernachlässigt, um welche Lenkgetriebeart es sich dabei handelt (Zahnstangenlenkung, Kugelumlaufgetriebe, etc.). Je nach Simulationsumgebung wird diese Übersetzung entweder durch eine Zwangsbedingung (*Constraint*) oder ein spezielles Getriebeelement dargestellt.

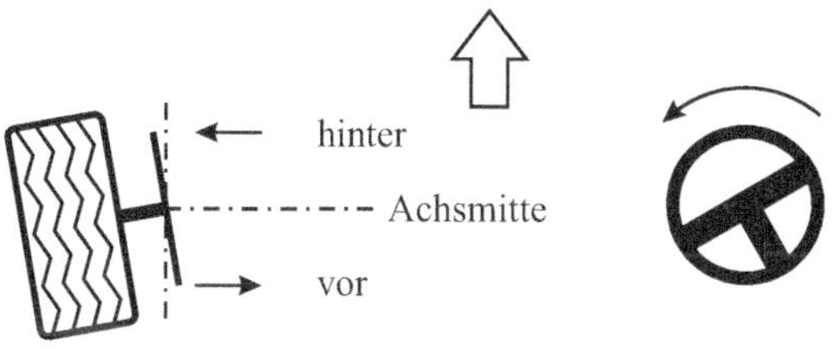

Bild 11.8 Lage des Lenkgetriebes

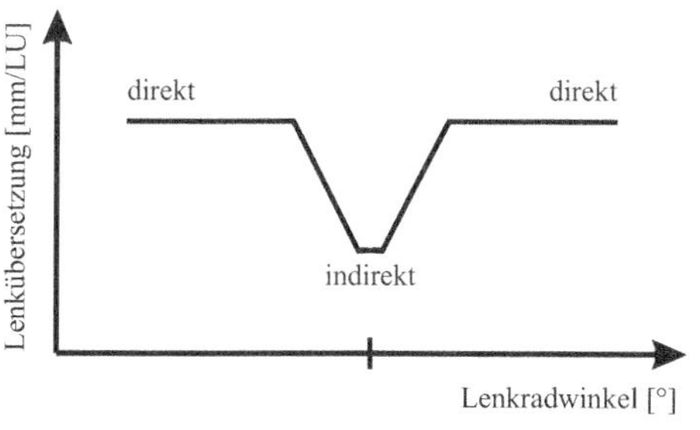

Bild 11.9 Variable Lenkübersetzung über dem Zahnstangenweg

Wichtig ist, dass das Übersetzungsverhältnis durchaus vorzeichenbehaftet ist. Dies ist dadurch begründet, dass es davon abhängt, ob das Lenkgetriebe vor oder hinter der Achsmitte an der Spurstange angreift (und wie dieser Umstand in der Modellierung berücksichtigt wird). Bei der Zahnstangenlenkung ist dies einfach vermittelbar. Lenkt der Fahrer nach links, soll natürlich auch das Fahrzeug nach links fahren. Liegt das Lenkgetriebe vom Fahrer aus gesehen in Fahrtrichtung vor der Achsmitte, muss das linke Vorderrad nach innen gezogen und das rechte Vorderrad nach außen gedrückt werden (Bild 11.8). Liegt das Getriebe hinter der Achsmitte so kehren sich die Verhältnisse um. Bei Lenkungsmodellen, die wie es die Modularität verlangt, bei mehreren unterschiedlichen Achskonzepten und –varianten eingesetzt werden können, muss das zwingend berücksichtigt werden. Die Überprüfung kann durch eine einfache Kreisfahrt erfolgen, so kann man auch gleich sehen, was ein positiver und was ein negativer Lenkradwinkel bewirkt. Nach [DIN70000] lenkt ein positiver Lenkradwinkel nach links.

Es werden zunehmend Zahnstangen eingesetzt, die eine über dem Weg veränderliche Übersetzung haben, die bei Fahrzeugen mit Servounterstützung im Mittenbereich indirekt und nach außen zu beiden Seiten direkter wird, um den Lenkaufwand beim Parkieren zu reduzieren (Bild 11.9).[119] Dies lässt sich als Kennlinie über dem Zahnstangenweg in der Zwangsbedingung oder dem Getriebeelement ablegen.

Bei manchen Fahrzeugen kann der Kunde den Übergang zwischen der indirekten und der direkten Übersetzung durch die Wahl einer Standardlenkung oder einer sogenannten Direkt- oder Progressivlenkung bestimmen. Aus diesem Grund bietet es sich an, die notwendige Kennlinie einfach auswechselbar zu machen, indem sie in einer Datei oder Datenbank abgelegt wird. Soll die Übersetzung direkt an den Lenkradwinkel gekoppelt werden, so ist zu beachten, dass zwischen dem Lenkrad und dem Getriebe Elastizitäten existieren. Sie können zu einem Relativwinkel zwischen dem Lenkrad und dem Ritzel führen.

Zwischen dem Ritzel und der Zahnstange tritt Reibung auf, die je nach Modellierung im Getriebemodell berücksichtigt werden kann oder global einer fiktiven Gesamtreibung im Lenkstrang zugeschlagen wird.

11.2.2 Lenksäule

[Bildquelle Daimler AG]

Bild 11.10 Pkw-Lenksäule mit Lenkgetriebe

Wie in Bild 11.10 zu sehen ist, sind heutige Lenksäulen in der Regel nicht mehr durchgehend, sondern dreigeteilt. Zwei Kreuz- oder Kardangelenke ermöglichen einen gebeugten Verlauf der Lenksäule. Je größer der Beugungswinkel der Kardangelenke ist, desto größer wird die ungleichförmige Übertragung des Lenkwinkels – auch Lenkungswelligkeit genannt (Bild 11.11). Teilweise wird die Lenkungswelligkeit bewusst eingesetzt, sodass sie sich auch im Modell wiederfinden sollte. Dies kann durch eine Modellierung der Lenksäule mit zwei Kardangelenken geschehen oder der Überlagerung der Lenkübersetzung mit der sinusförmigen Welligkeit.

Der Differenzwinkel $\Delta\alpha$ aus dem Eingangswinkel α_1 und dem Ausgangswinkel α_2 kann abhängig vom Beugungswinkel β des Kardangelenks ermittelt werden.

$$\Delta\alpha = \alpha_2 - \alpha_1 = \operatorname{atan}\left(\frac{\tan\alpha_1}{\cos\beta}\right) \tag{11.7}$$

[119] Bei Fahrzeugen ohne Servounterstützung ist dies genau umgekehrt. Der Mittenbereich ist so direkt, wie für den notwendigen Geradeauslauf möglich und der Außenbereich wird indirekter. Der Lenkwinkelaufwand steigt, aber das notwendige Lenkmoment reduziert sich.

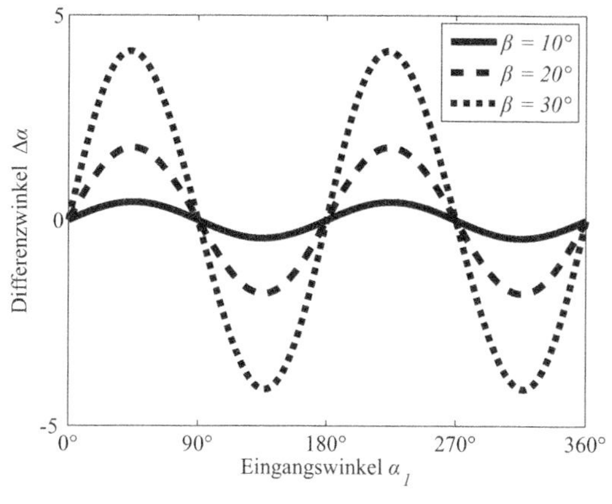

Bild 11.11 Winkelfehler eines Kardangelenks mit Beugungswinkel β

Die Stellung des zweiten Kardangelenks zum ersten ergibt dann die Möglichkeit diesen Differenzwinkel wieder auszugleichen oder gerade für das Lenken aus der Mitte heraus den Einfluss auf die Lenkübersetzung zu nutzen.

Wird das Fahrzeug in einer Linkslenker- und einer Rechtslenkerversion angeboten, so ergeben sich zum Teil sehr große Krümmungswinkel, sodass anstatt der Kardangelenke Gleichlaufgelenke eingesetzt werden, die keinen Winkelfehler aufweisen ([PfHa13]).

Für das Schwingungsverhalten ist die Elastizität der Lenksäule wesentlich. Sie kann über eine schwachgedämpfte Torsionssteifigkeit modelliert werden. Dafür muss man die Lenksäule auftrennen und mit einem Drehgelenk und einer Drehfeder wieder verbinden. Ist eine Hardyscheibe (Hartgummischeibe) verbaut, so kann auch ihre Steifigkeit und ihre Dämpfung in der Drehfeder berücksichtigt werden.

11.2.3 Lenkrad

Für die Betrachtung von Lenkradschwingungen ist es notwendig den gesamten Lenkstrang bis zum Lenkrad in seinem Steifigkeits- und Dämpfungsverhalten, sowie seinen Masseeigenschaften abzubilden. Dazu gehören auch die Masseeigenschaften des Lenkrades, insbesondere das Massenträgheitsmoment für die Drehschwingungen. Hierbei ist natürlich zu beachten, ob im Lenkrad ein Tilger verbaut ist, der dann gegebenenfalls ebenfalls zu modellieren ist.

Wird auch der Durchmesser des Lenkrades berücksichtigt, kann die erforderliche Handkraft einfach aus dem Lenkmoment ermittelt werden oder als Fahrerlenkwunsch kann eine Kraft anstatt eines Moments vorgegeben werden.

11.3 Servounterstützung

Nachdem der mechanische Lenkstrang modelliert wurde, ist die Frage, wenn im Fahrzeug eine Servounterstützung vorhanden ist, ob diese abgebildet werden muss. Geht es nur um die Spurführung, dann ist dies sicherlich nicht notwendig. Viele der heutigen Assistenzsysteme, die durch die Einführung der elektrischen Servolenkung (EPS) erst möglich geworden sind, können allerdings ohne diese Nachbildung nicht im vollen Umfang simuliert werden.

Die Servounterstützung muss in ihrer Wirkung insbesondere bei der elektrischen Servolenkung klar von zusätzlichen Assistenzfunktionen getrennt werden. Die unterstützende Kraft respektive das unterstützende Moment darf nur geliefert werden, wenn das Handmoment einen gewissen Wert überschreitet. Im realen System wird dies über die Torsion des Drehstabes ermittelt. Der Drehstab muss meistens unabhängig vom Konzept der Servounterstützung modelliert werden. Seine Verdrehung dient in der Regel als Eingang des Servolenkungsmodells. Dabei ist zu beachten, dass der Drehstab in seiner maximalen Verdrehung durch einen Anschlag begrenzt wird. Überlagerte Funktionen wie zum Beispiel eine fahrzeuggeschwindigkeitsabhängige Kraftregelung können weitere Eingänge notwendig machen.

11.3.1 Hydraulische Servolenkung (HPS)

Die Verdrehung des Drehstabes aufgrund des abstützbaren Lenkmoments bewirkt eine Verschiebung der Ventilöffnungen und beendet die Kurzschlussförderung des Servoöls. Das Öl kann nun in die entsprechende Kammer des Hydraulikzylinders fließen und erzeugt über die Kolbenfläche abhängig vom anliegenden Druck eine Unterstützungskraft. Im einfachsten Fall kann man nun über den Verdrehungswinkel des Drehstabes γ_{DS} aus dessen Torsionssteifigkeit c_{DS} das Moment am Drehstab M_{DS} errechnen.[120]

$$M_{DS} = \min(c_{DS} \cdot \gamma_{DS}, M_{DS,max}) \tag{11.8}$$

Über eine Kennlinie kann der Druck p_{Zyl} über die Fläche A_{Zyl} in der rechten oder linken Zylinderkammer auf die Unterstützungskraft F_{HPS} umgerechnet werden (Bild 11.12). Je nach Fahrzeug kann das erforderliche Moment über der Fahrzeuggeschwindigkeit v variieren.

$$F_{HPS} = p_{Zyl}(M_{DS}(\gamma_{DS}), v) \cdot A_{Zyl} \tag{11.9}$$

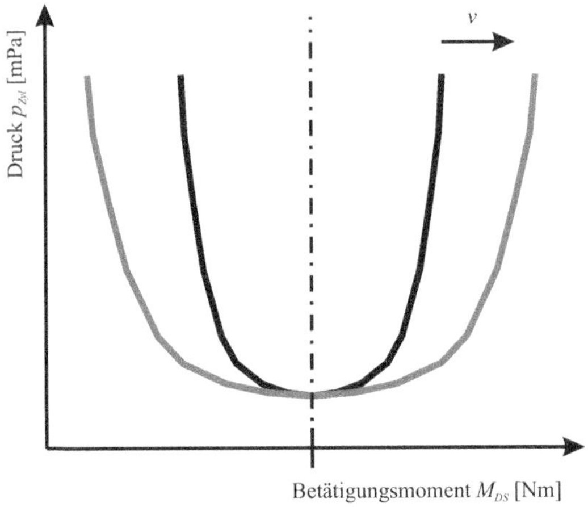

Bild 11.12 Fahrgeschwindigkeitsabhängiges Kennfeld einer hydraulischen Servolenkung

[120] Zum Schutz des Drehstabes wird seine maximale Verdrehung durch einen Anschlag begrenzt. Dies wird in der nachfolgenden Gleichung (11.8) mit einem Maximalmoment $M_{DS,max}$ berücksichtigt.

Bei der Implementierung der Servounterstützung ist auf die Kausalität zu achten (siehe auch Abschnitt 2.1.2). Die Unterstützungskraft kann nur dann wirksam werden, wenn es aufgrund eines zwischen Lenkrad und Reifen abgestützten Moments zu einer Verdrehung des Torsionsstabes kommt. Im realen Fahrzeug verhindert dieser Zusammenhang ein ungewolltes Lenken. Im Modell muss die Berechnung der Unterstützungskraft auch an den Torsionsstab gekoppelt werden, ansonsten wirkt die Kraft unter Umständen zum falschen Zeitpunkt.

Ein Zeitverhalten, wie zum Beispiel das Verhärten der Lenkung, kann so nicht abgebildet werden. Hierfür muss bekannt sein, wie lange der Druck- und damit der Kraftaufbau dauert. Bei hochdynamischen Manövern kann dies wichtig werden. Aus diesem Grund müssen der Volumenstrom und die Leistung der Pumpe mitberücksichtigt werden. Die Pumpe hängt im Riementrieb des Verbrennungsmotors. Sie ist also abhängig von der aktuellen Motordrehzahl. Wird kein entsprechendes Motormodell verwendet, dass je nach Lastsituation die richtige Motordrehzahl berechnet, so kann sie lastfallspezifisch als konstant angesehen werden. Bei hochdynamischen Fahrmanövern wie Lenkwinkelsprüngen oder der VDA-Ausweichgasse kann aufgrund der Fahrzeuggeschwindigkeit und der Getriebeübersetzung auf eine typische Motordrehzahl geschlossen werden. Die größte Herausforderung ist der Parkierbetrieb bei der Leerlaufdrehzahl. Hier kann überprüft werden, ob das jeweilige Fördervolumen im Leerlauf des Motors ausreichend ist.

Damit das Servoöl nicht austritt, sind entsprechende Dichtungen verbaut, die aufgrund des Systemdrucks für eine zusätzliche Reibung sorgen.

11.3.2 Elektrohydraulische Servolenkung (EHPS)

Die hydraulischen Zusammenhänge zwischen dem drehstabgesteuerten Ventil und dem Arbeitszylinder sind dieselben, wie bei der hydraulischen Servolenkung. Der entscheidende Unterschied zwischen der HPS und der EHPS liegt in der Ansteuerung der Pumpe. Während sie in der HPS direkt an die Drehzahl des Verbrennungsmotors gekoppelt ist, wird sie bei der EHPS über einen eigenen Elektromotor angetrieben. Auf diese Weise kann die Förderleistung der Pumpe fahrsituationsabhängig geregelt werden. Die zugehörige Regelstrategie muss bekannt sein. Sie kann dann entweder in einem Regelalgorithmus des Modells abgelegt und so die Pumpe in allen Fahrmanövern korrekt angesteuert werden oder wie im letzten Abschnitt beschrieben, wird eine jeweils passende Leistung für diese Fahrsituation als konstant vorgegeben.

Soll die Leistungsaufnahme des elektrischen Antriebes untersucht werden, muss ein entsprechendes Modell des Elektromotors vorliegen.

11.3.3 Elektrische Servolenkung (EPS)

Bei der elektrischen Servounterstützung muss zunächst unterschieden werden, wo und auf welche Art das Unterstützungsmoment des Elektromotors eingeprägt wird. Abhängig von den Radlasten und somit den maximal notwendigen Zahnstangenkräften wird die Motor-Getriebeeinheit direkt an der Lenksäule (EPSc) (Bild 11.13), am Ritzel (EPSp) oder an der Zahnstange (EPSrc, EPSapa) (Bild 11.14 bzw. Bild 11.15) angebracht. Da im Modell das

Packaging keine Relevanz hat, stehen vor allem die Elastizitäten des Lenkstranges bei der Betrachtung im Vordergrund. Sollen diese berücksichtigt werden, so muss die Lenksäule torsionsweich modelliert werden. Eine Hardyscheibe bringt neben der Steifigkeit auch noch die Materialdämpfung des Elastomerwerkstoffes mit ein.

[Bildquelle Volkswagen AG]

[Bildquelle NSK Europe Ltd]

Bild 11.13 EPSc-Lenkung des VW up!

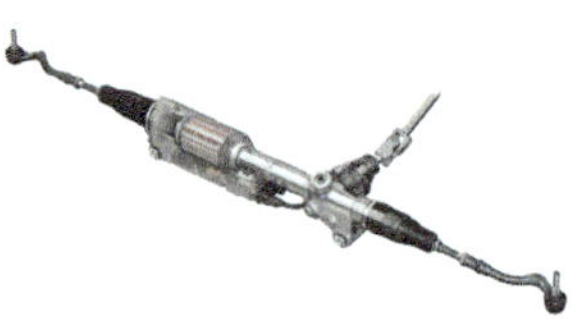

[Bildquelle Audi AG]

Bild 11.14 EPSrc-Lenkung des Audi A6 (C7)

[Bildquelle Daimler AG]

Bild 11.15 EPSapa-Lenkung der Mercedes M-Klasse (W166)

12 Reifen und Straße

[Bildquelle Continental AG]

Bild 12.1 SUV-Reifen (links) und ein Ausschnitt des Contidroms (rechts)

„*Without tires we'd all be traveling in streetcars or on railroads, and none of us could live more than a walking distance from a rail line. Cars, trucks, bicycles, motorcycles – none would be possible. That would be a different world!*" [Hane03]

Um das Fahrzeugverhalten beim Beschleunigen und Bremsen, bei Kurvenfahrten und bei der Übertragung von Fahrbahnunebenheiten oder Belagrauigkeiten zu verstehen, muss man wissen, wie Kräfte und Momente im Reifen entstehen und wie sie übertragen werden. Dabei ist die Kontaktfläche zwischen dem Reifen und der Straße, der sogenannte Latsch, wesentlich. Hier entscheidet sich, abhängig von den Materialeigenschaften des Reifens und denen der Straße, welche Kräfte übertragen werden können und welche nicht. Man muss sich immer wieder vergegenwärtigen, dass die Fortbewegung des Fahrzeuges auf Kraftschluss beruht und dieser bei zu großer Kraft überfordert werden kann, was zu Schlupf und somit zum Rutschen führt.

Der Reifen ist also eines der wichtigsten Fahrwerkbestandteile, denn die Latschfläche ist der einzige Kontakt zur Straße und die meisten Maßnahmen im Bereich des Fahrwerks zielen darauf, diese Fläche so groß wie möglich zu halten. GILLESPIE beschreibt dies sehr anschaulich in [Gill92]:

„It has often been said that the primary forces by which a high-speed motor vehicle is controlled are developed in four patches – each the size of a man's hand – where the tires contact the road. This is indeed the case."

Ohne den Reifen wären keine Übertragung von Längs- und Querkräften und keine Abstützung des Fahrzeuggewichts möglich. Er hat einen starken Einfluss auf das Fahrverhalten und dementsprechend groß muss auch die Sorgfalt bei der Auswahl eines passenden Modellansatzes und der notwendigen Parameter sein. Neben seinen Masseeigenschaften, die oft innerhalb des MKS-Modells in einer starren Felge zusammengefasst werden, ist also vor allem die Kraft- und Momentenübertragung die wesentliche Eigenschaft eines Reifenmodells. Je nach Modellkomplexität wird dieses *Kraftelement* direkt von der Simulationsumgebung vorgegeben oder im Rahmen einer Cosimulation hinzugefügt. Sieht man das Reifenmodell als Übertragungsglied, so kann man als Eingänge die Position und Orientierung des Radmittelpunktes und jeweils deren Ableitungen und die Straßeninformationen (Höhenprofil, Reibwert, etc.) sehen. Sie ergeben dann mithilfe des Reifenmodells die Kräfte in Längs-, Quer- und Radialrichtung sowie die zugehörigen Momente (Bild 12.2).

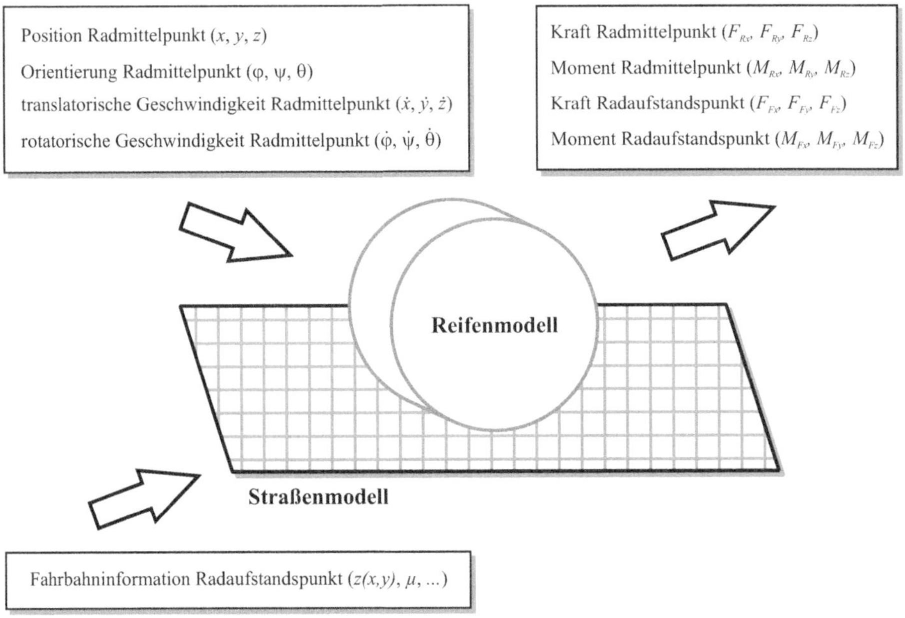

Bild 12.2 Übertragungsglied Reifenmodell

Für langwellige Anregungen findet man häufig Ansätze, die nur aus einer Feder oder eine Feder-Dämpfer-Kombination bestehen und so nur das Vertikalfederungsverhalten des Reifens, ergänzt um ein Schlupfmodell, darstellen können. Auf den Dämpfer wird in vielen derartigen Ansätzen verzichtet, da, so das gängige Argument, die Reifendämpfung kleiner Ordnung gegenüber der Aufbaudämpfung ist. Dies ist in Kombination mit dem Aufbaudämpfer oft auch akzeptabel, spätestens wenn man die Reifeneigenschaft alleine darstellen will (Reifenprüfstand), ist dieser Ansatz nicht mehr ausreichend. Allerdings spart man sich so bei diesen einfachen Modellen die Differenzierung des Straßensignals.

In der Literatur ist häufig die Einteilung in

- linearisierte Modelle,
- Modelle, die auf approximierten Kennfeldern basieren,
- einfache Deformationsmodelle und
- Strukturmodelle

zu finden. Generell kann man aber auch die Modelle daran unterscheiden, dass sie einerseits versuchen, die Physik des Reifens abzubilden oder andererseits versuchen das Verhalten des Reifens mit mathematischen Näherungsformeln zu beschreiben. Zu den physikalischen Modellen gehören zum Beispiel das in Abschnitt 12.3.1 beschriebene FTire oder das in Abschnitt 12.3.2 vorgestellte RMOD-K. Zur Klasse der mathematischen, nicht physikalischen Modelle ist als Bekanntestes die Magic Formula (Abschnitt 12.2.1) zu nennen.

Letztendlich berechnet das Reifenmodell die Kontaktkräfte im Latsch, das heißt der Reifenaufstandsfläche. Ob der Latsch im Reifenmodell ein Punkt, eine Linie oder eine Fläche darstellt, hängt von der Tiefe der Modellierung ab und ob eine kurzwellige Straßenoberfläche abgetastet werden soll oder nicht. Die Kontaktkräfte entstehen durch Normal- und Schubspannungen aufgrund der Formänderung, die durch Längskräfte (Bremsen, Antreiben), Seitenkräfte (Kurvenfahrt, Lenken) oder Vertikalkräfte (unebene Fahrbahn, Radlastschwankungen) entstehen.

Strukturmodelle, die mithilfe von impliziten oder expliziten FEM-Solvern gerechnet werden, dienen dabei in der Regel nur der Reifenauslegung beim Reifenhersteller. Für die Fahrzeugauslegung greift man aus Rechenzeit- und Parameterbedarfsgründen eher auf MKS-Modelle zurück, die zum Teil aber Ansätze aus den FE-Modellen übernehmen. In Abschnitt 12.3.3 wird ein Reifenmodell vorgestellt, in dem FE-Formalismen in einem MKS-Modell genutzt werden.

Wer in die Kinematik zwischen dem Reifen und der Straße tiefer eindringen möchte, kommt an [Pace06] nicht vorbei. Welche wichtige Rolle das Reifenmodell bei der Rekonstruktion von Fahrzeugunfällen spielt, ist ausführlich in [BuMo09] beschrieben.

12.1 Allgemeine Anforderungen für Reifenmodelle

Natürlich sind die Anforderungen an die Reifenmodelle wieder stark davon abhängig, in welchen Fragestellungen sie eingesetzt werden. Im Bereich der Fahrdynamik, des Fahrkomforts oder der Lastkollektivermittlung unterscheiden sich die Anregungen der Straße zum Teil deutlich in der Amplitude und den Frequenzinhalten. Auch die auftretenden Längs- und Querschlupfwerte sind abhängig von der Anwendung unterschiedlich. In Tabelle 12.1 ist eine Auswahl von typischen Anforderungen zusammengestellt, die innerhalb einer Disziplin noch aufgrund verschiedener Lastfälle variieren können.

Tabelle 12.1 Typische Anforderungen an Reifenmodelle im MKS-Umfeld

	Frequenz	Amplitude	Längsschlupf	Querschlupf
Fahrdynamik	< 5 Hz	gering	mittel bis groß	mittel bis groß
Fahrdynamikregelsysteme	< 5 Hz	gering	mittel bis sehr groß	mittel bis sehr groß
Fahrkomfort	< 30 Hz	gering bis groß	gering	gering
Lastkollektivermittlung	< 30 Hz	sehr groß	gering bis mittel	gering bis mittel

Obwohl an den meisten Stellen die notwendigen fahrdynamischen Kenntnisse vorausgesetzt werden, müssen für die Reifenmodellierung einige grundlegende Begriffe noch einmal wiederholt werden, damit die nachfolgenden Ausführungen verstanden werden können.

12.1.1 Modellierung der Kontaktfläche

Die für die Kraftübertragung des Reifens maßgebliche Kontaktfläche ist die Reifenaufstandsfläche. Bei Modellen, die ausschließlich für die Fahrdynamik verwendet werden, wird diese Fläche in der Regel nicht aus der tatsächlichen Verformung des Reifens ermittelt, sondern approximiert. Dieser Modelltyp ist daher nur für langwellige Bodenunebenheiten geeignet. In [OeEF99] werden als Daumenwerte ein Verhältnis zwischen Latschlänge und Wellenlänge der Fahrbahn von 2,5%, für das Verhältnis zwischen Bodenkrümmung und Reifenradius von 10:1 angegeben. Der Kontakt zwischen Reifen und Fahrbahn ist hier auf einen idealisierten Radaufstandspunkt bezogen, sodass Unebenheiten innerhalb der Latschfläche gar nicht erfasst werden können. Der entscheidende Vorteil dieser Modellklasse liegt in der niedrigen Rechenzeit, die diese Modelle echtzeitfähig macht.

Sollen kurzwelligere Anregungen, das heißt, die Straßenrauigkeit, Schlaglöcher oder für den Prüfstandversuch Schlagleisten berücksichtigt werden, so muss die Latschfläche genauer abgebildet werden. Hierfür ist es notwendig, dass die Struktur des Reifens so modelliert wird, dass die Druckverteilung aus der Verformung des Reifens berechnet werden kann. Dies erfordert eine detaillierte Modellierung mit vielen Freiheitsgraden – der Vorteil liegt in der genaueren Abtastung der Straße – der Nachteil in der höheren Rechenzeit. Nicht selten sind derartige Reifenmodelle bestimmender Faktor der Rechenzeit und bringen die Fahrzeugmodelle in große Distanz zur Echtzeitfähigkeit.

Sollen Einzelhindernisse überfahren werden, so ist die Qualität der Berechnungsergebnisse maßgeblich von der Abtastung der Hindernisse abhängig. Nur wenn bei der Überfahrt die

Kontur des Hindernisses ausreichend genau von der Kontaktfläche erfasst wird, kann auch dessen Kraftwirkung auf den Reifen richtig wiedergegeben werden (siehe Abschnitt 12.5.3).

12.1.2 Reibkontakt und Schlupfdefinition

Die zwischen dem Reifen und der Straße wirkende Reibkraft setzt sich aus zwei Komponenten zusammen. Den größten Anteil hat bei trockener Straße die Adhäsion zwischen der Grenzschicht des Gummis und der der Straße. Hier wirken Bindungskräfte auf molekularer Ebene. Der zweite, kleinere Anteil wird durch die Hysterese des Gummis verursacht. Wird ein Gummielement durch die Verformung beim Einlauf in die Latschfläche verformt, so wird ein Teil der eingebrachten Energie aufgrund der hohen Materialdämpfung von Gummi dissipiert. Beim Zurückfedern steht also weniger Energie zur Verfügung, diesen Effekt bezeichnet man als Hysterese. Insbesondere bei nasser Straße bricht der Reibwert zwischen Reifen und Straße drastisch ein. Die Adhäsionskräfte wirken nun dort, wo kein direkter Straßenkontakt mehr besteht, zwischen dem Reifen und dem Wasser. Umfangreiche Untersuchungen über das Verhalten von Reifen auf nasser Straße sind zum Beispiel in [Schr02] zu finden. Die Besonderheiten großdimensionierter Reifen im Bereich der geländegängigen Nutzfahrzeuge sind in [Dudz05] beschrieben. Dort werden auch Parameter für ein vereinfachtes Modell für unterschiedliche Bodengüten angegeben.

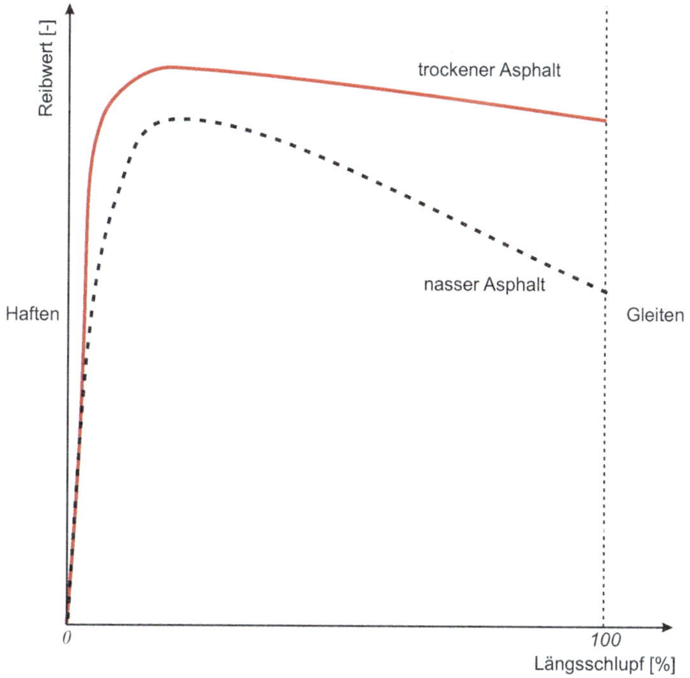

Bild 12.3 Verlauf des Reibwertes über dem Schlupf

Klassischerweise wird der Reibwert zwischen Fahrbahn und Reifen als ein μ-Wert in einem Parameter vorgegeben. Da dieser Reibwert alles andere als eine Konstante ist, muss sein Änderungsverhalten zum Beispiel über dem Schlupf im Reifenmodell abgebildet werden (Bild 12.3). Der vorgegebene Reibwert entspricht dann abhängig von der Modellierung dem Reibwertmaximum oder dem Haftreibwert (in diesem Fall kann als zweiter Parameter der Gleitreibwert bei 100% Schlupf angegeben werden). Die vorher beschriebenen Effekte der Adhäsion und der Hysterese werden also nicht direkt abgebildet, sondern sind implizit im vorgegebenen Reibwert enthalten. Bei der Simulation auf einer nassen Straße wird dieser Wert gegenüber der trockenen Straße entsprechend reduziert. Wird für das Modell nur der Haftreibbeiwert angegeben, so wird der Verlauf der μ-Schlupfkurve im gesamten Schlupfbereich gleich skaliert. Der stärkere Einbruch bei 100% Schlupf (vollständiges Gleiten) wird so nicht berücksichtigt. Hierfür ist mindestens der Gleitreibbeiwert als zusätzliche Information erforderlich.

Für die meisten Manöver ist diese Vorgehenweise ausreichend, zumindest solange man davon ausgeht, dass sich der Reibwert für den jeweiligen Reifen während des Manövers nicht ändert. Will man aber eine Fahrbahn mit unterschiedlichen Reibwerten verwenden, wie es zum Beispiel für die μ-Split-Bremsung notwendig ist (Bild 12.4), reicht die Zuordnung des Reibwertes zu einem Reifen nicht mehr aus. Hier muss der Reibwert der Straße zugeordnet werden.

[Bildquelle Continental AG]

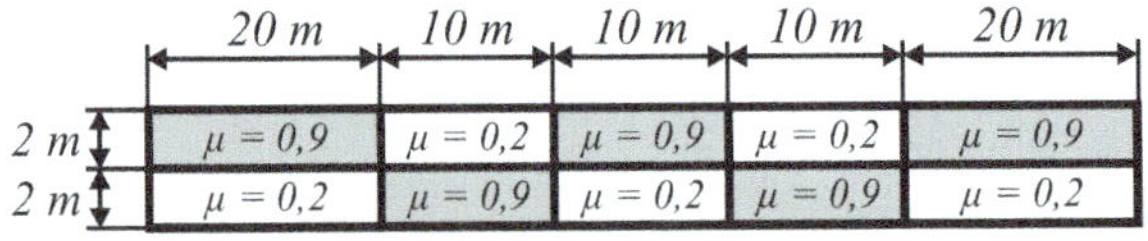

Bild 12.4 Reibwerte bei μ-Split

Beide Lösungen, der Reibwert im Reifendatensatz und der Reibwert im Straßendatensatz, sind nicht ideal. Letztlich ist der Reibwert immer von der Paarung Reifen und Straße abhängig, das bedeutet, derselbe Reifen auf einer anderen Straße ergibt unter Umständen einen anderen Reibwert und zwei verschiedene Reifen auf derselben Straße ebenso. In der Regel hat man mit der Wahl des Reifenmodells die Entscheidung über die Verwendung des Reibwertes bereits getroffen, aber manche Modelle lassen dem Nutzer auch die Wahl, wo die Quelle für den Reibwert liegt.[121]

Für ein reines Abrollen ohne Seitenkräfte ist der Reifen per Definition schlupffrei, das heißt, es treten keine Relativgeschwindigkeiten zwischen der Fahrzeuggeschwindigkeit und der Längs- und Quergeschwindigkeit des Reifenaufstandspunktes auf. Dies ist ein theoretischer Grenzfall, der aber in den Schlupfdefinitionen enthalten sein muss. Es ist hier von Definitionen die Rede, da es mehrere Möglichkeiten gibt, den Schlupf zu beschreiben.

Zunächst muss man den Übergang von Rollen (schlupffrei) zu Rutschen (schlupfbehaftet) betrachten. Im ersten Fall erfolgt die Bewegung parallel zur Radebene (Bild 12.5).

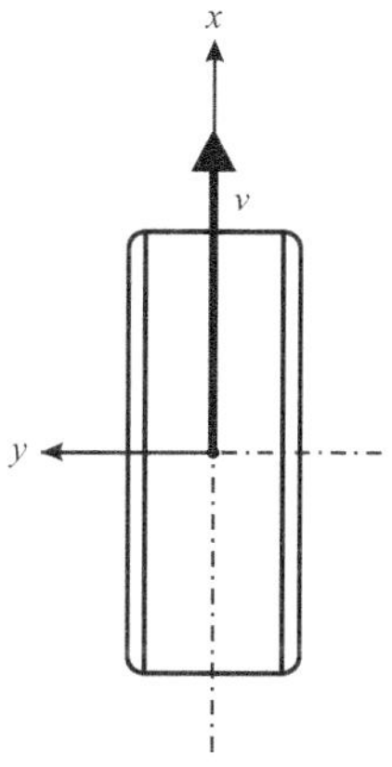

Bild 12.5 Reines Rollen

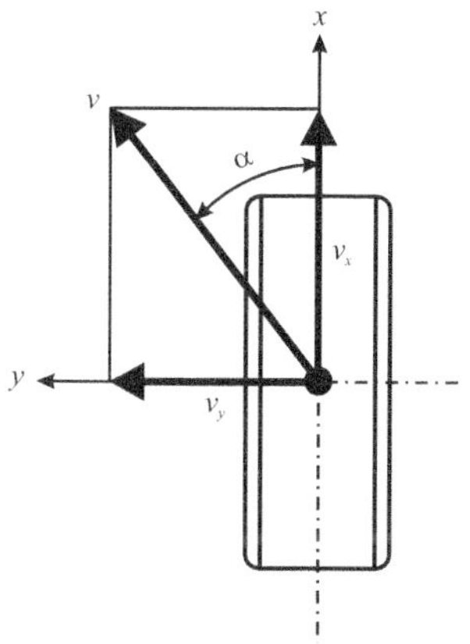

Bild 12.6 Seitenschlupf (Schräglauf)

In diesem Fall können allerdings weder Längs- noch Querkräfte übertragen werden. Fängt der Reifen auf der Straße an zu rutschen, so treten Kräfte in der Bewegungsrichtung auf. Betrachten wir zunächst ein Querrutschen des Reifens zur Radebene (Bild 12.6). Der Extremfall, dass der Winkel zwischen der Bewegungsrichtung und der Radebene 90° beträgt, kann mit dem Herausrutschen eines Fahrzeuges aus der Kurve Richtung Bordstein veranschaulicht werden. Es findet keine Längsbewegung mehr statt. Der Winkel zwischen der Radebene und der Bewegungsrichtung (also der Richtung des resultierenden Geschwindigkeitsvektors $\vec{v}$) wird als Schräglaufwinkel α bezeichnet. Der sogenannte Querschlupf stellt das Verhältnis der Quergeschwindigkeit $v_y = v \cdot \sin \alpha$ und der resultierenden Geschwindigkeit v dar und kann über folgende Beziehung beschrieben werden:

[121] Es gibt Modelle, welche die Längskräfte mit einem anderen Reibwert berechnen, als die Querkräfte. Dies erfordert dann zwei Reibwerte. Physikalisch ist dies grenzwertig, ermöglicht aber ein einfacheres *Tuning* des Reifendatensatzes. Die physikalischen Zusammenhänge sollten aber immer im Hinterkopf bleiben. Sonst hat man schnell für die eine vorliegende Messung einen gut passenden Datensatz, der vielleicht einen Fehler mit einem anderen kompensiert und zu einer gegebenenfalls physikalisch unsinnigen Kombination führt.

$$\lambda_y = \frac{v_y}{v} = \frac{v \cdot \sin\alpha}{v} = sin\alpha \quad (12.1)$$

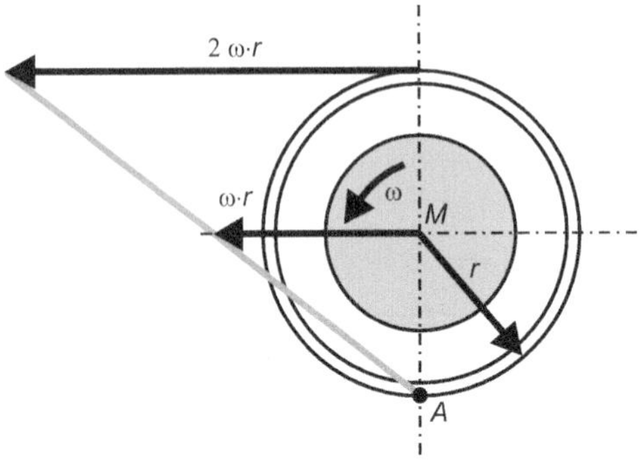

Bild 12.7 Längsschlupf

Für den Längsschlupf ist eine minimale Kenntnis der kinematischen Bestimmung von Winkelgeschwindigkeiten erforderlich. Am Reifen können wir die Geschwindigkeit an zwei Punkten bestimmen (Bild 12.7). Am Radmittelpunkt M herrscht näherungsweise die Fahrzeuggeschwindigkeit v, wenn man von einer nahezu starren Anbindung ausgeht.

Nimmt man für die rotatorische Radbewegung den Punkt A als Momentanpol an, so liegt am Radmittelpunkt die Geschwindigkeit als Produkt der Radumdrehung (Winkelgeschwindigkeit ω) und des dynamischen Reifenradius r an. Im schlupffreien Fall des Rollens gilt also für den Radmittelpunkt $v = \omega \cdot r$ und für den Punkt A ist $v = 0$, da für den Punkt A kein Gleiten vorliegt.

Sobald am Punkt A Gleiten auftritt (Bremsen oder Antreiben) sind v und $\omega \cdot r$ nicht mehr identisch. Die Definition des Längsschlupfes ist in der Literatur nicht immer gleich, aber häufig trifft man auf eine Unterscheidung zwischen Antriebs- und Bremsschlupf:

Bremsschlupf: $$\lambda_{x,B} = \frac{v - \omega \cdot r}{v} \quad (12.2)$$

Antriebsschlupf: $$\lambda_{x,A} = \frac{\omega \cdot r - v}{\omega \cdot r} \quad (12.3)$$

Auf diese Weise sind die Grenzfälle Rollen ($\lambda_{x,A} = \lambda_{x,B} = 0\%$) und für das Bremsen Blockieren ($\lambda_{x,B} = 100\%$) sowie für das Antreiben Durchdrehen des Rades bei Fahrzeugestillstand ($\lambda_{x,A} = 100\%$) erfasst, ohne einen Vorzeichenwechsel zu bekommen. Diese Art der Schlupfdefinition gilt nur für $v > 0$ beziehungsweise $\omega \cdot r > 0$ und kann damit nicht im Fahrzeugestillstand eingesetzt werden. Die Stillstandsproblematik wird nachfolgend noch einmal aufgegriffen.

12.1.3 Grenzen der Schlupfdefinition

12.1.3.1 Stillstand

Bei Manövern, die aus dem Stillstand starten oder in den Stillstand führen sollen, muss zunächst geklärt werden, ob das verwendete Reifenmodell diesen Fall auch abdecken kann. Im geringen Geschwindigkeitsbereich spielen die Kräfte und Momente aufgrund der Reifendeformation im Latsch gegenüber den Kräften aufgrund des Längsschlupfes und des Schräglaufwinkels eine immer größere Rolle. Die zuvor beschriebenen Schlupfdefinitionen decken diesen Effekt nicht ab.

Der Grenzwert von Gleichung (12.2) geht bei einem Abbremsvorgang für eine Fahrzeuggeschwindigkeit von Null gegen Eins, das heißt, laut dieser Definition liegt ein Gleiten vor. Es kann also eine Kraft übertragen werden, die zu einer Fahrzeugbewegung führen würde. Mindestens ist mit einem *unnatürlichen* Schwingungsverhalten zu rechnen. Die Entspannungsvorgänge in der Reifenaufstandsfläche bei niedrigen Geschwindigkeiten und die Haftreibungseffekte sind bei diesen einfachen Betrachtungen nicht berücksichtigt. Bei einigen Modellen ist dieser Effekt durch *Hilfsmaßnahmen* angenähert. Inwieweit diese für den eigenen Lastfall akzeptabel sind, muss im Vorhinein getestet werden.

12.1.3.2 Unterschiedliche Geschwindigkeitsrichtungen

Es sind Fälle möglich, in denen die Bewegungsrichtung des Fahrzeuges und die sich aus der Drehrichtung des Rades ergebene Umfangsgeschwindigkeit nicht in dieselbe Richtung weisen. Hierfür benötigt man, wenn man den Antriebsstrang nicht überfordern will, einen Hang. Ein Horrorszenario für jede Autofahrerin und jeden Autofahrer ist die Situation auf glatter Straße am Hang an der roten Ampel zu stehen.[122] Ich biete zwei Möglichkeiten des Horrors:

1) Aus Panik betätigt man das Gaspedal bei Grün werdender Ampel zu ambitioniert (Bild 12.8). Das Rad dreht durch und aufgrund der verbleibenden Gleitreibung ($\mu_G < \mu_H$) kann die Hangabtriebskraft nicht überwunden werden – das Fahrzeug rutscht bergab (Fahrzeugrichtung rückwärts, Radrichtung vorwärts).[123]

Bild 12.8 Rutschen am Hang mit durchdrehenden Rädern

2) Man steht fröhlich an der roten Ampel und merkt auf einmal, dass das Fahrzeug anfängt wegzurutschen, da die Hangabtriebskraft stärker als die aufzubringende Haftreibungskraft ist (Fahrzeugrichtung rückwärts, Rad steht, Bild 12.9). Danach tritt häufig Fall 1 auf.[124]

Bild 12.9 Rutschen am Hang mit stehenden Rädern

Sollten diese Szenarien zum Portfolio der Leserin oder des Lesers gehören, so sollte das Verhalten des Reifenmodells vor der produktiven Nutzung plausibilisiert werden und später natürlich validiert, aber das Thema hatten wir schon.

[122] Beschrieben wird aus optimistischen Gründen, dass es bergauf geht. Die Bergab-Variante funktioniert natürlich ebenso, nur mit anderen Vorzeichen (Rückwärtsfahrt am Hang aufwärts).

[123] Ich weiß, dass es eine Antriebsschlupfregelung gibt. Aber die Simulation passiver Fahrzeug ist noch nicht aus der Mode gekommen.

[124] Der Fall 3 (Fahrzeugrichtung rückwärts, Radrichtung rückwärts) wird hier nicht erwähnt, da er zur Schlupfdefinition passen sollte. Wobei eine Überprüfung des vielleicht selbst geschriebenen Reifenmodells auf negative Vorzeichen manchmal angebracht sein könnte.

12.1.4 Standard Tyre Interface

Ausgehend von Reifen-Workshops in Deutschland entstand Anfang der 1990er Jahre die erste Fassung eines Standards für den Datenaustausch zwischen Simulationsprogrammen und Reifenmodellen. Aus ihr wurden später durch eine internationale Arbeitsgruppe das *Tyre Data Exchange Format* (TYDEX) und das *Standard Tyre Interface* (STI) definiert [UnZa97]. Die meisten kommerziellen Simulationsprogramme unterstützen diese Standardschnittstelle. In der Regel bieten die Programme aber auch eigene, proprietäre Schnittstellen an, die auf den Datentransfer des jeweiligen Reifenmodells optimiert wurden und so deutlich weniger Rechenzeit benötigen. Will man ein eigenes Reifenmodell an eine solche Umgebung anpassen, muss man an dieser Stelle bedenken, dass ein ungünstig programmierter Datenaustausch zu deutlich höheren Rechenzeiten führen wird.

12.2 Reifenmodelle für die Fahrdynamik

Wie zuvor besprochen finden die meisten fahrdynamischen Manöver auf einer ideal ebenen Fahrbahn statt – in der Simulation zumindest. Bei Versuchsfahrten ist die Fahrbahn natürlich nicht mehr ideal und im Alltagsverkehr häufig weder eben noch glatt. Nichtsdestotrotz wurde für die Fahrdynamiksimulation eine Klasse von Reifenmodellen entwickelt, die vor allem auf die Längs- und Querschlupfdarstellung mit der notwendigen Vertikaleinfederung Wert legt. Eine Abtastung der Straßenunebenheiten findet dort nicht statt, sodass auch nur entsprechend langwellige (oder ideal ebene) Straßen verwendet werden können. Dies hat aber einen immensen Rechenzeitvorteil, sodass diese Einschränkung auf keinen Fall als Nachteil zu sehen ist – außer man möchte Fahrdynamik auf realen Straßenprofilen simulieren. Soll zum Beispiel eine Fahrt durch die Nordschleife des Nürburgrings simuliert werden, so kann durchaus das Höhenprofil der Trajektorie abgebildet werden. Auf die Fahrbahnunebenheiten muss man allerdings ebenso verzichten, wie auf das Überfahren der Curbs.

Die Verformung der Seitenwand wird in dieser Modellklasse nicht berücksichtigt. Die Fahrbahn und die Felge werden als starre Körper angesehen, die mit einer steifen Reifenfeder gekoppelt sind. Der Kontakt findet in einem idealisierten Reifenaufstandspunkt statt, in dem die integrale Latschkraft eingeprägt wird. Eine Erweiterung dieser Modellklasse stellen Modelle mit einem starren Ring, dar. Hier kann zusätzlich das Rückstellmoment zwischen dem Ring (Gürtel) und der Felge berücksichtigt werden.

Die für die Fahrdynamik maßgeblichen Größen Seitenkraft (F_y) und Umfangskraft (F_x) sind im Wesentlichen von der Radlast (F_z), dem Schräglaufwinkel (α), dem Sturzwinkel (γ), der Radwinkelgeschwindigkeit (ω), der Radlängsgeschwindigkeit (v_x) und dem Reibwert μ des Reifen-Straßen-Kontaktes abhängig.

Die Verwendung eines linearen Zusammenhangs zwischen der Reifenschräglaufsteifigkeit und dem Schräglaufwinkel ist auf den sehr kleinen linearen Bereich beschränkt und spiegelt das reale Verhalten der Seitenkraftübertragung nur unzureichend wider.

12.2.1 Magic Formula

Dieses wohl weltweit bekannteste Reifenmodell ist aus einer Zusammenarbeit der TU Delft in den Niederlanden unter der Federführung von Prof. PACEJKA und der Firma Volvo in der Mitte der 1980er Jahre entstanden [Pace06]. Die Grundidee hinter diesem Modell ist, das Verhalten des Reifens (z. B. Rückstellmoment über dem Schräglaufwinkel) durch eine mathematische Funktion, also phänomenologisch, abzubilden (Bild 12.10). Die Funktion, die ursprünglich zugrunde lag, lautete

$$y = D \cdot sin[C \cdot arctan(B \cdot x - E \cdot [B \cdot x - arctan(B \cdot x)])] \tag{12.4}$$

wobei $Y(X) = y(x) + S_V$ die mit dem Offset S_V korrigierte gesuchte Ausgangsgröße (z. B. das Rückstellmoment) und X die Eingangsgröße (z. B. Schräglaufwinkel) ist (mit $x = X + S_H$). Die Koeffizienten B, C, D und E stellen letztlich die Form des Kurvenverlaufs dar, in dem B die Steifigkeit, C die Form, D den Maximalwert und E den Krümmungsfaktor darstellen. Die Faktoren S_H und S_V ermöglichen eine Verschiebung der Kurve aus dem Nullpunkt heraus. Die Parameter des Modells bieten die Gelegenheit, eine Vielzahl von Kurvenformen darzustellen und so können viele Reifenmessungen charakteristischer Größen durch die Anpassung dieser Faktoren abgebildet werden. In Bild 12.11 ist dies exemplarisch für den Faktor B, der die Steifigkeit repräsentiert, in einem Bereich von 0,1 bis 1,0 dargestellt. Die anderen Parameter wurden dabei konstant gehalten ($C = 2$, $D = 1$, $E = 0{,}95$).

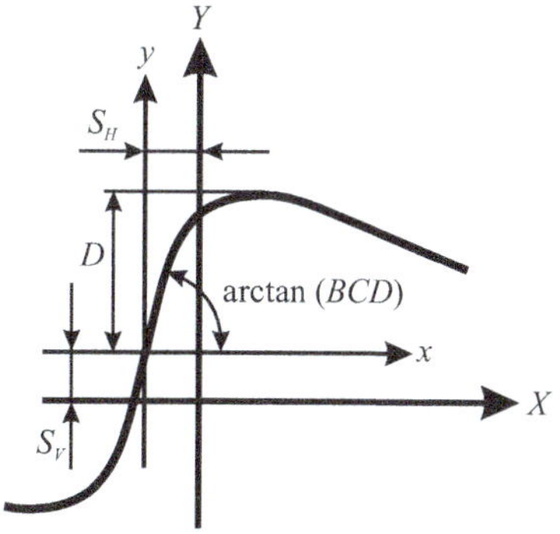

Bild 12.10 Grundformel der Magic Formula

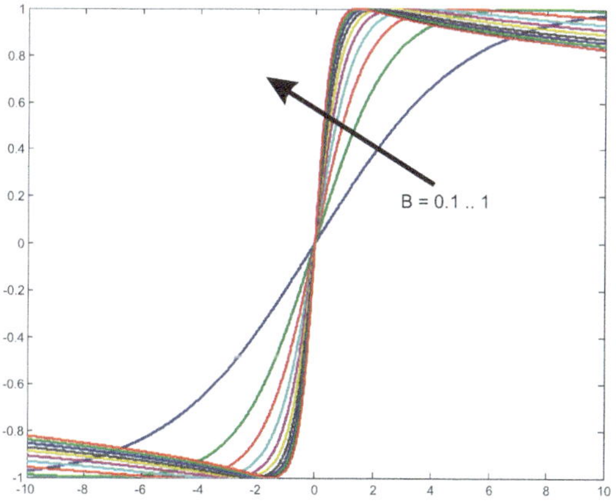

Bild 12.11 Magic Formula: Variation des Parameters *B* (Steifigkeit)

Durch die leichte Modifikationsmöglichkeit der verwendeten Formeln und Umsetzungen im Modell existieren mittlerweile diverse *Dialekte* zum ursprünglichen Magic Formula Modell (die Formeln sind in [Pace06] zu finden) oder auch zu der heute aktuellen TNO-Version (die Beschreibung folgt im nächsten Abschnitt). In [RcRL07] ist von nicht weniger als zehn unterschiedlichen Dialekten die Rede. Dies bedeutet, dass vor dem Austausch von Modelldaten klargestellt werden muss, dass es sich um einen vergleichbaren Modellstand handelt und wenn nicht, wo die Unterschiede liegen.

Da keine physikalischen Effekte im Modell abgebildet werden, muss der Reifen in der Realität vorliegen und es müssen ausreichende Messungen durchgeführt worden sein. Wie sich die Variation eines physikalischen Parameters auf das Fahrverhalten auswirkt, ist somit nicht darstellbar.[125]

12.2.2 MF-Tyre und MF-SWIFT

Die TNO in Delft ist ein Forschungsinstitut, in dem unter anderen in enger Zusammenarbeit mit der TU Delft und Prof. PACEJKA das zuvor beschriebene Reifenmodell Magic Formula entstanden ist. Die Arbeiten PACEJKAS werden heute von der TNO weitergeführt und das Reifenmodell in seiner Ursprungsform primär für die Längs- und Querdynamik konzipiert, wird als MF-Tyre vermarktet und für viele kommerzielle Simulationswerkzeuge als integraler Bestandteil oder als Erweiterung vertrieben. Die TNO gibt den Arbeitsbereich des Modells mit Anregungen bis zu 8 Hz an.

Eine Erweiterung des Grundmodells für unebene Fahrbahnen unter Berücksichtigung der Gürteldynamik entstand Anfang der 1990er Jahre als Kooperation der TNO mit der TU Delft unter dem Namen MF-SWIFT (*Short Wavelength Intermediate Frequency Tyre*) [ScBJ07]. Zunächst standen Anforderungen aus der Entwicklung von Fahrdynamikregelsystemen im Vordergrund, Ende der 1990er Jahre wurde dann verstärkt in Richtung der Fahrkomfort- und Lebensdauerberechnung gearbeitet [Zege98]. Somit ist mittlerweile die Abtastung dreidimensionaler Straßen implementiert. Für alle wesentlichen kommerziellen MKS-Simulationspakete sind Implementierungen vorhanden, die entweder von der TNO oder vom Programmanbieter lizenziert werden.

Das Modell besteht aus einem starren Gürtel, der die Masse- und Trägheitseigenschaften vereinigt. Die Eigenschwingungen im Gürtel können deshalb nicht abgebildet werden. In den drei Hauptrichtungen ist der Gürtel mit Feder-Dämpfer-Elementen an der Felge angebracht, sodass die Relativbewegung zwischen Felge und Lauffläche dargestellt werden kann. Die Straßenoberfläche wird durch mehrere elliptische Scheiben abgetastet, um aus diesen Informationen eine Ersatzkontaktfläche zu generieren, die zur Berechnung der Kräfte und Momente in der Reifenaufstandsfläche verwendet wird. Die Schlupfberechnung erfolgt mithilfe der Magic Formula.

12.2.3 HSRI-Modell

Dieses Modell stammt aus den 1970er Jahren und wurde am damaligen *Highway Safety Research Institute* (HSRI), dem heutigen *Transportation Research Institute* (UMTRI) der *University of Michigan in Ann Arbor* (USA), entwickelt. Es gehört zur Klasse der einfachen Deformationsmodelle.

Der modellierte Reifen besteht aus einer unverformbaren Karkasse, an der die Kontaktfläche elastisch angebracht ist. Im Modell wird kein Sturz berücksichtigt und es wird in der gesam-

[125] Außer man verfügt über eine so große Erfahrung, dass man die Auswirkung der Variation auf die Fittingparameter des Reifenmodells kennt.

ten Latschfläche von einer konstanten Flächenpressung ausgegangen. Eine Auslenkung der Kontaktfläche gegenüber der Karkasse findet nur statt, wenn einer Scherspannung eingeleitet wird (Bild 12.12).

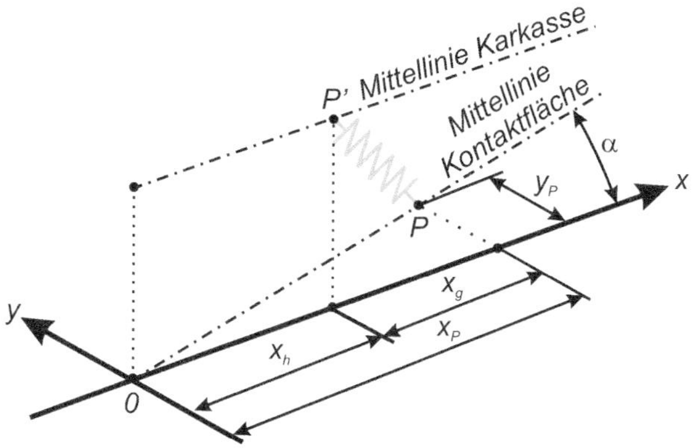

Bild 12.12 Verschiebung zwischen Karkasse und der Reifen-Straße-Kontaktfläche

Die Mittellinie der Karkasse wird relativ zur Radmittelebene und die Latschmittellinie wird relativ zur Karkassenmittelline jeweils um einen konstanten Betrag ausgelenkt. Diese Vereinfachungen sind im Alter des Modells begründet, das ursprünglich für Analogrechner entworfen wurde und somit die Komplexität und die dadurch entstehende Rechenzeit stark reduziert werden musste. Aus heutiger Sicht ist dies nicht mehr so zwingend, sodass vor der Anwendung dieses Modells geprüft werden muss, wie relevant diese Einschränkungen für die zu untersuchende Fragestellung sind.

Wenn sich das Fahrzeug mit der Geschwindigkeit v und das Rad mit der Winkelgeschwindigkeit ω bewegt, so legt ein beliebiger Punkt P in der Kontaktfläche relativ zu seinem Einlaufpunkt 0 in der Zeit Δt die Strecke $x_p = v \cdot \Delta t$ zurück. Würde reines Rollen vorliegen, so würde der zugehörigen Karkassenpunkt P‘ dieselbe x-y-Position haben (die Kontaktfläche unterliegt nur der Haftreibung). Gehen wir davon aus, dass Längs- und Querschlupf zu berücksichtigen sind, so wird durch das Gleiten des Punktes P eine Scherspannung eingeleitet, die eine Verschiebung zwischen P und P‘ hervorruft. Die Karkasse unterliegt nach wie vor der Rollbedingung und wird sich in der Zeit Δt um die Strecke $x_h = \omega \cdot r_{dyn} \cdot \Delta t$ weiterbewegen. Die Verschiebungen x_g und y_p zwischen den beiden Punkten lassen sich mit Kenntnis des Längsschlupfes λ und des Schräglaufwinkels α mit Hilfe von (12.5) und (12.6) berechnen.

$$x_g = x_P - x_h = v \cdot \Delta t - \omega \cdot r_{dyn} \cdot \Delta t = \frac{v - \omega \cdot r_{dyn}}{v} v \cdot \Delta t = \lambda \cdot x_P \qquad (12.5)$$

$$y_p = x_P \cdot \tan \alpha \qquad (12.6)$$

Auf diese Weise kann man quantifizieren, wie groß jeweils der Haft- und der Gleitbereich im Latsch sind. Für beide Bereiche muss die Berechnung der auftretenden Spannungen gesondert erfolgen und mittels der Integration über die gesamte Kontaktfläche können dann die resultierenden Kräfte ermittelt werden. In [DuFS69] ist diese Vorgehensweise für das ursprüngliche

Modell beschrieben. Erweiterungen des Modells um das Reifenrückstellmoment und die Berücksichtigung von Radlastschwankungen sind in [Wieg74] und in [Uffe80] zu finden.

12.3 Reifenmodelle für Fahrkomfort- und Lastkollektivsimulation

Bei dieser Klasse von Anwendungen kommt es natürlich auch auf die Übertragung der Kräfte und Momente in allen drei Raumrichtungen an. Darüber hinaus sollen aber auch komplexe dreidimensionale Straßenprofile abgetastet werden können und die sich daraus ergebenen Schwingungen vom Modell übertragen werden. Das Angebot an solchen Modellen ist relativ gering, was vor allem zeigt, wie schwierig es ist, ein solches Reifenmodell zu erstellen und die richtige Parametrisierung vorzunehmen.

Diese Modellklasse enthält Abbildungen von Teilen der physikalischen Eigenschaften der Reifen, sodass man, in einem gewissen Rahmen, Parametervariationen durchführen kann, um den Einfluss auf das Fahrverhalten zu bestimmen. So ist zum Beispiel in den meisten Modellen die Änderung des Reifenluftdrucks in einem gewissen Band um den Nominaldruck herum möglich.

Die Mindestanforderung besteht in einer diskretisierten Kontaktfläche. Diese ist in der Lage Fahrbahnunebenheiten im maßgeblichen Wellenlängenbereich abzutasten und so die Kräfte, die aufgrund der Verformung im Reifen und der kurzwelligen Anregung entstehen, abzubilden. Je nach Anwendung müssen mehrere Kontakte gleichzeitig verarbeitet werden können. Ist darüber hinaus auch das hochfrequente Verhalten des Reifens von Interesse, so muss die Struktur des Reifens abgebildet werden. Diese Modelle unterscheiden den Aufbau der Reifenstruktur und des Laufstreifens, die durch masselose Feder-Dämpfer-Elemente in axialer, radialer und tangentialer Richtung miteinander verknüpft sind. In ihren Knoten sind dann Masse- und/oder Sensorpunkte eingelagert. Auf diese Weise wird der ursprüngliche starre Gürtel diskretisiert. Die Summe der entstehenden Kräfte und Momente wirkt dann auf die starre Felge, die in der Regel auch die Schnittstelle zwischen dem MKS-Fahrzeugmodell und dem Reifenmodell darstellt. Eine ausführliche Darstellung zu diesem Komplex ist zum Beispiel in [OeEF99], [Oert11] oder [Gips01] zu finden.

Im Laufstreifen wird der einzelne Stollen durch einen Kontakt repräsentiert, auf den Reibkräfte wirken, die sich durch die lokale Gleitgeschwindigkeit und den lokalen Reibwert ergeben. Aus den entstehenden einzelnen Kräften respektive Verformungen wird dann eine Gesamtkraft beziehungsweise eine Gesamtverformung berechnet, die an die Felge weitergegeben wird.

Wenige Modelle können das Durchschlagen des Reifens auf die Felge abbilden. Neben der modelltechnischen Darstellung ist hier aber vor allem die Parametrierung sehr aufwendig und schwierig. Hier liegt die Grenze zwischen MKS- und FEM-Berechnung, da es sich um ein hochdynamisches Manöver handelt, aber eine plastische Verformung der Felge berücksichtigt werden soll.

12.3.1 FTire

Das Reifenmodell FTire (*Flexible Ring Tire Model*) von Prof. GIPSER (Hochschule Esslingen) entstand 1998 aus seinen Reifenmodellen DNS-Tire (*Dynamic Non-Linear Spatial Tire model*) und BRIT (*Brush and Ring Tire model*) ([Gips99], [Ammo95]). Das Modell DNS-Tire besteht aus einem grobmaschigen FE-Netz. Es läuft im Zeitbereich und hat deshalb einen entsprechend hohen Rechenzeitbedarf. Es ist in einer überarbeiteten Version als FETire Teil der FTire-Modellfamilie. Ein Modell mit starrem Gürtel (RTire) vervollständigt die Modellpalette. Es wird heute von der Firma Cosin vertrieben.

Die Anbindung der einzelnen Gürtelelemente an die starre Felge erfolgt über Reibelemente, die die Hysterese und MAXWELL-Elemente, welche die dynamische Steifigkeit des Gummis darstellen. Die statische Kraftübertragung übernimmt ein nichtlineares Federelement. FTire verwendet zusätzlich zu der in Abschnitt 12.1.3 beschriebenen STI-Schnittstelle zum Simulationsprogramm, eine eigene proprietäre Implementierung namens CTI (*Cosin Tire Interface*).

Neben einem Temperaturmodell, einem Modell zur Berücksichtigung des Laufflächenverschleißes, können auch Missbrauchslastfälle (*Misuse*) berechnet werden. Hier kann dann zwischen ideal starrer und nachgiebiger Felge unterschieden werden. Für die Identifikation der Reifenparameter aus Reifenmessungen gibt es ein eigenes Programm. FTire wird für die gängigen kommerziellen Multi Purpose Simulationsplattformen und Fahrdynamiksimulationspakete angeboten [GiHo14].

Ein Vergleich der Reifenmodelle MF-SWIFT und FTire für die Anwendung der Lastkollektivermittlung ist in [Wase07] zu finden.

12.3.2 RMOD-K

Dieses Modell entstand ursprünglich als eine Auftragsarbeit der Volkswagen AG bei der Firma gedas in Zusammenarbeit der TU Berlin und der FH Anhalt, mit dem Ziel eine für unterschiedliche Anwendungen passende Modellfamilie zu erhalten [OeEF99]. Dabei wurde in der Version 6.0 zwischen drei Varianten verschiedener Leistungsfähigkeit unterschieden. Als reines Fahrdynamikmodell wurde das Modell RFN20 mit diskretisierter Kontaktfläche und für den Fahrkomfort und Betriebsfestigkeit wurden die Modell RFN30 (Einspurmodell) und RFN31 (Mehrspurmodell) angeboten. Diese Modelle wurden dann später in die damalige CDTire-Familie überführt.

Die Neuentwicklung RMOD-K 7.0 ist mittlerweile als Open Source unter www.rmod k.com verfügbar. Die Grundstruktur des Modells ist ausführlich in [Oert11] dokumentiert. Hier kann man sehr gut nachvollziehen, wie ein Reifenmodell, mit den Ansprüchen Fahrkomfort- und Betriebsfestigkeitsrechnungen damit durchführen zu wollen, aufgebaut sein muss.

12.3.3 CDTire

In Zusammenarbeit mit dem Fraunhofer Institut (LBF) in Darmstadt und der Firma LMS International[126] in Leuven (Belgien) wurde zunächst aufbauend auf dem Code von RMOD-K 6 ein Satz von physikalischen Reifenmodellen entwickelt, der ebenfalls Modelle dreier Komplexitätsstufen enthält [LMS09]. Dabei hat das einfachste Modell (Modell 20) einen starren Gürtel. Die beiden anderen Modelle haben einen flexiblen Gürtel und können entweder nur Unebenheiten in x- (Modell 30) oder kombiniert in x- und y-Richtung (Modell 40) erfassen [GaBä07].

Mittlerweile ist jedoch eine vollständige Neuentwicklung sowohl für ein echtzeitfähiges Handlingmodell, wie für ein komplexes 3D-Modell im Fraunhofer-Institut für Techno- und Wirtschaftsmathematik ITWM in Kaiserslautern entstanden. Die echtzeitfähige Variante entspricht einem Modell mit flexiblem, massebehafteten Gürtel und einer Kontaktmodellierung über Bürsten, das auf dem vorherigen Modell CDTire30 basiert, aber für die Echtzeitfähigkeit überarbeitet und von Fortran nach C portiert wurde [Burg13]. Eine wesentliche Rolle spielte dabei die vollständige Überarbeitung des internen Integrationsverfahrens des Reifenmodells und die Kommunikation zwischen Reifenmodell und Fahrzeugmodell im Sinne der Cosimulation. Das Modell existiert in einer Version für harte Echtzeitbedingungen als CDTire/Realtime und in einer Offline-Version als CDTire/HPS (High Performance Solver).

Die Version CDTire/3D hat einen völlig neuen Aufbau bekommen, der sich mehr an der Geometrie und der Struktur des Reifens orientiert und die Seitenwand und die einzelnen Schichten der Lauffläche, der Gürtellagen und der Karkasse abbildet [GaBB14]. Falls notwendig (und falls diese Informationen vorliegen) können einzelne Stahlgürtellagen mit ihren Fadenwinkeln berücksichtigt werden. Große Verformungen, wie sie bei Missbrauchslastfällen auftreten, können bei entsprechender Parametrierung abgebildet werden. Das Kontaktmodell basiert ebenfalls auf einem Bürstenmodell. Für die Identifikation der Reifenparameter aus Reifenmessungen wird ein eigenes Tool bereitgestellt.

Beide Reifenmodelle werden für die gängigen kommerziellen Multi Purpose Simulationsplattformen angeboten.

12.4 Parametrierung der Reifenmodelle

Auch wenn das die Produzenten von Reifenmodellen naturgemäß anders sehen, so sehe ich weniger die Wahl des einzelnen Modells im Vordergrund[127], sondern die prozesssichere Beschaffung der Reifenparameter und die Kenntnis der Grenzen des Modells.

12.4.1 Prozess der Parametrierung

Ein typischer Ablauf einer Reifenparametrierung ist in Bild 12.13 dargestellt. Zunächst wird der Zielreifen auf einem Reifenprüfstand des Reifenherstellers oder eines Dienstleisters ver-

[126] Heute Siemens PLM Software.
[127] Die richtige Modellklasse sollte natürlich schon gewählt werden.

messen. Welche Parameter gemessen und welche Versuche durchgeführt werden, variiert und wird vor allem durch das Reifenmodell und der damit verbundenen Anforderungen bezüglich der späteren Aussage bestimmt.

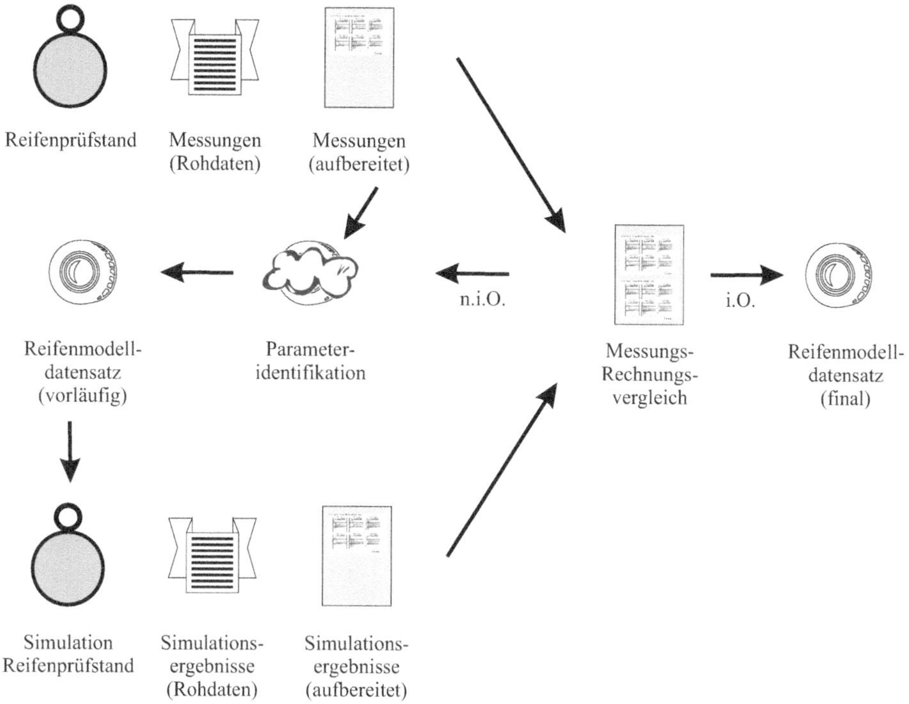

Bild 12.13 Grundprozess der Reifenparametrierung

Diese Auswahl ist wesentlich für die spätere Qualität der Daten. Da aber gerade in dieser Frage das vorhandene Know-how sehr stark verteilt ist, wäre eine umfassende Abstimmung zwischen Reifenhersteller, Reifenmodellhersteller und dem ausführenden Berechner notwendig. Die Erfahrung zeigt, dass dies in der Regel nicht durchführbar ist. Das später in diesem Abschnitt besprochene Projekt TMPT versucht, hier einen Vorschlag zu machen. Nachdem die Messdaten vorliegen, wird mithilfe der Parameteridentifikation ein Reifenmodelldatensatz erstellt. Da sich die meisten Reifenmodelle durch eine Vielzahl von Parametern auszeichnen, werden bei der Identifikation häufig nur einige *wesentliche* Parameter optimiert, das heißt, der Fehler zwischen der Simulation und der Messung minimiert. An dieser Stelle wird es heikel. Derjenige, der die Identifikation durchführt, ist in den seltensten Fällen derjenige, der später die Simulationen durchführen wird. In welcher Fragestellung und mit welchen Schwerpunkten der Reifendatensatz später verwendet werden soll, ist vielleicht nur ansatzweise (oder gar nicht) bekannt. Die Parameteridentifikation übernehmen häufig der Reifenhersteller, der Prüfstandbetreiber oder ein externer Dienstleister, sodass eine klare Absprache über den späteren Einsatz der Daten beziehungsweise des Modells zwingend notwendig wäre. Wenn man als Nutzer dieses Reifenmodells Glück hat, dann bekommt man die zugrunde liegenden Messdaten mit dem Reifendatensatz mitgeliefert. Jetzt kann man im Nachhinein die Qualität und die Verwendbarkeit der Daten für die eigene Aufgabenstellung überprüfen. Häufig unterbleibt dieser Schritt aber, sei es weil die erforderlichen Messungen nicht mitgeliefert wurden oder weil einfach die Zeit dafür fehlt. Hier ist durchaus ein großes Qualitätsdefizit vorhanden, das nur durch einen geeigneten Prozess und verbindlichen Absprachen zwischen den Beteiligten reduziert werden kann.

Das Schlagwort *prozesssicher* wird in der Automobilindustrie gerne verwendet, um einen gleichbleibenden Qualitätsanspruch zu manifestieren. Dies ist in diesem Zusammenhang leichter gesagt als getan. In der Regel sieht die Situation so aus, dass die Kombination verschiedener Reifenhersteller mit diversen Produkten auf unterschiedlichen Prüfständen mit einer Vielfalt an Mess- und Identifikationsmethoden zu einer schwer vergleichbaren Zahl von Modellparametersätzen führen kann. Das dies selbst bei einer Charge *gleicher* Reifen eines Herstellers, die auf unterschiedlichen Prüfständen gemessen und deren charakteristische Kenngrößen erzeugt wurden, zu einer gewissen Vielfalt kommen kann, war die Motivation des 1996-1999 laufenden TIME-Projektes (*Tire Measurements*) hier eine einheitliche Messprozedur für die Seitenkräfte zu schaffen [Klaa99]. Aber auch dort war die Varianz der Messergebnisse immer noch zu groß.

Als Resultat wurde von der TU Wien der *Tire Model Performance Test* (TMPT) angestoßen. Unter der Mitarbeit einiger Fahrzeug-, Reifen- und Reifenmodellhersteller und Anbietern von MKS-Simulationsprogrammen sollen vereinheitlichte Messmethoden definiert werden. Eine ausführliche Darstellung der Methodik und der Vorgehensweise ist in [LuPl07] zu finden. Ein Reifen (205/55 R16 90H) wurde vermessen und die Messergebnisse wurden Reifenmodellherstellern zur Verfügung gestellt, die damit ihre Modelle parametrierten. Diese parametrierten Modelle wurden an die Anbieter der MKS-Programme weitergegeben, welche die damit durchgeführten Simulationen der TU Wien weitergaben, damit sie dort gesammelt und veröffentlicht werden konnten. Aus Kapazitätsgründen wurden nicht alle Kombinationen von Reifenmodellen und Simulationspaketen für alle definierten Manöver durchgeführt. Auch hier zeigt sich eine relativ große Streuung der Ergebnisse, die zum Teil auch zeigten, dass die Einbindung eines Reifenmodells in unterschiedliche Simulationsumgebungen Einfluss auf das Ergebnis haben kann.

12.4.2 Messung von Reifenparametern

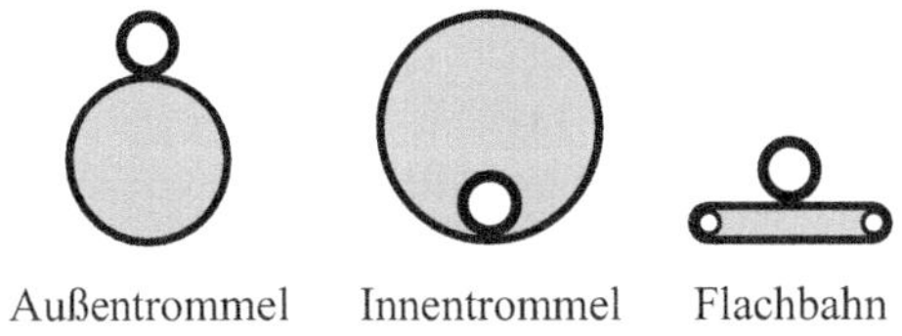

Bild 12.14 Prüfstandskonzepte zur Messung des rollenden Reifens

Zunächst muss unterschieden werden, ob der Zielreifen bereits existiert, ob ein vergleichbarer Reifen vorliegt oder ob es nur Zielwerte gibt, nach denen das Reifenmodell parametriert werden soll. Im letzten Fall sollte das verwendete Reifenmodell so einfach wie möglich sein, um eine grobe Beschreibung aufgrund der wenigen Zielgrößen zu ermöglichen. Unter Umständen kann ein Teil der Parameter aus einem vorhandenen FE-Modell gewonnen werden.

Soll ein vorhandener Reifen gemessen werden, stehen mehrere Verfahren zur Verfügung, um verschiedene Klassen von Parametern zu erlangen. Für das Schwingungsverhalten im höheren Frequenzbereich können Modalanalysen aus der Berechnung oder dem Versuch zugrunde gelegt werden. Für die Dynamik des rollenden Reifens werden Prüfstands- oder Straßenmessungen herangezogen. Bei den Prüfständen lassen sich drei Grundkonzepte unterscheiden (Bild 12.14), die sich vor allem in der Kontaktfläche zwischen dem Reifen und dem Prüfstand unterscheiden. Für den Außentrommelprüfstand ist sie konkav – für den Innentrommelprüfstand konvex, dies entspricht beides nicht der Kontaktfläche des Reifen auf der Straße. Die Klasse der Flachbahnprüfstände versucht hier Abhilfe zu schaffen. Die Regelung des flexiblen Bandes bei hohen Radlasten ist hier jedoch eine Herausforderung. Am häufigsten findet man sicherlich die Außentrommelprüfstände, da sie am einfachsten zu realisieren sind. In der Regel sind der Antrieb und der Großteil der Trommel im Keller untergebracht und nur der genutzte Teil der Trommel ist sichtbar. Auf der Trommel können Schlagleisten (*Cleat*) angebracht werden, um die Impulsantwort des Reifens messen zu können. Aufgrund der Fliehkraft sind Messungen bei feuchter Straße oder mit Schnee nicht möglich.

Hierfür bieten sich Innentrommelprüfstände an, die auch mit realen Straßenbelägen bestückt werden können. Wie in Bild 12.15 zu sehen ist, sind die Dimensionen im Gegensatz zum Außentrommelprüfstand deutlich größer. Die dargestellte Trommel des Prüfstands Fahrzeug/Fahrbahn der Bundesanstalt für Straßenwesen in Bergisch-Glasbach füllt eine ganze Halle aus. Sie wiegt 40 t und hat einen Durchmesser von 5,5 m.

[Bildquelle bast]

Bild 12.15 Innentrommelprüfstand der Bundesanstalt für Straßenwesen (bast)

Die Vorgehensweise, Modellparameter von Messungen auf einem Flachbahnprüfstand zu generieren, ist zum Beispiel in [ScFö09] beschrieben.

Alternativ dazu kann man auch auf realen Straßen messen. Hier sind zwar die Rahmenbedingungen wie der Reibwert und die Temperatur nicht so konstant, wie bei einem Prüfstandsversuch, aber dafür ist der Reifen-Straße-Kontakt deutlich vergleichbarer zum späteren Einsatz des Reifens am Fahrzeug. Für die Messung werden spezielle Fahrzeuge oder Anhänger benötigt, damit während der Messung typische Einstellungen wie unterschiedliche Radlasten, Sturz- oder Schräglaufwinkel vorgenommen werden können.

12.4.3 Modelle unterschiedlicher Komplexität

Manche Reifenmodelle bieten Ausführungen in unterschiedlicher Komplexität, sodass innerhalb einer Modellfamilie sowohl Fahrdynamik- und Fahrkomfortmodelle angeboten werden können. Die Parametrierung dieser Modelle ist naturgemäß unterschiedlich, das heißt, für einen konkreten Reifen müssen mindestens zwei Datensätze existieren. Weisen nun beide Datensätze auf denselben Reifen (Hersteller, Modell, Reifengröße) hin, so wird dem Nutzer suggeriert, dass es sich tatsächlich um ein austauschbares Modell handelt. Hier muss darauf geachtet werden, dass dieser Anspruch auch erfüllt werden kann. Auch komfortorientierte Reifenmodelle sollten in der Lage sein den linearen Teil einer stationären Kreisfahrt abzudecken und dort vergleichbare Ergebnisse zu Fahrdynamikmodellen liefern können, wenn derselbe Reifen beschrieben wird.

12.5 Modellierung der Straße

Die Ergebnisse der Gesamtfahrzeugsimulation müssen immer wieder an Messungen realer Fahrzeuge validiert werden. Dies gelingt am einfachsten und gerade für den Fahrversuch am überzeugendsten, wenn den Simulationen dieselben Straßeninformationen zugrunde liegen wie den Messungen. Es ist deshalb ratsam, zumindest eine Auswahl der vom Fahrversuch genutzten Strecken in digitaler Form zur Verfügung zu haben. Zum Teil wird die Erstellung der notwendigen Straßendaten von Dienstleistern angeboten, zum Teil wird dies über vereinfachte Verfahren auch von den Fahrzeugherstellern oder Zulieferern selbst durchgeführt.

12.5.1 Messverfahren für Straßenprofile

Messverfahren, wie reale Straßenprofile digitalisiert werden können und so der Simulation zur Verfügung gestellt werden können, gibt es viele. Eine häufig angewendete Methode ist die Rückrechnung des z-Profils einer Fahrbahn aus gemessenen Beschleunigungssignalen. Diese Vorgehensweise ist mit relativ geringem Aufwand schnell umzusetzen. Man benötigt einen Beschleunigungssensor am Radträger und die zugehörige Messtechnik. Durch zweifache Integration des Beschleunigungssignals erhält man ein Wegsignal, das aber noch gefiltert und bereinigt werden muss. Zum einen ist die Fahrzeugvertikalbewegung im Signal enthalten, zum anderen driftet das Signal zuweilen, was zu einem unerwünschten Ansteigen oder Abfallen der Straße führen kann. Auch wenn man auf der rechten und linken Fahrzeugeseite misst, so wird letztlich nur die jeweils gefahrene Fahrspur gemessen. Die Information wo diese auf der Fahrbahnbreite liegt, geht dabei verloren. In [Kudr01] wird eine Messung der Straße über nur zwei Messstellen am Fahrzeug beschrieben, mit deren Hilfe das Profil nach Abzug der Fahrzeugbewegung erzeugt werden kann. Mit dieser Methode kann jedoch eine Neigung der Fahrbahn nicht erfasst werden und es werden nur die jeweiligen Fahrspuren des Messfahrzeuges vermessen. Bei Fahrbahnen ohne nennenswerte Neigung und *eindeutiger* Fahrspur ist dies eine preisgünstige Methode um Teststrecken, aber auch öffentliche Straßen einfach und schnell vermessen zu können. Wenn es nur um die qualitative Beschreibung eines Straßenprofils geht, zum Beispiel als allgemeine Darstellung einer schlechten Landstraße, ist diese Vorgehensweise völlig ausreichend. Zur Validierung von Berechnungsergebnissen mit Fahrzeugmessungen ist sie aber eher ungeeignet, da gerade auf öffentlicher Straße die Fahrspur, vor allem in Kurven, nicht immer reproduzierbar eingehalten werden kann.

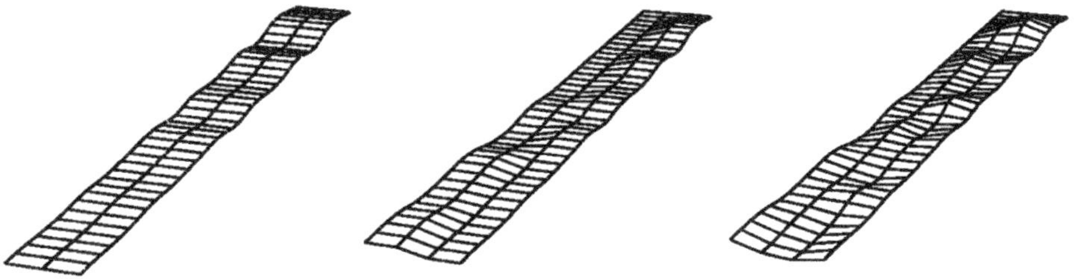

Referenz rechter Fahrspurrand | Referenz rechter und linker Fahrspurrand, Zwischenbereich interpoliert | Vier unabhängige Fahrspuren

Bild 12.16 Straßenprofile mit einem, zwei oder vier Messspuren pro Fahrbahnbreite

Wird nur eine Fahrspur vermessen, so wird diese dann von beiden Reifen einer Achse überfahren, sodass kein Werfen[128] eingebracht werden kann. Das identische Profil erstreckt sich damit über die gesamte Fahrbahnbreite, sodass nur eine Information *z(x)* abgefragt werden muss (Bild 12.16, links). Werden zwei Fahrspuren vermessen (Bild 12.16, mittig), so sind für das linke und das rechte Rad unterschiedliche Anregungen möglich, die auch ein Werfen verursachen werden. Wie zwischen den beiden Spuren interpoliert wird, hängt vom Straßenmodell ab. Wird aufgrund einer Kursabweichung der Mittenbereich überfahren, hat dies allerdings nichts mit der gemessenen Straße zu tun. In der rechten Darstellung in Bild 12.16 sind vier gemessene Spuren zu sehen, es können abhängig vom Messverfahren natürlich auch mehr sein. Hier wird der Mittenbereich der Fahrspur ausführlicher dargestellt. Gerade bei Kurven ist die Fahrspur stark von der Fahrgeschwindigkeit und dem Fahrermodell abhängig (siehe auch Kapitel 16), sodass hier Abweichungen gegenüber den Messungen aufgrund der Fahrbahnanregung entstehen können.

Ein aufwendigeres Verfahren zur Vermessung der Fahrbahn ist in [GiAR05] beschrieben. Dort wird mithilfe eines Laserscanners, der auf ein Messfahrzeug montiert wurde, die gesamte Fahrzeugbreite erfasst und nach dem Herausrechnen der Fahrzeugbewegung in digitaler Form zur Verfügung gestellt. Der Vorteil dieses Verfahren liegt darin, dass auch der Fahrbahnverlauf zwischen den eigentlichen Fahrspuren erfasst wird und so auch für Fahrzeuge mit unterschiedlicher Spurbreite genutzt werden kann. Da das Messfahrzeug über eine Inertialmesstechnik verfügt, können auch Neigungen und absolute Höhenunterschiede der Fahrbahn berücksichtigt werden.

Verfahren, welche die Straße fotografisch erfassen, wie zum Beispiel die Stereofotometrie, erfordern die Sperrung des zu erfassenden Straßenabschnitts. Das ist für öffentliche Straßen in der Regel nicht möglich, sodass diese Methode nur für eigene interne Teststrecken verwendet

[128] Wankanregungen aufgrund von Fahrbahnunebenheiten.

werden kann. Weitere Anforderungen an das Wetter und die Beleuchtung schränken dieses Verfahren weiter ein.

12.5.2 Topologie der Straße

Mit dem Begriff der Topologie soll in diesem Zusammenhang der makroskopische Verlauf der Straße in der Landschaft verstanden werden. Hierbei ist zu unterscheiden, ob es sich um eine zweidimensionale Darstellung $P(x, y)$ oder eine dreidimensionale Darstellung $P(x, y, z)$ handelt. Je nach Verlauf der Straße kann dieser Unterschied wesentlich sein, denn bei Steigungs- oder Gefällstrecken wird das Fahrzeug bei gleicher Motorleistung langsamer bzw. schneller werden. In Bild 12.17 wird dies am Beispiel eines Ausschnittes der Nordschleife des Nürburgringes deutlich. Zwischen dem Start und der Fuchsröhre liegt ein Höhenunterschied von ca. 170 m.

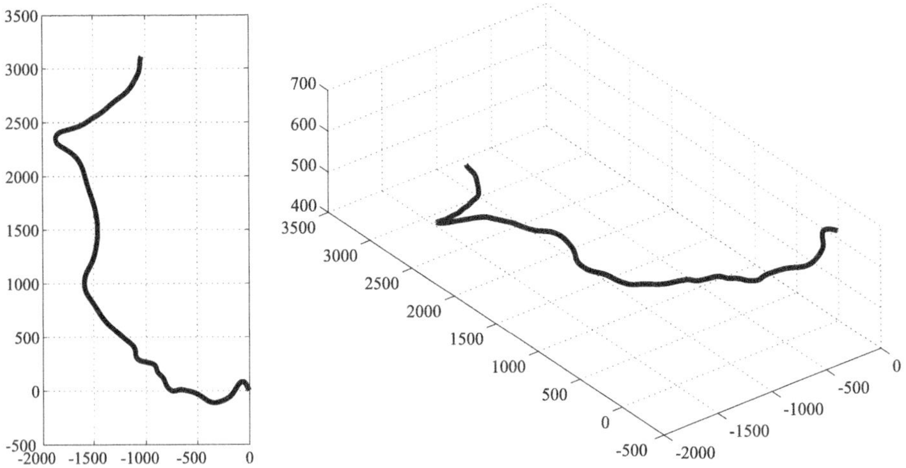

Bild 12.17 Straßenverlauf in einer zwei- und einer dreidimensionalen Darstellung

Bei einem Messungs-Rechnungsvergleich, bei dem das berechnete Fahrzeug das Geschwindigkeitsprofil des gemessenen Fahrzeuges einhalten soll, müsste bei der ebenen Darstellung zusätzlich gebremst oder beschleunigt werden, was aber nicht den Messdaten entspricht. Dasselbe gilt für die seitliche Neigung der Strecke, wie sie vor allem bei Renn- und Teststrecken vorkommt – extrem bei einer Steilkurve. Die dort gefahrenen Geschwindigkeiten können in der Regel auf einer ebenen Fahrbahn nicht umgesetzt werden.

Zur vollständigen Beschreibung des makroskopischen Verlaufs der Straße muss also die Information der Position der Straßenmitte $P(x, y, z)$, die Fahrbahnbreite $b(x, y)$, gegebenenfalls ihre Neigung in Fahrbahnquerrichtung $\varphi(x, y)$ und der dort herrschende Reibwert $\mu(x, y)$ bekannt sein. Zwischen diesen bekannten Punkten muss dann interpoliert werden. Die Darstellung in kartesischen Koordinaten bietet sich zunächst an, da die Streckendaten zum Beispiel aus GPS-Daten gewonnen werden können. Abhängig von der Anwendung der Straßendaten bestimmt sich die notwendige Auflösung der Positionsdaten. Für die Fahrdynamiksimulation reicht eine relativ grobe Abtastung im Meterbereich für die *x*-*y*-Ebene und im Zentimeterbereich für die *z*-Richtung, für die Fahrkomfort- und Lastkollektivsimulation benötigt man die Rauigkeit der Straße und muss die Straßeninformationen für die *x*-*y*-Ebene im Zentimeterbereich und für die *z*-Richtung im Millimeterbereich vorliegen haben.

Die Beispielstraße aus Bild 12.17 liegt in einem Quader von ungefähr 3200 m x 1500 m x 170 m = 0,8 km^3. Wird die Straße in *x*-*y*-Richtung im Abstand von einem Meter und in *z*-Richtung 0,1 m aufgelöst, ergeben sich 8.160.000.000 mögliche Punkte, zwischen denen das Reifenmodell die aktuellen Straßeninformationen errechnen muss. Ist diese Suche ungünstig programmiert, so wird für jeden Zeitschritt die Gesamtheit aller möglichen Punkte für jeden der vier Reifen durchsucht. Bedenkt man, dass die vier Reifen in unmittelbarer Nähe zueinander sind, sucht günstigerweise nur die erste Berechnung in der gesamten Punktewolke und die anderen drei Reifen, suchen nur noch in der Umgebung des ersten Reifens. Merkt man sich die letzte Position, wird die nächste, in Abhängigkeit der Fahrzeuggeschwindigkeit ebenfalls nicht weit entfernt sein, sodass auch hier eine schnellere Suche möglich ist.

Deutlich ökonomischer gehen Verfahren, die auf der Bahnkoordinate basieren, mit der Ablage der Straßeninformationen um. Hier wird vom Startpunkt an der Verlauf der Straße in einem festen Abstand mithilfe von Krümmungswinkeln und der Angabe der Straßenbreite und der Höheninformation über der Straßenbreite beschrieben. Eine offene Schnittstellendefinition für die Beschreibung von Straßenoberflächen nach dieser Methode ist seit 2008 das OpenCRG-Format (*CRG = Curved Regular Grid*). Entstanden ist dieses Format aus einem Arbeitskreis des VDA unter der Federführung der Daimler AG [GiAR05]. Es hat sich zum Ziel gemacht, jeder Simulationssoftware und jedem Reifenmodell eine transparente, speicherplatzsparende und schnelle Schnittstelle zur Verfügung zu stellen. Die verschiedenen Reifenmodelle bieten häufig eigene Straßenformate und Suchalgorithmen mit zum Teil deutlichen Performanceunterschieden an.

In [WiNe12] wird ein Suchalgorithmus vorgestellt, dem eine Darstellung des Straßenverlaufs in Form von NURBS zugrunde liegt und so ein schnelles Auffinden des Kontaktpunktes ermöglichen soll.

Je nach Messverfahren und Auflösung entstehen also sehr große Datenmengen, die in der Regel so nicht verarbeitet werden können, es aber auch nicht müssen. Für Handling-Simulationen reicht eine eher makroskopische Beschreibung des Straßenverlaufs, da die meisten Reifenmodelle in diesem Bereich nur glatte Straßen berücksichtigen. Für die in der Regel ebenen Handlingkurse auf den Teststrecken reicht eine Trajektorie für das Fahrermodell. Sollen reale Rennstrecken, wie zum Beispiel der Nürburgring, nachgebildet werden, müssen hier zusätzlich die Straßenbreite, Curbs, Kurvenneigungen, Steigungen und Gefälle abgebildet werden, um realistische Rundenzeiten berechnen zu können.

Für Fahrkomfortsimulationen oder die Lastkollektivermittlungen für die Betriebsfestigkeit muss jedoch eine dem Reifenmodell entsprechend feinere Auflösung angestrebt werden. In [ScAm01] werden verschiedene Möglichkeiten diskutiert, die zu einer verlustfreien oder auch zu einer verlustbehafteten Datenreduktion führen. Gerade bei längeren Strecken können schnell sehr große Datenmengen anfallen, die vor allem bei Kopiervorgängen zu einer merkbaren Netzbelastung und einem zeitlichen Verzug führen können (siehe Abschnitt 6.3).

12.5.3 Einzelanregungen

Einzelhindernisse stellen sogenannte deterministische Ereignisse dar, das heißt, sie sind eindeutig definiert und führen zu einer spezifischen Anregung. Zum einen stellen sie reale Fahrbahnsituationen nach, in dem sie Dehnungsfugen von Brücken, abgesenkte oder überstehende Kanaldeckel, Bahnübergänge oder Schlaglöcher synthetisieren. Zum anderen regt in der Theorie ein Stoß alle Frequenzen gleichzeitig an, sodass das Fahrzeug oder die Komponente auf jeden Fall auch in seiner oder ihrer jeweiligen Eigenfrequenz angeregt wird.

Im Fahrversuch werden diese Hindernisse häufig für die subjektive Beurteilung des Fahrzeuges verwendet, da vor allem der akustische Eindruck hier dominant ist. Bei einer Simulation im Zeitbereich können nur die wirkenden Beschleunigungen im Schwingungsbereich ermittelt werden. Für Validierungen sind Messungen erforderlich, bei denen am günstigsten an den Radträgern, den Dämpferdomen und an den Sitzkonsolen Beschleunigungen erfasst werden. Auf diese Weise kann eine unzureichende Parametrierung oder Modellierung am besten aufgespürt werden. Auch wenn das Rad im niedrigen Frequenzbereich nicht unabhängig von der Bewegung des Aufbaus ist, so kann eine erste Abschätzung erfolgen, ob die Differenzen aus dem Reifenmodell oder dem restlichen Fahrwerk stammen.

Wie bei dem Thema Validierung schon erwähnt (Abschnitt 3.8.2), ist es ratsam, das Manöver mehrfach und mit großer Abtastrate zu messen. Es hat einen signifikanten Einfluss auf die gemessene Beschleunigungsamplitude, ob sich das Rad bei Beginn der Überfahrt des Hindernisses gerade in der Aufwärts- oder in der Abwärtsrichtung bewegt. Die so erzeugte Kurvenschar gibt einen Eindruck, ob zum Beispiel Änderungen in der Fahrwerkabstimmung gegenüber der Bandbreite der Beschleunigungsamplituden auflösbar sind oder nicht.

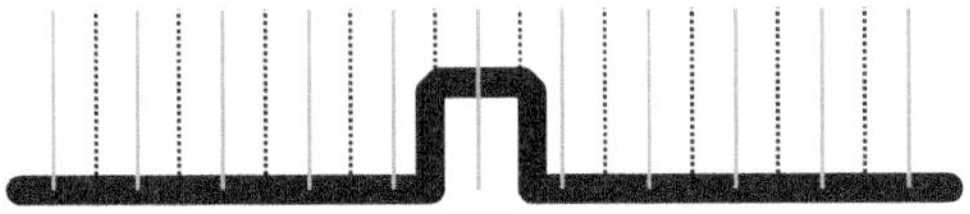

Bild 12.18 Zeitabhängige Abtastung eines Einzelhindernisses

Viele Reifenmodelle enthalten für Standardeinzelhindernisse fertige Straßenmodelle, die leicht zu parametrieren sind, aber es gibt immer auch die Möglichkeit ein Hindernis frei zu gestalten.

In der Regel sind diese Einzelhindernisse allerdings auf einer ideal glatten und ebenen Fahrbahn platziert. Dies erleichtert die Analyse des Systemverhaltens aufgrund dieser Anregung. Allerdings muss man bei der Abbildung von real existierenden Hindernissen beachten, dass diese auf einer rauen gegebenenfalls unebenen Fahrbahn angebracht sein können, sodass in den Messsignalen auch der Straßeneinfluss zu sehen sein wird.

Da reale Einzelhindernisse in der Regel Fasen besitzen, sollten auch die digitalen Versionen keine ideal scharfen Kanten aufweisen. Die Abtastung durch das Reifenmodell wird auch auf diese Weise erleichtert, da der ohnehin unstetige Übergang entschärft wird. In erster Linie spielt die Abtastfähigkeit des Reifenmodells die entscheidende Rolle, bis zu welcher Größenordnung Konturänderungen erkannt werden können. Stellen wir uns ein einfaches Reifenmodell vor, dass jede Millisekunde die Information über die aktuelle z-Koordinate der Straße abfragt. Bei einer Fahrzeuggeschwindigkeit von 30 km/h, was ca. 8,3 m/s entspricht, wird in x-Richtung alle 8,3 mm eine neue z-Koordinate ermittelt. Eine 10 mm breite und hohe Leiste würde also abhängig von der Position auf der Straße mindestens einmal (Bild 12.18, durchgezogene Linie), maximal zweimal vom Reifen erfasst (Bild 12.18, gepunktete Linie). Besitzt die Leiste eine 45°-Fase, so schwankt die ermittelte Leistenhöhe zwischen 9 mm und 10 mm. Man sieht, dass hier eine feinere Abtastung notwendig ist oder im Umkehrschluss, dass man für dieses Reifenmodell nur längere Hindernisse verwenden darf.

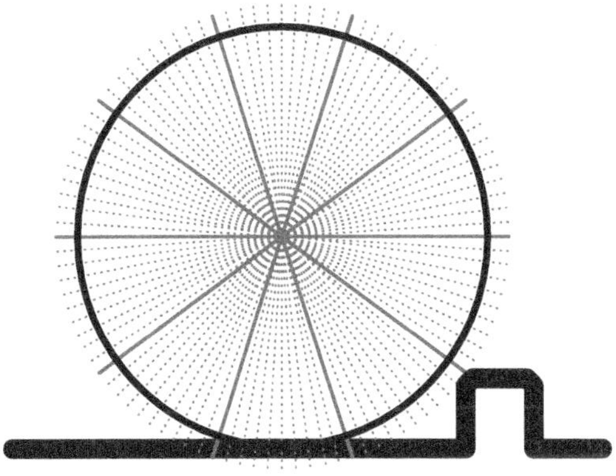

Bild 12.19 Wegabhängige Abtastung eines Einzelhindernisses

Bei komplexeren Reifenmodellen ist häufig die Anzahl der Abtastpunkte über dem Abrollumfang in Grenzen einstellbar. Je mehr Abtastpunkte ausgewählt werden, desto länger ist die benötigte Rechenzeit. Aus diesem Grund wird dieser Parameter, soweit er denn überhaupt bekannt ist, gerne auf kleinere Werte eingestellt, die für die Überfahrt eines stochastischen Straßenprofils gerade noch akzeptabel sind.[129] Werden Einzelhindernisse berechnet, so sollte dieser Parameter noch einmal kritisch überprüft werden. Geht man von einem Abrollumfang von zwei Metern aus, so ergeben 100 Abtastpunkte eine Auflösung von 20 mm – fahrzeuggeschwindigkeitsunabhängig, da die Abtastrate hier keine Rolle spielt (Bild 12.19). Die 10 mm breite Leiste würde nur per Zufall getroffen. Eine deutliche Erhöhung der Abtastpunkte ist also notwendig. Die sich dadurch ergebende Anstieg der Rechenzeit fällt bei der Kürze der Manöver in der Regel nicht so stark ins Gewicht.

Da für die Identifikation der Modellparameter des Reifens bei komplexeren Modellen in der Regel Messungen auf Rollenprüfständen mit Schlagleisten zugrunde liegen, sollte man davon ausgehen können, dass die Einzelhindernisüberfahrt relativ gut abgebildet werden kann. Da für die Parametrierung des Reifenmodells aber das zuvor Beschriebene gilt, ist auch hier noch einmal ein kritischer Blick auf die Identifikation der Reifenparameter angeraten.

12.5.4 Periodische Anregungen

Ebenfalls zu den deterministischen Anregungen gehören die periodischen Straßenanregungen. Sie lassen sich in zwei Klassen einteilen. Zum einen gibt es die synthetischen Anregungen.

[129] Was im Sinne der Rechenzeitreduzierung auch durchaus ein probates Mittel ist, solange der Informationsgehalt ausreichend ist.

Sie dienen weniger der Abbildung realer Straßenprofile, als der Analyse des Fahrzeugverhaltens. Stellvertretend für diese Klasse sei eine Sinusanregung genannt, mit der abhängig von der Fahrzeuggeschwindigkeit und dem Radstand eine diskrete Frequenzanregung erfolgen kann, wie sie auf realen Straßen in dieser Reinform nicht zu finden ist. Aber natürlich lassen sich auch viele andere synthetische Profilformen finden.

Die andere Klasse bildet reale Straßenprofile ab, die zum Beispiel durch die Verwendung von Plattenprofilen entstehen. Durch die gleiche Länge der Plattenprofile ergibt sich bei konstanter Fahrgeschwindigkeit ein periodischer Effekt. Prominentestes Beispiel ist sicherlich der Freeway Hop in Los Angeles, bei dem die durchhängenden Betonplatten zu einer starken Schwingungsanregung führen (Bild 12.20).

Bild 12.20 Periodische Anregung

12.5.5 Stochastische Anregungen

Unter stochastischen Anregungen versteht man alle Straßenprofile, die sich nicht mit Hilfe von analytischen Funktionen beschreiben lassen, sondern nur noch mit den Methoden der Statistik. Im Allgemeinen kann man davon ausgehen, dass sich das Rauigkeitsprofil einer Straßenoberfläche aufgrund des Asphalt- oder Betonbelages nur noch über sein Spektrum zu beschreiben lässt.

Einzelne Klassen von Straßen lassen sich aufgrund dieser Verteilung zusammenfassen. So unterscheiden sich Stadtstraßen von Landstraßen oder Autobahnen. Auch innerhalb dieser Klassen lassen sich noch Unterscheidungen in der Qualität ihrer Oberfläche treffen. Das zugrunde liegende Amplitudenprofil lässt sich dann mithilfe der Methoden der Spektralanalyse in ein konkretes Straßenprofil umwandeln, sodass man zum Beispiel eine synthetische Entsprechung einer schlechten Landstraße bekommt. Mit diesen Profilen kann man grundsätzliche Untersuchungen am Fahrzeugmodell vornehmen, ohne auf Messdaten realer Straßenprofile zurückgreifen zu müssen. Ein Vergleich mit Fahrzeugmessungen ist so natürlich nicht möglich. Für diesen Zweck müssen reale Straßenprofile vermessen und digitalisiert worden sein.

13 Antriebsstrang

[Bildquelle BMW Group]

Bild 13.1 Allradantriebsstrang eines BMW X4 (F26)

Ob der Motor und das Getriebe, unabhängig davon, ob es sich um einen Verbrennungs- oder einen Elektromotor handelt, in ihrer Leistungscharakteristik berücksichtigt werden, hängt stark von der längsdynamischen Fragestellungen ab, die untersucht werden sollen. Bei vielen Manövern ist eine konstante Geschwindigkeit vorgeschrieben, sodass die Leistung oder das Drehmoment über der Motordrehzahl oder die Schaltstufen des Getriebes keine Rolle spielen. Wird die Motor-Getriebeeinheit nicht federnd gegenüber dem Aufbau modelliert, müssen noch nicht einmal die Massedaten berücksichtigt werden, da sie im Gesamtfahrzeuggewicht enthalten sind.

Für manche Fragestellungen reicht diese einfache Betrachtung aber nicht aus, sodass im Folgenden detailliertere Ansätze besprochen werden. Es geht dabei ausschließlich um die Bereitstellung des Antriebsmoments, nicht um die innerhalb des Motors oder des Getriebes ablaufenden Prozesse.

13.1 Vorgabe des Antriebsmoments

Die schnellste Modellierungsmöglichkeit ist die Vernachlässigung des im Fahrzeug verbauten Antriebsstranges und somit die direkte Vorgabe des Antriebsmoments an den Rädern. Dies kann über der Zeit (Bild 13.2), über dem Weg oder der Fahrzeugposition in Form einer Kennlinie erfolgen. Das Zeitverhalten für den Aufbau und den Abbau des Antriebsmoments kann in die Kennlinie integriert werden. Unrealistische Gradienten und Antriebsmomente sind zu vermeiden, da sie zu stark erhöhten Schlupfwerten am Reifen und somit zu einem unplausiblen Fahrverhalten führen werden.

Eine Unterscheidung von Antriebs- oder Bremsmoment kann entfallen, wenn, wie in Abschnitt 16.1 beschrieben, eine Fahrzeuggeschwindigkeit vorgegeben ist und diese über eine geeignete Momentenregelung am Rad umgesetzt wird.

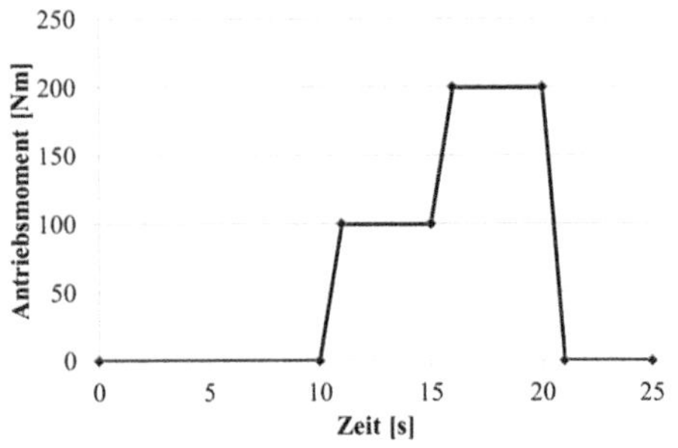

Bild 13.2 Vorgabe des Antriebsmoments über der Zeit

13.2 Motor und Getriebe

13.2.1 Motorkennfeld und Zeitverhalten

Soll die tatsächliche Leistungsfähigkeit eines Motors dargestellt werden, so muss über ein entsprechendes Kennfeld das Motormoment festgelegt werden. Das dreidimensionale Motorkennfeld (Bild 13.3) liefert das Motormoment als Funktion des Fahrerwunsches (Gaspedalstellung oder Anforderung der Motorsteuerung) und der Motordrehzahl.

Sollen Beschleunigungsvorgänge realistisch nachgebildet werden, so muss auch das Zeitverhalten der Motor-Getriebeeinheit abgebildet werden. Hiermit ist vor allem der Zeitverzug zwischen der Fahrerwunschvorgabe am Gaspedal oder an der Drosselklappe und dem Einprägen des Antriebsmoments am Rad gemeint. Hier spielen neben den Elastizitäten im Antriebsstrang auch die Massenträgheitsmomente aller rotierenden Bauteile eine Rolle. Will man den Antriebsstrang nicht detailliert abbilden, so müssen entsprechende Ersatzsteifigkeiten und Ersatzträgheitsmomente vorgesehen werden. Alternativ kann das Zeitverhalten über entsprechend parametrierte PT1-Glieder abgebildet werden.

Ein wesentlicher Einfluss auf das Zeitverhalten ergibt sich, wenn das Schalten des Fahrers oder des Automatikgetriebes mit berücksichtigt werden soll. Dies geschieht in der Regel abhängig von der Motordrehzahl, sodass diese errechnet werden muss, woraus ein deutlich komplexeres Motormodell resultiert. Jetzt muss die Leistungscharakteristik des Motors hinterlegt werden. Wenn kein Doppelkupplungsgetriebe verbaut ist, kommt es während des Schaltvorganges zu einer spürbaren Leistungsunterbrechung, deren Zeitverhalten ebenfalls zu berücksichtigen ist. Ob für die Kupplung und das Getriebe Wirkungsgrade vorgesehen werden, hängt von der Fragestellung ab.

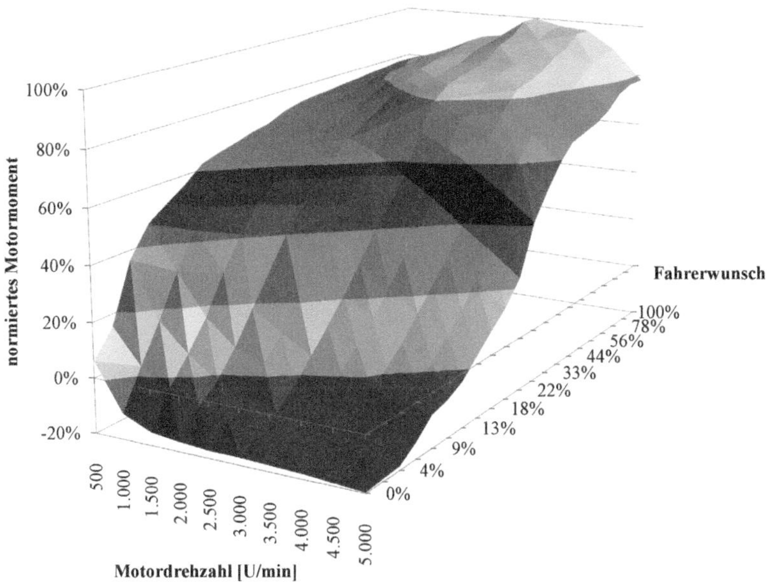

Bild 13.3 Motorkennfeld

13.2.2 Massedaten

Die Gewichte der Motor-Getriebeeinheit variieren aufgrund der großen Bandbreite vom Dreizylinder-Benziner bis zum Zehnzylinder-Diesel sehr stark (ca. 100 – 500 kg) und dementsprechend auch das Band der Eigenfrequenzen (ca. 4 – 12 Hz). Relevant ist natürlich nur der betriebsbereite Motor und das betriebsbereite Getriebe mit allen Flüssigkeiten und Anbauteilen.

In der Regel macht es Sinn, die Daten für den Motor und für das Getriebe zu trennen, da abhängig von der Motorisierung häufig die Wahl zwischen einem Schalt- und einem Automatikgetriebe besteht. Will man diese Varianten schnell austauschen, so bietet die Trennung der Daten beider Aggregate Vorteile. Auch spart man sich die Berechnung der gemeinsamen Massedaten. Die Berechnung des neuen Schwerpunktes und des Massenträgheitsmoments ist zwar kein Hexenwerk und der Satz von STEINER sollte jedem Ingenieur vertraut sein, aber die verwendete Software beherrscht diese Regel ebenfalls und so schließt man wiederum eine mögliche Fehlerquelle aus. Die Daten liegen ja oft auch nur in getrennter Form vor.

13.2.3 Lagerung

Die Motor-Getriebeeinheit ist mit elastischen Lagerungen oder Momentenstützen gegenüber der Karosserie aufgehängt (Bild 13.4).

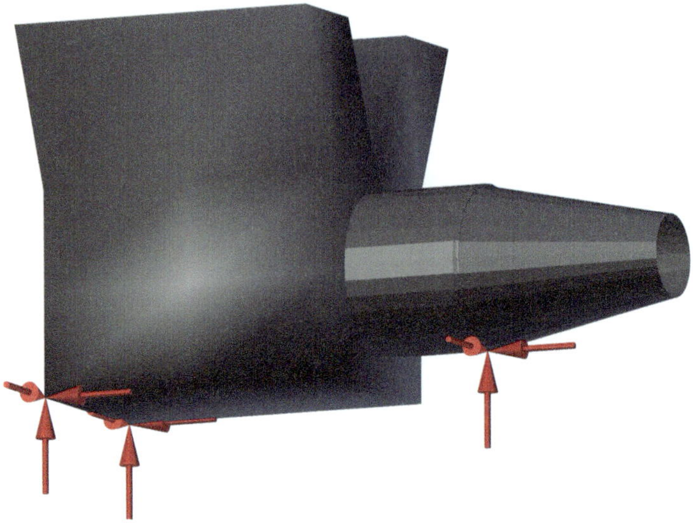

Bild 13.4 Lagerung der Motor-Getriebeeinheit

Die elastische Lagerung der Motor-Getriebeeinheit macht aus dem Masseblock ein schwingendes System. Die Betrachtung der Lagerung ist also nur dann sinnvoll, wenn die Eigenfrequenz im relevanten Frequenzbereich liegt. Für Fahrdynamiksimulationen kann häufig auf die elastische Lagerung des Motors verzichtet werden. Für Fahrkomfort- und Betriebsfestigkeitsberechnungen ist sie dagegen meistens notwendig.

Konventionelle Elastomerlager werden genau wie Fahrwerklager umgesetzt. Werden für die Lagerung Hydrolager verwendet, so sollte für die Modellierung und die Parametrierung die in Abschnitt 8.5 beschriebene Vorgehensweise für die Hydrolager im Fahrwerk verwendet werden. Bei schaltbaren oder regelbaren Lagern ist zu berücksichtigen, ob man je nach Fahrsituation von einer jeweils konstanten Abstimmung ausgehen kann – dann kann man die Lagerung auch passiv modellieren, oder ob die Veränderbarkeit der Lagerung wesentlich ist. Dann muss natürlich das aktive Verhalten abgebildet werden.

13.3 Achs- und Mittendifferenziale

Differenziale dienen zum einen der Antriebsmomentenverteilung, aber auch zum Drehzahlausgleich zwischen dem kurvenäußeren und kurveninneren Rad. Bei allradgetriebenen Fahrzeugen bestimmt das Mittendifferenzial wie viel Prozent des Antriebsmoments an die Vorderachse beziehungsweise an die Hinterachse verteilt wird. Je nach Fahrzeug kann dies ein festes oder fahrsituationsabhängiges Verhältnis sein. Ist Letzteres der Fall, so müssen die Kriterien für die Verteilung abgebildet werden. Werden Torque-Vectoring-Ansätze untersucht, muss die radindividuelle Verteilung ermöglicht werden.

Im einfachsten Fall wird das Differenzial als eine Zwangsbedingung modelliert, welche die Momentenverteilung abbildet und die Ausgangsmomente werden auf die Räder der Antriebsachse(n) eingeprägt. Ist das Schwingungsverhalten des Antriebsstranges zu berücksichtigen, so sollte gerade bei heckgetriebenen Fahrzeugen die Antriebswelle als torsionsweiche Masse abgebildet werden. Dies kann beispielsweise durch eine zusätzliche in Reihe geschaltete Drehfeder umgesetzt werden. Gleiches gilt für die Seitenwellen, die das Moment vom Achsdifferenzial zu den Rädern leiten. Aufgrund der hohen Torsionssteifigkeiten der Wellen (in Bezug auf die Elastizitäten der Fahrwerklager) wird diese Art der Modellierung in der Regel die Numerik gut beschäftigen, wie bereits in Kapitel 4 ausgeführt.

14 Bremsanlage

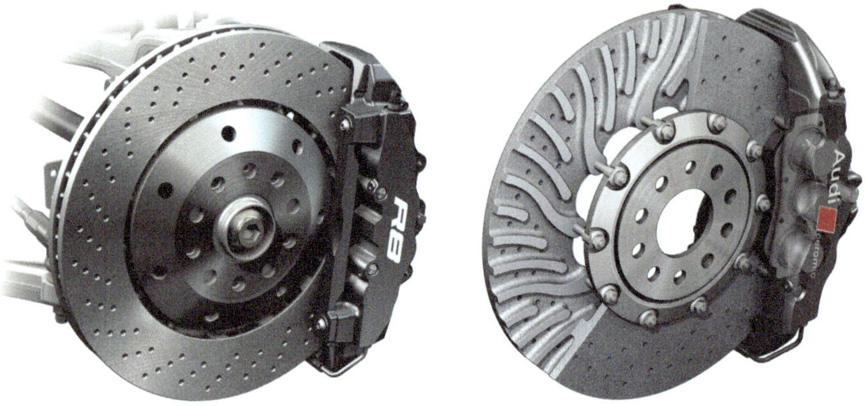

[Bildquelle Audi AG]

Bild 14.1 Grauguss- und Keramikscheibe der Vorderachsbremse eines Audi R8

Wie detailliert die Bremsanlage abgebildet wird, hängt damit zusammen, ob die Bremsanlage selbst Gegenstand der Betrachtung ist oder ob zum Beispiel die Simulation von Fahrdynamikregelsystemen oder Fahrerassistenzsystemen eine aufwendige Modellierung erfordern. Geht es primär um die Reduzierung oder Konstanthaltung der Fahrzeuggeschwindigkeit so reichen einfach Modellansätze, wie sie nachfolgend beschrieben werden in der Regel aus. Ansonsten sind die klassischen MKS-Simulationsprogramme nur bedingt geeignet die Bremsanlage im Detail abzubilden. Für die Modellierung einer hydraulischen Bremsanlage bietet sich die Cosimulation mit einem Hydrauliksimulationsprogramm wie AMESIM oder DSHPLUS an. Für die Modellierung einer elektromechanischen Bremse könnten zum Beispiel MAPLESIM oder MATLAB/SIMULINK verwendet werden. Simulationsumgebungen wie MODELICA versuchen alle Disziplinen in einem Programm unterzubringen und so dem mechatronischen Charakter des Systems gerecht zu werden.

Eine besondere Problematik stellt noch das Bremsen in den Stillstand des Fahrzeuges dar, worauf in Abschnitt 14.6 gesondert eingegangen wird. Hier ist auch das Reifenmodell zu berücksichtigen, dessen Abbildung des Stillstands in Absatz 12.1.3 besprochen wurde.

14.1 Vorgabe des Bremsmoments

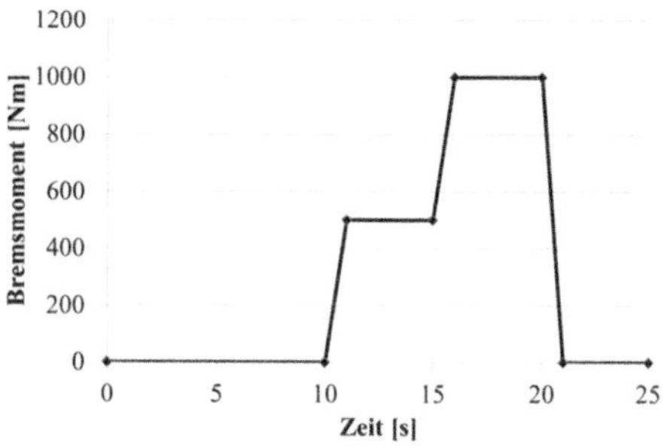

Bild 14.2 Vorgabe des Bremsmoments über der Zeit

Die einfachste Modellierungsvariante ist die Vernachlässigung der tatsächlichen Bremsanlage und die direkte Vorgabe des Bremsmoments am Rad. Dies kann über der Zeit (Bild 14.2) oder über dem Weg oder der aktuellen Position in Form einer Kennlinie geschehen. Das Zeitverhalten für den Aufbau oder den Abbau des Bremsmoments kann in die Kennlinie integriert werden. Unrealistische Gradienten und Bremsmomente sind zu vermeiden, da sie zu stark erhöhten Schlupfwerten am Reifen und somit zu einem unplausiblen Fahrverhalten führen werden.

Eine Unterscheidung von Antriebs- oder Bremsmoment kann entfallen, wenn, wie in Abschnitt 16.1 beschrieben, eine Fahrzeuggeschwindigkeit vorgegeben ist und diese über eine geeignete Momentenregelung am Rad umgesetzt wird.

Wer hier ein Deja Vu zum vorherigen Kapitel hat, erkennt, dass bei dieser Art der Vorgabe der Unterschied zwischen einem Antriebs- und einem Bremsmoment nur das Vorzeichen ist.

14.2 Bremskreise

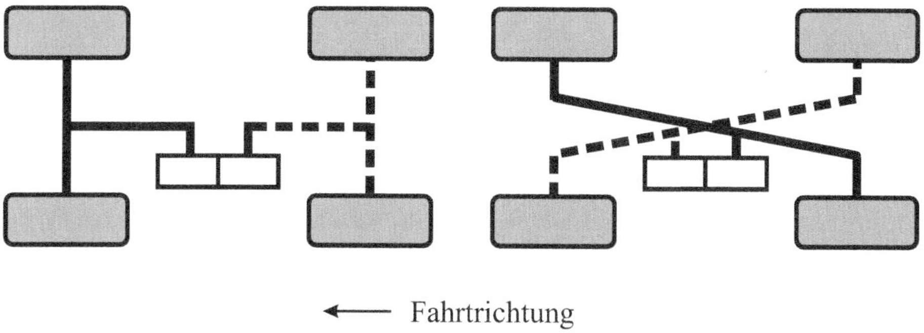

Bild 14.3 Bremskreisaufteilung nach [DIN74000]

Der Gesetzgeber schreibt vor, dass die Bremsanlage aus zwei unabhängigen Bremskreisen besteht, sodass bei dem Ausfall eines Kreises, der andere Kreis noch ausreicht, um das Fahrzeug sicher anzuhalten. Ob man diesen Umstand in seinem Modell berücksichtigt, hängt davon ab, ob man diesen Ausfallfall simulieren möchte oder nicht. Für Pkws wird typischerweise die

Vorderachs-, Hinterachs-Aufteilung[130] (Bild 14.3, links) oder die Diagonalaufteilung nach [DIN74000] verwendet (Bild 14.3, rechts). Im Nutzfahrzeugbereich gibt es noch weitere Varianten, die das hohe Fahrzeuggewicht berücksichtigen.

Die Weiterleitung des Bremswunsches des Fahrers kann hydraulisch, pneumatisch oder elektrisch erfolgen. Im Weiteren wird nur eine hydraulische Bremsanlage beschrieben, wie sie für Pkws bislang typischerweise verwendet wird.

Sobald die Abbildung der Hydraulik, das heißt der Leitungen, Ventile, Pumpen und der Flüssigkeit als solches eine Rolle spielt, werden die Anforderungen an die Numerik drastisch steigen. In [BrBi13] wird das anhand der für notwendig erachteten Integrationsschrittweiten verdeutlicht, die in Tabelle 14.1 abgebildet sind.[131]

Tabelle 14.1 Typische Integrationsschrittweiten für Hydrauliksimulationen

Simulationsgegenstand	**Typische Integrationsschrittweiten**
Fahrzeug mit Radaufhängung	1 ms
Reifen	1 ms
Hydraulikleitungen	100 µs
Hydraulikventile	10 µs
Bremskraftverstärker mit Hauptbremszylinder	50 µs
Bremse	200 µs

14.3 Bremskraftverteilung

Für jedes Fahrzeug gibt es abhängig von seinem Radstand und seiner Schwerpunktlage in x- und z-Richtung eine sogenannte ideale Bremskraftverteilung (Bild 14.4). Könnte man diese im Fahrzeug umsetzen, so würden sich die jeweils kürzest möglichen Bremswege ergeben. Die bezogenen Bremskräfte stellen jeweils das Verhältnis der absetzbaren Bremskraft an der Vorderachse (F_{Bv}) und der Hinterachse (F_{Bh}) zur Gewichtskraft des Fahrzeuges (F_G) dar.

[130] Auch bekannt als Schwarz-Weiß-Aufteilung.

[131] Wer das Numerikkapitel 4 übersprungen hat, sollte jetzt vielleicht doch noch einmal einen Blick hinein werfen.

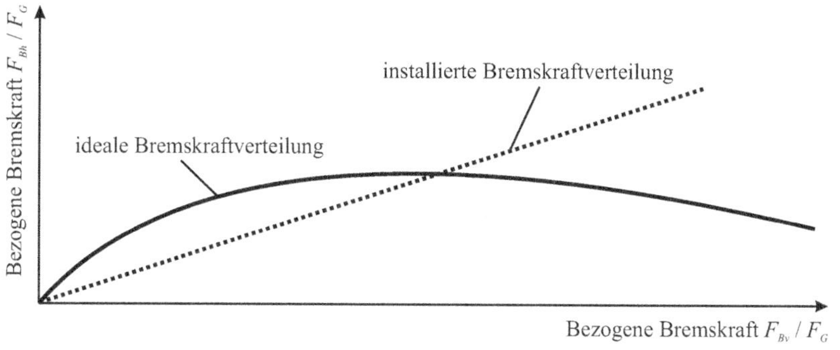

Bild 14.4 Ideale und installierte Bremskraftverteilung

In der Realität ist jedoch die installierte Bremskraftverteilung maßgeblich, die sich in der Regel aus den Verhältnissen der Kolbenflächen der Radbremsen der Vorder- und der Hinterachse ergibt. Geht man von diesem festen Verhältnis aus, so kann man das Bremsmoment entsprechend auf die Räder der Vorder- und der Hinterachse einprägen. Heutige Neufahrzeuge verfügen, zumindest in Europa, fast flächendeckend über ein Antiblockiersystem (ABS), das dieses feste Verhältnis durch eine Elektronische Bremskraftverteilung (EBV) überlagert. Entsprechende Regelstrategien sind zum Beispiel in [Ammo97] oder [Reif10] zu finden.

14.4 Wirkkette vom Fahrer bis zur Radbremse

Wie detailliert die Wirkkette zwischen der Fußkraft des Fahrers und der Spannkraft an der Radbremse beschrieben wird, hängt wie üblich von der Fragestellung ab. Häufig wird es reichen, dass bei einer Bremsung direkt das entsprechend der Bremskraftverteilung gewichtete Bremsmoment auf die Räder eingeprägt wird.

Auf eine Beschreibung einer detaillierten Modellierung der Bremshydraulik, das heißt, der Leitungen, Pumpen oder Ventile, wie sie für die Simulation von Fahrdynamikregelsystemen wie dem Antiblockiersystem (ABS), der Antriebsschlupfregelung (ASR) oder dem *Electronic Stability Program* (ESP) notwendig ist, wird an dieser Stelle verzichtet.

Sollen jedoch realistische Betätigungskräfte ermittelt werden, so muss auch das Bremspedal mit seiner Übersetzung der Fußkraft, die Unterstützungskraft der Bremskraftverstärkung und der Hauptbremszylinder mit der Wandlung der Betätigungskraft in einen Druck berücksichtigt werden. Der entstandene hydrostatische Druck wirkt nun über die Kolbenfläche des Radzylinders als Spannkraft auf die nachfolgend beschriebene Radbremse (Bild 14.5).

Der Bremswunsch des Fahrers wird häufig normiert dargestellt, das heißt, er bremst zwischen 0 und 100 % und damit wird die Pedalkraft oder der Bremsdruck skaliert. Dies entspricht der Vorstellung, die Bremsung in ihrer Stärke darstellen zu wollen (ungebremst 0 %, Teilbremsung zum Beispiel 30 %, Vollbremsung 100 %).

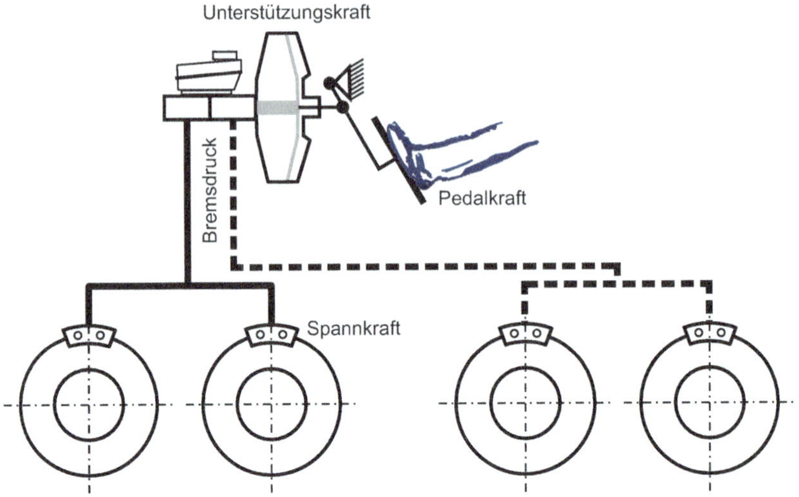

Bild 14.5 Wirkkette in der Bremsanlage

Bei den klassischen hydraulischen Radbremsen sind die Bauformen der Trommel- oder der Scheibenbremsen zu unterscheiden. Doch zunächst ist aber der Weg vom Fuß des Fahrers bis zur Radbremse bei beiden Systemen identisch. Die sogenannte äußere Übersetzung, die das Verhältnis der Spannkraft zur aufzubringenden Fußkraft beschreibt, wird deshalb zuerst beschrieben. Die sogenannte innere Übersetzung der Bremse oder auch der Bremsenkennwert wird dann bauformspezifisch behandelt.

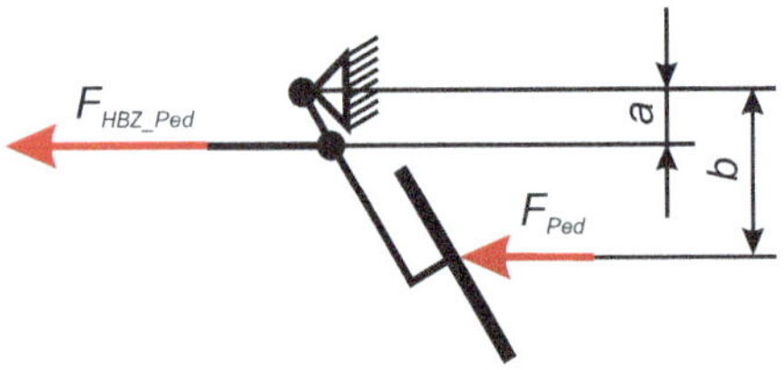

Bild 14.6 Hebelübersetzung am Bremspedal

Die folgenden Rechnungen berücksichtigen keine Reibung oder Wirkungsgrade. Wenn derartige Daten vorliegen und berücksichtigt werden müssen, so sind sie an geeigneter Stelle zu ergänzen.

Aufgrund der Hebelübersetzung des Bremspedals (Bild 14.6) entsteht folgendes Momentengleichgewicht:

$$F_{HBZ\_Ped} \cdot a = F_{Ped} \cdot b, \tag{14.1}$$

sodass sich die Kraft F_{HBZ_Ped} aufgrund der Pedalkraft F_{Ped} am Hauptbremszylinder ergibt.

$$F_{HBZ\_Ped} = \frac{b}{a} \cdot F_{Ped} \tag{14.2}$$

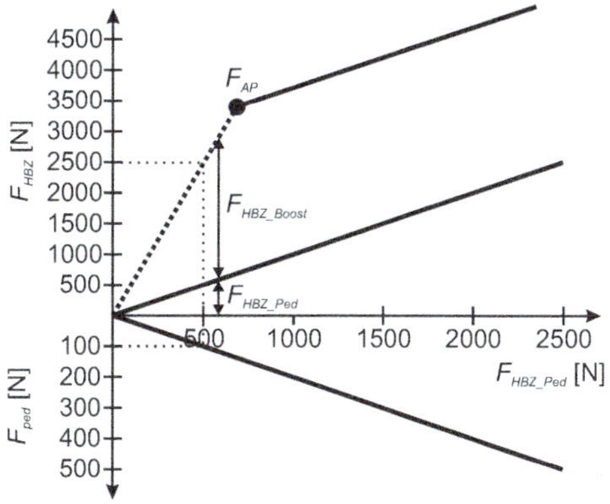

Bild 14.7 Verstärkung der Pedalkraft, nach [BrBi13]

In Bild 14.7 ist das Übersetzungsverhältnis am Pedal mit fünf dargestellt (gestrichelte Linie). Zu diesem Anteil kommt noch die Unterstützungskraft des Bremskraftverstärkers hinzu, sodass die gesamte auf den Hauptbremszylinder wirkende Kraft F_{HBZ} aus der Summe dieser beiden Anteile besteht.

$$F_{HBZ} = F_{HBZ\_Ped} + F_{HBZ\_Boost} \tag{14.3}$$

Die Bremskraftunterstützung muss allerdings am Aussteuerpunkt nach oben begrenzt werden. Dies ist zum Beispiel durch die folgende Funktion möglich:

$$F_{HBZ\_Boost} = \min\left(i_V \cdot F_{HBZ\_Ped}; F_{AP}\right) = \min\left(i_V \cdot \frac{b}{a} F_{Ped}; F_{AP}\right) \tag{14.4}$$

i_V Verstärkungsfaktor des Bremskraftverstärkers

F_{AP} Maximalkraft des Bremskraftverstärkers am Aussteuerpunkt

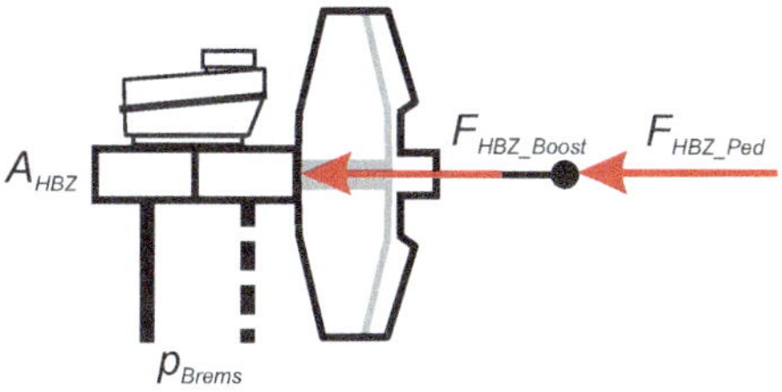

Bild 14.8 Erzeugen des Bremsdrucks

Die Summe beider Kräfte wirkt auf die Kolbenfläche A_{HBZ} des Hauptbremszylinders, der daraus einen Druck p_{Brems} für die beiden Bremskreise generiert (Bild 14.8). Je nach Bauart müssen noch Federelemente im Bremskraftverstärker und im Hauptbremszylinder berücksichtigt werden. Sie sind in der Regel vorgespannt und prägen zusätzlich eine wegabhängige Kraft ein. Sie werden der Übersicht halber hier nicht aufgeführt.

$$p_{Brems} = \frac{F_{HBZ}}{A_{HBZ}} \tag{14.5}$$

Wenn der Druckverlust und das Zeitverhalten aufgrund der Bremsleitungen vernachlässigt wird, so wirkt dieser Druck auf die Kolbenflächen A_{RZ} der Zylinder in den Radbremsen und erzeugt dort die Spannkraft F_{SP}.

$$F_{SP} = p_{Brems} \cdot A_{RZ}, \tag{14.6}$$

sodass sich letztlich die äußere Übersetzung $i_ä$ wie folgt ergibt:

$$i_ä = \frac{F_{Sp}}{F_{Ped}} = \frac{A_{RZ}}{A_{HBZ}} \cdot \left(\frac{b}{a} + \frac{F_{HBZ_{Boost}}}{F_{Ped}}\right). \tag{14.7}$$

Gehen wir einfachheitshalber davon aus, dass der Kolbendurchmesser der Radzylinders doppelt so groß sei wie der Kolbendurchmesser im Hauptbremszylinder, so ergibt sich ein Vorfaktor von Vier. Gehen wir weiterhin nach Bild 14.7 davon aus, dass das Hebelverhältnis am Pedal Fünf ist, so würde ohne die Bremskraftverstärkung die Fußkraft bereits um den Faktor Zwanzig verstärkt. Kommt nun eine Zusatzkraft aus dem Bremskraftverstärker, welche die durch die Hebelübersetzung bereits verstärkte Fußkraft nochmals zum Beispiel fünffach verstärkt, so ist die Spannkraft an der Radbremse in diesem Beispiel vor Erreichen des Aussteuerpunktes 100-mal höher als die eingesetzte Fußkraft. Abhängig von der Bauform der Bremse wird diese Spannkraft entweder radial (Trommelbremse) oder axial (Scheibenbremse) eingeprägt.

14.5 Bremsmoment an der Radbremse

14.5.1 Trommelbremse

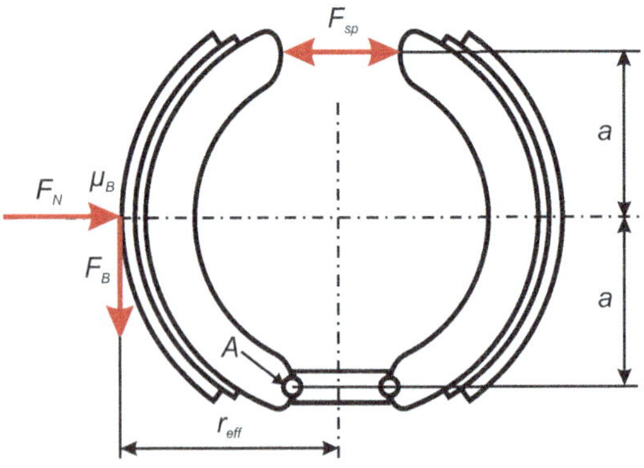

Bild 14.9 Simplex-Trommelbremse

Bei den Trommelbremsen ist zunächst die Bauform zu unterscheiden. Je nach Ausführung müsste eine auflaufende und eine ablaufende oder zwei auflaufende Bremsbacken modelliert werden. Sich aufgrund von Verschmutzung oder Temperaturunterschieden ändernde Reibwerte erzeugen einen nichtlinearen Zusammenhang zwischen der Spann- und der Bremskraft.

In Bild 14.9 ist eine Simplex-Trommelbremse dargestellt. Exemplarisch soll hier das entstehende Bremsmoment M_B einer Bremsbacke berechnet werden. Unter Annahme COULOMBscher Reibung besteht zwischen der Bremskraft F_B und der Normalkraft F_N folgender Zusammenhang

$$F_B = \mu_B \cdot F_N \tag{14.8}$$

Stellt man wie in [BrBi13] ein Momentengleichgewicht um den unteren Drehpunkt A auf

$$F_B \cdot r_{eff} = F_N \cdot a - F_{Sp} \cdot 2a = \frac{F_B}{\mu_B} \cdot a - F_{Sp} \cdot 2a \tag{14.9}$$

so ergibt sich für die Bremskraft F_B

$$F_B = F_{Sp} \cdot \frac{2a\,\mu_B}{a - \mu_B\, r_{eff}} \tag{14.10}$$

und somit für das Bremsmoment M_B

$$M_B = F_{Sp} \cdot \frac{2a\,\mu_B\, r_{eff}}{a - \mu_B\, r_{eff}} \tag{14.11}$$

Die innere Übersetzung oder auch bekannt als der Bremsenkennwert C* stellt das Verhältnis aus der Spannkraft und der Bremskraft auf.

$$C^* = \frac{F_B}{F_{Sp}} = \frac{2a\,\mu_B}{a - \mu_B\, r_{eff}} \tag{14.12}$$

Die Gesamtübersetzung zwischen der Pedalkraft und der Bremskraft der Trommelbremse setzt sich also aus den Gleichungen (14.7) und (14.12) zusammen.

14.5.2 Scheibenbremse

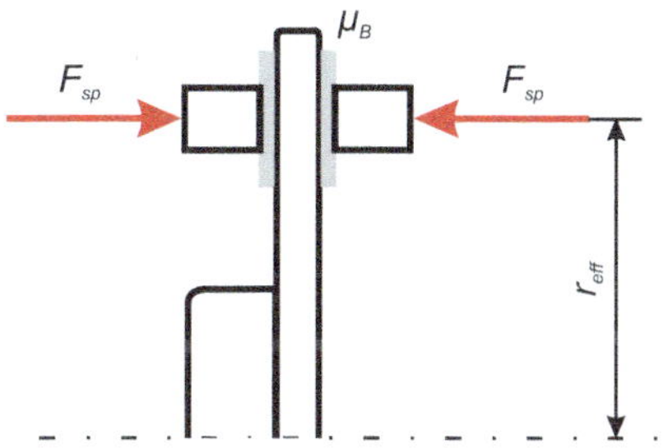

Bild 14.10 Scheibenbremse

Die Modellierung einer Scheibenbremse (Bild 14.10) ist in den meisten Anwendungsfällen relativ einfach, da ein linearer Zusammenhang zwischen der Spannkraft und der erzeugten Bremskraft über dem Reibwert besteht.

Im einfachsten Fall modelliert man das entstehende Bremsmoment mit COULOMBscher Reibung.

$$M_B = 2 \cdot \mu_B \cdot F_{SP} \cdot r_{eff} \tag{14.13}$$

Die innere Übersetzung oder der Bremsenkennwert C* vereinfacht sich zu

$$C^* = \frac{F_B}{F_{Sp}} = 2\,\mu_B \tag{14.14}$$

Die Gesamtübersetzung zwischen der Pedalkraft und der Bremskraft der Scheibenbremse setzt sich also aus den Gleichungen (14.7) und (14.14) zusammen

14.6 Bremsen in den Stillstand

Wenn man das Bremsmoment am Rad wie in den vorhergehenden Abschnitten modelliert, so ist das gut geeignet, um eine Geschwindigkeit beizubehalten (Beharrungsbremsung) oder von einer höheren Geschwindigkeit auf eine niedrigere Geschwindigkeit ausreichend größer Null zu verzögern (Verzögerungsbremsung). Nicht geeignet ist diese Vorgehensweise, wenn man in den Stillstand bremsen muss. Zumindest nicht ohne weitere Hilfsmittel.

Wo liegt das Problem? Im einfachsten Fall liegt ein konstantes Bremsmoment an. Das Fahrzeug wird zunächst verzögert, erreicht die Geschwindigkeit Null und soll nun stehen bleiben, wie es auch reales Fahrzeug tun würde. In Wirklichkeit wird das Bremsmoment nun zu einem Antriebsmoment und das Fahrzeug wird rückwärts beschleunigt. Das reale Bremsmoment entsteht durch eine Reibkraft, die der Bewegung des Rades entgegen gesetzt ist und die im Falle des Stillstandes vom Gleiten ins Haften übergeht. Bei der zuvor beschriebenen Vorgehensweise gibt es keinen Unterschied zwischen einen Antriebs- und einem Bremsmoment.

Kann man dann nicht einfach, sobald der Stillstand erreicht ist, das Bremsmoment auf Null setzen? Dies wird nur in wenigen Fällen dazu führen, dass das Fahrzeug wirklich stehen bleibt, denn die Nickbewegung, die das Fahrzeug aufgrund der wegfallenden Verzögerung ausführt oder eine geneigte Fahrbahn würden zu einer erneuten Bewegung führen.

Manche Simulationsprogramme ermöglichen das Einfrieren von Freiheitsgraden. Dies bedeutet, dass im Moment des Stillstands die Drehfreiheitsgrade der Räder blockiert werden müssen. Dadurch ändert sich die Dimension des Zustandsvektors und man ändert eine wesentliche Systemeigenschaft. Hier müssen also Zustandsereignisse definiert werden, die zum Ab- und später wieder zum Anschalten der Freiheitsgrade führen.

Eine weitere Variante wäre die detailliertere Modellierung des Reibkontaktes, sodass solange der Bremsdruck anliegt, die Bremse tatsächlich während des Stillstands in der Haftreibung verbleibt.

Als Fazit bleibt, wenn man in den Stillstand bremsen muss, sollte man zunächst prüfen, wie das Modell darauf reagiert. Die Kombination aus Reifen- und Bremsenmodell kann zuweilen für Überraschungen sorgen.

14.7 Reibwert- und Temperaturverhalten

Im Fahrzeug macht es einen großen Unterschied, ob man mit einer kalten, einer warmen oder einer überhitzten Bremse Messungen zum Beispiel des Bremsweges durchführt. Für die meisten Berechnungen wird es ausreichen, den Reibwert zwischen Belag und Scheibe oder zwischen Belag und Trommel als konstanten Parameter anzugeben. Diesen Parameter kann man dann entsprechend der Fragestellung eher einer kalten oder warmen Bremse zuordnen. Sinngemäß gilt dies auch für eine feuchte oder verschmutzte Bremse.

Ist jedoch die Wärmebilanz der Bremse zu untersuchen, so wird die Modellierung deutlich aufwendiger. Zunächst muss berechnet werden, wie viel Energie der Bremse während ihres Einsatzes in Form von Wärme zugeführt wird. Da das Bremsmoment bekannt ist, muss dies einfach über der Zeit bilanziert werden, das heißt, es muss ein Energiespeicher vorhanden sein, der sich den aktuellen Energieinhalt merkt. Demgegenüber steht die Energie, die durch Wärmeabfuhr (Wärmeleitung, Abstrahlung, Konvektion) aus dem System Bremse heraustransportiert wird. Die Konvektion ist von der Luftumströmung der Bremse abhängig, die wiederum von der Fahrzeuggeschwindigkeit und der Art und Weise wie die Luft zur Bremse gelangt, abhängt. Hier sollte man auf die entsprechenden Kennfelder der Strömungssimulation oder der Windkanalmessungen zurückgreifen können. Darüber hinaus muss noch bekannt sein wie sich die Erwärmung des Gesamtsystems Bremse auf die einzelnen Bestandteile verteilt. Wie erwärmen sich die Belege und die Bremsflüssigkeit? Wie ist das Fadingverhalten?

15 Fahrzeugaufbau

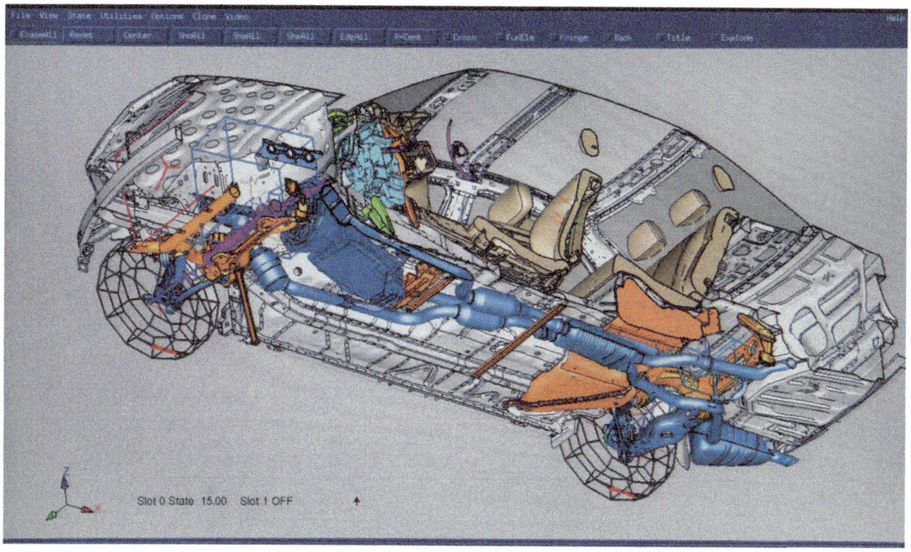

[Bildquelle Daimler AG]

Bild 15.1 FEM-Gesamtfahrzeugmodell einer Mercedes C-Klasse (W204)

15.1 Karosserie

Für viele Fragestellungen ist es völlig ausreichend die Masse, das Massenträgheitsmoment und die Schwerpunktlage des Aufbaus durch einen Starrkörper abzubilden. Abhängig von der notwendigen Variabilität werden dann gegebenenfalls weitere starre Massen entweder federnd (Motor-Getriebeeinheit, Abgasanlage, etc.) oder starr (Passagiere, Beladung, etc.) an dieser Aufbaumasse angebunden.

Es gibt zwei wesentliche Gründe von dieser einfachen und schnellen Vorgehensweise abzurücken.

1. Die statische Verformung des Aufbaus gegenüber dem Fahrwerk ist so groß, dass sie nicht mehr vernachlässigt werden kann. Dies ist vor allem im Nutzfahrzeugbereich der Fall. Die langen, verhältnismäßig torsionsweichen Rahmenstrukturen bei Bussen oder Lkws sind durch Starrkörper nicht sinnvoll abbildbar.
2. Das dynamische Schwingungsverhalten der Karosserie und seiner Anbauteile ist wesentlich für den zu betrachtenden Effekt. Dies tritt vor allem bei Fahrkomfort- oder Lastkollektivberechnungen auf. Bei Ersteren ist eher die Schwingungsanregung der Struktur durch zum Beispiel Fahrbahnanregungen von Interesse, bei Letzteren die lokale Verformung der Struktur unter äußeren Kräften.

In der Regel liegt bei einem OEM ein schwingungsfähiges FEM-Modell der Karosserie vor, das die Grundlage für die Einbindung des Strukturverhaltens sein kann. Diese Modelle haben eine sehr große Anzahl von Freiheitsgraden und sind unbearbeitet in der MKS-Welt nicht verwendbar. Die meisten kommerziellen MKS-Simulationsumgebungen bieten Schnittstellen zu den gängigen FEM-Programmen an, welche die Einbindung flexibler Strukturen aus der FEM-Welt vereinfachen, aber im Vorfeld sind noch ein paar Vorarbeiten zu leisten, die nachfolgend kurz beschrieben werden.

Das MKS- und das FEM-Modell stammen in der Regel nicht aus einer Quelle. Da die MKS-Berechner meist nur über rudimentäre FEM-Kenntnisse verfügen, ist hier die Zusammenarbeit beider Fraktionen besonders wichtig.

15.1.1 Vorbereitung des FEM-Modells

Zunächst muss im FEM-Modell dafür gesorgt werden, dass alle Anbindungspunkte des MKS-Modells auch vorhanden sind. Ein Anbindungspunkt ist zum Beispiel der geometrische Ort eines Lagers, an dem die Karosserie und der Lenker kinematisch miteinander verbunden werden sollen. Diese Koordinate muss in beiden Modellen exakt übereinstimmen[132], das heißt, an dieser Stelle muss im FEM-Modell zwingend ein Knoten existieren. Das wird nicht immer der Fall sein. Wenn wir bei dem Beispiel des Lagers bleiben, so ist im FEM-Modell die Aufnahme für das Lager so modelliert, dass die Buchse entsprechend eingepresst werden kann. Das MKS-Modell sieht aber keine Ausdehnung des Lagers vor und kennt als geometrischen Ort nur den Kinematikpunkt. Häufig verwendet man für die Anbindung ein RBE2- oder RBE3-Element. Abhängig davon wie steif die Krafteinleitung in das FEM-Modell erfolgen soll. Dieses Element muss dann mit ausreichend vielen Nachbarknoten verknüpft werden, um die Krafteinleitung so realistisch wie möglich abzubilden. Ein RBE2-Element stellt eine starre Verbindung zwischen einem Master-Knoten und den beteiligten Knoten dar, sodass es zu einer lokalen Versteifung kommt. Bei den RBE3-Elementen werden die Verschiebungen der angebundenen Knoten auf den Master-Knoten zurückgerechnet, was in seiner Wirkung weniger steif ist.

15.1.2 Modale Reduktion

Ist das FEM-Modell, wie im vorherigen Abschnitt beschrieben, vorbereitet worden, so wird es mithilfe einer Reduktionsmethode auf eine für das MKS-Programm passende Größe reduziert. Die Anzahl der Freiheitsgrade bei einem Gesamtfahrzeugmodell ist um Größenordnungen zu groß, um mit einem MKS-Algorithmus behandelt werden zu können. Die Reduktionsmethoden von GUYAN oder CRAIG-BAMPTON sind in der Literatur hinreichend beschrieben, sodass ich an dieser Stelle nur sehr knapp darauf eingehen werde ([GeCa01]). Das Ziel ist die Anzahl der zu betrachtenden Knoten drastisch zu reduzieren. Für diesen Zweck muss man eine Trans-

[132] Die erforderliche Genauigkeit hängt von den jeweiligen Programmen ab, die man verwendet. In der Regel halten einen entsprechende Fehlermeldungen davon ab, rechnen zu können, bis die Koordinaten hinreichend gleich sind.

formationsmatrix entwickeln, welche den alten, zu großen Zustandsvektor auf den neuen, reduzierten Zustandsvektor überführt.

Kurz gesagt, unterteilen die Reduktionsmethoden die Knoten des FE-Modells in innere und äußere Knoten, die nachfolgend unterschiedlich behandelt werden. Die äußeren Knoten stellen die Verbindungspunkte zum MKS-Modell dar. An ihnen sind die Massen konzentriert und dort greifen auch die äußeren Kräfte an. Die inneren Knoten beschreiben das Systemverhalten innerhalb der FEM-Welt. Die Eigenmoden des Systems werden in *Constraint Modes* und in *Normal Modes* unterteilt. Die *Constraint Modes* werden durch das Fixieren aller äußeren Knoten bis auf jeweils einen ermittelt. Jeder Knoten wird dann einzeln mit einer Einheitslast beaufschlagt und seine statische Verformung ermittelt. Die *Normal Modes* stellen dann die Eigenformen des an den äußeren Knoten fixierten Systems dar. Wie viele und welche Eigenformen berücksichtigt werden, kann der Nutzer festlegen. Dieser Schritt erfordert viel Erfahrung mit der Methode und der Auswahl, was für den Lastfall relevant und was nicht relevant ist. Man wird die Eigenmoden aufgrund ihrer Frequenzen, mit den niedrigsten beginnend, auswählen.

Die Wahl des Verfahrens und die Anzahl der verwendeten Eigenmoden beim CRAIG-BAMPTON-Verfahren haben einen großen Einfluss auf die Abweichungen der Eigenmoden im Modell zum Original, aber auch auf die benötigte Rechenzeit bei der Erstellung der notwendigen Daten und den späteren Berechnungen [Benz08].

Die FEM-Programme bieten dem Anwender in der Regel genügend Auswahlmöglichkeiten, um die Anzahl der benötigten Eigenmoden, die Größe und Verteilung der modalen Dämpfung usw. zu bestimmen. Als Ergebnis liefern die FEM-Programme Dateien, welche die MKS-Programme dann auswerten können. Abhängig von den verwendeten Werkzeugen kann sich die Vorgehensweise im Detail unterscheiden. Exemplarisch wird dies in [Geig11] für ANSYS und SIMPACK beschrieben.

15.2 Gesamtgewicht

15.2.1 Gewichtsverteilung

Solange man in der MKS-Welt bleibt, ist das Erreichen des Gewichts des Fahrzeuges einfach. Alle modellierten Bauteile haben ihr Gewicht, ihre Schwerpunktlage und ihr Massenträgheitsmoment. Zieht man die Summe alle modellierten Bauteile vom Fahrzeuggewicht ab, so bleibt das übrig, was man im einfachsten Fall dem Aufbau zuschlagen muss. Auf diese Weise kann man relativ einfach das Gewicht, die Schwerpunktlage und das Massenträgheitsmoment für das Gesamtfahrzeug abgleichen. Wenn man einen Teil des Gewichts der ungefederten Masse zuordnen kann, sollte man sie natürlich auch dort platzieren.

Problematischer wird es, wenn die Karosserie mit ihren Anbauteilen als FEM-Modell hinzukommt. Die FEM-Kollegen, deren FEM-Modelle man verwendet, werden ebenfalls alles, was sie modelliert haben mit den richtigen Massen und Steifigkeiten versehen haben. Hier gilt allerdings das Prinzip der Vorsicht. Gerade wenn man zum ersten Mal auf ein derartiges Modell zugreift, muss man wissen, für welche Zwecke das Modell eingesetzt werden sollte und wie das Zielgewicht erreicht wurde. Manche Modellierer arbeiten auch im FEM-Modell mit sogenannten *lumped masses*, das heißt, mit Massepunkten, an denen die Masse konzentriert wird. Also nur weil man zum Beispiel den Motor im FEM-Programm als Struktur nicht sehen kann, heißt es nicht, dass er nicht als Masse berücksichtigt wurde.

Zunächst muss natürlich geklärt werden, dass keine Bauteile, die man im MKS-Modell abbildet, noch im FEM-Modell vorhanden sind. Dies gilt in der Regel für alle Fahrwerkteile, die Motor-Getriebeeinheit, den Antriebsstrang und gegebenenfalls die Abgasanlage. Addiert man nun die Massen aus dem FEM-Modell und dem MKS-Modell, so gibt es drei Möglichkeiten.

1. Die Summe aus allen Massen ergibt exakt das Zielgewicht, es liegt von der Gewichtverteilung an der richtigen Stelle und auch das Gesamtmassenträgheitsmoment stimmt. Bevor man sich jetzt laut jubelnd auf die Schulter schlägt, sollte man noch einmal rechnen. Dieser Fall ist derart unwahrscheinlich, dass ich ihn im Weiteren nicht mehr behandeln werde.
2. Die Summe aus allen Massen liegt unterhalb des Zielgewichts. Dies ist der wahrscheinlichste Fall, denn auch im FEM-Modell gilt: Alles was nicht modelliert wurde, wiegt auch nichts. Hier muss man sich ein Konzept überlegen, wie man mit mehreren Kompensationsmassen das Gesamtgewicht (trivial), die Schwerpunktlage (fast trivial) und das Gesamtmassenträgheitsmoment (selten trivial) erreichen kann.
3. Die Summe aus allen Massen liegt über dem Zielgewicht. Die ungünstigste Variante. Unter Annahme, dass das Zielgewicht stimmt, müssen also im MKS- oder im FEM-Modell Massen überschätzt worden sein. Da hilft es nichts, man muss dann Komponente für Komponente überprüfen und die Gewichte mit den jeweiligen Konstruktionsdaten oder gewogenen Gewichten vergleichen. Der Ansatz: „Na, dann setzen wir die Dichte für die Karosserie eben etwas herunter, dann passt es schon wieder", verbietet sich von selbst. Schließlich wollen wir das Schwingungsverhalten der Karosserie abbilden. Bekanntlich gibt es da einen Zusammenhang.

Der zweite Fall ist derjenige, der am häufigsten vorliegen wird. Die Frage ist also, wie kann ich die Forderung, dass das Gesamtgewicht, die Gewichtsverteilung und die Trägheitseigenschaften stimmen sollen, am besten erfüllen?

15.2.2 Einsatz einer Korrekturmasse

Stellen wir uns vor, wir haben eine Gewichtsdifferenz von 100 kg. Fangen wir mit dem Ansatz an, der einem häufig als Erster einfällt. Wir fügen einen Massepunkt mit beliebiger Lage hinzu. Gesamtgewicht und Gewichtsverteilung lassen sich so schnell korrigieren. Den Trägheitstensor werden wir wohl nicht günstig beeinflussen können, denn der zeigt die Massenverteilung im Raum und wir arbeiten ja mit einer konzentrierten Masse. Aber vielleicht wollen wir ja nur Mikrostuckern untersuchen und fahren nur geradeaus auf einer ebenen Fahrbahn, sodass weder Gieren, noch Nicken, noch Wanken eine große Rolle spielen. Fertig? Leider nein, denn wir müssen diese Masse ja noch im Fahrzeug befestigen. Wie sollte diese Befestigung am günstigsten aussehen und woran sollte die Masse befestigt werden? Manipulieren wir das FEM-Modell, so muss bei jeder Masseänderung (z. B. unterschiedliche Beladungszustände) ein neues FEM-Modell generiert werden. Also heften wir sie besser an das MKS-Modell, das ist schneller geändert. Der Massepunkt wird wahrscheinlich in der Nähe des Gesamtschwerpunktes platziert werden müssen, um die richtige Gewichtsverteilung zu erreichen. Die Anbindung an das Modell könnte durch eine starre masselose Verbindung hergestellt werden. Einen Massepunkt von 100 kg können wir nicht irgendwo am Fahrwerk, also an der ungefederten Masse anbringen, also müssen wir auf die Seite der gefederten Masse. Dies wären zum Beispiel alle Anbindungspunkte des Fahrwerks an die Karosserie. An dieser Stelle müssen wir uns noch einmal die Frage stellen, warum wir ein FEM-Modell der Karosserie integrieren wollen. Wir wollen das Steifigkeitsverhalten, das heißt die Elastizität, besser abbilden. Es ist offensichtlich was passieren wird, wenn wir 100 kg an einen Hebel hängen und sie an einen Anbindungspunkt befestigen. Diese *Punkte* sind naturgemäß relativ steif ausgeführt, um die Kräfte und Momente aus dem Fahrwerk an der Karosserie, ohne große Verformung abstützen zu können. Aber dies ist eine *unnatürliche* Last, die an dieser Stelle nicht vorgesehen ist und auf jeden Fall zu ungewollten Verformungen und einem verstimmten Schwingungsverhalten führen wird. Gut, dann befestigen wir die Masse an mehreren Punkten, damit sich die Last besser verteilt. Dafür würden sich zum Beispiel die vier Dämpferdome anbieten, die dazu auch noch sehr steif sind, da sie einen Großteil der dynamischen Radlasten abstützen müssen. Wir haben nun einen Massepunkt, der mit vier starren Streben an den Dämpferdomen hängt. Dies ist für die Dome eine Zwangsbedingung, dass sie ihren Abstand zueinander nicht mehr ändern können.[133] Etwas, das wir gerade durch den Einsatz der flexiblen Karosseriestruktur erreichen wollten. Kommt es nicht auf das Gesamtschwingungsverhalten der Karosserie an, sondern nur auf die Krafteinleitung von Achsbauteilen in die Karosserie ist dieser Fehler vielleicht zu verschmerzen. Die Ergebnisse einer Fahrkomfortsimulation werden durch das Verhalten einer zu steifen Karosserie geprägt sein. Dann verwenden wir eben keine starren Verbindungen, sondern geben ihnen eine karosserieähnliche Steifigkeit, dann können sich die vier Punkte wieder relativ zueinander bewegen. Die einzelne Masse allerdings auch, wir hätten einen Einmassenschwinger geschaffen, dessen Eigenfrequenz wir in der Frequenzauswertung explizit ablesen werden können.

15.2.3 Einsatz mehrerer Korrekturmassen

Die im vorherigen Abschnitt beschriebenen Hebelarme stellen also ein Problem dar. Wenn wir vier statt einer Korrekturmasse verwenden, könnten wir sie direkt auf den Dämpfdomen platzieren. Der Hebelarm entfällt und es ist immer noch ausreichend einfach, die Gewichtsverteilung zumindest in der x-y-Ebene einzustellen. Für die z-Koordinate gilt dies nicht, denn durch die Position am Dämpferdom, wird der Gesamtschwerpunkt in der Regel über dem Zielschwerpunkt liegen. Dies wäre nur mit einer Verschiebung der Korrekturmasse entlang der z-Achse auszugleichen – damit entsteht aber wieder ein Hebelarm. Hier ist zu entscheiden, welcher Fehler für die betrachteten Lastfälle schwerer wiegt – die falsche Schwerpunkthöhe (und damit z. B. ein größer Hebelarm zwischen Schwerpunkt und Wankachse) oder der Einfluss auf die Krafteinleitungsstelle an der Karosserie.

---

133 Im realen Fahrzeug würde dies einer Diagonalstrebe entsprechen, die ja auch der Versteifung dient.

Da unsere Massepunkte ja auch jeweils einen eigenen Trägheitstensor besitzen, bekommen wir mehr Stellhebel, um den gewünschten Gesamtträgheitstensor anzunähern. Die vier Massen haben natürlich immer noch eine Rückwirkung auf die Karosserie. Aber da jede jetzt in unserem Beispiel nur noch 20 – 30 kg wiegen wird, ist der Fehler in der Regel kleinerer Ordnung als vorher.

15.2.4 Fazit

Man sieht, dass die beste Lösung darin besteht, das Gewicht der modellierten Komponenten so genau wie möglich abzubilden. Damit ist auch gemeint, dass zum Beispiel bei einer Fahrwerkstrebe nicht nur das Gewicht und die Masseeigenschaften der Strebe zu berücksichtigen sind, sondern auch jene der Gelenke und Lager, von Schrauben, Leitungen, Abschirm- und Windleitblechen und von allen anderen real existierenden Bauteilen, die in der MKS-Welt aber nicht modelliert werden. Je leichter die Korrekturmassen ausfallen können, desto geringer ist ihr Störeinfluss. Sie sind und bleiben nur eine Behelfslösung, deren Rückwirkung man immer im Auge behalten muss.

15.3 Aerodynamik

Die Aerodynamik ist ein eigenes Themengebiet, das mithilfe der CFD-Simulationen auch rechnerisch sowohl für die Umströmung als auch für die Durchströmung untersucht wird. Hierfür ist die Gestalt der Außenhaut, des Motorraums oder des Innenraums wesentlich. Die benötigte Rechenzeit einer CFD-Anwendung ist für fahrdynamische Untersuchungen deutlich zu hoch und die um- und durchströmten Fahrzeugteile müssen zum Zeitpunkt der Rechnung mit ihren Oberflächen vorliegen. Im Rahmen der bisher besprochenen Simulationsaufgaben sind diese Angaben in der Regel nicht bekannt, oder werden in den verwendeten Programmen nicht berücksichtigt.

Nichtsdestotrotz sind die Einflüsse der Aerodynamik auf das Fahrverhalten, insbesondere bei höheren Fahrgeschwindigkeiten, wesentlich und dürfen nicht außer acht gelassen werden. Man berücksichtigt ihre Wirkung durch die Verwendung von eingeprägten Kräften, die dann die Widerstands-, Seiten- und Auftriebs- oder Abtriebskräfte darstellen sollen. Auf diese Weise können die Fahrwiderstände, der Seitenwindeinfluss und die Achslaständerungen abhängig von der Windgeschwindigkeit und Windrichtung betrachtet werden. Die dafür notwendigen Kennfelder und Kennwerte stammen dann aus CFD-Rechnungen oder Windkanalmessungen.

Eine umfassende Übersicht des Themas Aerodynamik im Bezug auf Fahrzeuge ist in [Schü13] zu finden.

15.3.1 Luftwiderstand

Als Fahrwiderstände werden die Kräfte bezeichnet, die der Bewegungsrichtung entgegengesetzt sind. Jeder Fahrradfahrer kennt das Gefühl, *gefühlt* ständig gegen den Wind zu fahren. Der bekannteste Parameter ist der c_W-Wert, der als Luftwiderstandbeiwert in aller Munde ist. Er ist allerdings nur ein Teil der Wahrheit, denn nur in Zusammenhang mit der dazugehörigen

Stirnfläche A kann man zwei Fahrzeuge bezüglich ihres Luftwiderstands vergleichen. Der c_W-Wert beschreibt allerdings nur die Anströmung des Fahrzeuges unter 0°, also in x-Richtung, sodass man in der Praxis auch die Tangentialbeiwerte $c_T(\tau)$ benötigt, die unter seitlicher Anströmung ermittelt wurden. Bei gegebener Luftdichte ρ berechnet sich der Betrag des Luftwiderstands F_{Lx} bei stehender Luft in Abhängigkeit der Fahrzeuggeschwindigkeit v.

$$F_{Lx} = \frac{\rho}{2} \cdot c_W \cdot A \cdot v^2 \tag{15.1}$$

Der Luftwiderstand begrenzt die Maximalgeschwindigkeit des Fahrzeuges, da irgendwann ein Gleichgewicht zwischen der durch die Motorleistung erzielbaren Antriebskraft und der Widerstandskraft erreicht ist. Auf diese Weise können die Fahrleistung und der Verbrauch abgeschätzt werden. Spielen diese Größen keine Rolle, weil zum Beispiel mit konstanten Geschwindigkeiten gerechnet wird, so kann die Berücksichtigung des Luftwiderstands auch vernachlässigt werden.

Verfügt das Fahrzeug über eine Niveauregulierung, die bei höheren Fahrgeschwindigkeiten das Fahrzeugniveau absenkt, so verringert sich die Stirnfläche und der c_W-Wert des Fahrzeuges, sodass eine geringere Widerstandskraft entsteht.

15.3.2 Seitenwind

Sobald das Fahrzeug seitlich angeströmt wird, treten mehrere Effekte gleichzeitig auf. Natürlich hat auch der Seitenwind (außer bei einer Anströmung unter 90°) eine Längskomponente und trägt somit zum Fahrwiderstand bei. Wesentlich ist aber die entstehende Seitenkraft, die aufgrund des Hebelarms zwischen dem Fahrzeugeschwerpunkt und dem Kraftangriffspunkt (Druckpunkt) ein Giermoment im Fahrzeug erzeugt und somit das Fahrzeug aus der Sollspur drückt. Besonders wenn der Seitenwinkel sprungförmig auftritt, wie es bei Talbrücken oder Waldlichtungen der Fall sein kann, fordert die Lenkreaktion die ganze Aufmerksamkeit des Fahrers.

Die zuvor besprochenen Tangentialbeiwerte werden auf dieselbe Stirnfläche A bezogen, wie bei der Längsanströmung. Es wird also nicht, wie man vermuten könnte, die seitliche Projektionsfläche in Abhängigkeit des Anströmwinkels τ verwendet.

$$F_{Ly} = \frac{\rho}{2} \cdot c_T(\tau) \cdot A \cdot v_R^2(\tau) \tag{15.2}$$

Die Geschwindigkeit v_R ist nicht mehr die Fahrgeschwindigkeit, sondern die resultierende Anströmgeschwindigkeit, die sich als Betrag aus der Überlagerung der Windgeschwindigkeit v_W und der Fahrzeuggeschwindigkeit v ergibt.

$$v_R = \sqrt{v^2 + v_W^2 + 2 \cdot v \cdot v_W \cdot \cos\tau} \tag{15.3}$$

Bei der Entstehung des Seitenwindes geht man zum einen von einer Kraft mit konstanter Richtung und konstantem Betrag aus. Auf manchen Teststrecken sind Windanlagen vorhanden, die das Fahrzeug mit konstanter Windgeschwindigkeit seitlich anströmen können. Hier kann man bei festgehaltenem Lenkrad die Kursabweichung des Fahrzeuges messen oder beim

Versuch dem vorgegebenen Kurs zu folgen, den Lenkaufwand des Fahrers betrachten. Da der Druckpunkt in der Regel zwischen der Vorderachse und dem Fahrzeugeschwerpunkt liegt, muss in diesem Fall gegen die Windrichtung gelenkt werden.

Zum anderen kann die Ursache natürlicher Seitenwind sein, der dann stochastisch mit unterschiedlichen Richtungen und Beträgen auf das Fahrzeug wirken kann. Dieses Szenario entspricht der Kundensituation in freier Wildbahn und eignet sich zum Beispiel für einen Test eines Algorithmus zur Seitenwindkompensation mit einem geregelten Lenkeingriff einer EPS-Lenkung.

15.3.3 Auftrieb

Ein weiterer Effekt, der durch die Umströmung der Fahrzeugaußenhaut auftritt ist der Auftrieb oder der Abtrieb des Fahrzeuges. Während man beim Flugzeug, damit es abheben kann, einen Auftrieb durch die Form der Tragflächen erreichen will, soll das Fahrzeug natürlich am Boden bleiben. Wenn man bedenkt, dass kleine Sportflugzeuge bereits bei ca. 100 km/h vom Boden abheben können, sollte man auch beim Fahrzeug bei Manövern mit höherer Geschwindigkeit an diesen Effekt denken. Ansonsten würde bei den meisten Fahrzeugen in der Berechnung ein zu stabiles Fahrverhalten suggeriert.

Die Form eines Fahrzeuges sorgt ohne weitere aerodynamische Maßnahmen für einen Auftrieb, der letztlich zu einer Reduzierung der Radlasten beiträgt. Man muss zwischen dem Auftriebsbeiwert der Vorderachse $c_{a,v}$ und dem der Hinterachse $c_{a,h}$ unterscheiden, denn die achsweise Reduzierung der Last hat einen direkten Einfluss auf das Eigenlenkverhalten des Fahrzeuges. Die Auftriebskräfte können als eingeprägte Kräfte an jeder Achse betrachtet werden.

$$F_{A,v} = \frac{\rho}{2} \cdot c_{a,v} \cdot A \cdot v^2 \tag{15.4}$$

$$F_{A,h} = \frac{\rho}{2} \cdot c_{a,h} \cdot A \cdot v^2 \tag{15.5}$$

Wird die Vorderachse stärker entlastet als die Hinterachse, kommt es zu einem Untersteuerverhalten, im umgekehrten Fall zum Übersteuern.

Die Wirkung aller beschriebenen aerodynamischen Kräfte ist in Bild 15.2 zu sehen.

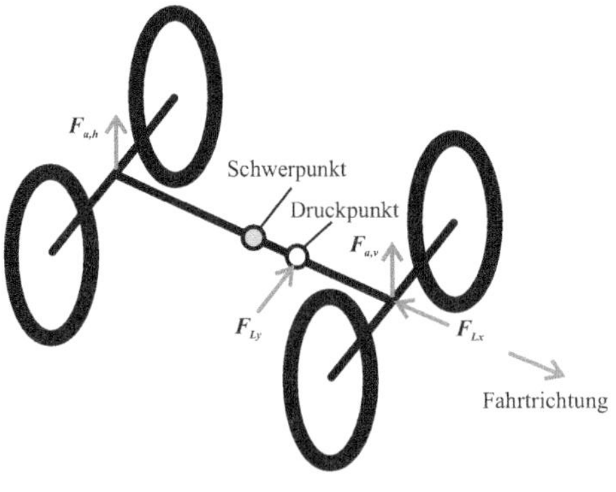

Bild 15.2 Wirkung der aerodynamischen Kräfte

Mithilfe aerodynamischer Maßnahmen wie zum Beispiel durch einen Spoiler, kann eine Abtriebskraft erzeugt werden oder der Auftrieb verringert werden. Im Rennsport arbeitet man mit großen Abtriebskräften, sodass bis zum zwei- bis dreifachen des Fahrzeuggewichts durch die sogenannte *downforce* erreicht werden kann [Tres12].

16 Der simulierte Fahrer

[Bildquelle BMW Group]

Bild 16.1 Fahrerschnittstelle Lenkrad

Die Schnittstellen des Fahrers zu den fahrwerkspezifischen Fahrzeugfunktionen sind das Lenkrad, das Gas- und Bremspedal, sowie je nach Getriebeart das Kupplungspedal und der Gangwahlhebel. Sollen Fahrerassistenzsysteme oder Fahrdynamikregelsysteme mit abgebildet werden, so erhöht sich die Anzahl der Bedienelemente entsprechend. Ob diese Schnittstellen als Bauteile im Modell zu finden sind oder ob der Fahrerwunsch auf andere Weise übertragen wird, hängt von der notwendigen Modellierungstiefe ab. So kann zum Beispiel der Lenkwunsch durch einen Lenkwinkel oder ein Lenkmoment am Lenkrad, am Ritzel oder direkt an der Zahnstange (als Verschiebung bzw. Kraft) eingeprägt werden (siehe Kapitel 11).

Ohne zu tief in die Regelungstechnik abdriften zu wollen, muss zunächst der Unterschied zwischen einer Steuerung und einer Regelung hervorgehoben werden. Dabei spricht man in der Technik von Open-Loop- (Steuerung) oder von Closed-Loop-Manövern (Regelung). Diese Formulierungen gehen auf die Systemtechnik zurück und beschreiben Systeme ohne beziehungsweise mit Rückkopplung.

Bei den Open-Loop-Manövern wird also nicht überprüft, ob die Vorgabe zum gewünschten Ergebnis führt. Hier sind keine Sensorik und kein Regler notwendig (im Fahrversuch greift der Fahrer nicht ein, zum Teil werden die Vorgaben zum Beispiel von einer Lenkmaschine erzeugt). Es reicht, wenn eine Stellgröße über der Zeit oder dem Weg definiert wurde.

Im Gegensatz dazu wird bei Closed-Loop-Manövern überprüft, ob die Sollgröße (z. B. die Fahrgeschwindigkeit) erreicht wurde. Bei Abweichungen wird mithilfe einer Stellgröße nachgeregelt (z. B. Gas geben bzw. Bremsen). Dafür sind eine Sensorik und ein Regler zur Reduzierung der Istwert-Sollwert-Abweichung notwendig. Im realen Fahrversuch ist dies meist der Fahrer in Personalunion. Das autonome Fahren des Fahrzeuges muss dann allerdings tatsächlich mit einer Sensorik (Kamera, Radar, etc.) und einem Regelalgorithmus in einem Steuergerät umgesetzt werden. In [Mayr01] ist ausführlich beschrieben, was für die Längs- und Querregelung bei Fahrerassistenzsystemen zu beachten ist.

16.1 Geschwindigkeitsregelung

16.1.1 Anfangswert

Das Prinzip der Aufstellung der Bewegungsgleichungen als Differenzialgleichung erster Ordnung mithilfe der numerischen Lösung erzeugt, wie in Abschnitt 4.2 beschrieben, ein sogenanntes Anfangswertproblem. Es muss also für jeden Freiheitsgrad und dessen Ableitung ein Wert vorgegeben werden, damit das Lösungsverfahren starten kann. Dies kann man sich zunutze machen und für die x-Position und die x-Geschwindigkeit des Fahrzeuges (natürlich auch für alle anderen Freiheitsgrade) gezielt Werte vorgeben. Dies sind dann die Anfangswerte der Simulation, das heißt, das Fahrzeug startet an der vorgegebenen Position mit der vorgegebenen Geschwindigkeit. Diese Vorgehensweise hat streng genommen nichts an dieser Stelle verloren. Aber die Erfahrung lehrt, dass mancher auf diesen Umstand hereinfällt und davon ausgeht, dass das Fahrzeug auch im Weiteren diese Geschwindigkeit beibehält. Dies ist natürlich keineswegs so – solange kein geeigneter Regler zur Verfügung steht. Sollte also beobachtet werden, dass das Fahrzeug von der Wunschgeschwindigkeit an stetig langsamer wird, so könnte diese *falsche* Vorgehensweise die Ursache sein. Denn nur für den ersten Integrationsschritt ist diese Geschwindigkeit (und die Position) maßgebend. Danach sollte die modellierte Physik soweit funktionieren, dass das Fahrzeug langsamer wird.[134] Es reicht natürlich nicht, nur dem Körper des Fahrzeugaufbaus die Anfangsgeschwindigkeit vorzugeben, sondern auch alle rotierenden Körper (Räder und Antriebsstrang) müssen die richtige Startgeschwindigkeit besitzen. Ansonsten setzt man ein Fahrzeug auf die Straße, das schon eine Geschwindigkeit hat, aber die Räder und der Antriebsstrang stehen und müssen erst aufgrund des Straßenkontaktes beschleunigt werden. Keine sehr realistische Vorstellung. Um nicht alle Geschwindigkeiten manuell vorgeben zu müssen, empfiehlt sich die Vorgabe eines Parameters für die Anfangsgeschwindigkeit des Gesamtfahrzeuges und der Umrechnung dieses Parameters in die entsprechenden Winkelgeschwindigkeiten[135] über den einfachen Zusammenhang

$$\omega = \frac{v}{r} \tag{16.1}$$

[134] Außer es wirkt eine Hangabtriebkaft.

[135] Je nach Simulationsumgebung müssen ggf. auch alle Körper mit einer expliziten Anfangsposition und -geschwindigkeit parametriert werden. Manche Programme nutzen das Wissen, dass die Körper miteinander verbunden sind und dementsprechend (je nach Bindung) dieselbe Geschwindigkeit haben müssen.

Nichtsdestotrotz ist die Vorgabe der Anfangsgeschwindigkeit wichtig, da je nach Implementierung des Geschwindigkeitsreglers versucht wird, von der aktuellen (Anfangsgeschwindigkeit) auf die Sollgeschwindigkeit zu regeln. Liegen beide zu weit auseinander, kann dies zu ungewollten Beschleunigungs- oder Verzögerungsphasen kommen. Bei den ersten Versuchen sollte deshalb auf jeden Fall auch der Geschwindigkeitsverlauf beobachtet werden.

16.1.2 Open-Loop-Manöver

Die Open-Loop-Steuerung für die Geschwindigkeit des Fahrzeuges gibt in der Regel nur ein Antriebs- oder Bremsmoment über der Zeit oder über dem Weg vor (Bild 13.2 und Bild 14.2). Sie ist somit primär dafür geeignet Beschleunigungs- oder Verzögerungssituationen zu simulieren. Eine Einhaltung einer Sollgeschwindigkeit kann nicht überprüft und nicht sichergestellt werden. Das gleiche Antriebsmoment hat bei den unterschiedlichen Beladungszuständen oder Straßenverläufen nicht dieselbe Wirkung.

Trotzdem kann diese Art der Geschwindigkeitsvorgabe eine gute Wahl sein. Wenn ein definiertes Manöver ohne großen Aufwand umgesetzt werden soll und noch kein geeigneter Regler zur Verfügung steht oder es auf die exakte Einhaltung einer Geschwindigkeit nicht wirklich ankommt.

Bei der Vorgabe von Antriebsmomenten sollte darauf geachtet werden, dass die Vorgabe in ihrer Höhe und auch in ihrem Zeitverhalten (Gradient) realistischen Werten an der Einleitungsstelle entspricht. Einen Hinweis können hier die Schlupfwerte der angetriebenen Reifen liefern, da bei zu großen Momenten oder Momentensprüngen erhöhte Schlupfwerte auftreten werden (Durchdrehen der Reifen).

Je nach Modellierungstiefe werden die Antriebsmomente direkt auf die Räder, auf das Achs- oder Mittendifferenzial eingeprägt. Sind Motor und Getriebe zumindest als schwingende Massen modelliert, so ist das klassische NEWTONsche *actio et reactio* zu beachten, das heißt, das abgegebene Moment muss auf beiden Seiten (Antriebs- und Abtriebsseite) abgestützt werden.

16.1.3 Closed-Loop-Manöver

Für viele Manöver ist es notwendig, eine konstante Geschwindigkeit oder einen vorgegebenen Geschwindigkeitsverlauf einzuhalten. Dies ist ohne eine Regelung nicht möglich. Im realen Fahrzeug ist hierfür der Fahrer zuständig, der dies, abhängig von seinem Flensburger Punktekonto, mehr oder weniger gut beherrscht. Versuchsfahrer sind da auf Teststrecken natürlich wesentlich konstanter unterwegs als der Normalfahrer auf der öffentlichen Straße. Diese Funktion ist vergleichbar mit einem Geschwindigkeitsregelautomaten, oder besser als Tempomat bekannt. Hier muss jedoch bedacht werden, ob eine Geschwindigkeitsreduzierung nur über das Schleppmoment des Motors oder auch durch eine Bremsung erfolgt. Abhängig vom verwendeten System, ist das unterschiedlich gelöst.

Die einfachste Umsetzung ist eine Momentenvorgabe am Rad proportional zur Abweichung von der Sollgeschwindigkeit – ein sogenannter P-Regler.

$$\Delta v = v_{soll} - v_{ist} \tag{16.2}$$

$$M = p \cdot \Delta v \tag{16.3}$$

Bei der Formulierung in Gleichung (16.3) wird nicht zwischen einem Antriebsmoment und einem Bremsmoment unterschieden. Ist die momentante Geschwindigkeit v_{ist} größer als die Sollgeschwindigkeit v_{soll} (Fahrzeug ist zu schnell), so ergibt sich eine negative Geschwindigkeitsdifferenz Δv, die mit einem zu bestimmenden Proportionalitätsfaktor p multipliziert ein Bremsmoment M ergibt. Ist die Differenz positiv (das Fahrzeug ist zu langsam), wird das Moment ebenfalls positiv eingeprägt und beschleunigt das Fahrzeug. Je größer der Faktor p ist, desto schneller werden Geschwindigkeitsdifferenzen ausgeregelt und die Schwankungsbreite der Geschwindigkeit ist gering. Schon kleine Unterschiede werden dementsprechend stark gewichtet. Diese geringe Schwankung um die Sollgeschwindigkeit ist bei Messungen realer Fahrzeuge in der Regel nicht zu beobachten, sodass dieser Wert iterativ an das Verhalten der Fahrzeuge in dieser Fahrsituation angepasst werden sollte.

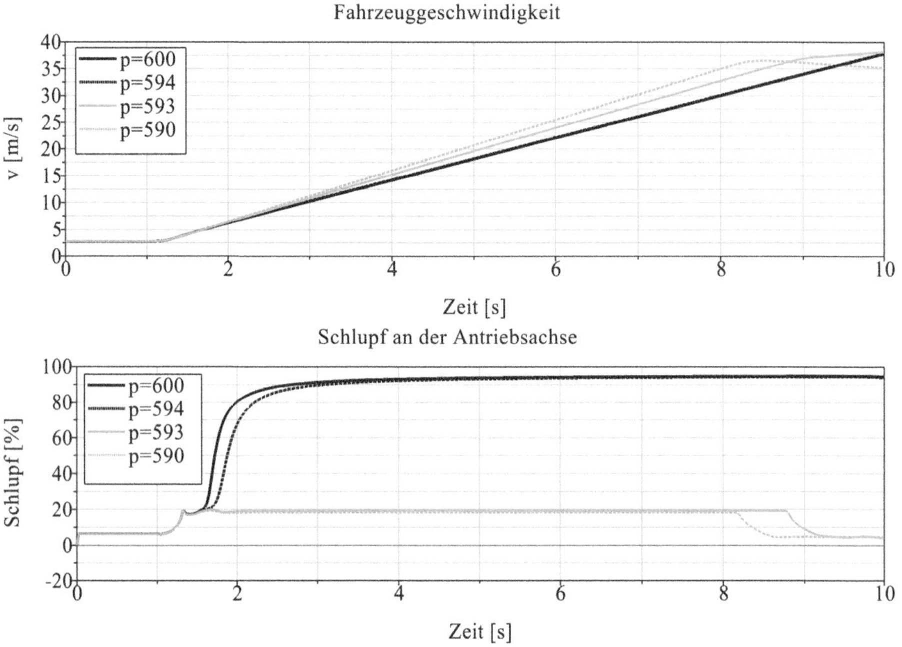

Bild 16.2 Einfluss des Verstärkungsfaktors bei der Geschwindigkeitsregelung

Allerdings steigt auch die Gefahr, dass zu große Momente übertragen werden und dies zu einem Durchdrehen der Räder der Antriebsachse führt. In Bild 16.2 ist für ein Beschleunigungsmanöver dargestellt, wie empfindlich dieser Parameter ist. Mit einem p-Wert von 590 erreicht das hier verwendete Fahrzeugmodell ein maximale Kraftübertragung bei ca. 18 %

Schlupf[136]. Bei einem Wert von 593 erhöht sich der Schlupf auf 19 % und das Fahrzeug beschleunigt geringfügig schlechter. Schon bei einem Wert von 594 drehen die Antriebsräder durch, was durch einen Schlupfwert von ca. 93 % sichtbar wird. Die Verstärkungswerte gelten nur für das hier verwendete Fahrzeugmodell und die Fahrsituation. Letztlich kann nur der Vergleich mit dem Beschleunigungsverhalten des realen Vorbilds zeigen, wie groß der Faktor gewählt werden muss. Auch ist eine Begrenzung des Moments, wie in Gleichung (16.4) dargestellt, ratsam. Vor allem dann, wenn man sich nicht jedes Mal den Verlauf des Moments ansehen möchte.

$$M = \min\left(\max\left(p \cdot \Delta v; M_{max,Brems}\right); M_{max,Antrieb}\right) \tag{16.4}$$

Für die Einhaltung einer Geschwindigkeit ist das ein geeigneter Ansatz. Sollen Beschleunigungs- oder Bremsmanöver simuliert werden, so ist diese Modellierung häufig unzureichend, wie das vorgestellte Beispiel gezeigt hat.

An dieser Stelle sei schon einmal darauf hingewiesen, dass es bei einem Rechnungs-Messungsvergleich bei manchen (sehr geschwindigkeitsempfindlichen) Manövern ratsam sein kann, die hoffentlich aufgezeichnete Fahrzeuggeschwindigkeit mit der simulierten in Einklang zu bringen. Hierbei muss aber beachtet werden, dass die Art wie die Fahrzeuggeschwindigkeit gemessen wird, eine maßgebliche Rolle spielt. Es ist immer zu unterscheiden, ob die Geschwindigkeit schlupfbehaftet ist oder nicht. Alle Geschwindigkeiten, die aus der Radgeschwindigkeit ermittelt werden, sind schlupfbehaftet und somit im Antriebsfall in der Regel zu schnell. Wird die Fahrzeuggeschwindigkeit direkt gegenüber der Fahrbahn gemessen (z. B. mit Radar oder optisch), so ist sie direkt mit der simulierten Geschwindigkeit, die in der Regel gegenüber dem Inertialsystem bestimmt wird, vergleichbar.

Sollen Brems- und Beschleunigungsmanöver simuliert werden, so muss der Fahrerwunsch nach Verzögerung oder Beschleunigung an ein Modell der Bremsanlage (Kapitel 14) oder des Antriebsstranges (Kapitel 13) weitergeleitet werden und dort muss dann das entsprechende Moment errechnet und eingeprägt werden. Nur so kann das Zeitverhalten des Momentenverlaufs ausreichend abgebildet werden.

16.2 Lenkregelung

Ähnlich wie bei der Geschwindigkeitsregelung muss bei der Lenkregelung darauf geachtet werden, dass ein Fahrzeug nie ohne eine Regelung des Lenkwinkels geradeausfahren würde. Es reicht also nicht, nicht zu lenken um geradeauszufahren. Die Fahrbahnneigung, Unsymmetrien in der Gewichtsverteilung oder der Antriebsmomente, die aufgrund unterschiedlicher Reibwerte oder Radlasten nicht symmetrisch übertragen werden können, sorgen dafür, dass das Fahrzeug, real und virtuell, zu einer Seite abläuft. Auch hier der Hinweis zu Beginn die gefahrene Trajektorie zu überprüfen, dies kann in der Regel schon mithilfe der Animation der Berechnungsergebnisse erfolgen.

---

[136] Schlupfdefinition nach Gleichung (12.3).

16.2.1 Open-Loop-Manöver

Im realen Fahrversuch gibt es einige Lenkmanöver, die Open-Loop, das heißt, ungeregelt sind. Der Lenkradwinkel wird in einer vorgegebenen Weise verändert und die Fahrzeugreaktion wird beobachtet. Prominentestes Beispiel ist sicherlich der Lenkwinkelsprung nach [ISO7401]. Hier wird bei einer Fahrzeuggeschwindigkeit von 80 km/h mit einer Lenkwinkelgeschwindigkeit von 200 bis 500°/s derart gelenkt, dass das Fahrzeug stationär eine Querbeschleunigung von a_y = 4 m/s² erreicht. Ausgewertet werden der Aufbau und das Überschwingverhalten der Giergeschwindigkeit. Die Umsetzung dieses Manövers in der Simulation erfolgt über dieselben Vorgaben wie im Fahrversuch und können der Norm oder den Versuchsvorschriften entnommen werden.

16.2.2 Closed-Loop-Manöver

Komplexer wird die Lenkregelung. Hier reicht es nicht, einen P-Regler zu integrieren, der jede Abweichung sofort ausgleicht. Auf diese Weise wird eine nervöse Fahrweise erzeugt, die bei zu großen Abweichungen sehr schnell zu einem instabilen Fahrverhalten führen kann.

Was passiert bei uns realen Fahrern? Nach [Dong78] besteht der Vorgang der Lenkregelung aus zwei Ebenen. Der Antizipatorischen Steuerung und der Kompensatorischen Regelung (Bild 16.3).

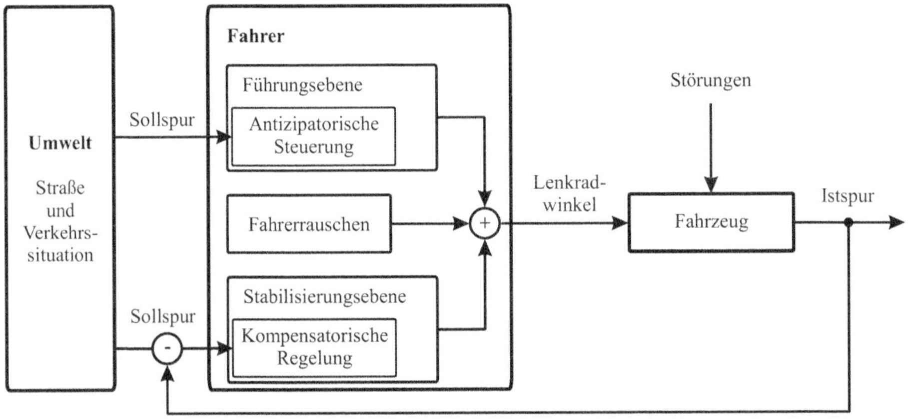

Bild 16.3 Zweiebenenmodell der Lenkregelung

Diese Unterteilung lässt sich anschaulich am Beispiel eines Fahranfängers und eines erfahrenen Fahrers erklären. Der Fahranfänger verfügt zunächst über keine ausreichende Erfahrung, welcher Lenkradwinkel für das gegebene Fahrzeug einzuschlagen ist, damit bei der aktuellen Fahrzeuggeschwindigkeit, dem Fahrbahnzustand und der Krümmung der Kurve das Fahrzeug auf der gewünschten Trajektorie bleibt. Als Folge dieser mangelnden Erfahrung muss das Ergebnis iterativ gefunden werden, da bei jeder Abweichung der Isttrajektorie von der Solltrajektorie eine Lenkwinkelkorrektur vorgenommen werden muss. Der erfahrene Fahrer wählt intuitiv einen Lenkwinkel, der bei bekannten Fahrbahnverhältnissen in der Regel ohne große

Lenkwinkeländerungen auf die gewünschte Bahn führt. Nur kleinere Korrekturen sind notwendig. Dies ist kein bewusster Vorgang. Niemand berechnet im Vorfeld der Kurvendurchfahrt den erforderlichen Lenkwinkel. Die meisten Fahrer werden diesen Winkel gar nicht beziffern können. Es ist einfach die Erfahrung, die ihn *rückenmarkgesteuert* befähigt, dies zu tun. Wie ist dies nun in der Simulation abzubilden?

Am häufigsten findet man in der Literatur das sogenannte Deichselmodell (Bild 16.4), das mit einem Vorausschaupunkt arbeitet. Aufgrund dieses Vorausschaupunktes vergleicht man nicht unmittelbar vor dem Fahrzeug die Abweichung aus Ist- und Solltrajektorie, sondern in einer gewissen Entfernung. Die Entfernung des Punktes zum Fahrzeugbezugsystem kann je nach Manöver und Fahrgeschwindigkeit unterschiedlich sein. Auch hier kann man Parallelen zu dem Beispiel von Fahranfänger und erfahrenem Fahrer beobachten. Fahranfänger trauen sich häufig in der Anfangsphase ihrer Fahrkünste nicht, zu weit vor das Fahrzeug zu schauen und müssen auch aus diesem Grund häufiger korrigieren. Je weiter man nach vorne blickt, desto früher kann man den Verlauf der Streckenführung abschätzen.

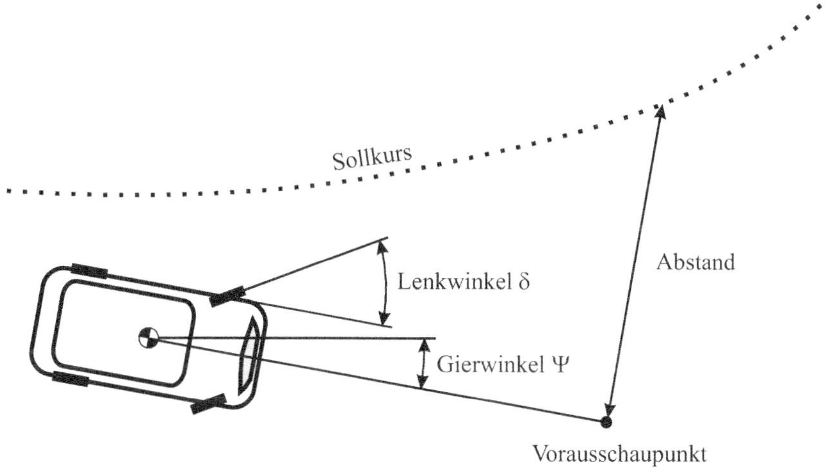

Bild 16.4 Deichselmodell

Bei einer kurvenreichen Strecke wird die Entfernung zwischen Vorausschaupunkt und Fahrzeug geringer sein, als bei einer eher geraden oder einer schwach gekrümmten Strecke. Wird dieselbe Strecke mit unterschiedlichen Fahrzeuggeschwindigkeiten durchfahren, hat es sich bewährt den Vorausschaupunkt geschwindigkeitsabhängig zu wählen. Je höher die Fahrgeschwindigkeit ist, desto weiter sollte der Punkt entfernt sein. Auf diese Weise können Abweichungen vom Sollkurs noch durch geringe Lenkwinkelkorrekturen ausgeglichen werden.

In Abschnitt 12.5 wurde bereits beschrieben, wie für die Fahrkomfortsimulation und die Lastkollektivermittlung Straßeninformationen aufbereitet werden können, damit der Reifen zum Beispiel ein digitalisiertes reales Straßenprofil überfahren kann. Neben dieser Information über Profilhöhe und Reibwert ist eine wesentliche Frage, auf welcher Fahrspur diese Straße überfahren werden soll. Hierfür muss eine Trajektorie vorliegen, die dem Lenkregler diese Information zur Verfügung stellt. Variiert man diese Trajektorie leicht, so kann man bei stochastischen Straßenprofilen den Einfluss der Fahrspur auf das Ergebnis abschätzen. Da ein realer Fahrer in den wenigsten Fällen seine Fahrspur identisch reproduzieren kann, ist dies eine vor allem für einen Rechnungs-Messungsvergleich wertvolle Information.

Für Fahrdynamiksimulationen kann insbesondere im Rennsport die gefahrene Trajektorie einen großen Einfluss auf die Rundenzeiten haben. Lenkregler für diese Anwendung erlauben die Art wie Kurven durchfahren werden anzupassen.

16.3 Komplexe Fahrermodelle

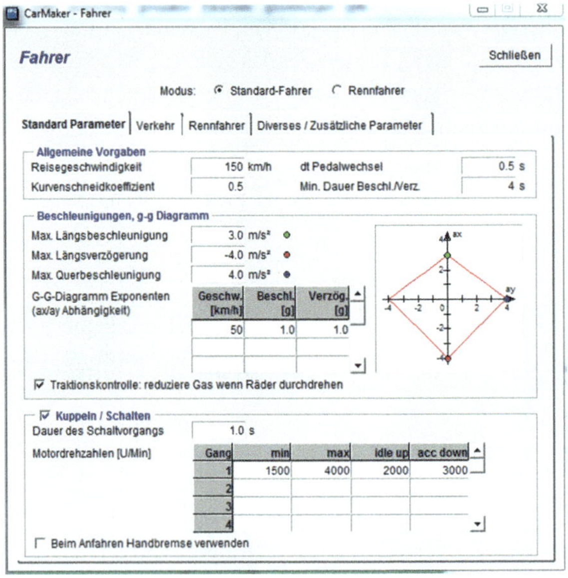

[Bildquelle IPG Automotive]

Bild 16.5 Parametrierung des Fahrermodells am Beispiel des IPG-DRIVER

Über die reine Kursfolgung und das Einhalten eines Geschwindigkeitsprofils hinaus, gehen Modelle, die auch verschiedene Fahrertypen darstellen können. So lässt sich das Verhalten von Normalfahrern, sportlichen Fahrern, Testfahrern bis hin zu Rennfahrern simulieren.

Sollen unterschiedliche Fahrertypen simuliert werden, so wird dies in der Regel über die Ausnutzung des Längs- und Querkraftpotenzials gesteuert. Unter Zuhilfenahme eines g-g-Diagramms kann man den Fahrer richtungsabhängig *mutiger* oder auch *vorsichtiger* machen (Bild 16.5).

Im Rennfahrermodus steht vor allem das Finden der optimalen Trajektorie und der richtigen Bremspunkte unter der Ausnutzung maximaler Längs- und Querkräfte im Vordergrund. Dies wird teilweise durch das *Anlernen* des Fahrermodells erreicht. Auf diese Weise kann dann eine Rundenzeitoptimierung vorgenommen werden. Im Gegensatz zu der vorher beschriebenen Vorgehensweise werden jetzt nicht mehr eine Solltrajektorie und ein Sollgeschwindigkeitsverlauf vorgegeben, sondern eine Fahrgasse, in der das Modell die optimale Spur und das dazu passende Geschwindigkeitsprofil finden soll. Da dies von den Straßenverhältnissen (Reibwert, Straßenverlauf) und vom Fahrzeug abhängt, wird das iterativ ermittelt.

Der Aufbau derartiger Fahrermodelle ist zum Beispiel in [Fisc11] oder [IPG05] beschrieben.

17 Das Fahrzeugmodell als Strecke

[Bildquelle Daimler AG]

Bild 17.1 Hardware-in-the-Loop-Prüfstand

Die meisten der im Vorfeld beschriebenen Komponenten gibt es sowohl in der passiven Form, wie auch als integraler Bestandteil eines aktiven Fahrwerksystems. Nachdem die Simulation von Fahrwerk- und Gesamtfahrzeugmodellen in den 1990er Jahren vor allem durch die Entwicklung der Fahrdynamikregelsysteme wie ABS, ASR oder ESP gefördert und auch gefordert wurde, sind heute die vielen Fahrerassistenzsysteme die Treiber für die Simulation. Unabhängig ob sie als Komfort- oder Sicherheitssysteme konzipiert werden, benötigen sie schnelle und zuverlässige Modelle und Simulationsprozesse, um die große Vielfalt der Fahrzeugvarianten auslegen und absichern zu können.

17.1 Entwicklung von Regelsystemen

Eine wesentliche Grundlage für den Entwurf von komplexen Regelsystemen ist die ausreichende Abbildung der zu regelnden Strecke. Nur ein in seiner Leistungsfähigkeit angepasstes Fahrzeugmodell kann einen anschließenden Einsatz der Regelalgorithmen im realen Fahrzeug sicherstellen. Für Vorüberlegungen und manche Teilbereiche mögen einfache lineare Modelle noch die erste Wahl sein. Sie sind schnell und im wahrsten Sinne des Wortes überschaubar. Für den Übertrag ins Fahrzeug ist diese Vorgehensweise in der Regel nicht geeignet. Die möglichen Wechselwirkungen aufgrund der Regeleingriffe innerhalb des Fahrwerkes erfordern ein genaueres Hinsehen. So sind die Schwingungen, welche die Pulsation einer ABS-Regelung in der Radaufhängung erzeugt, in einem Einspurmodell nicht nachweisbar. Hier muss das Zusammenspiel der Bremsregelung, der elastischen Anbindung der Radaufhängung, der Bremshydraulik und des Reifenkontaktes mit der Straße detaillierter abgebildet werden.

17.1.1 Software-in-the-Loop

Im Rahmen der modellbasierten Entwicklung ist es insbesondere für Reglerentwickler interessant, ihr Reglermodell frühzeitig im späteren Umfeld zu testen. Die Algorithmen des Reglercodes liegen zunächst in Softwareform vor, da sie in der Regel mit entsprechenden Werkzeugen wie MATLAB/SIMULINK oder ASCET entwickelt wurden, die über die Funktion des Codeexports verfügen (Bild 17.2).

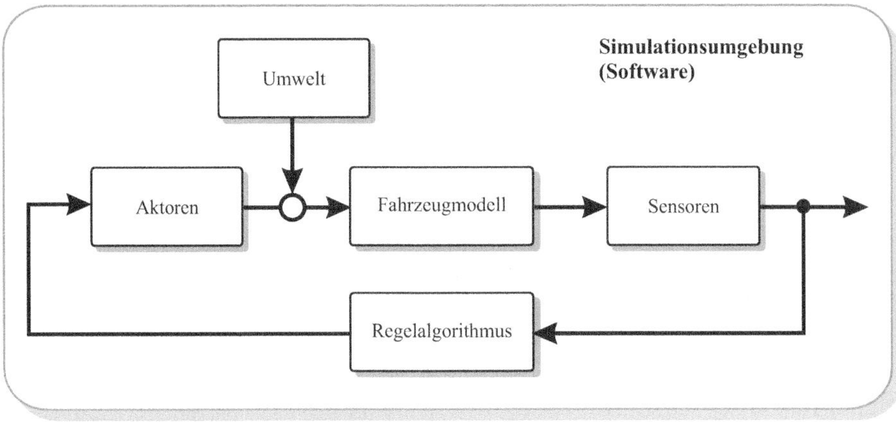

Bild 17.2 Prinzipieller Aufbau bei Software-in-the-Loop

Häufig ist vor allem in der frühen Phase der Reglerentwicklung nur die eigentliche Reglerfunktion abgebildet. Elemente wie die Sicherheits- und Überwachungsroutinen sind dann noch nicht integriert. Wird dieser Reglercode nun in eine Systemumgebung integriert, die das Fahrzeug – aus der Sicht des Reglerentwicklers die Strecke – darstellt, so spricht man von der Software-in-the-Loop-Simulation oder kurz SiL. Wenn die Überwachung des Zeitverhaltens noch nicht implementiert ist, müssen die einzelnen Systemmodelle nicht echtzeitfähig sein, sodass auf die dafür notwendige teure Hardware verzichtet werden kann.

Die SiL-Simulation kann im Rahmen einer Cosimulation mit einem Fahrzeug- oder Fahrwerkmodell umgesetzt werden oder auch mit einer sogenannten Autobox im realen Fahrzeug. Ist der gewünschte Reifegrad des Reglermodells erreicht, kann über Code Export Funktionen aus dem Modell zum Beispiel C-Code generiert werden, der dann unter Umständen schon für die spätere Zielplattform aufbereitet wurde. Mehr dazu ist zum Beispiel in [Kock08] zu finden.

17.1.2 Hardware-in-the-Loop

17.1.2.1 Rahmenbedingungen

Eine stark von der E/E-Architektur des Fahrzeuges getriebene Entwicklung ist die Hardware-in-the-Loop- oder kurz HiL-Simulation. Sie dient der Integration von Komponenten in ein Teil- oder Gesamtsystem, das bedeutet, die Komponente wird nicht für sich, sondern im Zusammenspiel mit anderen Komponenten oder Systemen betrachtet. Dabei liegt die Komponente als Hardware vor und das restliche Fahrzeug wird simuliert. Häufig ist als Komponente das Zielsteuergerät mit dem Regelalgorithmus integriert (Bild 17.3). Im gleichen Prinzip kann aber auch ein Teil der Aktorik oder der Sensorik als Hardware vorhanden sein.

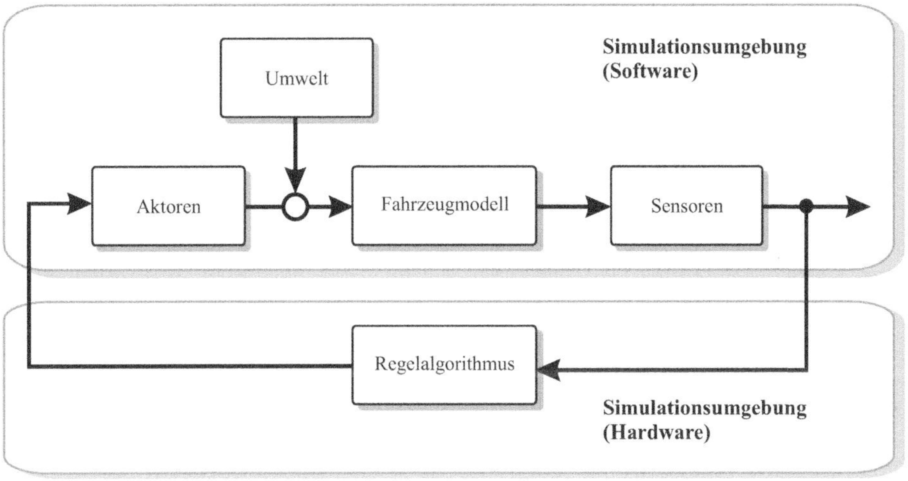

Bild 17.3 Prinzipieller Aufbau bei Hardware-in-the-Loop

Der Komponente wird also vorgegaukelt, dass sie in einem realen Fahrzeug verbaut ist (Bild 17.1). In [VDI2206] wird gefordert: „Die HIL-Nachbildung (Simulation) dynamischer Systeme durch physikalische und mathematische Modelle muss dabei in Echtzeit und unter Nachbildung der physikalischen Lasten erfolgen."

Die meisten realen Komponenten, die mithilfe der HiL-Simulation untersucht werden, haben die Anforderung, dass sie in Echtzeit betrieben werden müssen. Was bedeutet das? Nehmen wir als Beispiel für die Komponente ein Steuergerät für ein aktives Fahrwerksystem. Dieses Steuergerät bekommt in einem festgelegten Takt, sagen wir alle 20 ms, neue Signale von einem Sensor und gibt in einem anderen Takt Signale, sagen wir alle 50 ms, an einen Aktor ab. In der Regel wacht eine Sicherheitssoftware über den ordnungsgemäßen Empfang und das erfolgreiche Senden. Wird eine Abweichung erkannt, wird ein Fehler gemeldet und unter Umständen die gewünschte Funktionalität abgeschaltet. Aus dieser Forderung erwächst der Zwang für die simulierte Umgebung des Steuergerätes, dass sie in der Lage sein muss, innerhalb der systemeigenen Taktzeiten Informationen zu liefern und auch anzunehmen. Wird das Fahrzeugverhalten innerhalb der Sicherheitssoftware überwacht, so muss auch dieses *fristge-*

recht übertragen werden, da ansonsten Unplausibilitäten erkannt werden und eine entsprechende Fehlermeldung ausgelöst wird.

Der Begriff Echtzeit meint also, dass das simulierte System so schnell gerechnet werden kann, dass die reale Komponente keine Verzögerungen feststellt. In einem definierten Zeitfenster, für unser Beispiel nehmen wir fünf Millisekunden an, muss also das Systemverhalten für dieses Zeitfenster garantiert berechnet worden sein, das bedeutet, die erforderliche Rechenzeit muss unterhalb der fünf Millisekunden liegen.

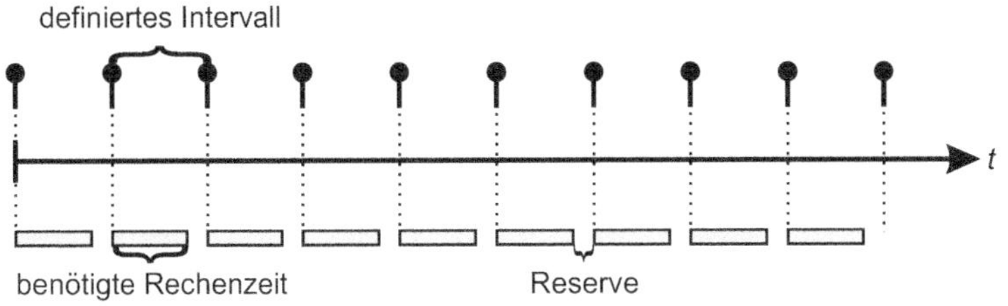

Bild 17.4 Echtzeitbedingung

Zusammenfassend lässt sich sagen, dass die benötigte Rechenzeit immer kleiner als die simulierte Zeit sein muss (Bild 17.4). Eine für das jeweilige Systemverhalten festzulegende Reserve ist notwendig, um Schwankungen in den Berechnungsschritten ausgleichen zu können.

17.1.2.2 Hardware- und Prozessanforderungen

Häufig brauchen die als Hardware eingebauten Steuergeräte auch Informationen, die nicht unmittelbar mit den geplanten Tests zu tun haben. Sie müssen nichtsdestotrotz zur Verfügung gestellt werden, da ansonsten die Funktion des Steuergerätes beeinträchtigt ist, da durch entsprechende Fehlermeldungen vielleicht eine Teil- oder auch die Gesamtfunktion abgeschaltet wurde. Damit alle Signale oder Informationen zur Verfügung stehen, müssen diese künstlich generiert werden. Auch bei diesen Signalen muss man auf die richtigen Werte, ihr Format und ihre Veränderung im Betrieb Rücksicht nehmen. Ansonsten kann ein problemloser Betrieb nicht gewährleistet werden. Bekommt das Steuergerät seine Informationen zum Beispiel über einen Kommunikationsbus (CAN, FlexRay, etc.), so muss eine sogenannte Restbussimulation durchgeführt werden. Neben den Nutzinformationen enthält sie auch die notwendigen Zusatzinformationen. Welche das sind, hängt vom Steuergerät ab und muss im Einzelfall überprüft werden. Die zuvor angesprochenen physikalischen Lasten betreffen vor allem die elektrische Seite, das heißt, am Steuergerät müssen die richtigen Stromstärken, Spannungen und Widerstände anliegen.

Vor der Simulation muss das eingebaute Steuergerät auf mögliche Fehlereinträge geprüft werden, die einen ordnungsgemäßen Betrieb verhindern würden. Aus diesem Grund ist es notwendig, dass die zugehörige Diagnose-Software auch im Rahmen der HiL-Simulation (am besten automatisiert) verwendet werden kann.

Insgesamt sind die Initialisierungsroutinen so aufzubauen, dass es für das Steuergerät einem Fahrzeugneustart gleich kommt. Ein für die Offline-Simulation *normaler* Zustand bereits mit einer Startgeschwindigkeit $v_0 > 0$ zu beginnen, ist für die meisten Steuergeräte nicht möglich, da sie dies (zu Recht) für unplausibel halten und in der Regel mit einer entsprechenden Fehlermeldung aussteigen.

Die notwendige Rechnerarchitektur kann zusammen mit einem Echtzeitbetriebssystem häufig von kommerziellen Anbietern bezogen werden. Es ist jedoch immer ein nicht zu unterschätzender Anpassungsaufwand an die eigene Fahrzeug- und Fahrwerkstruktur notwendig und auch die gewünschten Testszenarien müssen nach eigenen Anforderungen erstellt werden.

Im Gegensatz zur Offline-Simulation ist eine hundertprozentige Reproduzierbarkeit abhängig von der verwendeten Hardware nicht mehr gewährleistet. Für das Ergebnis sind zusätzlich Signallaufzeiten, Prozessortakte, Busauslastung, Temperatur und viele Dinge mehr verantwortlich. Dies hat zur Konsequenz, dass vor allem bei einem automatisierten Betrieb nicht harte Grenzwerte, sondern Toleranzbänder für die erwarteten Ergebnisse berücksichtigt werden sollten.

17.1.2.3 Funktionstest

Die Funktionen, die durch das zu testende System abgedeckt werden sollen, sind in einer Spezifikation (Lastenheft) beschrieben und häufig mit Soll- und Grenzwerten belegt. Damit die Einhaltung der Spezifikation überprüft werden kann, muss letztlich jeder Punkt aus dem Lastenheft angefahren werden und mit den entsprechenden Werten verglichen werden. Diese Überprüfungen sollten automatisiert ablaufen und ein Protokoll erstellen, in dem die Einhaltung (oder die Fehlfunktion) dokumentiert wird.

17.1.2.4 Fehlersimulation

Als Erweiterung des zuvor beschriebenen Funktionstests ist die Fehlersimulation zu sehen. Hier wird – ebenfalls günstigerweise automatisiert – überprüft, wie das Gesamtsystem auf spezifizierte Fehlerbilder reagiert. Dabei sind verschiedene Fehlerklassen zu unterscheiden. So können zum Beispiel Sensorsignale ausfallen, gestört (EMV), verstärkt oder verschoben (Offset) werden. Jeder spezifizierte Fehler wird durch eine Fehlermeldung im Fehlerspeicher des Steuergerätes abgelegt und kann durch die Diagnose ausgelesen werden. Ob man wirklich alle möglichen Fehlerbilder im Vorfeld bedacht hat und dann auch überprüft, kann nur durch genaue Systemkenntnis und die entsprechende Erfahrung gewährleistet werden. In der Regel wächst die Anzahl der Prüfungen mit der Zeit, da Lücken im Nachhinein erkannt und neue Erkenntnisse einfließen können.

17.2 Sensorik

Sensoren im Fahrzeug sind in der Regel diskrete Messgeber, das bedeutet, sie übertragen zum einen das Messsignal nur zu bestimmten zumeist äquidistanten Zeitpunkten. Zum anderen wird das kontinuierliche Ursprungssignal diskretisiert, das heißt, in einer endlichen gestuften Auflösung dargestellt (siehe auch Abschnitt 2.2.2). Erwartet der Regler, der von diesem Sensor versorgt wird ein zeit- und/oder wertdiskretes Signal, so muss das berechnete Signal erst umgerechnet werden. Jede Messgröße des Simulationsmodells ist natürlich auch eine diskrete

Größe, da sie nur zu bestimmten Zeitpunkten abgefragt wird (abhängig von der Zeitschrittweite des Integrationsverfahrens oder der Abtastrate für diese Größe) und da sie in einem endlichen Zahlenformat (z. B. mit doppelter Genauigkeit, also in einer 8-Byte-Darstellung) aufgelöst wird.

Wird der Regler mit dem quasi-kontinuierlichen Signal versorgt, so wird er praktisch *überversorgt*, das bedeutet, er bekommt eine bessere Signalqualität als der reale Regler. Auf diese Weise kann unter Umständen die Regelqualität besser ausfallen und sich das Fahrzeugmodell günstiger verhalten als das reale Fahrzeug. Aus diesem Grund sollte man darauf achten, dass der Regler ein sowohl zeit- wie auch wertdiskretisiertes Signal bekommt, wie es auch im Realfall vorliegt. Da die Integrationsschrittweite oder die Abtastung der Berechnung nicht immer mit der Abtastrate des Sensors oder des Reglers harmonieren wird, muss eine Zeitverwaltung integriert werden, die gegebenenfalls Zwischenwerte interpolieren kann (siehe auch Abschnitt 4.5).

17.3 Aktorik

Reale Aktoren haben ein Zeitverhalten, das berücksichtigt werden muss, wenn man nicht zu optimistische Ergebnisse erzielen möchte. Ein Ventil, das ohne Verzögerung sofort öffnen oder schließen kann, verspricht ein gutes Regelungsergebnis – nur einen Lieferanten für ein solches Ventil wird man wohl vergeblich suchen. Hier ist es für ernsthafte Untersuchungen auf jeden Fall notwendig, Messungen oder Angaben des Bauteilherstellers zu bekommen, welches Zeitverhalten zu erwarten ist.[137] Unser Beispielventil hat je nach Bauart noch ein zu differenzierendes Zeitverhalten für den Öffnungs- und den Schließvorgang.

Wird das Aktormodell in einem Regelkreis einer HiL- oder SiL-Simulation eingesetzt, so ist folgendes zu beachten: Erwartet der Regler ein bestimmtes Zeitverhalten, so ist dies im Modell auch zu berücksichtigen, da es ansonsten zu Fehlabschaltungen des Reglers kommen kann, da er das Verhalten des Aktors für unplausibel hält. Näheres hierzu ist im Abschnitt 17.1 zu finden.

MKS-Programme sind primär darauf ausgelegt mechanische Komponenten darzustellen. Ist das aktive System aber stark von der Elektrik, Pneumatik oder Hydraulik geprägt, so kann es sinnvoll sein dritte Programme mit einzubinden, um diese Disziplinen mit der notwendigen Detaillierung (und mit dem notwendigen Komfort) darstellen zu können. Hierzu sei noch einmal auf den Abschnitt 5.2.3.5 verwiesen. Lässt sich die Beschreibung auf ein paar Differenzialgleichungen beschränken, so kann dies in der Regel mit ein wenig Erfahrung auch problemlos im MKS-Programm selbst erfolgen.

---

[137] Was von der Temperatur, dem Bordnetzzustand und vielen Einflüssen mehr abhängen kann.

Normenverzeichnis

[DIN70000] DIN 70000: *Straßenfahrzeuge, Fahrzeugdynamik und Fahrzeugverhalten, Begriffe*, 1994

[DIN74000] DIN 74000: *Hydraulische Bremsanlagen: Zweikreis-Bremsanlagen – Kurzzeichen für die Bremskreisaufteilung*, 1992

[ISO7401] DIN ISO 7401: *Testverfahren für querdynamisches Übertragungsverhalten*, 1989

[SAEJ670e] SAE Recommended Practice SAE J670e JUL76: *Vehicle Dynamics Terminology*. SAE Handbook 3:34.447,Warrendale PA., 2003

[VDI2206] VDI-Richtlinie 2206: *Entwicklungsmethodik für mechatronische Systeme*. Verein Deutscher Ingenieure, Düsseldorf, 2004

[VDI3633] VDI-Richtlinie 3633 (Entwurf): *Simulation von Logistik-, Materialfluß- und Produktionssystemen – Begriffe*. Verein Deutscher Ingenieure, Düsseldorf, 2013

Formelzeichen

a	Betrag der translatorischen Beschleunigung
A	Querschnittsfläche
b	Breite
c	Federsteifigkeit, aerodynamische Beiwerte
c_m	Spezifische Wärmekapazität
C	Kapazität
C^*	Bremsenkennwert
d	Dämpferkonstante
e	Lokaler Fehler
$\vec{e}_x, \vec{e}_y, \vec{e}_z$	Einheitsvektoren
E	Energie, Elastizitätsmodul
f	Anzahl der Freiheitsgrade, Frequenz
f_G	Gelenkfreiheitsgrad
F	Kraft
g	Erdbeschleunigung
G	Schubmodul
h	Integrationsschrittweite, Höhe
i	Stromstärke, Übersetzung
I	Flächenträgheitsmoment
k	Koeffizienten
l	Länge
L	Induktivität
m	Masse
M	Drehmoment
n	Anzahl, Drehzahl
n_G	Anzahl der Gelenke
n_K	Anzahl der Körper
n_L	Anzahl der kinematischen Schleifen
p	Druck, Verstärkungsfaktor
Q	Wärmeenergie
r	Anzahl isolierter Freiheitsgrade, allgemeiner Radius
R	OHMscher Widerstand, Kurvenradius
R_L	Spezifische Gaskonstante
s	Verschiebung
S	Streckenlänge
t	Zeit
T	Temperatur
U	Innere Energie
v	Betrag der translatorischen Geschwindigkeit

V	Volumen
w	Biegelinie
W	Mechanische Arbeit
x, y, z	Wegkoordinaten im kartesischen Koordinatensystem
$\dot{x}, \dot{y}, \dot{z}$	Translatorische Geschwindigkeiten
$\ddot{x}, \ddot{y}, \ddot{z}$	Translatorische Beschleunigungen
α	Wärmeübergangskoeffizient, allgemeiner Winkel, Schräglaufwinkel
β	Schwimmwinkel, Breitenverhältnis, Beugungswinkel
γ	Torsionswinkel, Sturzwinkel
δ	Verlustwinkel, Lenkwinkel
ε	Dehnung
Θ	Massenträgheitsmoment
κ	Verhältnis von Querschnittsflächen, Isentropenexponent
λ	Schlupf
μ	Reibwert
ρ	Dichte
σ	Normalspannung
τ	Anströmwinkel
$\ddot{\varphi}$	Rotatorische Beschleunigung
Ψ	Gierwinkel
ω	Rotatorische Geschwindigkeit
ω_0	Eigenfrequenz

Abkürzungsverzeichnis

Abk.	Bedeutung
ASCII	*American Standard Code for Information Interchange*
ASR	Antriebsschlupfregelung
BDF	*Backwards Differential Functions*
CAD	*Computer Aided Design*
CAN	*Controller Area Network*
CFD	*Computational Fluid Dynamics*
CPU	*Central Processing Unit*
DAE	Differenzial Algebraische Gleichungen
DIN	Deutsches Institut für Normung e. V.
DLL	*Dynamic Link Library*
EBV	Elektronische Bremskraftverteilung
EHPS	*Electro-Hydraulic Power Steering*
EMV	Elektromagnetische Verträglichkeit
EPS	*Electric Power Steering*
ESP	*Electronic Stability Program*
FE	Finite Elemente
FEA	*Finite Element Analysis*
FEM	Finite Elemente Methode
FFT	*Fast Fourier Transformation*
GIGO	*Garbage in – Garbage out*
GPS	*Global Positioning System*
HiL	*Hardware-in-the-Loop*
HPS	*Hydraulic Power Steering*
ISO	*International Organization for Standardization*
K&C	*Kinematics and Compliance*
MBD	*Multi Body Dynamics*
MBS	*Multi Body Systems*
MKS	Mehrkörpersysteme
NURBS	*Non-uniform rational B-Spline*
NVH	*Noise Vibration Harshness*
ODE	*Ordinary Differential Equation*
OEM	*Original Equipment Manufacturer*
PDE	*Partial Differential Equation*
PSD	*Power Spectral Density*
RBE	*Rigid Body Element*
SAE	*Society of Automotive Engineers*
SBC	*Sensotronic Brake Control*
SiL	*Software-in-the-Loop*
TNO	*Toegepast Natuurwetenschappelijk Onderzoek*
VDA	Verband der Automobilindustrie e. V.
VDI	Verband Deutscher Ingenieure e. V.

Literaturverzeichnis

[Adam01] ADAMSKI, D.: *Komponentenbasierte Simulation mechatronischer Systeme*, VDI-Fortschrittberichte Nr. 682, Reihe 10, VDI-Verlag, Düsseldorf, 2001

[Adam07] ADAMSKI, D. ET AL: Rechnerische Lastkollektivermittlung auf der digitalen Straße, in *Lastannahmen und Betriebsfestigkeit, 34. Tagung des DVM-Arbeitskreises Betriebsfestigkeit*, S. 23-29, Wolfsburg, 2007

[AdJD07] ADAMSKI, D., JUST, W. UND DRAGON, L.: Subjektive Bewertung des Ride Komforts von Digitalen Prototypen mit Hilfe eines Ride Simulators, in *Erprobung und Simulation in der Fahrzeugentwicklung*, VDI-Berichte 1990, S.289-302, Würzburg, 2007

[AdSH97] ADAMSKI, D., SCHUSTER, CH. UND HILLER, M.: Fahrdynamiksimulation mit FASIM_C++ als Beispiel für die Modellierung mechatronischer Systeme, in *Mechatronik im Maschinen- und Fahrzeugbau*, VDI-Bericht 1315, S. 117-141, VDI-Verlag, Moers, 1997

[Ammo95] AMMON, D. ET AL: Effiziente Simulation der Gesamtsystemdynamik Reifen-Achse-Fahrwerk, in *Reifen-Fahrwerk-Fahrbahn*, VDI-Berichte 1224, S. 293-308, Hannover, 1995

[Ammo97] AMMON, D.: *Modellbildung und Systementwicklung in der Fahrzeugdynamik*, Teubner, Stuttgart, 1997

[AnZa98] ANGELES, J. UND ZAKHARIEV, E.: *Computational Methods in Mechanical Systems*, Springer, New York, 1998

[BaGK08] BAUER, S., GRUBER, K. UND KNAUST, U.: CAD-/CAE-Integration - Entwicklung einer durchgängigen Berechnungsprozesskette, in *Berechnung und Simulation im Fahrzeugbau*, VDI-Berichte 2031, S. 201-216, 2008

[Baue08] BAUER, W.: *Hydropneumatische Federungssysteme*, Springer, Berlin, 2008

[Benz08] BENZ, R.: *Fahrzeugsimulation zur Zuverlässigkeitsabsicherung von karosseriefesten Kfz-Komponenten*, Dissertation, TH Karlsruhe, 2008

[Boss89] BOSSEL, H.: *Simulation dynamischer Systeme*. Vieweg, Würzburg, 1989

[BrBi13] BREUER, B. UND BILL, K. H. (HRSG.): *Bremsenhandbuch*, Springer Vieweg, Wiesbaden, 2013

[BrDG06] BREITLING, T., DRAGON, L. UND GROẞMANN, T.: Digitale Prototypen: ein weiterer Meilenstein zur Verbesserung der Abläufe und Zusammenarbeit in der PKW-Entwicklung, in *Berechnung und Simulation im Fahrzeugbau*, VDI-Berichte 1967, S. 315-327, 2006

[Broc14] Die Brockhaus Enzyklopädie Online, F. A. Brockhaus / wissenmedia in der inmediaONE GmbH, Gütersloh/München, Abruf 17.02.2014

[BrPf92] BREMER, H. UND PFEIFFER, F.: *Elastische Mehrkörpersysteme*, B. G. Teubner, Stuttgart, 1992

[BuMo09] BURG, H. UND MOSER, A. (HRSG.): *Handbuch Verkehrsunfallrekonstruktion*, Vieweg+Teubner, Berlin, 2009

[Burg13] BURGER, M. ET AL: Integration eines detaillierten, flexiblen Reifenmodells in den Fraunhofer Fahrsimulator, in *Reifen-Fahrwerk-Fahrbahn*, VDI-Berichte 2211, Hannover, S. 167-182, 2013

[Cell91] CELLIER, F. E.: *Continuous System Modeling*. Springer, Berlin, 1991

[DaDa13] DANKERT, J. UND DANKERT H.: *Technische Mechanik: Statik, Festigkeitslehre, Kinematik/Kinetik*, Springer, Berlin, 2013

[Depp10] DEPPE, PH.: *Fahrsimulatoren im Mercedes-Benz Technology Center in Sindelfingen*, blog.mercedes-benz-passion.com, 2010

[Dixo07] DIXON, J. C.: *The Shock Absorber Handbook*, John Wiley & Sons Ltd, Chichester, 2007

[Dong78] DONGES, E.: Ein regelungstechnisches Zwei-Ebenen-Modell des menschlichen Lenkverhaltens im Kraftfahrzeug, *Zeitschrift für Verkehrssicherheit*, Bonn, 1978

[Dudz05] DUDZIŃSKI, P.: *Lenksysteme für Nutzfahrzeuge*, Springer, Berlin, 2005

[DuFS69] DUGOFF, H., FANCHER, P.S. UND SEGEL, L.: *Tire performance characteristics affecting vehicle response to steering and braking control inputs*. Highway Safety Research Institute, University of Michigan Ann Arbor, 1969

[Eich03] EICHLER M. ET AL.: Dynamik von Luftfedersystemen mit Zusatzvolumen: Modellbildung, Fahrzeugsimulationen und Potenziale, in *Reifen-Fahrwerk-Fahrbahn*, VDI-Berichte 1791, Hannover, S. 221-241, 2003

[Fial89] FIALA, E.: Reifen, Fahrer, Lenkverhalten, in *Reifen-Fahrwerk-Fahrbahn*, VDI-Berichte 778, Hannover, S. 397-423, 1989

[Fisc11] FISCHER, R. ET AL: Fahrermodell zur virtuellen Regelsystementwicklung, *ATZ 12/2011*, S. 946-949, 2011

[FKFS09] FKFS, *Der Stuttgarter Fahrsimulator*, Broschüre, Forschungsinstitut für Kraftfahrwesen und Fahrzeugmotoren, Stuttgart, 2009

[Fruh10] FRUHMANN, G. ET AL: Achskonzeptstudie mit radführender Querblattfeder, in *19. Aachener Kolloquium Fahrzeug- und Motorentechnik 2010*, Aachen, 2010

[FuBe08] FUNKE, T. UND BESTLE, D.: Modellierung, Parameteridentifikation und Simulation passiver Fahrzeugestoßdämpfer, in *Simulation und Test in der Funktions- und Softwareentwicklung für die Automobilelektronik II*, Expert Verlag, Renningen, S. 130-140, 2008

[GaBä07] GALLREIN, A. UND BÄCKER, M.: *CDTire: a tire model for comfort and durability applications*, in [LuPl07], S. 69-77, 2007

[GaBB14] GALLREIN, A., BÄCKER, M. UND BURGER, M.: *Tire Modeling from Structural Analysis to Real-Time Applications*, Simpack News, 03/14, S. 2-5, Gilching, 2014

[Gaut01] GAUTERIN, F.: Noise, Vibration and Harshness of Air Spring Systems, in *Reifen-Fahrwerk-Fahrbahn*, VDI-Berichte 1632, Hannover, S. 273-285, 2001

[GeCa01] GÉRADIN, M. UND CARDONA, A.: *Flexible Multibody Dynamics*, John Wiley & Sons, Chichester, 2001

[Geig11] GEIGER, N. ET AL: New methods for chassis modeling of commercial vehicles an application for dynamics and durability simulation in *2nd International Munich Chassis Symposium*, S. 319-338, München, 2011

[GiHo14] GIPSER, M. UND HOFMANN, G.: *FTire: High-End Tire Model for Vehicle Simulation in SIMPACK*, Simpack News, 03/14, S. 10-15, Gilching, 2014

[Gill92] GILLESPIE, T.D.: *Fundamentals of Vehicle Dynamics*, SAE, Warrendale, 1992

[GiAR05] GIMMLER, H., AMMON, D. UND RAUH, J.: Straßenprofile: Mobile Messung, prozessgerechte Datenaufbereitung und vollständige Bewertung bereiten die Basis für eine effektive Simulation, in *Reifen-Fahrwerk-Fahrbahn*, VDI-Berichte 1912, Hannover, S. 335-352, 2005

[Gips99] GIPSER, M.: FTire, a new fast tire model for ride comfort simulations, *International ADAMS User's Conference*, Berlin, 1999

[Gips01] GIPSER, M.: Reifenmodelle in der Fahrzeugdynamik: eine einfache Formel genügt nicht mehr, auch wenn sie magisch ist, *MKS-Simulation in der Automobilindustrie*, Graz, 2001

[HaHo03] HALFMANN, C. UND HOLZMANN, H.: *Adaptive Modelle für die Kraftfahrzeugdynamik*, Springer, Berlin, 2003

[Hane03] HANEY, P.: *The Racing & High Performance Tire*, SAE & TV Motorsports, Springfield, 2003

[HeEG13] HEIßING, B., ERSOY, M. UND GIES, S. (HRSG.): *Fahrwerkhandbuch*, Vieweg+Teubner, Würzburg, 2013

[HeGP07] HEIMANN, B., GERTH, W. UND POPP, K.: *Mechatronik Komponenten – Methoden – Beispiele*, Fachbuchverlag Leipzig in Carl Hanser Verlag, München, 2007

[Henk93] HENKER, E.: *Fahrwerktechnik. Grundlagen, Bauelemente, Auslegung*, Vieweg, Braunschweig, 1993

[Hib312] HIBBELER, R.C.: *Technische Mechanik 3 – Dynamik*, Pearson Studium, München, 2012

[Hoff11] HOFFMANN, J.: *Spektrale Analyse mit MATLAB und Simulink. Anwendungsorientierte Computer-Experimente.* Berlin, Oldenbourg Wissenschaftsverlag, 2011

[IPG05] IPG, *Virtual Driver Model*, Vehicle Dynamics International, 2005

[Ise192] ISERMANN, R.: *Identifikation dynamischer Systeme, Band 1; Grundlegende Methoden*, Springer, Berlin, 1992

[Ise292] ISERMANN, R.: *Identifikation dynamischer Systeme, Band 2; Besondere Methoden*, Springer, Berlin, 1992

[Klaa99] KLAAS, A ET AL: TIME, Tire Measurements Eine neue Standardprüfprozedur für stationäre Reifen-Seitenkraftmessungen, in *Reifen-Fahrwerk-Fahrbahn*, VDI-Berichte 1494, Hannover, S. 119-137, 1999

[Klei12] KLEIN, B.: *Grundlagen und Anwendungen der Finite-Element-Methode im Maschinen- und Fahrzeugbau*, Springer Vieweg, Wiesbaden, 2012

[Kock08] KOCK, P. ET AL: Komponententest von modellbasierten Funktionen im MIL/SIL und PIL Test mit Anwendungen von formalen Testmethoden, in *Simulation und Test in der Funktions- und Softwareentwicklung für die Automobilelektronik II*, Expert Verlag, Renningen, S. 361-377, 2008

[KoLu94] KORTÜM, W. UND LUGNER, P.: *Systemdynamik und Regelung von Fahrzeugen*, Springer, Berlin, 1994

[Krei13] KREISELMAIER, R.: Mullins oder Payne – Zwei „starke" Effekte der Gummieleastizität, in *FFD im Dialog*, S. 23 – 28, Firmenschrift Freudenberg Forschungsdienste, Weinheim, 2013

[KrNe98] KRAMER, U. UND NECULAU, M.: *Simulationstechnik*, Carl Hanser Verlag, München, 1998

[Kroh01] KROHMER, A.: Einfluss der globalen Karosserietorsionssteifigkeit auf die Fahrdynamik, in *Reifen-Fahrwerk-Fahrbahn*, VDI-Berichte 1632, Hannover, S. 347-371, 2001

[Kudr01] KUDRITZKI, D.: Fahrbahnprofile: Kenntnis und Nutzung in der Fahrwerksentwicklung, in *Reifen-Fahrwerk-Fahrbahn*, VDI-Berichte 1632, Hannover, S. 255-269, 2001

[Kune05] KUNERT, A. ET AL: Echtzeitfähige Achsmodelle: Praxisbeispiele von der Konzeptstudie bis zur Validierung, in Reifen-*Fahrwerk-Fahrbahn*, VDI-Berichte 1912, Hannover, S. 85-94, 2005

[Lang97] LANG, H.P.: *Kinematik-Kennfelder in der objektorientierten Mehrkörpermodellierung von Fahrzeugen mit Gelenkelastizitäten*, Fortschrittberichte VDI, Reihe 12, Nr. 323, Düsseldorf, 1997

[Lee03] LEE, E.-S.: *Untersuchung des Entgleisungsverhaltens von Güterwagen mit Mehrkörpersystem (MKS)- Modell unter Berücksichtigung der COULOMBschen Reibung der geschichteten Blattfeder*, Dissertation, TU Berlin, 2003

[LiSe01] LION, A. UND SEDLAN, K.: Anwendungen spezieller Komponentenmodelle zur Simulation von Fahrwerkbelastungen auf Schlechtwegstrecken und Komfortanalyse, in *Reifen-Fahrwerk-Fahrbahn*, VDI-Berichte 1632, S. 225-253, 2001

[LMS09] LMS INTERNATIONAL: *LMS and Fraunhofer LBF announce strategic partnership for tire modeling and simulation*, Pressemitteilung, 17.04.2009, Leuven

[LuPl07] LUGNER, P. UND PLÖCHL, M. (HRSG.): *Tire Model Performance Test (TMPT)*, Supplement to the International Journal of Vehicle System Dynamics, Volume 45, Taylor & Francis, 2007

[Mats07] MATSCHINSKY, W.: *Radführungen für Straßenfahrzeuge*, Springer Verlag, Berlin, 2007

[Mayr01] MAYR, R.: *Regelungsstrategien für die automatische Fahrzeugführung*, Springer Verlag, Berlin, 2001

[Mayr12] MAYR, M.: *Technische Mechanik*, Hanser Verlag, München, 2012

[MeSc07] MEISSNER, M. UND SCHORCHT, H.J.: *Metallfedern - Grundlagen, Werkstoffe, Berechnung, Gestaltung und Rechnereinsatz*, Springer Verlag, Berlin, 2007

[Mezg06] MEZGER, T.G.: *Das Rheologie Handbuch. Für Anwender von Rotations- und Oszillations-Rheometern*, Vincentz Network, Hannover, 2006

[MiKB95] MITSCHKE, M., KLINGNER, B. UND BRAUN, H.: Zulässige Amplituden und Wellenlängen herausragender Unebenheitsanteile – Einfluß von Einzelhindernissen und Periodizitäten auf Fahrkomfort, Straßen-, Fahrzeug- und Ladegutbeanspruchung sowie Fahrsicherheit, Schriftenreihe *Forschung Straßenbau und Straßenverkehrstechnik*, Heft 710, Bundesministerium für Verkehr, Bonn, 1995

[MiWa04] MITSCHKE, M. UND WALLENTOWITZ, H.: *Dynamik der Kraftfahrzeuge*, Springer Verlag, Berlin, 2004

[MTS09] MTS: *Das Verhalten des Fahrers besser verstehen*, MTS-Kunden-Fallstudie, Eden Prairie, 2009

[MuWe12] MUNZ, C. D. UND WESTERMANN, TH.: *Numerische Behandlung gewöhnlicher und partieller Differenzialgleichungen*, Springer, Heidelberg, 2012

[NeLa99] NEUREDER, U. UND LAERMANN, F.-J.; Minimierung des Motorstuckerns am Beispiel des Ford Fokus, in *Reifen-Fahrwerk-Fahrbahn*, VDI-Berichte 1494, Hannover, S. 253-267, 1999

[Neuw04] NEUWIRTH, E. ET AL: Operativer Einsatz des Virtuellen Prüfstandes zur Darstellung von Betriebsfestigkeitsprüfungen an Gesamtfahrzeugen mithilfe der Mehrkörpersimulation, in *Berechnung und Simulation im Fahrzeugbau*, S. 381-408, Würzburg, 2004

[OeEF99] OERTEL, CH., EICHLER, M. UND FANDRE, A.: *RMOD-K – Modellsystem zur Simulation des Reifenverhaltens beim Überrollen kurzwelliger Unebenheiten – Version 6.0*, Manual, 1999

[Oert11] OERTEL, CH.: *RMOD-K Formula Documentation*, FH Brandenburg, 2011

[Pace06] PACEJKA, H.B.: *Tire and Vehicle Dynamics*, SAE International, Warrendale, 2006

[PfHa13] PFEFFER, P. UND HARRER, M. (HRSG.): *Lenkungshandbuch*, Springer Vieweg, Wiesbaden, 2013

[Pohl10] POHL, TH.: CAE-Mastermodels – the cornerstone of synchronised structural virtual engineering in a global environment, in *Berechnung und Simulation im Fahrzeugbau*, VDI-Berichte 2107, S. 45 – 61, Baden-Baden, 2010

[Popo09] POPOV, V. L.: *Kontaktmechanik und Reibung*, Springer, Berlin, 2009

[PoSc93] POPP, K. UND SCHIEHLEN, W.: *Fahrzeugdynamik*, Teubner, Stuttgart, 1993

[Puff09] PUFF, M.: *Entwicklung einer Prüfspezifikation zur Charakterisierung von Luftfedern*, FAT-Schriftenreihe Nr. 223, VDA, Berlin, 2009

[Ramb08] RAMBACHER, C. ET AL: Grundlagen eines sechsdimensionalen Luftfedermodells für Achssimulation, in *Berechnung und Simulation im Fahrzeugbau, VDI-Berichte 2031*, Baden-Baden, S. 433-445, 2008

[ReBe00] REIMPELL J. UND BETZLER J.W.: *Fahrwerktechnik: Grundlagen*, Vogel Verlag, Würzburg, 2000

[Reif10] REIFF, K. (HRSG.): *Bremsen und Bremsregelsysteme*, Vieweg+Teubner, Wiesbaden, 2010

[ReRL07] REINALTER, W., RAUH, J. UND LUTZ, A.: *TMPT – conclusions and consequences für the industry from the industry*, in [LuPl07], S. 217-225, 2007

[ReSt89] REIMPELL, J. UND STOLL, H.: *Fahrwerktechnik: Stoß- und Schwingungsdämpfer*, Vogel Verlag, Würzburg, 1989

[RiSc10] RILL, G. UND SCHAEFFER, TH.: *Grundlagen und Methodik der Mehrkörpersimulation*, Vieweg+Teubner, Wiesbaden, 2010

[Ropo75] ROPOHL, G.: *Systemtechnik - Grundlagen und Anwendung*. Carl Hanser Verlag, München, 1975

[Rösk12] RÖSKI, K.: *Eine Methode zur simulationsbasierten Grundauslegung von PKW-Fahrwerken mit Vertiefung der Betrachtungen zum Fahrkomfort*, Dissertation, TU München, 2012

[ScAm01] SCHITTENHELM, H. UND AMMON, D.: Auf dem Weg zu lebensdauer- und komfortrelevanten 3-dimensionalen Fahrstrecken in der Fahrwerkssimulation, in *Reifen-Fahrwerk-Fahrbahn*, VDI-Berichte 1632, Hannover, S. 447-464, 2001

[ScBJ07] SCHMEITZ, A.J.C., BESSELINK, I.J.M. UND JANSEN, S.T.H.: *TNO MF-Swift*, in [LuPl07], S. 121-137, 2007

[ScFö09] SCHMID, A. UND FÖRSCHL, S.: Vom realen zum virtuellen Reifen – Reifenmodellparametrierung, *ATZ 03/09*, S. 188-193, 2009

[Scha13] SCHARFENBAUM, I. ET AL: Modeling of air springs – required models for the virtual development process, in *4th International Munich Chassis Symposium*, S. 191-210, München, 2013

[ScHB10] SCHRAMM, D., HILLER, M. UND BARDINI, R.: *Modellbildung und Simulation der Dynamik von Kraftfahrzeugen*, Springer, Berlin, 2010

[Schr02] SCHRAMM, E.J.: *Reibung von Elastomeren auf rauen Oberflächen und Beschreibung von Nassbremseigenschaften von PKW-Reifen*, Dissertation, Universität Regensburg, 2002

[Schü13] SCHÜTZ, TH. (HRSG.): *Hucho – Aerodynamik des Automobils*, Springer Vieweg, Wiesbaden, 2013

[Schw90] SCHWARZE, G.: *Digitale Simulation.* Akademie-Verlag, Berlin, 1990

[ScWa99] SCHWERTASSEK, R. UND WALLRAP, O.: *Dynamik flexibler Mehrkörpersysteme*, Vieweg, Wiesbaden, 1999

[Sedl01] SEDLAN, K.: *Viskoelastisches Materialverhalten von Elastomerwerkstoffen: Experimentelle Untersuchung und Modellbildung*, Dissertation, Universität Gesamthochschule Kassel, 2001

[Shan75] SHANNON, R.E.: *Systems simulation: the art and science.* Pretince-Hall, Englewood Cliffs, 1975

[Simp09] SIMPACK: *Force Element Catalogue*, Manual, 2009

[Stre12] STRETZ, A.: *Komfortrelevante Wechselwirkung von Fahrzeugschwingungsdämpfern und den elastischen Dämpferlagern*, Dissertation, TU Darmstadt, 2012

[StWP12] STREHMEL, K., WEINER, R. UND PODHAISKY, H.: *Numerik gewöhnlicher Differentialgleichungen – Nichtsteife, steife und differential-algebraische Gleichungen*, Springer, Wiesbaden, 2012

[Tobo04] TOBOLÁŘ, J.: *Reduktion von Fahrzeugmodellen zur Echtzeitsimulation*, Dissertation, TU Prag, 2004

[Tres12] TRZESNIOWSKI, M.: *Rennwagentechnik*, Springer Vieweg, Wiesbaden, 2012

[Uffe80] UFFELMANN, F.: *Berechnung des Lenk- und Bremsverhaltens von Kraftfahrzeugzügen auf rutschiger Fahrbahn*, Dissertation, TU Braunschweig, 1980

[UnZa97] UNRAU, H.J. UND ZAMOW, J.: TYDEX-Format Description and Reference Manual Release 1.3, *2nd International Colloquium on Tyre Models for Vehicle Dynamics Analysis*, Berlin, 1997

[Wase07] WASER, S ET AL: Evaluierung von Reifen- und Fahrbahnmodellen für die Simulation festigkeitsrelevanter Beanspruchungen von Nutzfahrzeugen, in *Reifen – Fahrwerk – Fahrbahn*, VDI-Berichte 2014, Hannover, S. 153-165, 2007

[Wieg74] WIEGNER, P.: *Über den Einfluß von Blockierverhinderern auf das Fahrverhalten von Personenkraftwagen bei Panikbremsungen*, Dissertation, TU Braunschweig, 1974

[WiNe12] WIESEBROCK, A. UND NEUBECK, J.: *User Tire Road Model and Road Sensor für Advanced Vehicle Dynamic Applications*, Simpack News 06/2012, S. 10 – 13, 2012

[Witt06] WITTKOPP, T.: Mehrkörpersimulation von Schraubenfedern in der Antriebs- und Steuerungstechnik, in *Federn – Unverzichtbare Bauteile der Technik*, VDI-Berichte 1972, Fulda, S. 197-213, 2006

[Woer11] WOERNLE, CH.: *Mehrkörpersysteme – Eine Einführung in die Kinematik und Dynamik von Systemen starrer Körper*, Springer-Verlang, Berlin, 2011

[Zege98] ZEGELAAR, P.W.A.: *The dynamic response of tyres to brake torque variations and road unevennesses*, Dissertation, TU Delft, 1998

[Zell12] ZELLER, P. (Hrsg.): *Handbuch Fahrzeugakustik*, Vieweg+Teubner, Wiesbaden, 2012

[Zomo91] ZOMOTOR, A.: *Fahrwerktechnik: Fahrverhalten*, Vogel Verlag, Würzburg, 1991

Sachwortverzeichnis

GPSR Compliance

The European Union's (EU) General Product Safety Regulation (GPSR) is a set of rules that requires consumer products to be safe and our obligations to ensure this.

If you have any concerns about our products, you can contact us on ProductSafety@springernature.com

In case Publisher is established outside the EU, the EU authorized representative is:

Springer Nature Customer Service Center GmbH
Europaplatz 3
69115 Heidelberg, Germany

Batch number: 08567373

Printed by Printforce, the Netherlands